电子信息前沿技术丛书

A SELECTION
OF IMAGE ENGINEERING TECHNIQUES ❷

图像工程技术选编
（二）

章毓晋　王贵锦　陈健生　编著

清华大学出版社

北京

内 容 简 介

本书选取了九类当前广泛使用的图像技术给予介绍。具体包括聚焦栈成像技术、图像去模糊技术、图像去雾技术、显著性目标检测技术、基于图像的生物特征识别技术、人脸三维重建技术、基于深度图的手势交互技术、同时定位与制图技术以及图像释意技术。

对每类技术,先对其中的基本概念、工作的基本原理、过程的基本步骤给予概括介绍,以帮助读者了解和学习该类技术;接下来以几种具体实现技术功能的典型方法作为示例进行介绍,以使读者了解该类技术过程的特点,达到有效运用该类技术进行图像加工的目的;最后介绍一些近年来在相关技术方面发表的文献,总结归纳它们的特点,以帮助读者深入开展进一步的工作。

本书主要作为电信行业、交通管理、电视广播、媒体传播、光学仪器、生物医学工程、机器人自动化、电子医疗设备、遥感、测绘、航天、公共安全和军事侦察等涉及图像领域的科技工作者及研发人员的参考书和培训教材;也可作为大学本科生开展图像相关科技活动和科技制作的自学材料;还可作为信号与信息处理、通信与信息系统、电子与通信工程、模式识别与智能系统、计算机视觉等学科的相关课程的参考书。

图书在版编目(CIP)数据

图像工程技术选编. 二/章毓晋,王贵锦,陈健生编著. —北京:清华大学出版社,2020.2
(电子信息前沿技术丛书)
ISBN 978-7-302-54230-8

Ⅰ. ①图… Ⅱ. ①章…②王…③陈… Ⅲ. ①图象处理 Ⅳ. ①TN911.73

中国版本图书馆 CIP 数据核字(2019)第 258106 号

责任编辑:文 怡
封面设计:王昭红
责任校对:时翠兰
责任印制:刘海龙

出版发行:清华大学出版社
　　　　网　　　址:http://www.tup.com.cn,http://www.wqbook.com
　　　　地　　　址:北京清华大学学研大厦 A 座　　　　邮　　编:100084
　　　　社 总 机:010-62770175　　　　　　　　　　　邮　　购:010-62786544
　　　　投稿与读者服务:010-62776969,c-service@tup.tsinghua.edu.cn
　　　　质量反馈:010-62772015,zhiliang@tup.tsinghua.edu.cn
　　　　课件下载:http://www.tup.com.cn,010-83470236
印 装 者:三河市铭诚印务有限公司
经　　销:全国新华书店
开　　本:185mm×260mm　　　　印　张:18　　　　字　　数:434 千字
版　　次:2020 年 4 月第 1 版　　　　　　　　　　　印　　次:2020 年 4 月第 1 次印刷
定　　价:59.00 元

产品编号:081947-01

本书是一本面向实际应用介绍图像工程技术的图书,是《图像工程技术选编》的续集。本书与一般的教材和专著都有所不同,但又试图结合它们的一些特点。本书的读者主要定位于原先没有很多图像技术的基础但又需要利用图像技术解决特定工作任务的科技工作者。

《图像工程技术选编》的选材内容和结构方式在当时都是新的尝试,从发行的角度看,还是受到了很多读者的认可,所以这里接着写了续集。

本书除引言外主要包括9章正文,分别介绍9种图像技术。它们是:聚焦栈成像技术、图像去模糊技术、图像去雾技术、显著性目标检测技术、基于图像的生物特征识别技术、人脸三维重建技术、基于深度图的手势交互技术、同时定位与制图技术以及图像释意技术。

本书每章内容均由三部分组成。第一部分介绍该技术的基本概念、基础原理、用途、历史和发展情况。这部分内容的深度比较接近教材,可以入门。第二部分是实现该技术的若干示例方法,每种方法均包括技术分析、算法描述、具体步骤、效果实例等。这部分内容的深度介于教材和专著之间,可以实用。第三部分是对近年一些与该技术相关文章的分析归纳,提炼其特点并分类,类似研究文章的综述介绍。这部分内容的深度更接近专著,提供了最新的相关信息,帮助读者进一步选择特定的参考文献,了解该领域的进展情况和发展趋势。

本书共有49节(二级标题),100个小节(三级标题),共有文字(也包括图片、绘图、表格、公式等折合)40多万字,共有编了号的图191个、表格29个、公式349个。本书结合所介绍的技术,专门对224篇近年的相关文章进行了分类并归纳了它们的特点,列表介绍给读者。最后,书末列出了所引用的约350篇参考文献的目录和用于内容索引的约250个术语(同时给出对应英文)。

本书是清华大学电子工程系三位教师及他们的一些学生分工合作、共同努力的结果。在9章正文中,第2~4章由章毓晋执笔,第1、7、8章由王贵锦执笔,第5、6章由陈健生执笔,第9章由黄翌青执笔。各章的编排以其内容相对应图像工程中由图像处理经图像分析到图像理解的顺序而确定。

本书的写作开始于2018年1月,经过多次讨论和交流,到2018年6月确定了全书的基本框架、覆盖内容,章节形式以及具体分工。出书计划也在2018年8月得到清华大学出版社的确认。2019年2月完成了初稿,其后经过汇总、审阅、修改,于2019年6月基本完成了各章终稿的图文内容。2019年暑假期间,章毓晋进行了全书统稿,撰写了引言,整理归纳了参考文献和术语索引，尽可能保持了各章协调一致的风格。

最后，要感谢清华大学出版社编辑认真的审阅和精心的修改。

章毓晋

2019 年于清华大学

通　　信：北京清华大学电子工程系，100084

电　　话：(010) 62798540

电子邮件：zhang-yj@tsinghua. edu. cn

个人主页：oa. ee. tsinghua. edu. cn/～zhangyujin/

目录

CONTENTS

第0章　引言 ………………………… 1

0.1　图像技术 ………………………… 1
　0.1.1　图像工程 ………………… 1
　0.1.2　图像技术分类 …………… 2
0.2　本书特点 ………………………… 3
　0.2.1　写作动机 ………………… 3
　0.2.2　选材内容 ………………… 4
　0.2.3　结构安排 ………………… 5

第1章　聚焦栈成像 ………………… 7

1.1　聚焦栈图像的定义 …………… 7
1.2　聚焦栈的采集 ………………… 9
1.3　基于聚焦栈的光场重建 …… 10
　1.3.1　光场的采集方式 ……… 11
　1.3.2　聚焦栈光场重建算法
　　　　　回顾 …………………… 11
　1.3.3　聚焦栈与光场的线性
　　　　　成像模型 ……………… 12
　1.3.4　基于线性成像模型的迭代
　　　　　滤波反投影光场重建 … 13
　1.3.5　实验与分析 …………… 14
1.4　聚焦栈全清晰成像 ………… 21
　1.4.1　算法框架 ……………… 21
　1.4.2　最大梯度流 …………… 21
　1.4.3　种子点提取 …………… 23
　1.4.4　全聚焦合成 …………… 23
　1.4.5　全清晰成像实验及
　　　　　对比 …………………… 25

1.5　近期文献分类总结 ………… 27

第2章　图像去模糊 ……………… 31

2.1　图像去模糊概述 …………… 31
　2.1.1　通用图像退化模型 …… 31
　2.1.2　模糊退化 ……………… 33
　2.1.3　模糊核估计 …………… 34
2.2　经典去模糊方法 …………… 36
　2.2.1　逆滤波 ………………… 36
　2.2.2　维纳滤波 ……………… 39
　2.2.3　有约束最小平方恢复 … 40
2.3　估计运动模糊核 …………… 41
　2.3.1　快速盲反卷积 ………… 41
　2.3.2　基于CNN的方法 ……… 44
2.4　低分辨率图像去模糊 ……… 47
　2.4.1　网络结构 ……………… 48
　2.4.2　损失函数设计 ………… 49
　2.4.3　多类生成对抗网络 …… 51
2.5　近期文献分类总结 ………… 53

第3章　图像去雾 ………………… 57

3.1　图像去雾方法概述 ………… 58
3.2　暗通道先验去雾算法 ……… 60
　3.2.1　大气散射模型 ………… 60
　3.2.2　暗通道先验模型 ……… 61
　3.2.3　实用中的一些问题 …… 62
3.3　改进思路和方法 …………… 63
　3.3.1　大气光区域确定 ……… 63
　3.3.2　大气光值校正 ………… 64
　3.3.3　尺度自适应 …………… 65

3.3.4 大气透射率估计 ·········· 67
3.3.5 浓雾图像去雾 ·········· 69
3.4 改善失真的综合算法 ·········· 71
3.4.1 综合算法流程 ·········· 71
3.4.2 T 空间转换 ·········· 72
3.4.3 透射率空间的大气散
射图 ·········· 72
3.4.4 天空区域检测 ·········· 73
3.4.5 对比度增强 ·········· 75
3.5 去雾效果评价 ·········· 76
3.5.1 客观评价指标 ·········· 76
3.5.2 主客观结合的评价
实例 ·········· 79
3.6 近期文献分类总结 ·········· 82

第4章 显著性目标检测 ·········· 88
4.1 显著性概述 ·········· 88
4.2 显著性检测 ·········· 90
4.3 基于对比度提取显著性
区域 ·········· 93
4.3.1 基于对比度幅值 ·········· 93
4.3.2 基于对比度分布 ·········· 94
4.3.3 基于最小方向对比度 ·········· 97
4.3.4 显著性目标分割和
评价 ·········· 99
4.4 基于背景先验提取显著性
区域 ·········· 101
4.4.1 相似距离 ·········· 102
4.4.2 最小栅栏距离的近似
计算 ·········· 102
4.4.3 流水驱动的显著性区
域检测 ·········· 105
4.4.4 定位目标候选区域 ·········· 108
4.5 基于最稳定区域提取显
著性区域 ·········· 110
4.6 近期文献分类总结 ·········· 114

第5章 基于图像的生物特征识别 ··· 120
5.1 生物特征识别概述 ·········· 120
5.1.1 生物特征模态 ·········· 121

5.1.2 生物特征识别系统 ······ 123
5.1.3 生物特征识别的评价
方法 ·········· 125
5.2 人脸识别 ·········· 126
5.2.1 人脸检测 ·········· 126
5.2.2 人脸特征提取 ·········· 129
5.2.3 人脸识别数据库 ·········· 130
5.3 指纹识别 ·········· 134
5.3.1 指纹的结构与特征 ·········· 134
5.3.2 指纹识别方法 ·········· 136
5.3.3 指纹数据库 ·········· 137
5.4 虹膜识别 ·········· 139
5.4.1 虹膜分割 ·········· 139
5.4.2 虹膜特征提取 ·········· 141
5.4.3 虹膜数据库 ·········· 142
5.5 步态识别 ·········· 143
5.5.1 基于人工设计特征的
步态识别 ·········· 144
5.5.2 基于深度学习的步态
识别 ·········· 145
5.5.3 步态数据库 ·········· 146
5.6 近期文献分类总结 ·········· 148

第6章 人脸三维重建 ·········· 153
6.1 人脸三维重建概述 ·········· 153
6.1.1 基于从阴影恢复形状
的人脸三维重建 ·········· 154
6.1.2 基于统计模型的人脸
三维重建 ·········· 155
6.1.3 基于从运动恢复结构
的人脸三维重建 ·········· 157
6.2 基于光照锥恢复的人脸三维
重建 ·········· 157
6.2.1 问题的建模 ·········· 157
6.2.2 求解步骤 ·········· 159
6.2.3 重建结果 ·········· 160
6.2.4 人脸对称性的应用 ·········· 161
6.3 基于统计模型的人脸三维
重建 ·········· 164

6.3.1 三维形变模型
（3DMM） ……… 165
6.3.2 基于球谐波光照模型
的重建方法 ……… 166
6.3.3 基于径向基函数快速
三维重建方法 ……… 169
6.4 基于运动视频序列的人脸
三维重建 ……… 171
6.5 基于深度学习的人脸三维
重建 ……… 177
6.5.1 结合 3DMM 的深度学习
重建方法 ……… 177
6.5.2 深度学习模型直接回归
人脸三维模型 ……… 178
6.6 近期文献分类总结 ……… 178

第 7 章 基于深度图的手势交互 …… 182
7.1 手势交互概述 ……… 183
7.1.1 基于深度图的手部姿态
估计 ……… 183
7.1.2 动态手势识别 ……… 185
7.2 基于姿态引导结构化区域集成
网络的手部姿态估计 ……… 186
7.2.1 数据集及评价指标 …… 187
7.2.2 区域集成网络 ……… 188
7.2.3 姿态引导的结构化区域
集成网络 ……… 193
7.3 基于骨架的动态手势识别 … 197
7.3.1 动态手势识别技术
概要 ……… 198
7.3.2 运动特征增强网络 …… 198
7.3.3 实验结果分析 ……… 201
7.4 近期文献分类总结 ……… 205

第 8 章 同时定位与制图 ……… 208
8.1 视觉 SLAM 概述 ……… 208
8.2 视觉 SLAM 系统实现 ……… 211
8.2.1 数据端的预处理 ……… 211

8.2.2 视觉里程计 ……… 216
8.3 结合机器学习的姿态优化与
语义建图 ……… 222
8.3.1 基于 Faster R-CNN
优化 ……… 222
8.3.2 姿态估计分析 ……… 227
8.3.3 语义重建 ……… 228
8.3.4 定位演示 ……… 229
8.4 近期文献分类总结 ……… 230

第 9 章 图像释意 ……… 233
9.1 图像释意概述 ……… 233
9.1.1 图像释意数据集和
数据预处理 ……… 233
9.1.2 图像释意的生成方式
及评测指标 ……… 234
9.1.3 图像释意发展的三个
阶段 ……… 236
9.2 基于传统方法的图像释意
模型 ……… 237
9.2.1 基于语言模板的模型 … 237
9.2.2 基于检索的模型 ……… 239
9.2.3 传统生成式模型 ……… 241
9.3 基于编码器-解码器模型的
图像释意 ……… 242
9.3.1 模型的损失函数 ……… 242
9.3.2 编码器-解码器模型
结构 ……… 243
9.3.3 基于注意力机制的
模型 ……… 245
9.3.4 编码器-解码器模型的
分支 ……… 248
9.4 图像释意模型性能对比 …… 249
9.5 近期文献分类总结 ……… 251

参考文献 ……… 254

术语索引 ……… 273

引　言

　　本书是《图像工程技术选编》[章 2016b]的续集,继续了先前的写作动机,但选取了与之前所介绍的 10 类图像技术不同的另外 9 类图像技术(合起来,这 19 类技术将覆盖更为广泛的图像工程领域),并仍采用了相同的结构安排。所以,引言的大部分内容与前书是比较一致的。

　　图像近年来已在社会发展和人类生活中的许多领域中得到了广泛应用,例如:工业生产、智慧农业、生物医学、卫生健康、休闲娱乐、视频通信、网络交流、文字档案、遥感测绘、环境保护、智能交通、军事公安和宇宙探索,等等。

　　针对图像在不同领域的应用特点,人们已研究了覆盖范围很广的许多图像技术。本书试图从应用已研制和开发的方法的角度出发,对一些使用比较多的图像技术分类进行由浅到深的介绍。下面先分别概括介绍图像工程的概况以及本书的特点。

0.1　图像技术

　　对图像的利用由来已久,用计算机处理、分析和解释数字图像也已有几十年的历史,发展出许多技术。**图像技术**在广义上是各种与图像有关的技术的总称。目前人们主要研究的是数字图像,主要应用的是计算机图像技术。这包括利用计算机和其他电子设备进行和完成的一系列工作,例如图像的采集、获取、(压缩)编码、水印保护、存储和传输,图像的合成、绘制和生成,图像的显示和输出,图像的变换、增强、恢复(复原)和重建,图像的分割,图像中目标的检测、表达和描述,特征的提取和测量,多幅图像或序列图像的校正、配准、3-D 景物的重建复原,图像数据库的建立、索引和抽取,图像的分类、表示和识别,图像模型的建立和匹配,图像和场景的解释和理解,以及基于它们的判断决策和行为规划等。另外,图像技术还可包括为完成上述功能而进行的硬件设计及制作等方面的技术。

0.1.1　图像工程

　　上述这些技术可统一称为**图像工程**(IE)技术。图像工程是一门系统地研究各种图像理论、技术和应用的新的交叉学科。从它的研究方法来看,它与数学、物理学、生理学、心理学、电子学、计算机科学等许多学科可以相互借鉴,从它的研究范围来看,它与模式识别、计算机视觉、计算机图形学等多个专业又互相交叉。另外,图像工程的研究进展与人工智能、神经网络、遗传算法、模糊逻辑、机器学习等理论和技术都有密切的联系,它的发展应用与医学、遥感、通信、文档处理和工业自动化等许多领域也是不可分割的。

如果考虑图像工程技术的特点,又可将它们分为三个既有联系又有区别的层次(如图 0.1.1 所示):图像处理技术、图像分析技术和图像理解技术。

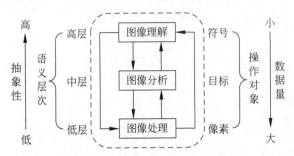

图 0.1.1　图像工程三层次示意图

图像处理(IP)着重强调在图像之间进行的变换。虽然人们常用图像处理泛指各种图像技术,但比较狭义的图像处理主要指对图像进行各种加工以改善图像的视觉效果并为自动识别打基础,或对图像进行压缩编码以减少所需存储空间或缩短传输时间从而满足给定传输通路的要求。

图像分析(IA)主要是对图像中感兴趣的目标进行检测和测量,以获得它们的客观信息从而建立对图像的描述。如果说图像处理是一个从图像到图像的过程,则图像分析是一个从图像到数据的过程。这里数据可以是对目标特征测量的结果,或是基于测量的符号表示。它们描述了图像中目标的特点和性质。

图像理解(IU)的重点是在图像分析的基础上,进一步研究图像中各目标的性质和它们之间的相互联系,并得出对图像内容含义的理解以及对原来客观场景的解释。如果说图像分析主要是以观察者为中心研究客观世界(主要研究可观察到的事物),那么图像理解在一定程度上则是以客观世界为中心,并借助知识、经验等来把握和解释整个客观世界(包括没有直接观察到的事物)。

综上所述,图像处理、图像分析和图像理解在抽象程度和数据量上各有特点,操作对象和语义层次各不相同,其相互联系可参见图 0.1.1。图像处理是比较低层的操作,它主要在图像的像素层次上进行处理,处理的数据量非常大。图像分析则进入了中层,分割和特征提取把原来以像素描述的图像转变成比较简洁的对目标的描述。图像理解主要是高层操作,操作对象基本上是从描述中抽象出来的符号,其处理过程和方法与人类的思维推理有许多类似之处。另外由图 0.1.1 可见,随着抽象程度的提高数据量是逐渐减少的。具体说来,原始图像数据经过一系列的处理过程逐步转化得更有组织并被更抽象地表达。在这个过程中,语义不断引入,操作对象发生变化,数据量得到了压缩。另一方面,高层操作对低层操作有指导作用,能提高低层操作的效能。

0.1.2　图像技术分类

从 1996 年开始,作者对国内 15 个重要期刊的图像工程文献年进行了逐年的统计,并给以分析和综述,至今已有 24 年,见[章 1996a],[章 1996b],[章 1997],[章 1998],[章 1999],[章 2000],[章 2001],[章 2002],[章 2003],[章 2004],[章 2005],[章 2006],[章 2007],[章 2008],[章 2009],[章 2010],[章 2011],[章 2012],[章 2013],[章 2014],[章 2015a],[章 2016a],[章 2017],[章 2018a],[章 2019]。这个综述系列在一定程度上反映了图像工程发展演化的情况和趋势。

该综述系列还进行了**图像技术分类**(目前共包括 23 个小类),图像技术在图像处理(共 6 个小类)、图像分析(共 5 个小类)和图像理解(共 5 个小类)三个层次中的分类情况可见表 0.1.1。

表 0.1.1 当前图像处理、图像分析和图像理解三个层次中研究的图像技术

三个层次	图像技术分类和名称
图像处理	图像获取(包括各种成像方式方法,图像采集、表达及存储,摄像机校准等)
	图像重建(从投影等重建图像、间接成像等)
	图像增强/恢复(包括变换、滤波、复原、修补、置换、校正、视觉质量评价等)
	图像/视频压缩编码(包括算法研究、相关国际标准实现改进等)
	图像信息安全(数字水印、信息隐藏、图像认证取证等)
	图像多分辨率处理(超分辨率重建、图像分解和插值、分辨率转换等)
图像分析	图像分割和基元检测(边缘、角点、控制点、感兴趣点等)
	目标表达、描述、测量(包括二值图像形态分析等)
	目标特性提取分析(颜色、纹理、形状、空间、结构、运动、显著性、属性等)
	目标检测和识别(目标 2-D 定位、追踪、提取、鉴别和分类等)
	人体生物特征提取和验证(包括人体、人脸和器官等的检测、定位与识别等)
图像理解	图像匹配和融合(包括序列、立体图的配准、镶嵌等)
	场景恢复(3-D 景物表达、建模、重构或重建等)
	图像感知和解释(包括语义描述、场景模型、机器学习、认知推理等)
	基于内容的图像/视频检索(包括相应的标注、分类等)
	时空技术(高维运动分析、目标 3-D 姿态检测、时空跟踪、举止判断和行为理解等)

0.2 本书特点

有关图像技术的图书已有很多,那么本书的特点是什么呢?下面从写作动机、选材内容和结构安排三个方面予以介绍。

0.2.1 写作动机

图像工程覆盖的领域很宽,包含的技术很多,循序渐进地全面了解和掌握图像技术是一个庞大的工程。然而,在很多图像应用和相关科研和开发工作中,又常需要用到特定的比较专门的图像技术来尽快完成任务。许多教材由浅到深地对许多图像技术进行了逐步介绍,但读者要想通过逐次学习来达到一定的高度和深度需要比较长的时间。而有些专著虽然对特定图像技术的介绍很深入,但一开始就需要读者有较多较好的基础,所以并不适合初步接触图像技术的读者。

参见如图 0.2.1 的示意图,对图像工程的完整介绍应该包括三部分,或三个层次(对应

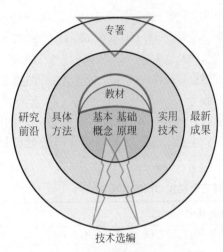

图 0.2.1　完整介绍图像工程的三个层次示意图

图 0.2.1 中从中心向外的三个圆环)：①基本概念和基础原理；②具体方法和实用技术；③研究前沿和最新成果。教材主要侧重①(如图 0.2.1 中部所示)，如果从基本概念开始一级一级地学上去，基础会比较扎实，但要达到②需要经过长时努力。专著一般更侧重③(如图 0.2.1 上部所示)，对前沿创新科研有借鉴作用，但有些技术和方法在当前解决实际应用中的问题时可能还不够成熟。

本书试图将教材和专著这两者的长处结合起来，并克服两者各自的不足，满足原先没有全面图像技术的基础但又需要利用图像技术解决特定工作任务的读者的需要。为此，先根据图像技术分类选择一些近期应用比较多的技术进行介绍，满足有特定应用的读者的需求；再在对每类技术的介绍中循序渐进，从基本原理开始介绍，使基础不多的读者也能上手学习。我们将其称为技术选编，针对一些选定的技术将三个圆环贯穿打通，如图 0.2.1 下部所示。在介绍这些技术时，既从基本概念和基础原理出发，介绍一些当前的具体方法和实用技术，也结合技术方法的发展情况涉及一些研究前沿和最新成果。

0.2.2　选材内容

在前述各种图像技术中，多数已发展了一些年头，有些比较成熟，有些则还在不断改进中。根据对图像工程文献统计分类得到的数据，本书在《图像工程技术选编》已选的十类技术之外，又选取了九类当前得到广泛使用的图像技术给予介绍。它们是：①聚焦栈成像，②图像去模糊，③图像去雾，④显著性目标检测，⑤基于图像的生物特征识别，⑥人脸三维重建，⑦基于深度图的手势交互，⑧同时定位与制图，⑨图像释意。这些内容也覆盖了图像处理，图像分析，图像理解三个层次，其中前 3 类属于图像处理技术，接下来 3 类属于图像分析技术，最后 3 类属于图像理解技术(可参考[章 2018b]，[章 2018c]，[章 2018d])。

对每类技术都集中在一章内介绍，篇幅也比较接近。以下为 9 章的内容：

第 1 章介绍聚焦栈成像技术。先给出聚焦栈图像的定义，然后介绍对聚焦栈的采集，在此基础上，分别介绍了聚焦栈的两种应用：光场重建和全聚焦成像。

第 2 章介绍图像去模糊技术。在对传统的图像去模糊技术进行阐述后，讨论了借助神经网路对运动模糊核的估计，以及对低分辨率图像的去模糊方法。

第 3 章介绍图像去雾技术。先介绍了典型的暗通道先验去雾算法，并讨论了一些针对其不足的改进技术，还介绍了着重考虑减小失真的算法和对去雾效果的主客观评价。

第 4 章介绍显著性目标检测技术。在概述了显著性内涵和对其的检测思路后，分别讨论了基于像素对比度、背景先验以及最稳定区域的显著性目标检测方法。

第 5 章介绍基于图像的生物特征识别技术。先讨论了生物特征的模态、识别和评价概念，然后对人脸、指纹、虹膜和步态的识别方法以及常用数据库进行了介绍。

第 6 章介绍人脸三维重建技术。先概述了人脸三维重建的不同思路，然后分别对基于光照锥、基于统计模型、基于运动视频序列以及基于深度学习的重建方法进行了具体介绍。

第7章介绍基于深度图的手势交互技术。先介绍了手势识别的一些进展,然后对基于姿态引导的手部姿态估计和基于骨架的动态手势识别两种方法进行了详细描述。

第8章介绍同时定位与制图技术。在对系统框架和主要模块的分析基础上,对结合机器学习的姿态优化与语义建图方法给予了具体的介绍。

第9章介绍图像释意技术。先总结了图像释意工作近期的开展情况,然后介绍了典型的图像释意模型以及基于编码器-解码器模型的图像释意方法,还对不同模型的性能进行了比较。

从学习各类图像技术的角度来说,有三个方面的基础知识比较重要,即数学、计算机科学和电子学。数学里值得指出的是线性代数,因为图像可表示为点阵,借助矩阵表达解释各种加工过程。计算机科学里值得指出的是计算机软件技术,因为对图像的加工处理要使用计算机,通过编程用一定的算法来完成。电子学里值得指出的一个是信号处理,因为图像可看作 1-D 信号的扩展,图像的加工处理是对信号处理的扩展;另一个是电路原理,因为要最终实现对图像的加工处理,需要使用一定的电子设备。

本书假设读者有一定的理工科背景,对线性代数、矩阵、信号处理、统计和概率等有一些了解。最好已对一些基本的图像概念有所了解,如像素、图像表示、图像显示、图像变换、图像滤波等。相关名词术语可参见[章 2015b]。当然本书以解决实际问题的图像技术为主导,相关行业从业者的工作经历和基本技能也很有用。

本书不是教材,所以没有例题、练习题或思考题,也没有过多考虑内容的全面性和系统性,只对特定的技术给以由浅入深的介绍。本书也不是专著,所以并不太强调先进性和实时性,而主要考虑的是比较成熟的技术方法(也参考了一些近期科研成果)。本书尝试在选定的各个技术方面,覆盖从介绍性的教材到研究性的专著的纵向范围,满足特定读者的需求。

0.2.3 结构安排

本书以下各章的样式比较一致。在每章开始除整体内容介绍外,均罗列了一些各对应技术的应用领域和场合,体现为应用服务的思想;也都有对各节的概述,以把握全章脉络。

各章正文内容的安排结构有类似之处,每章都有多节,这些节从前到后依次可以分成如下三部分(三个单元)。

(1) 原理和技术概述。每章开始的第一节(个别章为开始的几节)介绍该图像技术的原理、历史、用途、方法概况、发展情况等。目标是给出比较全面基本的信息,其中有一些内容是从专业教材或图书中摘录的(可参考[章 2018b],[章 2018c],[章 2018d])。

(2) 具体方法介绍。每章接下来中间的几节介绍几种相关的典型技术,从方法上讲述比较详细,目标是给出一些可以有效地和高效地解决该类图像技术要解决问题的思路并提供实际中可以应用的具体方法和手段。这几节可以有一定的递进关系,也可以是比较独立的并行关系。这其中的内容主要来自期刊或会议的论文集中的文献。

(3) 最新文献导读。每章最后一节都基于对近年(多为近 3~4 年)一些重要期刊上相关文献内容的分析,对这些文献的技术进行了分类并归纳了它们的特点,列表介绍给读者。目标是提供最新的相关信息,帮助了解该领域的进展情况和发展趋势。

对各章正文内容的安排如表 0.2.1 所示。

表 0.2.1　本书各章正文内容所对应章节的分类表

序　　号	技 术 内 容	原 理 介 绍	具 体 方 法	文 献 导 读
第 1 章	聚焦栈成像	1.1、1.2 节	1.3、1.4 节	1.5 节
第 2 章	图像去模糊	2.1、2.2 节	2.3、2.4 节	2.5 节
第 3 章	图像去雾	3.1 节	3.2～3.5 节	3.6 节
第 4 章	显著性目标检测	4.1、4.2 节	4.3～4.5 节	4.6 节
第 5 章	基于图像的生物特征识别	5.1 节	5.2～5.5 节	5.6 节
第 6 章	人脸三维重建	6.1 节	6.2～6.5 节	6.6 节
第 7 章	基于深度图的手势交互	7.1 节	7.2、7.3 节	7.4 节
第 8 章	同时定位与制图	8.1、8.2 节	8.3 节	8.4 节
第 9 章	图像释意	9.1 节	9.2～9.4 节	9.5 节

　　从了解技术概况的角度出发,可只翻看原理介绍的章节。如要解决实际问题,则需了解具体方法。而为了更深入地解决复杂的问题,还可以参阅文献导读进行更多的学习。

第1章

聚焦栈成像

聚焦栈图像是通过改变成像设备而拍摄到的一系列聚焦在不同位置的图像组[Lin 2013, Yin 2016]。由于场景中的物体距离成像设备各不相同,因此呈现不同的模糊/清晰程度。聚焦栈技术广泛应用于场景深度计算、全清晰图像重建以及**光场**重建。本章将由浅入深地分别介绍聚焦栈图像的主要特点、采集及其应用,以更清晰地介绍聚焦栈图像技术。

1.1 聚焦栈图像的定义

聚焦栈技术是计算成像技术[Wetzstein 2011, Zhou 2011]中重要的组成部分。传统的成像系统根据小孔成像原理,用镜头收集光线并在传感器上成像,主要由**光源**、**镜头**与**传感器**三部分组成。

这样的成像系统虽然可以采集到场景的二维颜色信息,但是存在着如下的两个缺陷。

(1) 无法获取场景物体的三维信息,对场景的三维结构信息理解受限。

(2) 成像系统景深与图像信噪比之间的矛盾。一方面,如果增大光圈会增加进光量提高信噪比,但景深浅,远离聚焦平面位置的物体成像会变模糊。另一方面,如果缩小光圈,则系统景深增加,但进光量会减少,从而降低图像信噪比。

图 1.1.1 给出了聚焦栈成像的示意图。聚焦栈图像是通过改变成像设备的聚焦位置采集的一组图像。场景不同距离下的成像反映了场景的三维深度信息和空间光线角度分布情况。对于不同的聚焦位置,成像的公式可以表示为

$$I_i(x,y) = F(x,y) \otimes K[x,y,\sigma(x,y)] + N(x,y) \qquad (1.1.1)$$

式中,$I_i(x,y)$表示拍摄的第 i 张聚焦图像的(x,y)处像素点的灰度值,$F(x,y)$与$N(x,y)$分别表示与聚焦栈序号无关的场景全清晰图像与噪声,$\otimes$表示卷积操作,$K[x,y,\sigma(x,y)]$表示在**模糊核** $\sigma_i(x,y)$ 影响下的点**扩散函数(PSF)**,模糊核 $\sigma_i(x,y)$ 取决于成像系统的聚焦位置与物体的相对位置。因此,聚焦栈图像也可以看作是全聚焦图像在不同位置与不同的模糊核 PSF 函数卷积而成的图像。

由于场景中的物体距离成像设备距离各不相同,不同深度的物体呈现出不同的特点。

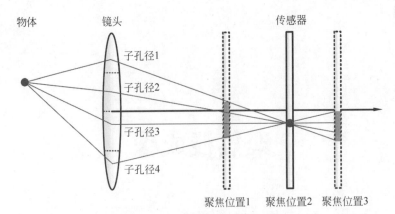

图 1.1.1　聚焦栈图像成像结构

为了更清晰直观地体现聚焦栈图像的特点,图 1.1.2 展示了拍摄聚焦栈图像的场景搭建、光学结构以及拍摄得到的图像效果图。其中的上半部分表示场景的搭建情况以及相机的摆放相对位置。可以发现场景主要由分布在黄色、粉色以及紫色的三个深度不同的平面下的三个方形物体组成。同时,场景的背景处于第四个深度平面内。下半部分为从拍摄得到的聚焦栈图像中,分别采用上述三个聚焦位置所拍摄而成的三张图像。在本章后续内容中,该组聚焦栈图像将继续使用。分析这三张图像的效果,可得聚焦栈图像的几大特点。

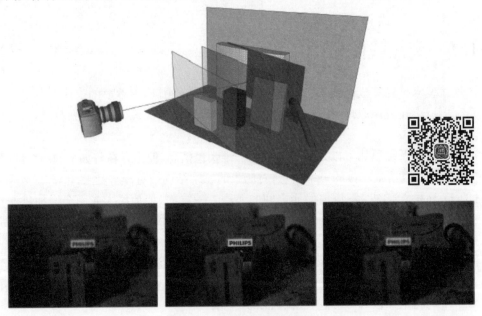

图 1.1.2　聚焦栈成像示意图

　　(1) 单张图像中**景深**较小。图像中由前、中、后三个主要平面组成,可以发现当讨论单张图像时,前中后三个平面分别只有一个平面聚焦效果好,边缘尖锐梯度值大,其余两个平面都会产生不同程度的模糊,因此对于单张图像,景深有限,且每张图像只对特定区域产生较尖锐的梯度。

　　(2) 同一物体不同图像尖锐程度不同。随着图像张数的线性变化,同一区域的聚焦尺度不断变化,边缘梯度不断变化。基本按照模糊核由大变小,再由小变大的规律进行。

（3）一组聚焦位置连续变化而成的聚焦栈图像中,场景中的所有物体都会有聚焦效果最好的一张图。因此,将所有聚焦栈图像中对应区域聚焦效果最好(边缘梯度最大)的部分进行融合,可以得到一张全清晰的全聚焦图像,进而提升图像质量。

1.2　聚焦栈的采集

聚焦栈图像采集方式主要有两种。第一种采集方法是利用光场数据生成聚焦栈。光场数据可以通过光场相机[Ng 2005]获取,然后根据光场与聚焦栈之间的数学换算关系合成计算得到聚焦栈图像,该具体换算关系将会在1.3节进行详细说明。图1.2.1展示了一种光场相机的结构。

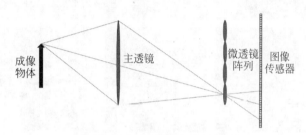

图 1.2.1　光场相机结构示意图

光场相机在传统相机主透镜与图像传感器中间增加了微透镜阵列,从而可采集不同方向的场景数据。光场相机的空间**分辨率**为微透镜阵列中微透镜的个数,光场相机的角度分辨率为每个微透镜阵列所对应的图像传感器中像素点的个数。根据光场数据与聚焦栈数据的换算关系(见1.3节),从每个微透镜下按照某一视差值选取像素点并拼接可以得到与该视差对应的特定聚焦位置的图像,改变步长即可得到一组聚焦位置不同的聚焦栈图像。

一种由不同视角下的光场相机合成聚焦栈图像的过程如图1.2.2所示。其中,上部展示3×3的子孔径光场图像;下半部分展示的是由光场数据合成出的聚焦情况不同的一组聚焦栈图像。但这种采集方式会受到光场相机硬件条件的限制。首先,光场图像数据过大会降低数据读取速度,无法实现实时聚焦栈数据采集。其次,该方法合成的聚焦栈图像空间分辨率受限于光场相机的空间分辨率,通常比较小。

另一种采集方法是通过成像平面扫描[Yin 2016]。具体的光学系统以及成像光路图如图1.2.3所示。在固定相机焦距的情况下,需要调整成像平面的位置。更直观地,可利用成像公式来进行简单的介绍。光学透镜成像公式如下：

$$\frac{1}{u} + \frac{1}{v} = \frac{1}{f}$$

(1.2.1)

式中,在成像平面扫描中,对于特定的具有物距 u 的物体,在经过焦距为 f 不发生变化的透镜之后,发出的光线汇聚在 v 处。当成像平面在 v 处时,该物体成像最清晰。随着成像平面的前后移动,当分别移动到近处 v_1 以及远处 v_2 时,都会由于光线的不完全汇聚而生成不同半径的光斑。因此,成像聚焦情况发生了变化,从而采集得到一组聚焦栈图像。

该方法获取的聚焦栈图像分辨率仅取决于传感器的分辨率,因此提高相机传感器的分辨率就可以大幅度地提高聚焦栈图像的空间分辨率。但是这种方法的主要弊端在于需要对

图 1.2.2　光场重建合成聚焦栈图像

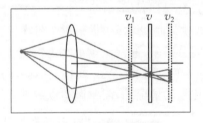

图 1.2.3　成像平面扫描

传感器的位置进行多次机械调节，因此可能会产生机械调节误差，这种误差后续需要运动补偿来进行校准。

1.3　基于聚焦栈的光场重建

光场技术［Levoy 2006］是通过变换视点位置(u,v)，进而可从多视点对场景进行图像采集的技术。与传统的成像系统相比，光场技术不仅采集了空间光线的强度信息，同时捕捉了光线方向信息,进而可以实现场景深度估计、观测角度切换、重聚焦等不同操作。因此,光场技术对于深入理解三维空间信息起着举足轻重的作用。这一节主要介绍光场采集的研究背景和利用聚焦栈进行光场重建的若干方法。

1.3.1 光场的采集方式

光场采集就是采集每一个不同视点位置(u,v)的子孔径对应的图像。主要的实现方式有三种。

第一种方式是在相机内部放置微透镜阵列,1.2节所给出的光场相机就是这种典型的采集方式。类似原理,微透镜阵列可替换成调制掩膜,然后通过傅里叶分析也可计算重建出光场数据[Thurner 2008,Veeraraghavan 2007,Yan 2009]。但是这种方法由于传感器像素的空间复用,无法同时获得光场的高空间分辨率和高角度分辨率,二者必须折中[Georgiev 2006]。

第二种方式是采用编码孔径技术[Liang 2008],这是一种利用可替换/编程的透光器件,对成像孔径的形状进行操控,进而多次拍摄来采集光场数据的方法。相对而言,此方法的空间分辨率取决于相机传感器,角度分辨率取决于透光器件,通过多次拍摄的方式来实现光场采集。

上述两种光场采集方式的最大的缺陷是都需要在现有的成像系统中加入或嵌入额外的光学元器件。

为了解决这种问题,近年来聚焦栈图像重建光场这种方式日益收到关注。该方法并不需要增加额外的光学器件,使用现有的商业产品便可实现光场重建,本节介绍的就是聚焦栈的应用之一,基于聚焦栈的光场重建。

1.3.2 聚焦栈光场重建算法回顾

基于聚焦栈图像的光场重建技术主要分为两类。

第一类方法首先利用梯度、变换系数等的变化情况进行清晰度/聚焦评价,进而根据深度估计合成子孔径图像的方法。Mousnier 等[Georgiev 2007]提出了基于深度估计的分层反投影光场重建技术,简称为 MBP。该方法利用图像梯度计算每个像素的聚焦指数,从而估计场景中较强边缘位置的深度值,然后使用**图割算法**[Boykov 2001]进行整个场景的深度估计;最后依据估计出的深度值,按照场景中物体从远到近的顺序,使用多层反投影的方式重建子孔径图像。该方法虽然原理简单明了,但对模糊程度比较大的情况难以有效处理,且该方法估计的深度具有明显的分层特性,对于深度连续变化的物体重建效果也不甚理想。

第二类方法是基于模型的方法。Levin 等[Levin 2010]提出了光场的低维高斯先验假设,证明每一幅图像按照所希望重建的子孔径的视差值进行反向平移且进行图像叠加,那么该叠加图像是该子孔径图像与一个深度无关模糊核卷积的结果。基于该先验假设,可用固定的模糊核对叠加图像进行反卷积来重建该子孔径对应的图像,这类方法被称为**线性视角合成算法(LVS)**。然而,这种反卷积方法的成立需要满足两个条件:①聚焦栈图像中所有图像聚焦位置的范围要远大于场景中物体实际分布的范围;②聚焦位置要密集。如果在聚焦图像不够密集,重建的光场质量也会受到影响。Alonso 等人[Alonso 2016,Alonso 2015]提出了一种基于频域分量重建的光场重建方法,多平面近似算法,简称为 PWA。该方法使用分立平面来近似三维场景，以此为基础构建了聚焦栈图像中每两个聚焦位置之间的模糊核模型，根据该模型与傅里叶平移定理，进而推导出全清晰图像与图像栈所有图像在频域中的关系，以此为基础重建子孔径图像的每个频率分量。该方法的核心是求解关于每个频率分量的线性方程组，当聚焦栈图像中图像的数量增加时，该频域方程组的求解变得极不稳定，进而影响光场重建效果。

1.3.3　聚焦栈与光场的线性成像模型

本节将利用参数化的平面点描述光场与聚焦栈图像间的关系。如图 1.3.1 给出的是相机内光场的双平面表达 (u,v,x,y)，其中，通光孔径为 $u\text{-}v$ 平面，传感器平面为 $x\text{-}y$ 平面。

当近轴成像（光线的入射角非常小）情况下，图像传感器的像素 (x,y) 所接收到的总照度值为照射到像素 (x,y) 上的各个方向光线照度值的积分值，即

$$E_F^c(x,y)=\frac{1}{F^2}\iint L_F^c(x,y,u^c,v^c)A^c(u^c,v^c)\cos^4\theta\,\mathrm{d}u^c\,\mathrm{d}v^c \tag{1.3.1}$$

式中，F 是通光孔径平面与传感器平面之间的距离，L_F^c 代表由通光孔径平面和传感器平面定义的光场，A^c 表示孔径函数（通光部分值为 1，其他部分值为 0），θ 是光线 (x,y,u^c,v^c) 与传感器的角度。值得注意的是，该公式用连续形式表达成像过程：传感器在位置 F 处采集到的图像可以通过对 F 处的光场进行子孔径维度 (u,v) 的积分来得到。将距离项和角度项都纳入光场中后，该公式用离散形式可重写为，

$$I_F(x,y)=\frac{1}{N}\sum_u\sum_v L_F(x,y,u,v)A(u,v) \tag{1.3.2}$$

式中，I_F 表示在位置 F 处的聚焦栈图像，而 L_F 代表由孔径平面和传感器平面定义的离散光场。A 表示离散孔径函数，N 是子孔径个数。

对于某个特定的子孔径位置 (u_j,v_j)，若该子孔径是通光的，则有：$A(u_j,v_j)=1$。定义子孔径图像如下式：

$$I_F^{u_j,v_j}(x,y)=L_F(x,y,u_j,v_j)A(u_j,v_j) \tag{1.3.3}$$

对于不同的子孔径位置索引 j，$I_F^{u_j,v_j}(x,y)$ 表示对应的子孔径图像。

根据这一关系，可以分析不同聚焦位置的聚焦栈图像与光场子孔径图像之间的关系。当将传感器的位置由 F 改变成 F_m 时，图 1.3.1 的光路将发生变化而形成如图 1.3.2 的光

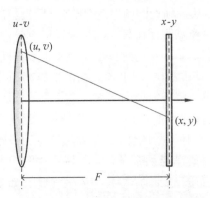

图 1.3.1　光场的双平面显示

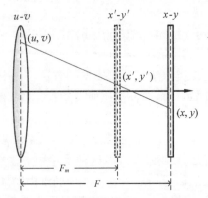

图 1.3.2　传感器平面平移后光场表示

路。在此定义光线与 F_m 处的传感器平面相交于点 (x',y')。此时，根据几何关系，由透镜 u-v 平面及 F_m 处的 x'-y' 传感器平面所定义的光场 L_{F_m} 与上一光场 L_F 之间的关系满足：

$$L_{F_m}(x,y,u,v)=L_F\left(\left(1-\frac{1}{\alpha_m}\right)u+\frac{x}{\alpha_m},\left(1-\frac{1}{\alpha_m}\right)v+\frac{y}{\alpha_m},u,v\right) \tag{1.3.4}$$

式中，$\alpha_m=F_m/F$ 是尺度因子，表示传感器平面平移后的成像位置的变化，整理以上公式，并利用尺度因子 α_m 进行视场角变化的缩放校正，可以得到在位置 F_m 处的聚焦栈图像与光场子孔径图像之间的关系

$$I_{F_m}(x,y)=\frac{1}{N}\sum_j I_F^j((\alpha_m-1)u_j+x,(\alpha_m-1)v_j+y) \tag{1.3.5}$$

观察式 (1.3.5) 可以发现其中的各个叠加项各自的视差值 $((\alpha_m-1)u_j,(\alpha_m-1)v_j)$ 只与传感器位置与子孔径位置有关，与图像的坐标 (x,y) 无关。因此可以得到在聚焦栈采集位置为 F_m 处采集的图像，是由位置 F 处的子孔径图像按照各自的视差值进行平移并计算平均后得到的。此公式也被称为离散光场重聚焦公式，它将聚焦栈各图像与对应参考位置 F 处的光场紧密地联系起来，为推导线性成像模型以及分层平移模型提供了理论基础。

1.3.4 基于线性成像模型的迭代滤波反投影光场重建

这一小节介绍迭代滤波反投影光场重建算法，即 IFBP(Iterative Filter Back Projection) 算法。利用式 (1.3.5) 的线性特性，该公式可以转换为矩阵的表达形式，

$$P_m\begin{bmatrix}I_F^1\\\vdots\\I_F^N\end{bmatrix}=I_{F_m} \tag{1.3.6}$$

式中，P_m 是位置 F_m 处的投影矩阵，也称为采样矩阵，其作用是将所有的子孔径图像投影为位置 F_m 处的聚焦栈图像 L_{F_m}，N 表示子孔径的数量。因此聚焦栈图像也可以视为沿着特定的视差或斜率对于光场进行的一种采样。此时，将所有聚焦位置的聚焦栈图像进行采样方程的组合，可以用线性系统进行表示：

$$\begin{bmatrix}P_1\\\vdots\\P_M\end{bmatrix}\begin{bmatrix}I_F^1\\\vdots\\I_F^N\end{bmatrix}=\begin{bmatrix}I_{F_1}\\\vdots\\I_{F_M}\end{bmatrix} \tag{1.3.7}$$

式 (1.3.7) 可简化表示为线性方程 $PX=b$，其中 M 是多聚焦栈图像总数，也是对于光场的采样数量。因此，对于利用聚焦栈图像进行光场重建问题可等效为该线性方程求解问题。

考察该线性方程，子孔径的数量 N 往往是成百上千，因此远远大于聚焦栈的图像数量 M，因此式 (1.3.7) 是一个欠定方程。对于该欠定方程求解，可用基于迭代滤波的反投影方法进行求解。假设投影矩阵 P 的维度为 $H\times W$，将上述方程进行等价变换，对于光场数据 X 的求解形式可改写成：

$$P^{\mathrm{T}}CPX=P^{\mathrm{T}}Cb \tag{1.3.8}$$

$$X=X+P^{\mathrm{T}}C(b-PX) \tag{1.3.9}$$

式中，C 表示一个维度为 $H\times H$ 的滤波矩阵，这里引入矩阵 C 是为了充分利用图像中包含

的结构信息。根据 X 的自更新关系可以写成迭代更新的过程。令 X^q 表示经过了 q 次迭代之后的解，则 X^{q+1} 可以表示为：

$$X^{q+1} = X^q + P^T C(b - PX^q) = X^q + P^T C\Delta^q \tag{1.3.10}$$

具体的计算步骤如下。

（1）根据每一轮的迭代解计算残差向量 Δ^q；

（2）利用滤波矩阵 C 对 Δ^q 进行滤波；

（3）使用投影矩阵的转置 P^T 对滤波后的残差进行反投影；

（4）使用反投影的误差更新 X^q，得到 X^{q+1}。

具体的求解方法详见[Yin 2016, He 2013]。

1.3.5　实验与分析

下面通过实验验证 IFBP 光场重建算法的有效性。由于 IFBP 是基于线性成像模型，所以主要对照对象是同样基于模型的 Levin 等提出的线性视角合成算法（LVS），和 Alonso 等提出的多平面近似算法（PWA）。实验首先通过针对仿真数据的重建验证 IFBP 的整体性能；然后通过减少聚焦栈图像中的图像数量，验证了 IFBP 在采样数减少情况下的性能；然后通过实拍聚焦栈图像实验验证 IFBP 线性成像模型的正确性；最后也探讨了算法的局限性。

1. 实验设置

用于实验比较的数据包括仿真数据和实拍数据。仿真数据使用的是斯坦福大学计算机图形学实验室公开的光场数据集，主要用于量化重建的光场与真实值之间的差距。实拍数据用于验证 IFBP 所提的线性成像模型对于真实场景的适用性。仿真数据集使用可操控机械支架控制相机移动来采集高分辨率的光场数据，具有 17×17 的角度分辨率。使用的三组数据如下。

（1）Truck，具有非常复杂几何结构的乐高工程车。

（2）Chess，具有渐变深度的国际象棋棋盘，非常适合展示不同深度下的重建效果。

（3）Card，场景中包括一个水晶球和一些塔罗牌。水晶球是透明物体，也可以看作透镜；不同深度和角度的卡牌是漫反射且有纹理的物体。

对于每一组数据，使用式(1.3.5)生成具有 49 幅图像的聚焦栈图像用于实验，如图 1.3.3 所示。

使用两组实际拍摄的数据对算法进行验证。

（1）Caps，文献[Levin 2010]提供的实际拍摄的数据，其中包含 41 幅图像，重建的子孔径数量为 21×21。

（2）Slice，使用 Imperx B4020 黑白相机配备 SIGMA 50mm/F1.4 镜头实际拍摄的数据，其中包含 14 幅图像，重建的子孔径数量为 45×45。

重建光场与真实值之间的相近程度是用**结构相似性（SSIM）**[Wang 2004]来度量的。SSIM 是基于图像中包含的结构信息的相似性度量，比基于亮度或者对比度的相似性度量（如**峰值信噪比**等）更符合人类视觉的感知。SSIM 的取值范围为[0,1]，值越大表明两幅图像越相似，反之值越小表明两幅图像越不相似。

根据本节的分析，由于聚焦位置的不同，实际拍摄的聚焦栈图像中每幅图像的视场角都不相同，本节使用图像配准技术[Thevenaz 1998, Bei 2011]，对所有图像进行尺度上的配准，

图 1.3.3　仿真聚焦栈图像

对 Caps 数据和 Slice 数据中的视场角差异进行校正。IFBP 算法使用 MATLAB 实现，运行于 Windows 10 64bit 操作系统，硬件环境为 Intel i7-4770 CPU 和 16GB 内存。主要参数见表 1.3.1。

表 1.3.1　实验参数设置

参　　数	含　　义	数　　值
ε	残差滤波平滑项系数	0.005
ω_k	残差滤波窗口尺寸	3×3
TH_{MSE}	迭代终止阈值	$1e^{-3}$
$ITER_{MAX}$	迭代最大次数	6

2. 光场重建性能分析

本小节通过仿真数据的实验对所提算法的整体性能进行分析。所得重建精度如表 1.3.2 所示。

表 1.3.2　重建精度

数据集	Truck		Chess		Card	
重建视角	中央子孔径	边缘子孔径	中央子孔径	边缘子孔径	中央子孔径	边缘子孔径
IBFP	0.97	0.91	0.90	0.83	0.93	0.82

从实验结果中可以看出（如图 1.3.4 所示），对于中央子孔径图像的重建，IFBP 算法能取得不错的重建效果，IFBP 算法在除了 Chess 数据的中央子孔径的其他实验中均取得了较高的重建精度，在实验中的视觉效果都是最好的；对于边缘子孔径图像的重建，IFBP 算法在重建精度和视觉效果方面都显著领先。而且 IFBP 算法在强边缘处可以取得更好的效

果,这点在 Card 数据(如图 1.3.4(c)所示)中体现得尤为明显。在该组数据中,其他方法在黑色斜线处(强边缘)产生大量色差与虚影。相对而言,本节所提方法重建性能与中央子孔径性能最为接近。

IFBP 迭代重建的收敛曲线见图 1.3.4。图 1.3.4 中的曲线表示的是所有子孔径图像的重建精度的平均值随迭代次数的变化曲线。从图中可以看出,经过 6 轮迭代之后重建光场与真实值已经非常接近,增加迭代次数并不会显著提高重建质量,反而可能会使重建结果变差。这是由于随着迭代次数的增加,重建误差会因为噪声和量化误差等因素增加。

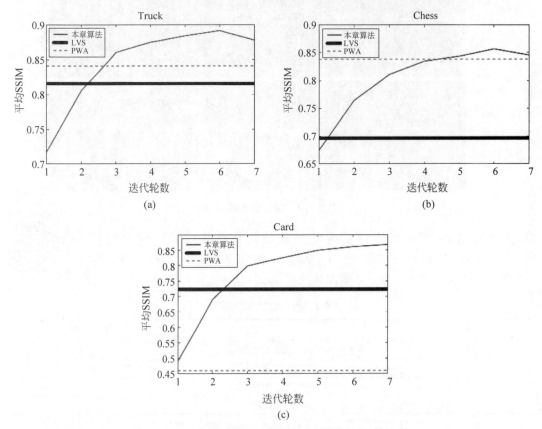

图 1.3.4   重建光场与真实值间的平均 SSIM 变化曲线

设定的迭代终止条件是两次迭代间重建结果并无显著变化(均方误差 $MSE < TH_{MSE}$),或者达到了最大迭代次数 $ITER_{MAX}$,TH_{MSE} 和 $ITER_{MAX}$ 的具体设置见表 1.3.1。重建所有子孔径图像的整个光场所需要的时间取决于子孔径的数目、图像的分辨率以及采样的数目。图 1.3.5～图 1.3.7 分别给出对 3 个库的重建结果,重建性能使用结构相似度来度量,值越高(偏向白色)代表重建结果与真实值越相似。

3. 聚焦栈图像采样数

聚焦栈图像的图像采集数目也会影响最终的光场重建效果。对于一个聚焦栈图像来说,其中的每幅图像都对应一个景深范围,若所有图像的景深范围的叠加可以覆盖场景中所有物体的深度分布范围,则该聚焦栈图像包含的信息是完全(甚至冗余)的,场景中的每个物体都至少在一幅图像中是清晰的,称这种聚焦栈图像为最优聚焦栈图像。然而在有些情

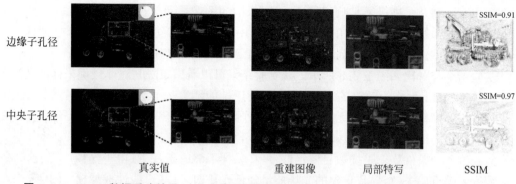

图 1.3.5　Truck 数据重建结果，上：边缘子孔径重建结果；下：中央子孔径重建结果。重建性能使用结构相似度度量，值越高（偏向白色）代表重建结果与真实值越相似

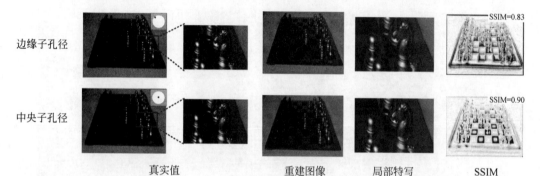

图 1.3.6　chess 数据重建结果，上：边缘子孔径重建结果；下：中央子孔径重建结果。重建性能使用结构相似度度量，值越高（偏向白色）代表重建结果与真实值越相似

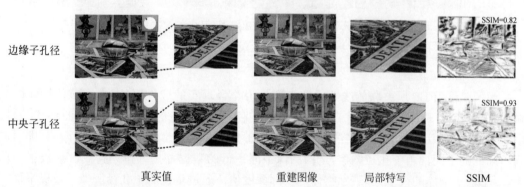

图 1.3.7　card 数据重建结果，上：边缘子孔径重建结果；下：中央子孔径重建结果。重建性能使用结构相似度度量，值越高（偏向白色）代表重建结果与真实值越相似

况下，由于拍摄条件的限制，采集的聚焦栈图像并不是最优的。例如大光圈的条件下拍摄，每幅图像的景深小，场景存在聚焦不能覆盖的范围，导致处于景深断层中的物体在所有图像中都不清晰。

　　下面对 IFBP 在非最优采样情况下的性能进行评价，主要思路是通过减少现有聚焦栈图像的采样数量来模拟非最优采样的情况。使用 Card 数据来对减少采样数的情况进行实验，因为其有丰富的纹理信息。设 k 是采样数目减少的倍数，主要对 k 取值分别为 1、2、4 和 8 时进行了实验，即聚焦栈图像中的图像数目为原始数量的 1、1/2、1/4 和 1/8，采样方式为等间距采样。由于针对实验所用数据，PWA 方法对于多于 4 幅图像并不能给出合理的重建结果，所以实验中并未加入与 PWA 方法的对比。

实验结果与对比如图 1.3.8 所示。从实验结果可以看出，IFBP 对非最优采样的情况具有一定的鲁棒性；而作为对比的 LVS 方法的重建性能随着采样数的减少急剧下降。这是由于该方法的模糊核近似深度无关需要满足两个要求：①聚焦栈图像中所有图像聚焦位置的范围要远大于场景中物体实际分布的范围；②聚焦位置要比较密集。这两个条件要求采样数目要足够多，在采样不够的条件下，由于模糊核的深度无关近似失效，导致重建的光场质量降低。IFBP 是基于线性成像模型的，对数据并无以上两点要求，所以对非最优采样更加鲁棒。

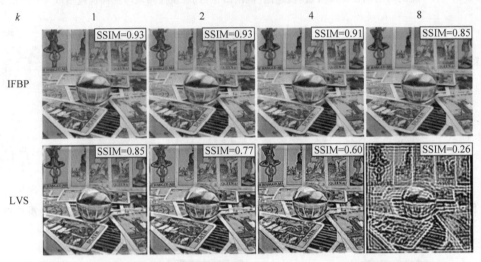

图 1.3.8 减少采样情况下的 Card 数据重建结果（其中的 SSIM 值为重建结果与真实值之间的结构相似度）

4. 实拍数据实验

为了验证 IFBP 所关联的线性成像模型是否符合真实的成像系统，本小节使用实际拍摄的 Caps 以及 Slice 数据进行了实验。实验中使用了与仿真数据实验同样的终止条件。Caps 数据和 Slice 数据的重建结果分别见图 1.3.9 和图 1.3.10。所谓的极平面图，即对同行不同列的不同视角子孔径图像，选择图像中同一行的数据并按列排列得到。该极平面图中，斜率表示物体的视差，即表示物体的实际深度值。通过重建的子孔径图像以及极平面图像可以看出，重建的子孔径图像间可以看到明显的视差。该实验说明 IFBP 的线性成像模型是符合真实成像系统的，通过迭代滤波重建算法可以有效地重建真实成像系统的光场。根据文献[Levoy 2010]的实验，LVS 方法不能很好地重建有遮挡的边缘。为了验证 IFBP 对有遮挡的边缘的重建效果，针对有遮挡的边缘进行了实验，实验结果以及与 LVS 方法的对比见图 1.3.11。可以看出，虽然 IFBP 算法在有遮挡的边缘处依然有混叠现象，但是混叠程度相比 LVS 方法减弱很多。这是由于 LVS 方法所用的反卷积方法会加强图像对比度，从而加强边缘处的混叠程度；而 IFBP 算法在反投影之前对残差进行了滤波，可以在一定程度上减弱边缘的混叠程度。

子孔径图像

极平面图像

图 1.3.9　Caps 数据的光场重建结果（上：重建的子孔径图像；下：蓝色参考线和绿色参考线分别对应的极平面图像（Epipolar Plane Image）。从极平面图像中可以明显看出重建的子孔径图像间的视差变化）

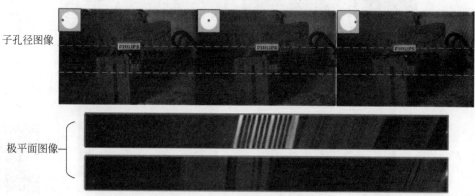

子孔径图像

极平面图像

图 1.3.10　Slice 数据的光场重建结果（上：重建的子孔径图像；下：蓝色参考线和绿色参考线分别对应的极平面图像（Epipolar Plane Image）。从极平面图像中可以明显看出重建的子孔径图像间的视差变化）

IFBP

LVS

子孔径图像　　　　　　局部特写

图 1.3.11　遮挡边缘处的实验结果（可以看出本章所提的 IFBP 算法对有遮挡的边缘重建效果好于 LVS 算法）

5. 局限性分析

成像模型的准确性会影响光场的重建质量。式(1.3.7)的成像模型的推导基于理想的几何光学成像原理,有两个因素会影响模型的准确性,其一是成像系统本身的像差,尤其是其中的几何畸变,会使线性成像模型在描述实际成像系统时有偏差,这也是中央子孔径图像的重建质量要好于边缘子孔径图像的主要原因(见图1.3.11)。其二是模型参数的准确性,即式(1.3.5)中的视差值,在实验中该视差值是人为设置的,对于仿真数据来说模型参数是准确的,但是对实拍数据来说会存在一定的偏差,从而影响重建质量。从图1.3.12可以看出,模型误差会导致重建的子孔径图像,尤其是边缘子孔径图像,产生虚影(灰度图像)和色散现象(彩色图像)。

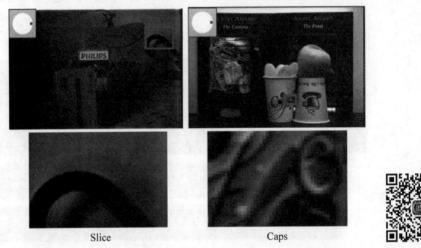

Slice　　　　　　　　　　　　Caps

图1.3.12　模型误差造成的影响(上:重建子孔径图像;下:局部特写,能看到其中的虚影和色散现象)

6. 算法参数讨论

如前所述,本节所提算法重建的是成像系统内部光场,其重建质量首先受到成像系统的光学通光孔径尺寸、采样的数量等因素的影响。重建光场的子孔径位置受限于成像系统的实际通光孔径尺寸,也就是说,算法无法重建通光孔径范围之外的子孔径图像,如图1.3.13所示。如果成像系统的实际通光孔径越大,则重建光场中的透视平移效果越明显,视差越大;反之,如果成像系统的通光孔径越小,则重建光场中的透视平移效果越不明显,视差越小。重建光场的角度分辨率同样受通光孔径尺寸的影响,物体在聚焦栈图像中每幅图像中具有不同的点扩散函数(PSF)。其中尺寸最大的PSF代表了各子孔径图像最为分散的情况,若该情况下的PSF直径为D_{PSF},则根据采样定理,需要重建的子孔径图像在该维度上的数量至少为$2D_{\mathrm{PSF}}$。若通光孔径变小,则所需重建的子孔径图像数量也相应减小。

聚焦栈图像的采集方法也会影响最终的光场重建效果。对于一个聚焦栈图像来说,其中的每一幅图像都对应一个景深范围,若所有图像的景深范围的叠加可以覆盖场景中所有物体的深度分布范围,则称该聚焦栈图像为最优聚焦栈图像。采集一个最优聚焦栈图像所需要的最少采样数取决于成像系统的通光孔径尺寸。如果成像系统的通光孔径越大,则每一幅图像对应的景深越小,就需要较多的采样才能覆盖物体的深度范围;反之,如果成像系

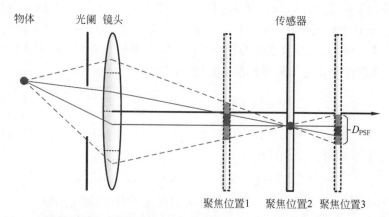

图 1.3.13 重建光场的子孔径位置受通光孔径尺寸的限制,通光孔径尺寸也会影响点扩散函数的直径 D_{PSF}

统的通光孔径越小,则每幅图像对应的景深越大,需要较少的采样数即可覆盖物体的深度范围。更多的关于如何采集最优聚焦栈图像的分析可以参考文献[Li 2018]。

1.4 聚焦栈全清晰成像

多聚焦采集技术能有效扩展相机景深,通过采集位于不同聚焦位置的图片形成聚焦栈,然后利用相关算法将其融合为一张全清晰图像。近些年来国内外许多学者对此进行了深入研究,并提出了有效的方法,在此介绍基于梯度最大流方法来获取全清晰图片,以此扩展相机景深,取得了不错的效果[Yin 2016]。

1.4.1 算法框架

梯度最大流方法是一个迭代求精的过程,具体的算法框架如图 1.4.1 所示。首先采用不同焦距的相机采集同一场景中的图像构成聚焦栈,由于焦距的设置,不同距离的物体模糊程度不同。然后在聚焦栈内定义一个最大流梯度来描述每个像素点梯度的变化,通过梯度的方向变化可以将像素点分为种子点与普通点,然后利用得到的种子点作为锚点来迭代优化**深度图**以及合成全清晰图像。具体的算法过程将在以下部分进行讨论。

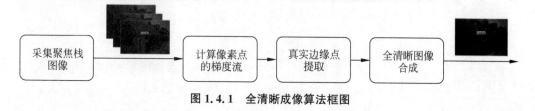

图 1.4.1 全清晰成像算法框图

1.4.2 最大梯度流

在此以一个具体的室内场景为例来说明梯度最大流法的有效性。通过传统相机拍摄了位于 14 个不同聚焦位置的图片，具体的拍摄场景如图 1.1.2 所示，在图中仅展示其中的 3 张图片，可以看到拐杖区域在不同的图片中的边缘清晰度是不同的，为了形成全聚焦图像的结果要提取出清晰的像素点，这就需要用到梯度最大流的方法。在最大流法中，将梯度向量的模看作是图像锐利程度的衡量标准，将其定义为：

$$G_i(x,y) = |\nabla I_i(x,y)| = \sqrt{\left(\frac{\partial I_i}{\partial x}\right)^2 + \left(\frac{\partial I_i}{\partial y}\right)^2} \tag{1.4.1}$$

式中，I_i 是聚焦栈中的第 i 幅图像，G_i 是 I_i 的梯度。一旦聚焦栈中所有图像的梯度被计算出来，可以将场景的深度图初始化定义为：

$$D(x,y) = \underset{i}{\arg\max} G_i(x,y) \tag{1.4.2}$$

式中，D 元素保存的是图像中每一个像素的最大梯度值所对应的聚焦栈指数，即第 i 幅图像中该元素的梯度值最大。这个深度图也可以被看作是聚焦图，因为其保存的是清晰聚焦的像素点。因为在相机大光圈的场景下，图像会产生较大的模糊核，物体的边缘会扩散较大的区域，因此会产生一些假边缘现象，最大流法的关键思想则是分辨真实的边缘点即种子点与因模糊产生的假边缘点即普通点，然后依靠种子点来迭代计算每个像素的最大梯度值，得到全聚焦图像。

为了更加清楚地描述这个问题，在此同样用之前相机拍摄得到的图像进行说明。如图 1.4.2 所示，取拐杖的小区域图像，这个图像块包含了真实的边缘点以及虚假的边缘点。这个拐杖的边缘在第 2 幅图像(a)中是模糊的但是在第 11 幅图像(b)是清晰的。在此分别用红、绿、蓝三个颜色来标记了图像中的 3 个点，其中各个点的梯度图像分别表示在(c)、(d)、(e)3 个图像中。其中纵轴表示每个像素点的梯度，而水平轴表示所拍摄图像在聚焦栈中的指数。通过观察图像 1.4.2(a)，可以看到红色的点是位于强边缘的，绿色的点是位于边缘的模糊范围内的，而蓝色的点则在

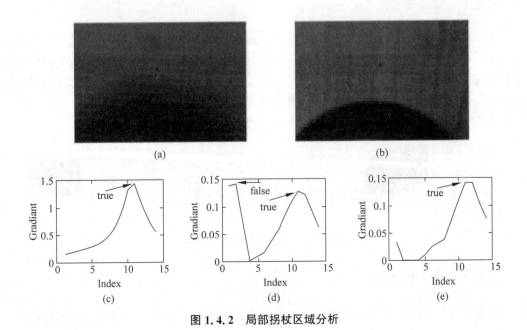

图 1.4.2　局部拐杖区域分析

模糊的范围之外。从图 1.4.2(b)可以推断出绿色的点和蓝色的点在同一个平面,二者都不是边缘点。但是从图 1.4.3(d)中却发现这在第 2 幅图像中却被认为是一个假的清晰聚焦的边缘点,因为它的梯度值比第 11 幅图像中的梯度值更大。这主要是因为边缘由于存在模糊核效应会顺着它的梯度方向逐渐变得模糊,这就导致了错把第 2 幅图像中的绿色点认为是清晰的聚焦点的错误的结果。**最大梯度流**方法可以很好地解决这个问题,接下来将进行说明。

最大流法首先需要计算梯度值及方向,因为图像是二维信息,所以在最大流计算公式的基础上,定义沿 x 方向及 y 方向的二维最大流如下式所示:

$$\text{MGF}(x,y)=[f_x(x,y),f_y(x,y)]^\text{T} \tag{1.4.3}$$

具体的计算公式如下:

$$\begin{bmatrix} f_x(x,y) \\ f_y(x,y) \end{bmatrix} = -\begin{bmatrix} \dfrac{\max_j G_j(x+\Delta x)-\max_i G_i(x,y)}{\Delta x} \\ \dfrac{\max_k G_k(x,y+\Delta y)-\max_i G_i(x,y)}{\Delta y} \end{bmatrix} \tag{1.4.4}$$

最大流描述了每一个像素点的最大梯度的变化,即聚焦栈中的梯度延伸情况。最大流梯度的方向可以通过下式计算得出:

$$\theta(x,y)=\arctan\left(\frac{f_y(x,y)}{f_x(x,y)}\right) \tag{1.4.5}$$

1.4.3　种子点提取

根据最大梯度流的计算结果,在聚焦栈中可以定义两种类型的像素点:种子点以及普通点。不失一般性地假设像素点 (x,y) 的梯度流方向沿着 x 轴,则像素点 (x,y) 满足下述条件时定义为普通点:

$$f_x(x+\Delta x,y)f_x(x-\Delta x,y)>0\parallel \max_i G_i(x,y)<G_{\text{TH}} \tag{1.4.6}$$

式(1.4.6)表示为梯度流并没有在像素点 (x,y) 处改变方向或者像素点 (x,y) 的最大梯度小于给定阈值 G_{TH},其中阈值 G_{TH} 是用来移除噪声所带来的影响。

另外若像素点 (x,y) 满足下述条件时定义为种子点:

$$f_x(x+\Delta x,y)>0\&\&f_x(x-\Delta x,y)<0 \tag{1.4.7}$$

式(1.4.7)表示种子点是最大梯度流开始向外扩展的起始点。

之前所讨论的拐杖区域的图像的梯度流如图 1.4.3 所示,可以看到红色的点和蓝色的点都被认为是种子点而绿色的点则被认为是普通点,这在之前的实验中被证明是正确的判别。所有的种子点组成了一个集合,用 S 来表示,代表的是场景中的真实的边缘信息。图 1.4.4 中则展示了具体的本次实验场景的真实边缘点,可以从图 1.4.4(b)看到之前讨论的绿色点被有效移除,尽可能多地保留了真实的边缘点。

1.4.4　全聚焦合成

利用 1.4.3 节提取出来的种子点可以运用迭代求精的方法来改善初始的深度图以及合成全聚焦图片。

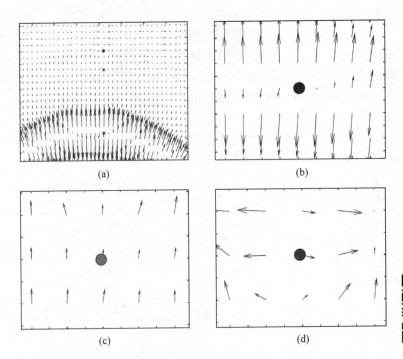

图 1.4.3　最大梯度流方向

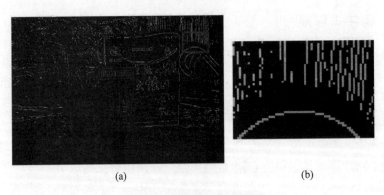

图 1.4.4　真实边缘点提取

在聚焦栈问题中，深度图和全聚焦图片是紧密相连的。一方面，假设已知深度图 D 的情况下，全聚焦图片可以通过从聚焦栈中提取相应的图像像素点来合成，如下式所述：

$$\mathrm{FI}(x,y) = I_{D(x,y)}(x,y) \tag{1.4.8}$$

其中 FI 表示的是合成的全聚焦图片。

另一方面，假设已知全聚焦图片 FI 的情况下，可以通过双边滤波的方法得到优化的深度图，如下式所述：

$$\hat{D}(p) = \frac{1}{K_p} \sum_{p' \in N_p} \exp\left(-\frac{\parallel p' - p \parallel^2}{2\sigma_s^2} - \frac{\parallel \mathrm{FI}(p') - \mathrm{FI}(p) \parallel^2}{2\sigma_r^2}\right) D(p') \tag{1.4.9}$$

式中，$p = (x,y)$ 是像素点坐标，K_p 是归一化的指数值，N_p 是 p 点的领域范围，σ_s 和 σ_r 控制空间与范围的权重。σ_s 和 σ_r 越大，深度图越平滑；σ_s 和 σ_r 越小，深度图越锐利。N_p 被

设置为一个长方形区域用了来覆盖 σ_s 的有效范围。在式(1.4.9)当中,全聚焦图片 FI 被用来作为双边滤波的引导图,它能够在保存物体边缘的同时使得深度图更加平滑。

然而现实条件下深度图与全聚焦图片都无法获知,那么式(1.4.8)和式(1.4.9)就是一个循环估计的过程,因此采取迭代的方法,以初始深度图作为开端,循环优化深度图及全聚焦图片,直到得到最清晰的全聚焦图片以及深度图为止,具体的算法流程如下。

通过式子得到初始深度图表示为 D^0,第 i 次迭代步骤如下。

步骤 1:重置种子点,$D^{i-1}(p)=D^0(p),\forall p\in S$。

步骤 2:通过式子更新全聚焦图片,得到 FI^i。

步骤 3:通过式子以 FI^i 为引导滤波深度图,得到 D^i。

上述 3 个步骤循环进行,直到相邻两次迭代之间的深度图没有明显变化为止。

1.4.5 全清晰成像实验及对比

在这一节给出全清晰成像实验的测试结果以及与现有最好方法之间的对比。在此使用的是自己拍摄的场景图片来衡量算法的表现。因为实验图像的拍摄是在大光圈的场景下进行的,所以能够有效地证明最大梯度流方法的有效性。当采集聚焦栈的时候,整个聚焦平面的移动会导致视场角的变化,在此使用了图像校准的技术来校正这个现象[Thevenaz 1998]。

首先将最大流方法与其他方法的结果进行对比,比较的结果如图 1.4.5 所示。所有的方法都使用之前所采集的场景图片来进行测试,其中用图 1.4.5(a)小方框所示区域进行了量化分析。这个小块区域包含了强边缘点以及弱边缘点,并且受到了大规模的模糊核效果的影响。通过从聚焦栈中提取聚焦清晰的像素点,得到了真实的深度图作为基准图片,并采用 SSIM 参数来作为该区域的衡量指标[Wang 2004]。

通过对比可以看到最大流方法能够取得最好的 SSIM 分数。边缘点都得到了很好的保留,并且有效去除了虚假的边缘点。而 FSI 方法(图 1.4.5(c)[Nagahara 2008])增强了图片的噪声,2.5D 去卷积方法,DCT 方法以及 DWT 方法(图 1.4.5(d)[Aguet 2008],图 1.4.5(e)[Haghighat 2011],图 1.4.5(g)[Redondo 2009])都产生了虚假边缘点,尤其是在强边缘点的区域。DSIFT 方法(图 1.4.5(f)[Liu 2015])不能很好地解决大光圈照片并且产生了模糊的效果。基于频谱图重建的结果展示在图 1.4.5(h)[Alonso 2015],可以发现重建的效果并不稳定。在此同样采用了 Photoshop 以及 CombineZP 的方法来测试数据,结果展示在图 1.4.5(i)和图 1.4.5(j),同样这种软件也不能很好地解决大光圈的问题。

接下来具体介绍最大流法的迭代优化过程。图 1.4.6 展示了拐杖区域的种子点的迭代过程。初始的深度图中可以看到有许多虚假的边缘点,这些通过最大梯度流算法后都得到了有效地去除,在此使用 PSNR 指标来评价相邻两次迭代的深度图的变化,这个指标的变化展示在图 1.4.6(d)中,可以看到深度图在经过 60 次迭代之后就没有了显著的变化。因此可以选在 60 次之后停止迭代。最后合成的全清晰图片展示在图 1.4.6(e)中,可以看到最大梯度流方法能够有效解决大光圈场景下的全清晰图片合成问题。

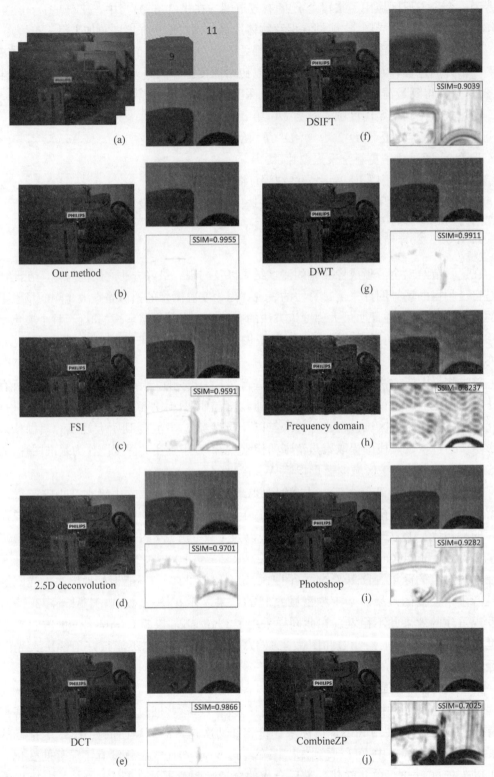

图 1.4.5　方法对比效果图

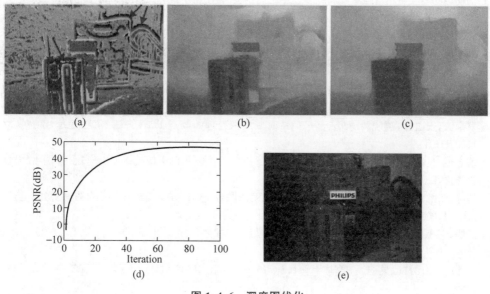

图 1.4.6　深度图优化

1.5　近期文献分类总结

下面是 2016 年、2017 年和 2018 年以及 2019 年上半年在中国图像工程重要期刊［章 1999］上发表的一些有关聚焦成像的文献目录（按作者姓氏拼音排序），全文均可在中国知网上获得。

［1］　薄连坤,张晓勇,熊瑾煜. 转弯畸变拖曳阵声呐鲁棒 Capon 波束形成方法. 电子与信息学报,2018, 40(10)：2423-2429.

［2］　卜红霞,白霞,赵娟,等. 基于压缩感知的矩阵型联合 SAR 成像与自聚焦算法. 电子学报,2017, 45(4)：874-881.

［3］　陈格格,朱岱寅,吴迪,等. 基于自聚焦的变门限 SAR/GMTI 动目标检测方法. 数据采集与处理, 2017,32(4)：809-817.

［4］　陈振华,许倩,王婵,等. 相控阵自定义聚焦的有限元模拟及其应用. 电子测量与仪器学报,2018, 32(12)：142-148.

［5］　崔文凯,秦开怀. 基于椭圆弧扫描转换的超声波无损检测全聚焦算法. 电子学报,2017,45(10)： 2375-2382.

［6］　董祺,邢孟道,李震宇,等. 一种基于坐标轴旋转的俯冲段大斜视 SAR 波数域成像算法. 电子与信息学报,2016,38(12)：3137-3143.

［7］　符吉祥,孙光才,邢孟道. 一种大转角 ISAR 两维自聚焦平动补偿方法. 电子与信息学报,2017, 39(12)：2889-2898.

［8］　高晓梅,张永红. Airy 光束聚焦后自恢复与透镜校正研究. 电子测量与仪器学报,2017,31(5)： 688-693.

［9］　胡良梅,姬长动,张旭东,等. 聚焦性检测与彩色信息引导的光场图像深度提取. 中国图象图形学报, 2016,21(2)：155-164.

［10］　刘斌,刘维杰,罗益辉,等. 八通道 MSVD 构造及其在多聚焦图像融合中的应用. 电子学报,2016, 44(7)：1694-1701.

[11] 刘畅,刘勤让. 使用增强学习训练多焦点聚焦模型. 自动化学报,2017,43(9)：1563-1570.

[12] 刘帅奇,胡绍海,赵杰,等. 结合向导滤波与复轮廓波变换的多聚焦图像融合算法. 信号处理,2016, 32(3)：276-286.

[13] 刘文康,景国彬,孙光才,等. 基于两步方位重采样的中轨 SAR 聚焦方法. 电子与信息学报,2019, 41(1)：136-142.

[14] 刘向阳,王静,牛德智,等. 前视阵列 SAR 回波稀疏采样及其三维成像方法. 电子学报,2017,45(1)： 74-82.

[15] 罗雨潇,安道祥,黄晓涛. 可结合 CSAR 时域成像处理的改进 PGA 方法. 信号处理,2017,33(9)： 1153-1161.

[16] 苗志英,夏天,汪红志,等. 极度非均匀磁场下的低场核磁共振成像技术研究进展. 中国生物医学工程学报,2018,37(2)：215-228.

[17] 邵帅,张磊,刘宏伟. 一种基于图像最大对比度的联合 ISAR 方位定标和相位自聚焦算法. 电子与信息学报,2019,41(4)：779-786.

[18] 王璐,王小春. W 变换和 NSCT 相结合的多聚焦图像融合方法. 电子测量与仪器学报,2017,31(5)： 756-765.

[19] 韦北余,朱岱寅,吴迪. 一种基于动目标聚焦的 SAR-GMTI 方法. 电子与信息学报,2016,38(7)： 1738-1744.

[20] 吴迪,杨成杰,朱岱寅,等. 一种用于单脉冲成像的自聚焦算法. 电子学报,2016,44(8)：1962-1968.

[21] 肖斌,姜彦君,李伟生,等. 基于离散 Tchebichef 变换的多聚焦图像融合方法. 电子与信息学报, 2017,39(8)：1927-1933.

[22] 肖斌,唐翰,徐韵秋,等. 基于 Hess 矩阵的多聚焦图像融合方法. 电子与信息学报,2018,40(2)： 255-263.

[23] 熊伟,张骏,高欣健,等. 自适应成本量的抗遮挡光场深度估计算法. 中国图象图形学报,2017, 22(12)：1709-1722.

[24] 章东,桂杰,王晓玲,等. 等高度聚焦算法的超声相控阵检测技术. 电子测量与仪器学报,2018, 32(2)：42-47.

[25] 张昊,陈世利,贾乐成. 基于超声相控线阵的缺陷全聚焦三维成像. 电子测量与仪器学报,2016, 30(7)：992-999.

[26] 赵守江,赵红颖,杨鹏,等. 基于仿生视觉的单相机光场成像及 3-3 维直接转换基础. 测绘学报,2018, 47(6)：809-815.

　　对上述文献进行了归纳分析,并将一些特性概括总结在表 1.5.1 中。

表 1.5.1　近期一些有关聚焦栈成像文献的概况

编号	方法分类	主 要 内 容
[1]	方位聚焦	针对柔性拖曳阵转弯机动过程,在积累时间内阵形变化导致自适应波束形成性能下降的问题,提出一种基于时变阵形聚焦和降维处理的低复杂度鲁棒波束形成方法
[2]	深度聚焦	提出多焦点聚焦模型,同时对多处并行聚焦。使用增强学习技术进行训练,将所有焦点的行为统一评分训练
[3]	方位聚焦	结合 W 变换的多尺度特点和非子采样方向滤波器组变换的多方向性,提出了一种新的基于 W 变换和非子采样方向滤波器组(NSDFB)的多尺度多方向变换
[4]	方位聚焦	提出 3 种自定义聚焦方案以满足各种检测需求,通过聚焦声场的有限元模型分析各自定义聚焦方案下的声场分布特征,据此制定声场控制方案并进行实际检测试验以验证自定义聚焦的检测效果
[5]	深度聚焦	利用地面散射源在三维空间中的稀疏性,提出距离频域和沿航向时域二维稀疏采样并稀疏重构地面三维图像的方法

编号	方法分类	主 要 内 容
[6]	方位聚焦	从分块近似匹配的角度出发,结合 DFT 滤波器组理论,提出了一种方位向聚焦的新算法
[7]	深度聚焦	详细分析了俯冲段几何成像模型以及大斜视成像支撑区选择问题,提出一种基于坐标轴旋转的俯冲段大斜视 SAR 波数域成像算法
[8]	深度聚焦	提出一种基于离散 Tchebichef 正交多项式变换的多聚焦图像融合方法,首次将离散正交多项式变换应用到多聚焦图像融合领域
[9]	深度聚焦	提出了一种用于单脉冲成像的自聚焦算法
[10]	深度聚焦	提出一种新的基于光场聚焦性检测函数的深度提取方法,获取高精度的深度信息
[11]	方向聚焦	根据衍射理论对聚焦后有限能量 Airy 光束的自恢复现象进行了研究,利用三角棱镜和圆形聚焦透镜组成的光学系统产生了 Airy 光束,所得到的 Airy 光束衰减较快
[12]	深度聚焦	采用断层扫描和全矩阵捕捉的方法获取成像数据;再利用全聚焦成像算法绘制高分辨率的断层图像,根据这些图像在三维空间中真实的位置关系,插值还原出缺陷的三维图像
[13]	方位聚焦	使用参数 2 维空变的 4 阶多项式模型对信号进行建模,同时提出一种基于两步方位插值的信号方位空变校正方法。通过两步插值法能够完全校正整个场景目标信号的方位空变特性,使得传统频域成像算法可以应用于中轨 SAR 的大场景聚焦
[14]	深度聚焦	基于椭圆弧扫描转换提出了一种单层物体超声波无损检测的新全聚焦算法 DEA-TFM
[15]	深度聚焦	提出一种矩阵型联合 CS-SAR 成像与自聚焦算法,该算法在 CS-SAR 成像重构方法方面,基于光滑 l_0 范数方法提出了矩阵型正则化光滑 l_0 范数重构方法
[16]	方向聚焦	全面论述低场开放式磁共振成像技术的起源、发展、关键技术,包括磁体、射频线圈、梯度线圈等硬件和射频脉冲设计、成像序列、图像后处理等方法,旨在为可移动式核磁共振成像设备的研发抛砖引玉
[17]	方向聚焦	针对特显点选取易受噪声影响这一问题,文中提出一种基于全局图像最大对比度的逆合成孔径雷达(ISAR)方位定标算法,并在实现方位定标的同时完成距离空变相位补偿自聚焦
[18]	方向聚焦	提出了一种可结合圆周合成孔径雷达(Circular Synthetic Aperture Radar,CSAR)时域成像处理的改进相位梯度自聚焦算法(Phase Gradient Autofocus,PGA)
[19]	深度聚焦	提出了一种八通道多尺度奇异值分解(Multi-resolution Singular Value Decomposition, MSVD)构造方法,并把它应用于多聚焦图像融合中
[20]	方向聚焦	结合复轮廓波时频分离的优点和向导滤波的特点提出了一种基于向导滤波的复轮廓波域多聚焦图像融合算法
[21]	方向聚焦	提出了一种基于自聚焦的变门限 SAR/(Ground Moving Target Indication,GMTI)动目标检测算法
[22]	深度聚焦	提出了一种基于 Hess 矩阵的多聚焦图像融合方法
[23]	深度聚焦	针对遮挡问题,多视角立体匹配框架下,提出了一种对遮挡鲁棒的光场深度估计算法
[24]	方向聚焦	超声相控阵检测技术通过控制阵列晶片激发声波的延迟时间,改变声波到达物体某点的相位关系,实现声束的偏转和聚焦,从而在不移动探头位置的条件下得到整个检测物体的清晰成像
[25]	方向聚焦	提出一种动目标筛选方法,能够判断恒虚警概率(Constant False Alarm Rate,CFAR)检测器检测到的目标是否为动目标
[26]	深度聚焦	考虑机器视觉参量下的三维数字摄影测量智能构象,以仿生复眼运动目标捕获的 3-3-2 信息处理方式为切入点,提出生物利用复眼进行三维成像的基本原理

由表 1.5.1 可看出以下几点。

（1）文献中聚焦算法的应用场景很广泛，主要是针对成像方面的聚焦研究较为深入，包括有光场估计，多聚焦融合等。

（2）从技术类别来看，深度聚焦技术采用的最多（占了一半）。在实际应用场景中，常由于镜头自身硬件原因导致无法对大纵深场景清晰成像，所以采用计算方法可以有效地扩展相机的景深范围，达到较好的成像效果。此外，方向聚焦技术也有较为广泛的研究。

（3）全聚焦成像借助了许多其他数学理论工具和技术概念，如光场理论、模糊核估计、聚焦栈技术等。

第2章

图像去模糊

图像模糊是一种常见的图像退化过程或结果。它常在图像采集过程中产生,也可以由一些图像处理操作所导致[章 2018]。一般的图像模糊会对目标的频谱宽度有一定限制作用,使得图像的清晰度下降,分辨力减少,有用信息丢失。

导致图像模糊的原因有许多。其中比较典型的图像模糊有摄像机与景物间运动导致的运动模糊、大气湍流或雾霾造成的失真模糊、镜头有限景深导致的失焦模糊、光学系统缺陷引起的像差模糊、光的孔径衍射而产生的衍射模糊等。也有人从图像降晰的角度看,将噪声造成的图像质量下降称为模糊(退化)。

图像去模糊指消除图像中的模糊,常常采用图像恢复类的技术。图像去模糊的方法有许多种:根据在恢复中是否考虑图像受到的物理约束,可以分为无约束恢复和有约束恢复两大类;根据恢复中是否需要外来干预,可以分为自动和交互两大类;根据使用的图像数量,可以分为单幅图像去模糊和多幅图像去模糊两大类;根据是否利用造成模糊原因的先验知识来建模求解,又可以分为盲去模糊和非盲去模糊两大类。

20 世纪 90 年代以前,图像去模糊技术主要基于空域局部滤波的方法。这类方法的优点是计算速度快,但其去模糊效果较差。其后到 21 世纪初,基于稀疏变换的图像去模糊技术得到较多的关注和研究,这类方法去模糊后图像的质量较高。近 10 来年,图像去模糊技术开始结合非局部相似性方法以及神经网络方法。

2.1　图像去模糊概述

图像模糊是一种图像退化过程,它导致图像清晰度下降,会影响对目标的辨识。对**模糊化图像**的质量可采用图像恢复的技术来进行改善(称为**去模糊**),即要将图像退化的过程模型化,并根据相应的退化模型和相关知识重建或恢复原始的清晰图像。

2.1.1　通用图像退化模型

图 2.1.1 给出一个简单的**通用图像退化模型**(如[章 2018])。在这个模型中,图像退化过程被模型化为一个作用在输入图像 $f(x,y)$ 上的(线性)系统 H,即**点扩展函数**(PSF),其

傅里叶变换是**传递函数**。它与一个加性噪声 $n(x,y)$ 的联合作用导致产生退化图像 $g(x,y)$。根据这个模型恢复图像就是要在给定 $g(x,y)$ 和代表退化的 H 的基础上得到对 $f(x,y)$ 的某个近似的过程。

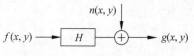

图 2.1.1　通用图像退化模型

图 2.1.1 中的输入和输出具有如下关系：

$$g(x,y)=H[f(x,y)]+n(x,y) \tag{2.1.1}$$

退化系统 H 如果满足如下 4 个性质（这里假设 $n(x,y)=0$），则恢复会相对简单。

（1）线性：如果令 k_1 和 k_2 为常数，$f_1(x,y)$ 和 $f_2(x,y)$ 为两幅输入图像，则有

$$H[k_1f_1(x,y)+k_2f_2(x,y)]=k_1H[f_1(x,y)]+k_2H[f_2(x,y)] \tag{2.1.2}$$

（2）相加性：如果式(2.1.2)中 $k_1=k_2=1$，则可变成

$$H[f_1(x,y)+f_2(x,y)]=H[f_1(x,y)]+H[f_2(x,y)] \tag{2.1.3}$$

式(2.1.3)指出一个线性系统对两幅输入图像之和的响应等于它对两幅输入图像响应的和。

（3）一致性：如果式(2.1.2)中 $f_2(x,y)=0$，则可变成

$$H[k_1f_1(x,y)]=k_1H[f_1(x,y)] \tag{2.1.4}$$

式(2.1.4)指出一个线性系统对常数与任意输入之乘积的响应等于常数与该线性系统对输入响应的乘积。

（4）位置（空间）不变性：如果对任意的 $f(x,y)$ 以及常数 a 和 b，有

$$H[f(x-a,y-b)]=g(x-a,y-b) \tag{2.1.5}$$

式(2.1.5)指出线性系统在图像中任意位置的响应只与在该位置的输入值有关而与位置本身无关。

如果一个线性退化系统还同时满足上面(2)～(4)的 3 个性质，则式(2.1.1)可以写成（$\otimes$ 代表卷积）

$$g(x,y)=h(x,y)\otimes f(x,y)+n(x,y) \tag{2.1.6}$$

式中，$h(x,y)$ 为退化系统的**脉冲响应**，借助对应的矩阵表达，式(2.1.6)可写成

$$\boldsymbol{g}=\boldsymbol{hf}+\boldsymbol{n} \tag{2.1.7}$$

根据卷积定理，与式(2.1.6)对应的频率域表达为

$$G(u,v)=H(u,v)F(u,v)+N(u,v) \tag{2.1.8}$$

上述线性空间不变的退化模型最为常见。有些情况下还需要考虑非线性退化的情况，此时有一种模型可用图 2.1.2 来表示[章 2018]。这里认为，非线性的退化可以分解为一个线性退化部分 H 和一个纯非线性退化部分 K 的组合。这样一来，图 2.1.2 中的输入和输出具有如下关系：

$$g(x,y)=K\{H[f(x,y)]\}+n(x,y)=K[b(x,y)]+n(x,y) \tag{2.1.9}$$

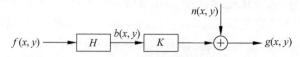

图 2.1.2　一种考虑非线性退化的图像退化模型

从形式上看，式(2.1.9)与式(2.1.1)有些相似。对比式(2.1.1)，式(2.1.9)中的 $b(x,y)$ 是线性退化系统 H 作用在 $f(x,y)$ 上的结果，而 K 是一个纯非线性退化系统。

2.1.2 模糊退化

图像模糊是一种常见的图像退化情况或过程,也可用图2.1.1的模型来表示,其中模糊是由系统 H 产生的,此时 H 也称为**模糊核**。在图2.1.1中,输入图像既受到模糊影响也受到噪声影响,结果退化图像 $g(x, y)$ 成为有噪声的模糊图像。

假如已知模糊核,只需求解清晰图像,这个问题可称为**非盲去模糊**。如果模糊核和清晰图像都需要求解的话,这个问题称为**盲去模糊**。对盲去模糊问题,如果能设法获得模糊核,则可转化为非盲去模糊问题。

直接求解盲去模糊问题是一个病态(欠定)问题,因为解不唯一。在实际求解过程中需要引入关于模糊核或清晰图像的先验知识(包括增强边缘的启发式知识和构建先验概率分布模型的知识)。根据解决欠定问题的数学方法,可以考虑构建基于图像先验信息的正则化代价函数,将问题转化为一个变分问题,其中变分积分同时依赖于数据和平滑约束。例如,对从一组利用在点 $x_1, x_2, \cdots, x_n$ 的值 $y_1, y_2, \cdots, y_n$ 来估计函数 f 的问题,其正则化方法是去最小化泛函

$$H(f) = \sum_{i=1}^{N} [f(x_i) - y_i]^2 + k\Phi(f) \tag{2.1.10}$$

式中,$\Phi(f)$ 是平滑泛函,k 是一个正的参数,称为**正则化数**。

不同原因导致的模糊会对图像质量产生不同的影响(使图像中产生不同的变化),不同类型的模糊所对应的模糊核也可以很不相同。

产生**运动模糊**的必要条件是成像过程中摄像机与拍摄对象之间有相对运动,这种运动可以源自摄像机运动(全局运动)、拍摄对象运动(局部运动),或两者兼而有之。实际中,如果成像时间较长和/或运动比较剧烈,导致成像过程中运动的轨迹长度达到像素级,则就会在采集的图像上形成可见的运动模糊。运动模糊体现在图像上是景物沿运动方向拖长,并产生叠影,所以也称**运动拖尾**。使用望远镜头的图像采集系统(视场较窄)对这类图像退化非常敏感。

失焦模糊与摄像机镜头的**景深**有关。镜头的景深对应场景中可以清晰成像的最近物体和最远物体之间的距离。当摄像机镜头聚焦于某个距离时,该距离的景物最为清晰,偏离该距离的景物会随偏离程度而逐渐模糊。一般在该距离前后的一定范围(景深范围)内,模糊没有达到像素级,产生的模糊还不可被察觉;超出这个范围的景物在采集的图像上就会显现出模糊的影响。这种模糊一般是各向同性的,它限制了图像的分辨锐度。所以,如果没有聚焦于希望观察的景物(错失聚焦),图像中的景物就可能不够清晰。

图2.1.3(a)给出一幅原始清晰图像以及与它对应的分别具有运动模糊(图2.1.3(b))和失焦模糊(图2.1.3(c))的两幅图像。图2.1.3(b)和图2.1.3(c)的左上角给出了产生相应模糊的模糊核(图像)。可见,运动模糊的模糊核为一条反映运动轨迹的直线(对复杂的运动会是一条曲线),而失焦模糊的模糊核为一个圆盘。运动模糊具有方向性,而失焦模糊在各个方向上比较一致。这里模糊核的不同分别与图2.1.3(b)和图2.1.3(c)中景物的模糊情况也是对应的。

另外,大气湍流(导致的)模糊在一定意义上包含了上述两种模糊的一些特点。大气湍流是大气中的一种重要运动形式,是空气质点无规则或随机变化的一种运动状态,这种运动

(a)   (b)   (c)

图 2.1.3　运动模糊和失焦模糊示例

服从某种统计规律。大气湍流能够造成图像模糊降晰，甚至扭曲变形。湍流畸变图像中含有成像系统与物体的衍射极限信息。大气湍流导致大气的折射率随时间和空间而随机变化，光在湍流中传播的方向和相位会发生抖动，使成像焦平面产生像点强度随机起伏，形成强度分布扩散、峰值降低、图像模糊和位置偏移等现象。

2.1.3　模糊核估计

　　根据图像退化模型，为恢复模糊图像（去模糊）需要确定模糊函数，即估计模糊核。实际中，模糊函数常常很难完全从图像中确定，但可以借助一些先验知识来进行估计。在无法直接获得模糊函数的情况下，进行图像恢复消除模糊也称为**盲反卷积**。

　　对模糊函数的估计方法主要可以分为 3 类。

　　（1）借助对图像的观察来估计。

　　（2）借助点源图像实验来估计。

　　（3）借助对退化的建模来估计。

　　1. 借助对图像的观察估计模糊函数

　　考虑图像受到线性空间不变退化影响的情况。如果仅给定一幅退化的图像 $g(x,y)$ 而没有关于图像退化函数的任何知识，要估计退化函数就只能使用这幅图像中所包含的信息。

　　当退化是由模糊过程导致的时候，可以选取图像中具有典型结构的一个（子）区域。为减少噪声的影响，该区域最好包含明显的边缘或目标与背景的高对比度交界。如果设目标与背景之间的灰度对比度为 C_{ob}，噪声的均方差为 σ，则可定义信噪比为[章 2018]

$$\mathrm{SNR} = \left(\frac{C_{ob}}{\sigma}\right)^2 \tag{2.1.11}$$

这里要尽量选择信噪比大的区域。

　　设所选的模糊图像中的区域为 $g_s(x,y)$，需要对 $g_s(x,y)$ 进行处理以获得 $f_s(x,y)$，这里 $f_s(x,y)$ 是对原始图像 $f(x,y)$ 在与 $g_s(x,y)$ 对应位置的估计。如果所选区域的信噪比足够大，可以忽略噪声的影响，则根据式（2.1.8），可写出

$$H_s(u,v) = \frac{G_s(u,v)}{F_s(u,v)} \tag{2.1.12}$$

式中，$G_s(u,v)$ 和 $F_s(u,v)$ 分别为 $g_s(x,y)$ 和 $f_s(x,y)$ 的傅里叶变换，$H_s(u,v)$ 为对应区域的模糊函数。

　　如果假设模糊是线性空间不变的，所以理论上由 $H_s(x,y)$ 就可推断得到 $H(x,y)$。当

然,这种方法是相当粗糙的,还需要比较麻烦的人工操作。

2. 借助点源图像实验估计模糊函数

如果知道采集模糊图像 $g(x,y)$ 的设备种类而且手头还有类似的设备,那就有可能对模糊进行一个比较准确的估计。首先利用手头具有的设备,进行不同的系统设定或参数选择,尽量获得与所给定模糊图像接近的图像。接下来,根据相同的系统设定或参数选择对一个小光点(近似一个脉冲)进行成像以获得模糊过程的**脉冲响应**(线性空间不变系统的特性完全由其脉冲响应所确定)。

事实上,一幅图像可以看作多个点源图像的集合,如将点源图像看作单位脉冲函数($\mathscr{F}[\delta(x,y)]=1$)的近似,则此时有 $G(u,v)=H(u,v)F(u,v)\approx H(u,v)$ 。换句话说,此时模糊系统的**传递函数** $H(u,v)$ 可以用模糊图像的傅里叶变换来近似。

实际应用中,希望小光点尽量亮,与背景反差尽量大,这样就可以将噪声的影响降低到最小以至可以忽略。因为一个脉冲的傅里叶变换是个常数(这里设为 C),所以根据式(2.1.8),可写出

$$H(u,v)=\frac{G(u,v)}{C} \tag{2.1.13}$$

式中, $G(u,v)$ 为模糊图像 $g(x,y)$ 的傅里叶变换, $H(u,v)$ 为模糊函数。

3. 借助对模糊的建模估计模糊函数

如果能对模糊过程建立模型,就有可能获得解析的模糊函数,从而根据式(2.1.8)来恢复模糊的图像。实际中,仅对一些特殊的模糊形式,可以解析地获得恢复所用的模糊函数。下面是两个特例。

(1) 由于薄透镜聚焦不准而导致的图像(失焦)模糊可用下面的函数描述:

$$H(u,v)=\frac{\mathrm{J}_1(dr)}{dr} \tag{2.1.14}$$

式中, J_1 是一阶贝塞尔函数, $r^2=u^2+v^2$, d 是模型平移量(注意该模型是随着位置变化的)。这个函数可以作为模糊函数来进行图像去模糊。

(2) 在较昏暗的场景中摄像机需要较长曝光时间,如果摄像机与拍摄对象之间有相对运动的情况,则采集的图像常常是(运动)模糊的。考虑相对运动为匀速直线运动的情况(产生**匀速直线运动模糊**),假设对在平面上匀速运动的景物采集一幅图像 $f(x,y)$,并设 $x_0(t)$ 和 $y_0(t)$ 分别是运动对象在 x 和 y 方向的运动分量, T 是采集时间长度。忽略其他因素,实际采集到的模糊图像 $g(x,y)$ 可表示为

$$g(x,y)=\int_0^T f[x-x_0(t),y-y_0(t)]\,\mathrm{d}t \tag{2.1.15}$$

它的傅里叶变换可表示为

$$G(u,v)=\int_{-\infty}^{\infty}\int_{-\infty}^{\infty}g(x,y)\exp[-\mathrm{j}2\pi(ux+vy)]\mathrm{d}x\,\mathrm{d}y$$

$$=F(u,v)\int_0^T \exp\{-\mathrm{j}2\pi[ux_0(t)+vy_0(t)]\}\mathrm{d}t \tag{2.1.16}$$

如果定义

$$H(u,v)=\int_0^T \exp\{-\mathrm{j}2\pi[ux_0(t)+vy_0(t)]\}\mathrm{d}t \tag{2.1.17}$$

为运动模糊退化函数，则在能够确定或估计出运动分量 $x_0(t)$ 和 $y_0(t)$ 的情况下，就可以消除模糊（一个示例见 2.2 节）。

2.2　经典去模糊方法

对去模糊的研究已有许多年的历史，人们已提出了多种经典的方法，并在实际中得到了广泛应用。下面简单介绍逆滤波、维纳滤波和有约束最小平方恢复三种方法[章 2018]。

2.2.1　逆滤波

逆滤波是一种简单、直接的**无约束恢复**方法。

1. 逆滤波原理

考虑图 2.1.1 给出的通用图像退化模型，由式（2.1.7）可得

$$n = g - hf \tag{2.2.1}$$

这里假设对 n 没有先验知识，可将图像恢复问题描述为需要寻找一个对 f 的估计 f_e，使得 hf 在最小均方误差的意义下最接近 g。这种情况下的最优估计相当于要使 n 的范数最小（无噪声）。据此可解得：

$$f_e = h^{-1}g \tag{2.2.2}$$

式（2.2.2）表明，用退化系统的矩阵表达的逆来左乘退化图像就可以得到对原始图像 f 的估计 f_e。如果转到频率域中，则对原始图像傅里叶变换的估计为：

$$F_e(u,v) = \frac{G(u,v)}{H(u,v)} \tag{2.2.3}$$

即用退化系统函数去除退化图像的傅里叶变换就可以得到一个对原始图像傅里叶变换的估计。如果把 $H(u,v)$ 看作一个滤波函数，则用 $H(u,v)$ 去除 $G(u,v)$ 就是一个逆滤波过程（这里 $H(u,v)$ 是一个理想逆滤波器）。将式（2.2.3）的结果求傅里叶反变换就可得到恢复后的图像：

$$f_e(x,y) = \mathscr{F}^{-1}\left[F_e(u,v)\right] = \mathscr{F}^{-1}\left[\frac{G(u,v)}{H(u,v)}\right] \tag{2.2.4}$$

用逆滤波消除匀速直线运动模糊的一个示例可见图 2.2.1。图 2.2.1(a)为由于摄像机与被摄物体之间存在相对匀速直线运动而造成模糊的一帧 256×256 图像。这里在拍摄期间物体水平移动的距离为图像在该方向尺寸的 1/8，即 32 个像素。图 2.2.1(b)为将移动距离估计为 32 而得到的结果，图像得到了较好的恢复。图 2.2.1(c)和图 2.2.1(d)分别为取移动距离为 24 和 40 而得到的结果，由于对运动速度估计得都不准，所以恢复效果均不好。

在前面的讨论里，相当于没有考虑式（2.1.8）中的噪声项 $N(u,v)$。实际中，噪声是不可避免的。考虑噪声后，对应式（2.2.3）的逆滤波形式为

$$F_e(u,v) = F(u,v) + \frac{N(u,v)}{H(u,v)} \tag{2.2.5}$$

由式（2.2.5）可看出两个问题。首先因为 $N(u,v)$ 是随机的，所以即便知道了退化函数 $H(u,v)$，也并不能总是精确地恢复原始图像。其次，如果 $H(u,v)$ 在 UV 平面上取 0 或很小的值，$N(u,v)/H(u,v)$ 就会使恢复结果与预期的结果有很大差距（对 $H(u,v)$ 的计算也

图 2.2.1　消除匀速直线运动造成的模糊

会遇到问题）。实际中,一般 $H(u,v)$ 随 u、v 与原点距离的增加而迅速减小,而噪声 $N(u,v)$ 却变化缓慢。在这种情况下,恢复只能在与原点较近(接近频域中心)的范围内进行,此时 $H(u,v)$ 相比 $N(u,v)$ 足够大。换句话说,一般情况下逆滤波器并不正好是 $1/H(u,v)$,而是 u 和 v 的某个有限制的函数,可记为 $M(u,v)$。$M(u,v)$ 常称为**恢复传递函数**,这样合起来的图像退化和恢复模型可用图 2.2.2 表示。

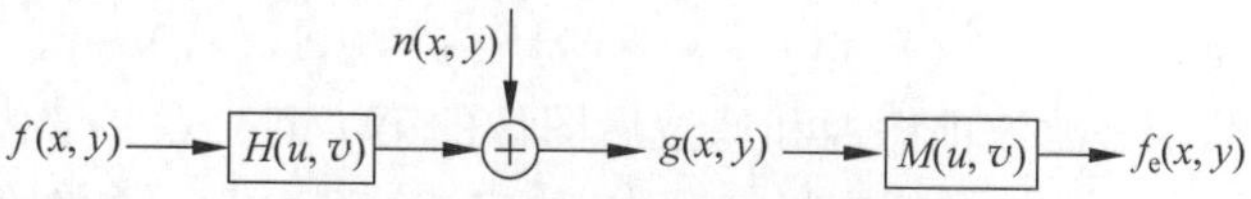

$$f(x,y) \longrightarrow \boxed{H(u,v)} \longrightarrow \oplus \longleftarrow n(x,y) \longrightarrow g(x,y) \longrightarrow \boxed{M(u,v)} \longrightarrow f_{\mathrm{e}}(x,y)$$

图 2.2.2　图像退化和恢复模型

一种常见的方法是取 $M(u,v)$ 为如下函数:

$$M(u,v) = \begin{cases} 1/H(u,v) & u^2 + v^2 \leqslant w_0^2 \\ 1 & u^2 + v^2 > w_0^2 \end{cases} \tag{2.2.6}$$

式中,w_0 的选取原则是将 $H(u,v)$ 为 0 的点除去。这种方法的缺点是恢复结果的振铃效应较明显。

另一种改进的方法是取 $M(u,v)$ 为

$$M(u,v) = \begin{cases} k & H(u,v) \leqslant d \\ 1/H(u,v) & \text{其他} \end{cases} \tag{2.2.7}$$

式中,k 和 d 均为小于 1 的常数,而且 d 选得较小为好。

图 2.2.3 给出一个对上述两个恢复转移函数进行比较的示例。图 2.2.3(a)为一幅用低通滤波器对理想图像进行模糊而得到的模拟退化图像。根据式(2.2.6)和式(2.2.7)的恢复转移函数进行逆滤波而得到的恢复结果分别见图 2.2.3(b)和图 2.2.3(c)。两者比较,图 2.2.3(c)的振铃效应较小。

2. 逆滤波的快速计算

如果退化源可用一阶算子(滤波器)建模,则不需要进行傅里叶变换就可实现逆滤波 [Goshtasby 2005]。一阶算子指可以分解为 1-D 算子的组合的算子。例如,下面的一阶算子 $\boldsymbol{R}$ 可以分解为

$$\boldsymbol{R} = \begin{bmatrix} ac & a & ad \\ c & 1 & d \\ bc & b & bd \end{bmatrix} = \begin{bmatrix} a \\ 1 \\ b \end{bmatrix} \begin{bmatrix} c & 1 & d \end{bmatrix} = \boldsymbol{st}^{\mathrm{T}} \tag{2.2.8}$$

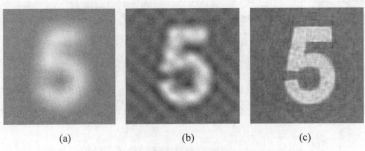

(a)   (b)   (c)

图 2.2.3　不同恢复转移函数效果的比较

将一幅图像与滤波器 $\boldsymbol{R}$ 卷积相当于将图像与滤波器 s 卷积后再与滤波器 t 卷积。类似地，对一幅图像用滤波器 $\boldsymbol{R}$ 进行逆滤波相当于对图像先用滤波器 t 进行逆滤波再用滤波器 s 进行逆滤波。下面仅讨论对滤波器 s 的逆滤波计算，对滤波器 t 的逆滤波计算可通过对图像的转置用滤波器 t 的转置进行逆滤波然后再转置所得结果来实现。

假设 f 是一幅 $M \times N$ 图像，可以将该图像与滤波器 r 的卷积写成下式：

$$g(j) = \mathscr{F}^{-1}\{\mathscr{F}[f(j)] \cdot \mathscr{F}(r)\} \quad j = 0, 1, \cdots, N-1 \tag{2.2.9}$$

式中，$f(j)$ 和 $g(j)$ 分别是滤波前图像和滤波后图像的第 j 列。点"·"代表点对点的乘法，$\mathscr{F}$ 和 $\mathscr{F}^{-1}$ 分别表示傅里叶变换和反变换。现在，给定滤波（模糊）后的图像 g 和滤波器 s，模糊前的图像可如下计算：

$$f(j) = \mathscr{F}^{-1}\left\{\frac{\mathscr{F}|g(j)|}{\mathscr{F}(s)}\right\} \tag{2.2.10}$$

式中，除法也是点对点的。这个操作仅在 s 的傅里叶变换系数均不为 0 时才可能进行。

对一阶滤波器，计算逆滤波并不需要使用傅里叶变换。如果图像 g 是通过将 $M \times N$ 的图像 f 与滤波器 s 卷积而得到的，那么

$$g(x,y) = \sum_{i=-1}^{1} s(i)f(x, y+i), \quad \begin{matrix} x = 0, 1, \cdots, M-1; \\ y = 0, 1, \cdots, N-1 \end{matrix} \tag{2.2.11}$$

式中，$g(x,y)$ 是卷积图像的第 xy 项，$s(-1) = a, s(0) = 1, s(1) = b$。在式（2.2.11）中，假设对 $x = 0, 1, \cdots, M-1, f(x, -1)$ 和 $f(x, N)$ 均为 0。式（2.2.11）也可用矩阵形式写成 $\boldsymbol{g} = \boldsymbol{Hf}$，其中

$$\boldsymbol{H} = \begin{bmatrix} 1 & b & & & & & \\ a & 1 & b & & & & \\ & a & 1 & \vdots & & & \\ & & a & \vdots & b & & \\ & & & \vdots & 1 & b \\ & & & & a & 1 \end{bmatrix}_{M \times M} \tag{2.2.12}$$

注意，给定滤波器 s，则矩阵 $\boldsymbol{H}$ 完全可确定。考虑到矩阵 $\boldsymbol{H}$ 的特殊形式，原始图像 f 可逐行或逐列确定。令 $f(j)$ 和 $g(j)$ 分别是 f 和 g 的第 j 列，$f(j)$ 可通过解下式来得到

$$\boldsymbol{H}f(j) = g(j) \tag{2.2.13}$$

为解式（2.2.13），将 $\boldsymbol{H}$ 用 $b\boldsymbol{D}$ 来代替，这里

$$D = \begin{bmatrix} \alpha & 1 & & & & \\ \beta & \alpha & 1 & & & \\ & \beta & \alpha & \vdots & & \\ & & \beta & \vdots & 1 & \\ & & & \vdots & \alpha & 1 \\ & & & & \beta & \alpha \end{bmatrix} = \begin{bmatrix} 1 & & & & & \\ k_0 & 1 & & & & \\ & k_1 & 1 & & & \\ & & k_2 & \vdots & & \\ & & & \vdots & \alpha & \\ & & & & k_{M-2} & \alpha \end{bmatrix} \begin{bmatrix} l_0 & 1 & & & & \\ & l_1 & 1 & & & \\ & & l_2 & \vdots & & \\ & & & \vdots & 1 & \\ & & & & l_{M-2} & 1 \\ & & & & & l_{M-1} \end{bmatrix}$$

$$= KL \tag{2.2.14}$$

式中,$\alpha = 1/b$,$\beta = a/b$,$l_0 = a$,$k_{i-1} = \beta/l_{i-1}$,且 $l_i = a - k_{i-1}$,$i = 1, 2, \cdots, M-1$。已经证明,只有在 $a, b < 0.5$ 时,对矩阵 D 的 KL 分解才存在。现将式(2.2.13)重新写成

$$bKLf(j) = g(j) \tag{2.2.15}$$

令矢量 E 满足 $KE = g(j)$ 并代入式(2.2.15)中,则根据 $bLf(j) = E$,就可算得 $f(j)$。逐行计算矩阵 f 中的每个元素只需要 4 次乘法。所以如此计算逆滤波(使用 3×3 的一阶滤波器)所需的乘法在 $O(N^2)$ 量级。相比于用快速傅里叶算法计算一幅 $N \times N$ 图像的逆滤波所需乘法的 $O(N^2 \log_2 N)$ 量级,对较大的 N,所节省的计算量还是比较多的。

2.2.2　维纳滤波

维纳滤波是一种**有约束恢复**的方法,与逆滤波这样的无约束恢复方法不同,有约束恢复的方法还考虑到恢复后的图像应该受到一定的物理约束,如在空间上比较平滑、其灰度值为正等。

维纳滤波器是一种最小均方误差滤波器。在频率域中,维纳滤波器的一般表达式为:

$$F_e(u,v) = H_W(u,v)G(u,v) = \frac{H^*(u,v)}{|H(u,v)|^2 + s\,[S_n(u,v)/S_f(u,v)]} G(u,v) \tag{2.2.16}$$

式中,s 为一个参数(见下文),$S_f(u,v)$ 和 $S_n(u,v)$ 分别为原始图像和噪声的相关矩阵元素的傅里叶变换。

式(2.2.16)有几种变型。

(1) 如果 $s = 1$,$H_W(u,v)$ 就是标准的维纳滤波器。

(2) 如果 s 是变量,就称为**参数维纳滤波器**。

(3) 当没有噪声时,$S_n(u,v) = 0$,维纳滤波器退化成上节的理想逆滤波器。

实际中 $S_n(u,v)$ 和 $S_f(u,v)$ 常常是未知的,此时式(2.2.16)可用下式来近似(其中 K 是一个预先设定的常数):

$$F_e(u,v) \approx \frac{H^*(u,v)}{|H(u,v)|^2 + K} G(u,v) \tag{2.2.17}$$

图 2.2.4 给出一个在两种情况下逆滤波去模糊和维纳滤波去模糊的对比实例。图 2.2.4(a)所示一列图为先将一幅正常图像与平滑函数 $h(x,y) = \exp[\sqrt{(x^2 + y^2)}/240]$ 相卷积产生模糊(类似于遥感成像中的大气扰动效果),再叠加零均值,方差分别为 8 和 32 的高斯随机噪声而得到的一组待恢复图像。图 2.2.4(b)所示一列图为用逆滤波方法进行恢复得到的结果。图 2.2.4(c)所示一列图为用维纳滤波方法进行恢复得到的结果。由图 2.2.4(b)和图 2.2.4(c)可见维纳滤波在图像受噪声影响时效果比逆滤波要好,而且噪声越强时这种优

(a)   (b)   (c)

图 2.2.4 逆滤波去模糊与维纳滤波去模糊的比较

势越明显。

另外，还可将式(2.2.16)给出的维纳滤波器进一步推广，就能得到一种**几何均值滤波器**：

$$H_W(u,v) = \left[\frac{H^*(u,v)}{|H(u,v)|^2}\right]^t \left[\frac{H^*(u,v)}{|H(u,v)|^2 + s\left[S_n(u,v)/S_f(u,v)\right]}\right]^{1-t} \quad (2.2.18)$$

式中，s 和 t 都是正实数。这个几何均值滤波器包括两部分，指数分别是 t 和 $1-t$。式(2.2.18)在 $t=1$ 和 $t=0$ 时分别变成逆滤波器和参数维纳滤波器；而且如果同时有 $s=1$，则成为标准维纳滤波器。除此之外，这里还可取 $t=1/2$，此时式(2.2.18)成为两个具有相同幂的表达的乘积(满足几何均值的定义，该滤波器的名称即源于此)。当 $s=1, t<1/2$ 时，几何均值滤波器更接近逆滤波器；而如果 $t>1/2$，几何均值滤波器更接近维纳滤波器。

2.2.3 有约束最小平方恢复

维纳滤波的方法是一种统计方法。它用的最优准则基于图像和噪声各自的相关矩阵，所以由此得到的结果只是在平均意义上最优。**有约束最小平方恢复**方法只需有关噪声均值和方差的知识就可对每个给定图像得到最优结果。

在频率域中，有约束最小平方恢复的公式为

$$F_e(u,v) = \left[\frac{H^*(u,v)}{|H(u,v)|^2 + s|L(u,v)|^2}\right] G(u,v) \quad u,v=0,1,\cdots,M-1$$

$$(2.2.19)$$

式中，$L(u,v)$ 代表将拉普拉斯算子(计算沿 X 和 Y 方向的二阶偏导数之和)扩展到图像尺寸的函数所对应的 2-D 傅里叶变换。

式(2.2.19)与维纳滤波器有些相似，主要区别是这里除了对噪声均值和方差的估计外不需要其他统计参数的知识。

图 2.2.5 给出一个在两种情况下维纳滤波去模糊与有约束最小平方滤波去模糊的比较示例。图 2.2.5(a)所示一列两图分别为以散焦半径 $R=3$ 的滤波器进行模糊得到的图像及

又加了方差为 4 的随机噪声的图像。图 2.2.5(b)是用维纳滤波对对应图 2.2.5(a)恢复的结果。图 2.2.5(c)是用有约束最小平方滤波对对应图 2.2.5(a)恢复的结果。由这些图可见,既有模糊又有噪声时有约束最小平方滤波的效果比维纳滤波略好一些,没有噪声仅有模糊时两种方法效果基本一致。

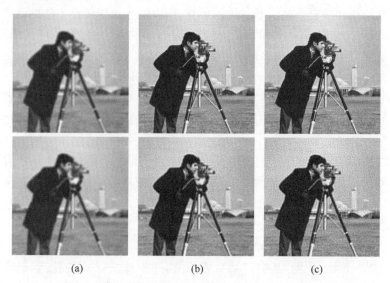

(a) (b) (c)

图 2.2.5 维纳滤波去模糊与有约束最小平方滤波去模糊的比较

2.3 估计运动模糊核

图像模糊是一种退化过程。根据图像恢复的理论,需要根据相应的退化模型和知识重建或恢复原始的图像。根据图 2.1.1 的模型,要实现图像去模糊,关键是要确定出模糊退化函数,即模糊核。下面介绍两种估计运动模糊核的方法。

2.3.1 快速盲反卷积

根据式(2.1.6),如果将模糊看作一个卷积过程,则去模糊应该是一个反卷积过程。

1. 基本思路

根据式(2.1.7),实现**盲反卷积**(这里是**盲去模糊**),即只有一幅模糊图像但要同时确定出模糊核和原始清晰图像,是一个病态问题。换句话说,只知道 g 时可以满足式(2.1.7)的 h 和 f 会有无数组。为此,不仅需要引入先验知识,还需要迭代优化地去估计 h 和 f[Cho 2009]:

$$f_e = \underset{f}{\mathrm{argmin}}\{\parallel g - hf \parallel + R_f(f)\} \tag{2.3.1}$$

$$h_e = \underset{h}{\mathrm{argmin}}\{\parallel g - hf \parallel + R_h(h)\} \tag{2.3.2}$$

式中,$\parallel g - hf \parallel$ 是数据拟合项(常用 L_2 范数),R_f 和 R_h 是正则项(例如都可以使用全变分)。

使用迭代优化的目的是渐进地细化运动模糊核 h。一旦获得了 h,则可以进一步使用非盲去模糊,即利用 h 和 g 实现非盲反卷积而得到 f。这里迭代过程中得到的 f_e 并不直接影响去模糊的最终结果，而只是间接影响对运动模糊核 h 的细化。

前述迭代优化时利用了对 f_e 估计中的两个重要步骤以实现对模糊核的准确估计：尖锐边缘恢复和平滑区的噪声消除。前者能帮助准确地估计模糊核，而后者则可消除噪声对模糊核估计的影响。直接使用式（2.3.1）常需要使用计算复杂的非线性优化方法，而使用式（2.3.2）来估计模糊核会涉及大量的矩阵运算，所以前述迭代优化方法的计算量会很大。

为计算式（2.3.1），假设对 f_e 的估计中含有足够多的强边缘，从而可借助滤波来进行。具体来说，将对 f_e 的估计分解为两部分：去卷积和预测。给定一幅模糊图像 g 和一个模糊核 h，首先要消除 g 中的模糊以借助简单和快速的反卷积来估计 f。根据高斯先验，f 中应该包括平滑的边缘和光滑区域中的噪声。通过使用有效的滤波技术，可以从 f 中恢复出强的边缘并消除噪声而得到细化的估计 f_0。这样，f_0 就提供了一个较高质量的、用于初步进行核估计的 f_e。

为计算式（2.3.2），可采用类似的策略。在优化中，常常需要对能量函数进行多次梯度计算，而这需要大量的矩阵运算。为加快对式（2.3.2）的计算，可利用这里的矩阵运算对应卷积运算的特点，使用快速傅里叶变换（FFT）来加速。

2. 盲反卷积过程

实现盲反卷积的流程如图 2.3.1 所示[Cho 2009]。为了渐进地细化 f_e 和 h，需要对3个步骤进行迭代计算：预测（其中包括双边滤波，冲击滤波，梯度幅度取阈值），核估计和反卷积。这里将预测放在循环的开始以提供初始的 f_e 值以进行核估计。

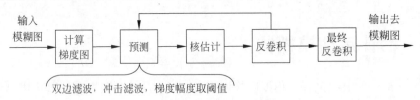

图 2.3.1　盲反卷积过程

在预测步骤，需要计算 f 的两个梯度图（$G_x = \partial f / \partial x$ 和 $G_y = \partial f / \partial y$）以消除光滑区域的噪声和预测 f 中的显著边缘。除了在迭代的开始，预测步骤的输入都是前一个迭代中反卷积步骤得到的对 f 的估计。在核估计步骤，需要使用预测的梯度图和 g 的梯度图。在反卷积步骤，需要使用 h 和 g 来获得对 f 的估计，该估计将用于下一次迭代的预测步骤。

为了使对 h 和 f 的估计更加有效和高效，可以采用从粗到精的方案。在最粗糙的层次，可以使用 g 的下采样版本来初始化预测步骤的过程。在粗略获得 f 的最终估计之后，再通过双线性插值对其进行上采样，然后用于在下一个更精细层次的预测步骤。这样一种从粗到精的方案可以在模糊较大、仅使用图像滤波来预测可能不足以捕捉到锐利边缘的情况下仍取得较好的效果。

在由粗到细迭代更新 h 和 f 的过程中，可以使用 g 和 f 的灰度版本。当在最细尺度（输入图像尺寸）获得最终 h 后，对每个彩色通道用 h 执行最终反卷积以获得去模糊的结果。

3. 计算细节

实现上述3个步骤的一些技术细节如下。

（1）预测：在预测步骤中，梯度图里只有强边缘才能保留而其他区域具有零梯度。事实上，在核估计步骤中，只有强边缘对核优化有影响，因为无论核函数如何，与零梯度的卷积始终为 0。

　　预测步骤包括双边滤波，冲击滤波和梯度幅度取阈值，如图 2.3.1 所示。先对当前 f 的估计值使用双边滤波［Tomasi 1998］以抑制可能的噪声和小的细节。再用冲击滤波器来恢复 f 的强边缘。冲击滤波的结果不仅包含高对比度的边缘，也包含增强的噪声。可通过对梯度幅度取阈值来消除噪声。

　　使用冲击滤波器可以恢复 f 中的强边缘。冲击滤波器是增强图像特征的有效工具，可以从模糊的阶跃信号中恢复出尖锐的边缘［Osher 1990］。冲击滤波器的迭代公式如下

$$f_{t+1} = f_t - \text{sign}(\Delta f_t) \parallel \nabla f_t \parallel dt \tag{2.3.3}$$

式中，f_t 是时刻 t 的图像，Δf_t 和 ∇f_t 分别是 f_t 的拉普拉斯和梯度，dt 是每次迭代的时间步长。

　　(2) **核估计**：为使用预测梯度图来估计运动模糊核，需要最小化下列能量函数（星号代表通配下标符号）：

$$E_h(h) = \sum_{(G_*, g_*)} w_* \parallel hG_* - g_* \parallel^2 + k \parallel h \parallel^2 \tag{2.3.4}$$

式中，(G_*, g_*) 属于集合 $\{(G_x, \partial_x h), (G_y, \partial_y h), (\partial_x G_x, \partial_{xx} h), (\partial_y G_y, \partial_{yy} h), ((\partial_x G_x + \partial_y G_y)/2, G_{xy} h)\}$，$w_*$ 代表对各个偏导所加的权重，k 是吉洪诺夫正则化的权重［Yuan 2007］。每个 $(hG_* - g_*)$ 构成一幅图，对图 I 可定义 $\parallel I \parallel^2 = \sum_{(x,y)} I(x,y)^2$，其中 (x,y) 为 I 中的一个像素位置。

　　式(2.3.4)的能量函数中没有用到像素值，仅使用了导数。可以将式(2.3.4)写成矩阵形式：

$$E_h(h) = \parallel Ah - b \parallel^2 + k \parallel h \parallel^2 = (Ah - b)^{\mathrm{T}}(Ah - b) + kh^{\mathrm{T}}h \tag{2.3.5}$$

式中，A 是包含 5 个 G_* 的矩阵，b 是包含 5 个 g_* 的矩阵。为了最小化式(2.3.5)，可利用 $E_h(h)$ 的梯度

$$\frac{\partial E_h(h)}{\partial h} = 2A^{\mathrm{T}}Ah + 2kh - 2A^{\mathrm{T}}b \tag{2.3.6}$$

该式在最小化过程中要计算许多次。

　　由于 A 的尺寸很大，所以式(2.3.6)的计算会很耗时。如果 f 和 h 的尺寸分别为 $n \times n$ 和 $m \times m$，则 A 的尺寸将是 $5n^2 \times m^2$。不过，该计算可以用 FFT 来加速。具体地说，每次迭代需要计算 12 个 FFT。为减少 FFT 的数量，可以将 Ab 和 $A^{\mathrm{T}}Ah$ 的计算直接串接起来，这样可减少 10 个 FFT 的计算［Cho 2009］。

　　(3) **反卷积**：在反卷积步骤中，从给定的核 h 和输入模糊图 g 来估计 f。所用的能量函数为：

$$E_f(f) = \sum_{\partial_*} w_* \parallel h\partial f - \partial g \parallel^2 + l \parallel \nabla f \parallel^2 \tag{2.3.7}$$

式中，∂_* 属于集合 $\{\partial_0, \partial_x, \partial_y, \partial_{xx}, \partial_{xy}, \partial_{yy}\}$，代表在不同方向和阶次（一般用到 2 阶）的偏导操作；w_* 代表对各个偏导所加的权重；l 代表对正则项的权重，可取 0.1。能量函数的第 1 项基于一个模糊模型［Shan 2008］，它使用导数以减少环状伪影。正则项选择具有平滑梯度的 f［Levin 2007］。在频率域，只需要两次 FFT 就可以借助逐像素的除法来快速地优化。

2.3.2 基于 CNN 的方法

近年来,基于卷积神经网络(CNN)对模糊图像进行恢复得到了广泛关注。2.3.1 节介绍的盲反卷积法可看作一种基于滤波的方法,主要依赖于在一个由大尺度到小尺度,由粗略到精细的模糊核估计过程中恢复图像清晰边缘信息。

下面介绍一种利用卷积神经网络来从模糊图像中提取清晰边缘信息的方法[Xu 2018]。它仍然包括对无关细节及噪声的抑制和对清晰边缘的增强两个步骤。它利用学习到的清晰图像边缘来去除模糊,不再需要 2.3.1 节的启发式操作(例如由粗略到精细的多尺度模糊核估计和利用阈值的边缘选取)。所以,这种方法可以简化对模糊核的估计,并减少算法计算量。换句话说,它可以降低整个模糊核估计过程的运算复杂度和运行时间。

1. 原理和流程

这种基于**卷积神经网络**的方法采用了一个端到端学习的模型,可以建立从模糊图像输入到对应清晰边缘输出的映射函数,模型框架和流程图如图 2.3.2 所示。

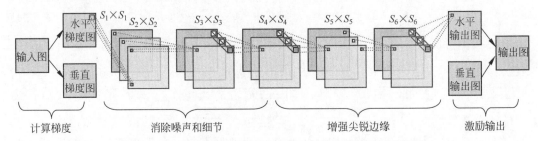

图 2.3.2　利用卷积神经网络估计退化函数的框架和流程图

这是一个有 6 层的网络。给定一幅输入的模糊图像,首先在水平方向和垂直方向计算其梯度图 $\boldsymbol{G}_x$ 和 $\boldsymbol{G}_y$,并将它们作为网络的输入(图 2.3.2 中仅画出了对水平方向梯度图计算的流程,对垂直方向梯度图计算的流程也是相同的)。网络的前 3 层对应抑制噪声和细节的第一个步骤,它们等价于在梯度域内进行滤波操作,用来保持图像的主要结构,并消除一些多余的图像细节。网络的后 3 层对应增强清晰边缘的第二个步骤,它们等价于一个冲击滤波器,进一步增强提取出来的图像主要结构,并获得清晰边缘。这个过程可借助图 2.3.3 来示意,其中图 2.3.3(a)对应输入图像,图 2.3.3(b)对应中间特征层,图 2.3.3(c)对应输出结果。各列图中,上图为边缘图像,下图为对应上图剖线处的灰度值曲线。可见,网络的前 3 层去除了/平滑了来自输入图像的噪声和细节(灰度值曲线光滑了),网络的后 3 层增强了平滑图的边缘(灰度值曲线更陡了)。

2. 网络结构

图 2.3.2 利用了一个用于从模糊输入恢复清晰边缘的卷积神经网络。利用对模糊过程的建模公式(2.1.7),该网络可以定义如下:

$$T^0(\boldsymbol{G}_x) = \boldsymbol{G}_x \qquad (2.3.8)$$

$$T_n^l(\boldsymbol{G}_x) = P\left[\sum_m T_m^{l-1} * w_{m,n}^l + b_n^l\right] \quad l=1,2,3,4,5 \qquad (2.3.9)$$

$$T_o(\boldsymbol{G}_x) = Q\left[\sum_m T_m^5 * w_m^6 + b^6\right] \qquad (2.3.10)$$

式中,T_n^l 代表第 l 层的第 n 个特征图,w^l 和 b^l 分别为第 l 层的卷积核权重和偏置,w^l 的下

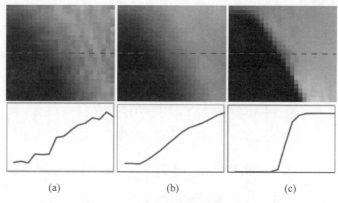

图 2.3.3　清晰边缘恢复过程示意

标 m,n 表示从当前层的第 m 个特征图到下一层的第 n 个特征图的连接关系。在这个模型里，w^l 的尺寸为 $c_{l-1} \times s_l \times s_l \times c_l$，$b^l$ 的尺寸为 $c_l \times 1$，其中 c_l 和 s_l 分别为第 l 层卷积核的数量和尺寸。函数 $P(\cdot)$ 代表修正线性单元(ReLU)[Nair 2010]。图像的梯度被归一化到 $[-2,2]$，所以使用 $Q(\cdot) = 2\tanh(\cdot)$ 作为最终的**激活函数**以限制滤波器的输出响应。网络最终的输出图 $T_o(\boldsymbol{G}_x)$ 对应预测出来的边缘图。

3. 网络训练

在网络训练中，对网络的前 3 层和后 3 层分别训练。为了训练网络的前 3 层，使用对清晰图像的双线性滤波结果作为训练真值来减少噪声和多余细节的影响。为了训练网络的后 3 层，使用 L_0 稀疏先验滤波器[Xu 2013]来从清晰图像中提取主要结构。网络的两部分分别训练好后，再将它们串接起来，就得到图 2.3.2 中的结构[Xu 2018]。

为了生成训练数据，先随机地从自然图像数据集中收集一组清晰图像块。根据式(2.1.7)的图像恢复模型，对清晰图像块用如图 2.3.4 的一组模糊核[Levin 2009]进行模糊，再加 1% 的高斯噪声，就得到模糊图像块。因为模型的目标是预测清晰边缘，所以只在梯度域来训练网络。因为清晰边缘提取应该在对输入图像旋转 90° 时产生相同的效果，所以只需对一个方向(X 或 Y)的梯度进行训练，并且将训练得到的网络与另一个方向(Y 或 X)共享权重。

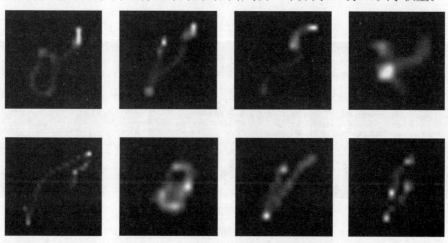

图 2.3.4　一组用于生成模糊图像的模糊核

根据图 2.3.2,网络第 3 层的输出由 c_3 个特征图组成,可用 $\{T_m^3; m=1,2,\cdots,c_3\}$ 来表示。将这些特征图的加权平均作为网络前 3 层的输出(a_m 为可以学习的系数):

$$O_3(\boldsymbol{G}_x) = \sum_{m=1}^{c_3} a_m T_m^3 \qquad (2.3.11)$$

为训练网络的后 3 层,将它们的输出写成:

$$T_n^4(\boldsymbol{G}_x) = P\big[g_n * O_3(\boldsymbol{G}_x) + b_n^4\big] \qquad (2.3.12)$$

$$T_n^5(\boldsymbol{G}_x) = P\Big[\sum_m T_m^4 * w_{m,n}^5 + b_n^5\Big] \qquad (2.3.13)$$

$$T_0^6(\boldsymbol{G}_x) = Q\Big[\sum_m T_m^5 * w_m^6 + b^6\Big] \qquad (2.3.14)$$

式(2.3.12)~式(2.3.14)中,g_n 是可以学习的卷积核,尺寸为 $s_4 \times s_4$。在把前 3 层和后 3 层两个子网络都训练好之后,可通过重新计算第 4 层的卷积核把它们连接起来:

$$w_{m,n}^4 = a_m g_n \quad m=1,2,\cdots,c_3; \quad n=1,2,\cdots,c_4 \qquad (2.3.15)$$

这一连接过程可以提高网络的容量(原自由参数个数为 $m+n$,连接后为 mn),进而可以更好地帮助对清晰边缘的估计。

4. 模糊核和清晰图像估计

从模糊输入图得到主要边缘 $T_0(\boldsymbol{G}_x)$ 之后,就可以通过分别求解式(2.3.1)和式(2.3.2)的两个优化问题来估计模糊核。

在模糊核确定之后,最终的清晰图像可以用多种非盲解卷积方法进行估计。例如,可以使用 $L_{0.8}$ 范数的超拉普拉斯先验来恢复清晰图像,其数学上的表达为

$$f_e = \underset{f}{\arg\min} \parallel \boldsymbol{g} - \boldsymbol{h}\boldsymbol{f} \parallel + l \parallel \boldsymbol{G} \parallel_{0.8} \qquad (2.3.16)$$

这个优化问题可以利用迭代重加权的最小二乘方法[Levin 2007]求解。

图 2.3.5 给出对一幅加模糊的真实图像的实验结果,其中图 2.3.5(a)为原始模糊图像,图 2.3.5(b)为网络输出的边缘图,图 2.3.5(c)为卷积网络去模糊的结果。由于能从模糊图像中有效地恢复出清晰的边缘,所以可较好地估计出模糊核,并得到相当清晰的去模糊效果。这里网络的设置为:模糊核尺寸 $s_1=9$;$s_2=1$;$s_3=3$;$s_4=5$;$s_5=1$;$s_6=3$;模糊核数量 $c_n=128$,其中 $n=1,2,3,4,5$。因为网络的输入和输出都是灰度图的梯度,所以把 c_0 和 c_6 都设置为1。

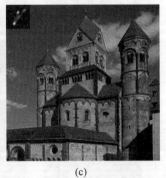

(a) (b) (c)

图 2.3.5　利用卷积网络去模糊的结果

图 2.3.6 给出对一幅真实图像的实验结果,其中图 2.3.6(a)为原始模糊图像,图 2.3.6(b)为网络输出的边缘图,图 2.3.6(c)为卷积网络去模糊的结果,图 2.3.6(d)为用 2.3.1 节的盲反卷积方法去模糊的结果。由图可见,使用卷积网络得到的结果比使用盲反卷积得到的结果更清晰,振铃效应也更小。

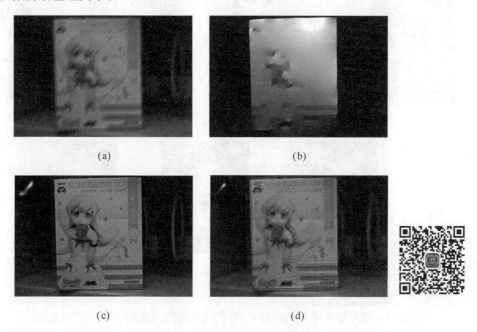

图 2.3.6　卷积网络和盲反卷积去模糊效果比较

2.4　低分辨率图像去模糊

低分辨率图像去模糊也是一个病态的问题,因为这里既要提高图像的分辨率又要去除图像中的模糊。一般情况下,使用**盲反卷积**方法进行去模糊常假设输入图像具有较高分辨率且包含可以提取的主要边缘,从而可以借此来恢复未知的模糊核。如果输入图像分辨率较低、缺少清晰的细节,就无法准确地恢复模糊核和清晰图像。为改善图像的分辨率,常常使用**超分辨率**技术。但超分辨率技术需要清晰的输入,如果用于去模糊常常要求已知模糊核的形式。当低分辨率的输入图像里包含具有复杂形式的运动模糊时,现有的超分辨率方法经常会生成具有较大结构畸变的结果。如果简单地先后进行超分辨率和盲反卷积,除了会导致出现振铃效应等问题外,在模糊核估计中出现的错误会被随后的超分辨率操作放大,而由超分辨率引起的不良效应也会被后面的去模糊方法所扩散。

图 2.4.1 先给出解释上述问题的一组实验图像,其中图 2.4.1(a)为一幅低分辨率模糊图像,图 2.4.1(b)是采用超分辨率方法得到的结果,图 2.4.1(c)是采用盲反卷积方法得到的结果,图 2.4.1(d)是先采用超分辨率方法后接盲反卷积方法得到的结果,图 2.4.1(e)是先采用盲反卷积方法后接超分辨率方法得到的结果,图 2.4.1(f)是用生成对抗网络方法(见下文)得到的结果,图 2.4.1(g)是真值图像。由图 2.4.1(b)可见,图像的分辨率比原图像有一些改善,但模糊情况仍然明显存在(因为大多数超分辨率算法只假设参数化的模糊

核,无法解释复杂的运动模糊)。由图 2.4.1(c)可见,图像的模糊程度比原图像稍有降低,但分辨率仍然比较低,且包含了不少振铃效应和噪声。由图 2.4.1(d)和图 2.4.1(e)可见,第一步的不良效应问题在第二步后都更明显了,图像质量都不太高。

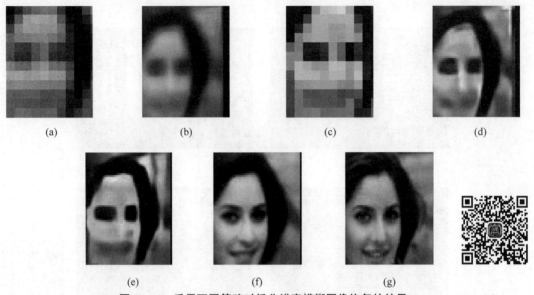

图 2.4.1　采用不同策略对低分辨率模糊图像恢复的结果

下面介绍一种基于生成对抗网络的低分辨率图像去模糊方法,它给出的结果如图 2.4.1(f)所示。该方法将改善图像分辨率与去模糊结合进行,直接从低分辨率的模糊输入图像出发以恢复高分辨率的清晰图像[Xu 2017]。

2.4.1　网络结构

生成对抗网络(GAN) 可以通过对抗过程学习一个生成模型。它同时训练一个生成器网络和一个鉴别器网络。这两个网络是相互对抗的。给定鉴别器 D,生成器 G 学习生成可以欺骗鉴别器的样本;给定生成器 G,鉴别器学习区分真实数据(清晰图像)和来自生成器输出的样本(模糊图像)。在网络训练过程中,需要轮流优化生成器和鉴别器。

1. 损失函数

网络训练过程是一个优化过程。从数学上讲,要优化的损失函数(训练代价函数)可以表示为:

$$\max_{d}\min_{g}\{E_{f\sim P_{\text{data}}(f)}\big[\log D_d(f)\big]+E_{n\sim P_n(n)}\big[\log(1-D_d[G_g(n)])\big]\} \qquad (2.4.1)$$

式中,n 是随机噪声;f 表示实际数据;g 和 d 分别是 G 和 D 的参数。通过训练鉴别器,要使它能将一个大的概率值分配给实际数据(第一项),然后把一个小的概率值赋给生成器生成的样本(第二项)。

可以使用生成对抗网络来学习鉴别器和有效的鉴别特征。在下面的模型中,生成器将低分辨率的模糊图像而不是随机噪声作为输入,并生成高分辨率的清晰图像。而鉴别器被训练来区分由生成器合成的模糊图像与真实的清晰图像。

2. 生成器网络

所用的深层卷积神经网络的架构如表 2.4.1 所示,其中 C 代表卷积层,U 代表反卷积层,2X 代表上采样。类似的模型已被证明对于图像去模糊非常有效[Hradis 2015]。这里网络的生成器还包含了两个上采样层,所使用的是分数步长的卷积层[Radford 2015],通常也被称为反卷积层。每个反卷积层由可学习的卷积核组成,与单一的双三次插值核函数[Dong 2016]相比,这些学习到的卷积核可以联合工作,实现更好的插值效果。生成器网络首先将低分辨率的模糊图像通过反卷积层进行上采样,然后利用卷积操作来生成清晰的图像。具体在每一层之后都使用了**批归一化**函数[Ioffe 2015]及**修正线性单元**(ReLU)作为激活函数。在最后一层使用了一个双曲正切函数作为激活函数。

表 2.4.1　生成器网络的架构

层类型	U	C	U	C	C	C	C	C	C	C	C	C
卷积核数量	64	64	64	64	64	64	64	64	64	64	64	3
卷积核尺寸	6	5	6	5	5	5	5	5	5	5	5	5
步长	2X	1	2X	1	1	1	1	1	1	1	1	1

3. 鉴别器网络

所用的鉴别器是一个 5 层的卷积神经网络,其架构如表 2.4.2 所示,其中 C 代表卷积层,FC 代表全连接层。鉴别器网络的输入是一张图像,而输出则是输入图像为清晰的概率。在这个鉴别器网络中,除了最后一层使用了 sigmoid 函数之外,均使用有泄漏的修正线性单元[Mass 2013]作为**激活函数**[Radford 2015]。另外,在除了第一个卷积层之外的每个卷积层之后都使用了批归一化函数[Ioffe 2015]以加快训练。

表 2.4.2　鉴别器网络的架构

层类型	C	C	C	C	FC
卷积核数量	64	64	64	64	1
卷积核尺寸	4	4	4	4	—
步长	2	2	2	2	—

2.4.2　损失函数设计

损失函数的设计要综合考虑鉴别器和生成器。不同的损失函数会导致不同的图像去模糊结果。图 2.4.2 先给出用下面要介绍的几个损失函数得到的一组实验图像,其中图 2.4.2(a)为一幅低分辨率模糊图像,图 2.4.2(b)是用语义级损失函数得到的结果,图 2.4.2(c)是用像素级损失函数得到的结果,图 2.4.2(d)是用联合损失函数得到的结果,图 2.4.2(e)是用结合特征匹配损失项的联合损失函数得到的结果,图 2.4.2(f)是真值图像。在图 2.4.2 中,图 2.4.2(b)的 PSNR 为 18.68dB、图 2.4.2(c)的 PSNR 为 24.31dB、图 2.4.2(d)的 PSNR 为 22.65dB、图 2.4.2(e)的 PSNR 为 24.16dB。

1. 语义级损失项

可以将鉴别器看作是一种语义先验而使用生成对抗网络来学习先验。此时,一个最直接的训练方法是使用式(2.4.1)中的损失函数。如果用 $\{f_i, i=1,2,\cdots,N\}$ 代表高分辨率的清晰图像,用 $\{g_i, i=1,2,\cdots,N\}$ 代表相应的低分辨率的模糊图像,则用来训练生成器的损失项可以表示为:

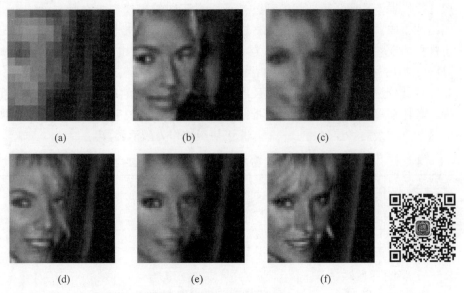

图 2.4.2　采用不同损失函数的效果

$$\min_g \left\{ \frac{1}{N} \sum_{i=1}^{N} \log\{1 - D_d [G_g(g_i)]\} \right\} \quad (2.4.2)$$

图 2.4.2(b)给出一个基于这个损失项而生成的图像示例。生成结果总体看还比较清晰，但在脸部轮廓和眼睛周围还有一些低质量的区域。

2. 像素级损失项

为了优化损失函数的设计，一个简单的进一步约束是要求生成器的输出尽量与真值接近，即

$$\min_g \left\{ \frac{1}{N} \sum_{i=1}^{N} \parallel G_g(g_i) - f_i \parallel^2 \right\} \quad (2.4.3)$$

上面这个损失项对生成器的输出和真值图像之间的像素级差异进行了惩罚，这可帮助生成器输出更高质量的结果。使用该损失项能促使网络生成视觉上更好一些的图像，但图像会在一定程度上被过度平滑，如图 2.4.2(c)所示。

3. 联合损失函数

可以将上述两个损失项结合起来使用，得到

$$\min_g \left\{ \frac{1}{N} \sum_{i=1}^{N} \parallel G_g(g_i) - f_i \parallel^2 + k \log\{1 - D_d [G_g(g_i)]\} \right\} \quad (2.4.4)$$

式中，标量 k 是一个平衡的权重。借助这个损失函数恢复后的图像如图 2.4.2(d)所示。恢复后的图像的 PSNR 比只使用像素级损失项式(2.4.3)的结果有显著降低，但视觉感知上更接近于真实图像（仍然在一些平滑区域包含了结构畸变和噪声）。

4. 特征匹配损失项

为进一步提高图像质量，还可增加一个特征匹配损失项：

$$\min_g \left\{ \frac{1}{N} \sum_{i=1}^{N} \parallel R_d^l [G_g(g_i)] - R_d^l(f_i) \parallel^2 \right\} \quad (2.4.5)$$

式中，$R_d^l(f)$ 代表输入 f 在鉴别器网络第 l 层的特征响应。该损失项促使恢复的图像和真

实图像在鉴别器网络的中间层有相似的特征响应,这些特征更加倾向于反映图像的结构信息。这里的特征是从鉴别器网络中动态地提取出来的,因此它对于特定类别的真实数据和生成数据具有很强的鉴别性。这样,在特征匹配项的帮助下,所得到的结果也就具有更加真实的图像特性。

5. 最终损失函数

有了结合特征匹配损失项的联合损失函数,对生成器和鉴别器的训练就是要求解下面的优化问题:

$$
\max_d \min_g \left\{ \frac{1}{N} \sum_{i=1}^{N} \| G_g(g_i) - f_i \|^2 + k_1 \| R_d^l[G_g(g_i)] - R_d^l(f_i) \|^2 + \right.
$$
$$
\left. k_2 \{ \log D_d(f_i) + \log\{1 - D_d[G_g(g_i)]\} \} \right\} \tag{2.4.6}
$$

式中,k_1 和 k_2 用来平衡各项的权重。

因为这里希望真实图像与生成图像之间的距离应该比两张真实图像之间的距离要大,所以可进一步调整损失函数,把对生成器和鉴别器的训练分别转化成求解下面的优化问题:

$$
\min_g \left\{ \frac{1}{N} \sum_{i=1}^{N} \| G_g(g_i) - f_i \|^2 + k_1 \| R_d^l[G_g(g_i)] - R_d^l(f_i) \|^2 + \right.
$$
$$
\left. k_2 \{ \log\{1 - D_d[G_g(g_i)]\} \} \right\} \tag{2.4.7}
$$

$$
\min_d \left\{ \frac{1}{N} \sum_{i=1}^{N} - \log D_d[G_g(f_i)] - \log\{1 - D_d[G_g(g_i)]\} + k_3 [\| R_d^l(f_i') - \right.
$$
$$
\left. R_d^l(f_i) \|^2 - \| R_d^l[G_g(g_i)] - R_d^l(f_i) \|^2 + e]_+ \right\} \tag{2.4.8}
$$

式中,$[\cdot]_+$ 代表修正的线性激活函数,e 是所希望在真实图像和生成图像之间存在的特征空间上的距离。生成器 G 的损失函数式(2.4.7)由式(2.4.2)、式(2.4.3)和式(2.4.5)组成,它们分别促使生成器的输出和真实数据在语义、像素和结构三个层面上相似。鉴别器 D 的损失函数式(2.4.8)促使一个真实的样本 f 更接近于另一个真实的样本 f' 而不是生成的样本 $G_g(g)$。注意,这里在利用式(2.4.7)更新 G 和利用式(2.4.8)更新 D 时,对卷积层 l 的选择可以是不同的。默认情况下,在式(2.4.7)中使用 D 的第二个卷积层以保持输入的主要结构特征;而在式(2.4.8)中使用 G 的第三个卷积层以更好地表示更高层的语义信息。

使用了结合特征匹配损失项的联合损失函数可帮助网络生成更加清晰、图像质量更高的结果,如图 2.4.2(e)所示。

2.4.3 多类生成对抗网络

前面介绍的网络方法是对针对同一类图像所设计的,可称为**单类生成对抗网络**(SCGAN)。如果要应用到不同的图像类别上,则需要分别训练新的对应网络。

1. 基本原理

实际应用中,常常会涉及不同类别的图像。为此,可使用单独一个模型来设计一个**多类生成对抗网络**(MCGAN)。这样的网络只有一个生成器,但是有多个鉴别器。假设有 K 个鉴别器,则可以表示成 $\{D_d^j, j = 1, 2, \cdots, K\}$。利用这 K 个鉴别器,就可以为 K 个不同类别的低分辨率模糊图像实现联合去模糊和超分辨率。

如果用 $D_{dj}(f)$ 来代表 f 被分类为第 j 类(C_j)里一个真实图像的概率。那么式(2.4.2)和式(2.4.5)的损失项就分别成为

$$\frac{1}{N} \sum_{i=1}^{N} \log \left\{ 1 - \sum_{j=1}^{k} D_{dj}[G_g(g_i)] \delta(g_i \in C_j) \right\} \tag{2.4.9}$$

$$\frac{1}{N} \sum_{i=1}^{N} \sum_{j=1}^{K} \| R_{dj}^l[G_g(g_i)] - R_{dj}^l(f_i) \|^2 \delta(g_i \in C_j) \tag{2.4.10}$$

式中，$R_{dj}^l(f)$ 代表鉴别器 $D_{dj}(f)$ 第 l 层的特征图，$\delta(l_e)$ 在表达式 l_e 为真时取值1，为假时取值0。

对多类生成对抗网络中生成器的训练流程可参见图2.4.3，图中有一个生成器和两个鉴别器(可用来对两类真实和生成图像进行分类)。这里设退化图像为两类，如果有 K 类退化图像，则需要 K 个鉴别器。

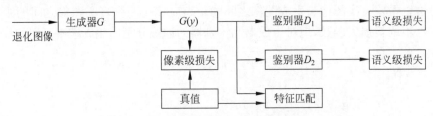

图 2.4.3　多类生成对抗网络中生成器的训练流程

对多类生成对抗网络的训练需要在更新生成器和更新鉴别器之间交替进行,其中训练生成器的损失函数要将式(2.4.3)、式(2.4.9)和式(2.4.10)的三项结合起来。给定一个固定的生成器,所有鉴别器$\{D_{dk}\}$均由式(2.4.8)同时更新。如此训练后,通过学习获得的生成器可用于恢复 K 类图像中任何一类的输入图像。

2. 实验效果

作为多类图像去模糊的示例,考虑两类图像:文本图像和人脸图像。文本图像来自文献[Hradis 2015]的数据库。人脸图像基于文献[Liu 2015]的数据库,又借助文献[Hradis 2015]的模糊核进行卷积而获得。所有图像均加入了标准差在[0　7/255]中均匀采样而得到的高斯噪声。

图2.4.4和图2.4.5分别给出对合成的低分辨率文本图像和低分辨率人脸图像去模糊得到的结果。其中两图的图(a)都是模糊图像,图(b)都是 MCGAN 的结果,图(c)都是SCGAN 的结果,图(d)都是真值。由图2.4.4和图2.4.5可见,MCAGAN 的结果只比SCGAN 的结果有少量的质量下降,但 MCAGAN 可以去除两类图像的模糊。

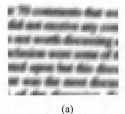

| (a) | (b) | (c) | (d) |

图 2.4.4　对合成的低分辨率文本图像去模糊得到的结果

(a) (b) (c) (d)

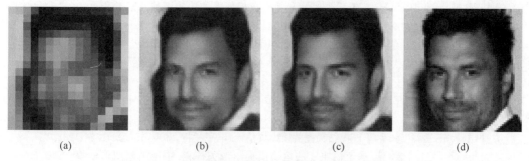

图 2.4.5 对合成的低分辨率人脸图像去模糊得到的结果

图 2.4.6 和图 2.4.7 分别给出对真实低分辨率文本图像和人脸图像去模糊得到的结果。其中两图的图(a)都是模糊图像，图(b)都是 MCGAN 的结果，图(c)都是 SCGAN 的结果。这里由图 2.4.4 和图 2.4.5 得到的关于 MCAGAN 的结果与 SCGAN 的结果的结论仍然基本成立，即 MCAGAN 可以独自去除两类图像的模糊，而结果仅比 SCGAN 的结果有少量的质量下降。

(a) (b) (c)

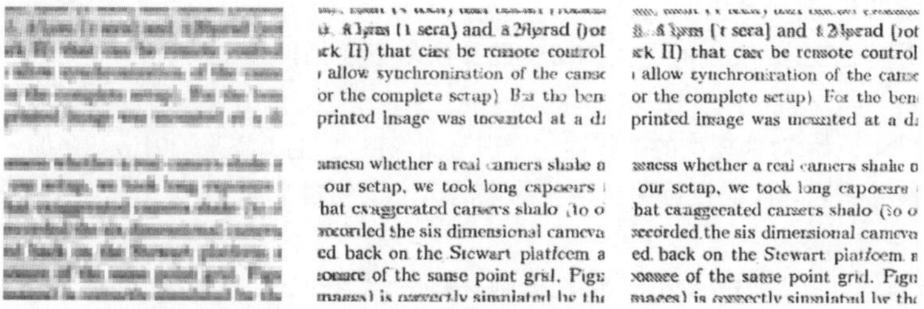

图 2.4.6 对真实低分辨率文本图像去模糊得到的结果

(a) (b) (c)

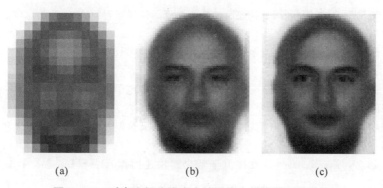

图 2.4.7 对真实低分辨率人脸图像去模糊得到的结果

2.5 近期文献分类总结

下面是 2015 年、2016 年、2017 年和 2018 年在中国图像工程重要期刊[章 1999]上发表的一些有关图像去模糊的文献目录(按作者姓氏拼音排序)，全文均可在中国知网上获得。

[1] 常振春,禹晶,肖创柏,等.基于稀疏表示和结构自相似性的单幅图像盲解卷积算法.自动化学报, 2017,43(11):1908-1919.

[2] 陈华华,鲍宗袍.强边缘导向的盲去模糊算法.中国图象图形学报,2017,22(8):1034-1044.

[3] 陈书贞,姬社平,练秋生.应用双稀疏模型和 ADMM 优化的图像复原.信号处理,2015,31(7): 823-832.

[4] 耿文波,姚遥.基于稀疏先验的运动模糊图像盲复原方法.电子测量与仪器学报,2018,32(8): 132-139.

[5] 方帅,刘远东,曹洋,等.基于模糊结构图的模糊核估计.电子学报,2017,45(5):1226-1233.

[6] 方贤勇,阚未然,周健,等.基于辐照度的运动模糊图像去模糊.中国图象图形学报,2015,20(3): 395-407.

[7] 郭业才,陆璐,李晨.基于新型 DNA 遗传萤火虫优化的二维图像盲恢复算法研究.电子测量与仪器学报,2017,31(11):1796-1801.

[8] 李俊山,杨亚威,王蕊,等.联合优化 PSF 估计与可逆性编码的去运动模糊.数据采集与处理,2017, 32(2):293-299.

[9] 李旭超,马松岩,边素轩.对偶算法在紧框架域 TV-L1 去模糊模型中的应用.中国图象图形学报, 2015,20(11):1434-1445.

[10] 李旭超,马松岩,边素轩.紧框架域混合正则化模型在图像恢复中的应用.中国图象图形学报,2015, 20(12):1572-1582.

[11] 李旭超,宋博,甘良志.改进的迭代算法在图像恢复正则化模型中的应用.电子学报,2015,43(6): 1152-1159.

[12] 李旭超,宋博.原始-对偶模型的牛顿迭代原理与图像恢复.电子学报,2015,43(10):1984-1993.

[13] 李喆,李建增,张岩,等.混合特性正则化约束的运动模糊盲复原.中国图象图形学报,2018,23(7): 994-1004.

[14] 刘鹏飞,肖亮.基于 Hessian 核范数正则化的快速图像复原算法.电子学报,2015,43(10): 2001-2008.

[15] 任福全,邱天爽.基于二阶广义全变差正则项的模糊图像恢复算法.自动化学报,2015,41(6): 1166-1172.

[16] 孙士洁,赵怀慈,李波,等.利用低秩先验的噪声模糊图像盲去卷积.电子与信息学报,2017,39(8): 1919-1926.

[17] 谭海鹏,曾炫杰,牛四杰,等.基于正则化约束的遥感图像多尺度去模糊.中国图象图形学报,2015, 20(3):386-394.

[18] 唐述,谢显中.多正则化混合约束的模糊图像盲复原方法.电子与信息学报,2015,37(4):770-776.

[19] 王凯,肖亮,黄丽丽,等.优化重加权 L1 范数的图像盲复原算法.电子学报,2016,44(9):2175-2180.

[20] 闫芳,宋双,连剑,等.基于 EM 算法的眼底 OCT 图像反卷积去模糊技术.数据采集与处理,2018, 33(2):299-305.

[21] 余义斌,彭念,甘俊英.凹凸范数比值正则化的快速图像盲去模糊.电子学报,2016,44(5): 1168-1173.

[22] 赵明华,张鑫,石争浩,等.正弦积分拟合的图像复原边界振铃效应抑制方法.中国图象图形学报, 2017,22(2):249-256.

[23] 朱骋,周越.基于梯度 L0 稀疏正则化的图像盲去模糊算法.中国体视学与图像分析,2015,20(4): 361-368.

对上述文献进行了归纳分析,并将一些特性概括总结在表 2.5.1 中。

表 2.5.1　近期一些有关图像去模糊文献的概况

编号	模糊类型	约束/优化	主要步骤特点
[1]	模糊核生成[1]	稀疏先验和结构自相似性先验	利用图像不同尺度间的结构自相似性,将降采样的模糊图像作为稀疏表达字典的训练样本,保证清晰图像在该字典下的稀疏性。利用交替迭代求解的方式估计模糊核和清晰图像
[2]	运动模糊	梯度域稀疏性	采用自适应 L_0 范数约束待估计图像梯度的强边缘,针对模糊核稀疏性和连续性,以 L_0 和 L_1 范数分别约束模糊核的像素值和梯度值,并把模糊核归一化先验作为正则项引入模型中,以强边缘指导模糊核估计
[3]	平均/高斯模糊	稀疏模型	同时引入 Cosparse 解析模型(对每个图像块进行稀疏表示)及平移不变小波变换模型(对整幅图像进行稀疏表示)
[4]	运动模糊	稀疏先验	利用结合梯度域和空间域的稀疏先验模型,结合 L_0 先验和 L_p $(0 < p < 1)$ 先验,同时对运动模糊核的稀疏特性和平滑特性进行双重正则化约束
[5]	运动模糊	幅度域和梯度域稀疏性	将清晰图像中的结构边缘提取出来构成中间图像,并从模糊图像中分离出结构边缘对应的部分,以用来修正目标函数。采用 L_0 范数同时约束幅值域和梯度域的正则项,从而缩小核估计的解空间
[6]	运动模糊	摄像机响应函数(CRF)	将 CRF 与能量累积的运动过程相结合以求解 CRF,再结合基于块的饱和像素自动检测,实现基于辐照度的去模糊
[7]	高斯模糊	统计模值	结合遗传算法和萤火虫优化算法,提高全局搜索能力和全局优化能力,避免算法陷入局部极值、并克服降维和升维过程中的信息丢失
[8]	运动模糊	相机优化编码	将对运动模糊图像的 PSF 估计和可逆性进行联合优化,分析影响去模糊性能的编码因素,确定最优化编码,并以有效的边缘梯度为空间先验信息采用由粗到精的迭代方式完成图像的去运动模糊
[9]	系统/椒盐噪声	能量泛函正则化	对图像进行紧框架变换,利用变化域的系数对图像进行处理。在模型的建立上,用 L_1 范数描述拟合项,用加权有界变差函数的半范数作为正则项
[10]	系统/泊松噪声	能量泛函正则化	在紧框架域,用 Kullback-Leibler 函数作为拟合项,用有界变差函数半范数和 L_1 范数组成混合正则项
[11]	真实 MRI 图像	能量泛函正则化	用 Kullback-Leibler 函数作为拟合项,用复合平方根函数描述正则项,将模型求解转化为具有非负条件约束的最优化问题
[12]	下采样模糊	非凸优化	利用对偶变换,将原始模型求解转化为极小-极大值问题,用自变量是有界变差的伪 Huber 函数描述正则项
[13]	运动模糊	混合特性正则化约束	利用基于局部加权全变差的结构提取算法来提取显著边缘,降低噪声对边缘提取的影响。改进模糊核模型的平滑与保真正则项,在保证精确估计的同时,增强模糊核的抗噪性能。改进梯度拟合策略,并加入保边正则项,使图像梯度更加符合重尾分布特性,并保证边缘细节
[14]	高斯模糊,运动模糊	海森核范数,交替迭代最小化	利用半二次正则化思想和变量分裂方法给出了一种解耦变分模型(逼近海森核范数),结合交替方向迭代法将图像恢复问题分解成图像去模糊和图像去噪分别进行求解

编号	模糊类型	约束/优化	主要步骤特点
[15]	高斯模糊，运动模糊	二阶广义全变差	采用分裂 Bregman 迭代算法求解基于二阶广义全变差正则项模型中的双 L_1 范数正则项问题，将原问题转化为一系列易于求解并且有闭合解的子问题
[16]	模糊核生成[(1)]	低秩先验	在交替最大后验(MAP)估计框架下，利用低秩先验约束对复原图像中的噪声进行抑制。然后，采用降噪后的中间复原图像估计模糊核
[17]	遥感图像	梯度稀疏先验	利用双边滤波和冲击滤波对图像进行预处理，然后结合模糊核的稀疏特性，使用正则化方法多次迭代求解得到精度由低到高的模糊核最优解
[18]	模糊核生成[(1)]	结合稀疏性和平滑特性	在模糊核的估计阶段，准确提取和锐化图像边缘，结合稀疏平滑的双重正则化约束实现了对模糊核的准确估计。在模糊图像复原阶段，结合全变差模型和冲击滤波不变特性来强制得到趋向于清晰的锐化图像
[19]	运动模糊	优化权重估计	建立了基于加权 L_1 范数的模糊核盲估计模型，并引入了一种图像平滑模型对权重进行优化估计，设计了对模糊核盲估计模型求解的迭代收缩阈值数值算法
[20]	运动/散焦模糊	最大期望	基于已知点扩散函数信息，采用基于最大期望进行反卷积以去除图像模糊。基本思想是：将图中像素分为符合传统模型和使传统模型失效两种类型，消除异常值干扰，实现鲁棒的非盲去模糊反卷积
[21]	模糊核生成[(1)]	凹凸范数比值正则化	采用稀疏表达能力强的凹凸范数比值作为正则化先验项，在用变量分裂法求解模型时，用 L_1 范数保真项更新估计图像，在更新模糊核时，使用线性递增权重参数对模糊核按多尺度方法由粗到细逐步估计，当获得模糊核后，利用封闭阈值公式估计清晰图像
[22]	运动模糊	正弦积分拟合边界	对待处理的模糊图像根据模糊核的大小进行边缘延展，分别利用正弦函数积分方法和双正弦函数积分方法对单向过渡区域和双向过渡区域进行窗函数计算，将延展图像进行加窗处理，对加窗图像进行复原
[23]	模糊核生成[(1)]	最大后验估计	对待估清晰图像和模糊核分别采用 L_0 和 L_1 稀疏正则项进行稀疏约束，复原过程中利用构建的损失函数对点扩散函数进行估计

注：(1) 模糊核及模糊核生成可参见[Levin 2007]，[Levin 2009]。

由表 2.5.1 可看出以下几点。

(1) 从模糊类型看，运动模糊是考虑最多的、希望消除的模糊类型。

(2) 正则化是应用较多的优化方法。另外，稀疏先验(模型)也得到较多关注。

(3) 很多去模糊方法都引入了不同模型，将多个处理过程相结合，且使用了各种范数。例如，将问题分解，将像素或区域分类，使用不同的范数来约束不同的正则项等。事实上，图像去模糊在很多情况下是一个病态问题，需要增加约束以缩小解的空间，得到可行的解。

第3章

图 像 去 雾

图像在采集过程中,会受到各种环境因素(包括不良气象条件)的影响而发生质量退化。雾霾是一种常见的自然现象,它是由悬浮在大气中的微小颗粒对光线的散射和吸收作用而产生的。大气中悬浮的粒子主要有空气分子、水汽/水滴和气溶胶3种。这些粒子所导致的图像质量退化程度与大气粒子的种类、成分、尺寸、形状等密切相关。水滴和气溶胶的半径和密度都比较大,对光的散射作用比较强,而且在一定范围内,散射作用随着粒子半径的增大而增大,使得退化加剧。

雾霾天气中微小悬浮颗粒的散射对成像质量的影响包括:

(1) 散射衰减了来自室外场景的反射光,使能见度下降,所成像的对比度降低、画面模糊,影响观测者的视觉感受,妨碍信息的提取;

(2) 散射干扰了大气环境光,混合到观察者接收的光线中,从而使人眼看到的景物模糊不清,所成像的清晰度降低、景物难以辨别;

(3) 散射会使景物颜色发生偏移失真,色彩值分布比较窄,动态幅值范围也较窄,导致观测者难以辨别景物,所成像的质量变差。

雾霾对成像质量的影响有可能导致严重的后果。例如,雾霾不仅会直接危害人类自身的身体健康,还会对社会安全构成威胁。因为如果摄像头无法穿透厚厚的颗粒层而有效地成像,安全监控系统的作用就会大打折扣。又如在雾霾天,较低的能见度会严重影响车辆行驶过程中驾驶员的行车视程,极大地增加道路交通事故发生的频率。

虽然雾和霾常相提并论,但事实上它们在视觉感知和物理成因上均有所不同。从视觉感知的角度,在雾和霾两种环境下获得的图像是有区别的。直观地说,雾在空间的浓度分布一般是不均匀的,所以雾天图像并不是随着景深的增加而愈显模糊。另外,由于雾滴比较大,肉眼可辨,因此有雾的地方很难看到原有的景物。与此相反,霾在空间的浓度分布常常比较均匀,因而可见度基本随着景深的增加而逐渐降低。而且霾的粒子很小,肉眼难以分辨,它还会导致一定程度上的色彩失真。

在物理成因上,因为组成霾的粒子的尺寸只有 $0.01\sim1\mu m$,与可见光的波长($0.38\sim0.78\mu m$)可以比拟,所以瑞利散射和米氏散射都会发生[苗 2017]。**瑞利散射**在粒子尺寸小于光波波长的 1/10 时发生,散射率与光波长的四次方成反比。**米氏散射**在粒子尺寸大于光波波长时发生，散射率与光的波长基本没有关系，散射方向几乎完全沿着入射方向。由于米氏散射，远处的亮度会降低；而由于（多次）瑞利散射，到达成像设备的短波光绝大多数被散射掉了。因为人眼对 $0.55\mu m$ 左右的黄绿色光较为敏感，因此有霾图像中较远处的部分和天空部分主要显示出黄色。相比之下，组成雾的微小水滴的尺寸多为 $1\sim10\mu m$，只会导致产生米氏散射，虽然亮度会降低但不会产生色彩失真。

在讨论消除雾霾对图像的影响时，常常不刻意区分雾和霾，用图像去雾作为一个统称。图像去雾一般指利用特定的图像处理方法和手段，降低或消除空气中的悬浮粒子对图像的降质影响，改善图像的视觉效果，使之对比度增加，清晰度提高，模糊度减少，从而提升图像的质量，以更好更有效地获取图像中的有用信息。本章在后面的介绍和讨论中，也用雾统一表示雾和霾。

3.1　图像去雾方法概述

实现**图像去雾**的方法已提出了许多，而且研究还在不断深入，新的方法仍在不断涌现。

目前针对图像去雾采用的方法根据其作用机理可分为两大类：基于图像增强的方法和基于图像恢复的方法。也可以把它们分别看作非模型的方法和基于退化模型的方法。这里退化模型主要指描述大气散射规律的物理模型。

1. 基于图像增强的方法

一般来说，雾霾天气导致图像降质后比较明显的问题是图像的对比度有所下降。基于图像增强的方法直接从提升对比度入手进行处理，试图削弱或去除某些有影响的或不需要的干扰，突出有用的细节以提高图像的视觉质量。

基于图像增强的方法不太考虑图像退化降质的物理原因，典型的方法包括直方图变换（如直方图均衡化）、同态滤波、伽马校正、小波变换、基于**视网膜皮层**（**Retinex**）理论的方法等[苗 2017]。

直方图均衡化是提升图像对比度的有效方法，它可将原本聚集在某个较小灰度区间里的灰度直方图加以扩展，使之在全部灰度动态范围内均匀分布，从而达到提升图像对比度的目的[章 2018]。如果雾霾场景比较简单、图像中没有大范围景深变化，直方图均衡化可以改善对比度，提升图像视觉效果。不过，实际雾霾图像中的对比度减弱区域往往不是均匀分布的，更集中于远景处被雾霾影响较为严重的地方。由于这些区域的像素灰度值比较高，当其面积只占整幅图像较少比例时，由于全局直方图均衡化方法仅对整幅图像进行宏观操作，因此常常得不到期望的效果。改进的方法之一是使用局部直方图均衡化的方法，以对图像局部细节进行增强。

基于视网膜皮层理论的方法主要利用了人眼对颜色具有恒常知觉（即人对物体的色彩感受受光照非均匀性的影响较小）的特点，来改善由于光照差异造成的图像对比度降低的问题。早期人们多使用**单尺度视网膜皮层**（**SSR**）理论，即将图像分解为入射光分量（即对物体上的照度决定了图像灰度的动态范围）和反射光分量（成像设备采集物体反射的部分，体现了物体的内在属性），如果降低入射光分量的影响，就可增加反射光分量而使处理后的图像更加接近保留物体本质的反射光分量。近期人们更关注使用**多尺度视网膜皮层**（**MSR**）理论，以同时保证图像的高保真度和对图像的动态范围压缩。例如，用幂次变换压缩图像的动态范围,用非线性变换抑制图像的高光区域,并用反锐化掩模滤波消除图像模糊,可以取得较好的效果。

使用同态滤波的方法基于类似的思路[章 2018],也将图像分解为入射光分量和反射光分量,借助对数变换将它们的乘性关系转换为加性,然后再进行高通滤波,从而抑制低频、增强高频。

基于小波变换图像增强的基本思想与上述的同态滤波有相似之处,只是借助小波变换将降质图像转换为多尺度表达,根据频率特征对非低频的子块进行增强处理。由于小波分析在空域和频域都具有良好的局部特性,有利于锐化图像的细节,增强图像的清晰度。

基于图像增强的方法简单、快速,适用于场景比较单一的情况,能直接提高模糊图像的对比度和颜色饱和度。但这类方法可能会导致处理后图像的颜色失真,或处理后图像的远景部分不够清晰但近景部分又会因过度增强而反差过大。由于不能有针对性地去雾,这类方法也难以使图像在对比度、颜色和亮度等视觉指标方面同时调整到人眼视觉满意的范围。

2. 基于图像恢复的方法

图像恢复处理通过分析雾霾图像的退化机理,利用图像退化的先验知识或假设,建立图像降质或图像退化的物理模型或估计雾霾的属性,从而有针对性地实现图像去雾并且恢复场景。这类方法去雾的效果比较自然、失真较小,目前成为图像去雾技术领域中的主流方法(有些也结合了增强的方法,在图像基本恢复的条件下调整对比度和颜色等)。

雾霾天气下的图像退化与大气传输和环境光照都密切相关,所以据此进行大气物理建模应是一种有效的方法。实际中,由于大气物理模型里有较多的未知参数,利用这样的模型来求解无雾霾图像,本质上是一个不定方程的求解问题(见 3.2 节)。因此,在求解时需要通过各种方式利用可能的先验知识,建立合理的假设,以获得更多的信息来将模型求解中的非适定性转换为适定性。

更多的信息可以来自场景图像的外部,也可以来自场景图像的内部。利用内部信息的方法又可分为基于几何先验的方法和基于统计先验的方法。

在利用基于几何先验的方法中,一般是根据场景成像特点,利用从 3-D 到 2-D 成像过程中的透射模型来计算景深信息。这里的基本思路是认为图像中目标的姿态或方位与其景深有紧密的几何约束关系,借此来获得像素点景深的几何计算公式,并帮助确定考虑了大气传输特性的图像。

在利用基于统计先验的方法中,最有代表性的是基于**暗通道先验(DCP)**的方法(见 3.2 节)。该方法先从统计学角度证明自然场景条件下成像目标的存在近似为黑体,然后利用黑体的吸光特性并借助暗通道先验来估计图像中的大气传输率,从而可进一步求解大气物理模型。当然,这种方法在某些条件下也会失效,对它的一些改进将在 3.4 节介绍。

利用外部信息较为简单的一种办法是假定其中的某些未知量对场景有一定限定或者场景知识可以从其他渠道获得。例如,大气物理模型里传输率是一个关键参数,能反映图像中场景的深度信息。这些相关信息一方面可借助用户交互输入来加入模型,另一方面也可从诸如地理信息系统中抽取后嵌入模型。

通过多幅图像之间的差别也可以获取图像的景深信息,而景深可以提供去雾的重要线索。目前主要有 3 类方法,使用了对应雾的不同属性的多幅图像。

(1) 利用同一地点不同时间和天气下的多幅图像之间的差异。

（2）利用同一场景不同偏振角度下获取的多幅图像之间的差异。

（3）利用 RGBN 相机，获取普通彩色图像与近红外图像之间的差异。

上述方法均使用多幅图像，主要是因为从单幅图像获得深度信息比较难以实现。但是，实际中获取同一场景多幅图像的条件较为苛刻，一般不适用于实时应用的场合，也不适用于动态的场景。

由于采集多幅图像常在实际应用中受到限制，近年的工作主要集中在单幅图像的去雾上。已有的方法中，有些是利用了单幅图像中所包含的先验信息，也有些是建立了若干比较合理的假设，以实现图像去雾。本章后面的介绍均围绕单幅图像去雾进行。

3.2 暗通道先验去雾算法

基于暗通道先验的去雾算法是一种比较有效地利用图像恢复思路进行图像去雾的典型方法，已得到了比较广泛的关注和应用。

基本的基于暗通道先验的图像去雾算法利用了**大气散射模型**，又借助暗通道先验来确定模型的参数。

3.2.1 大气散射模型

描述雾霾环境下图像退化（降质）的物理模型为[Narasimhan 2003]：

$$I(\boldsymbol{x}) = I_\infty r(\boldsymbol{x}) \mathrm{e}^{-kd(\boldsymbol{x})} + I_\infty (1 - \mathrm{e}^{-kd(\boldsymbol{x})}) \qquad (3.2.1)$$

式中，$\boldsymbol{x}$ 表示空间位置（$\boldsymbol{x} = [x \quad y]^{\mathrm{T}}$），$I(\boldsymbol{x})$ 代表雾霾图像，I_∞ 表示无穷远处的天空辐射（环境光或全局大气光）强度，$r(\boldsymbol{x})$ 代表反射率，$\mathrm{e}^{-kd(\boldsymbol{x})}$ 代表大气透射率，k 表示散射系数（雾浓度影响系数），$d(\boldsymbol{x})$ 代表 $\boldsymbol{x}$ 处的场景深度（景深）。该模型表明，退化主要有两个因素：对应式（3.2.1）右边第 1 项的空气中浑浊介质对成像物体反射光的吸收和散射（这导致光照的直接衰减），以及对应式（3.2.1）右边第 2 项的空气中大气粒子和地面反射光在散射过程中对成像过程造成的多重散射干扰。该模型可用图 3.2.1 来表示，即原本应清晰的图像受到两个因素的影响而退化了。

图 3.2.1　雾霾图像退化模型

上述模型可简化为如下大气散射模型[He 2011]：

$$I(\boldsymbol{x}) = J(\boldsymbol{x})t(\boldsymbol{x}) + A[1 - t(\boldsymbol{x})] \qquad (3.2.2)$$

式中，$J(\boldsymbol{x})$ 代表无雾（无环境干扰）图像或对应**场景辐射**；$t(\boldsymbol{x})$ 为**媒介传输图**，也称为**大气透射率**，其值随景深呈指数衰减。对均匀同质的大气，大气透射率可表示为

$$t(\boldsymbol{x}) = \mathrm{e}^{-kd(\boldsymbol{x})}, \quad 0 \leqslant t(\boldsymbol{x}) \leqslant 1 \qquad (3.2.3)$$

式（3.2.2）中，A 代表**整体环境光**，简称为大气光/天空光，一般假设为全局常量，与局部位置 $\boldsymbol{x}$ 无关。式（3.2.2）右边第 1 项对应入射光的衰减，称为**直接衰减**，描述了场景辐射

照度在大气中的衰减(从场景点到观测点传播中的衰减);第 2 项对应大气散射的成像,称为**大气散射图**(也有称为大气散射函数或大气耗散函数),表示在对场景成像时由于大气散射所导致的对观测点光强的影响,就是它导致了场景的模糊和颜色的失真等雾霾的效果。

式(3.2.1)~式(3.2.3)中各量以及它们之间的联系示意如图 3.2.2 所示,其中小圆点代表大气中的微粒,远处场景辐射 $J(x)$ 经散射掉 $J(x)[1-t(x)]$ 后仅有 $J(x)t(x)$ 进入摄像机,而大气光 A 中有 $A[1-t(x)]$ 被散射进入摄像机。需要注意,与反射率 $r(x)$ 相关的各个量由于衰减或反射并不直接出现在进入摄像机/观察者的图像中。

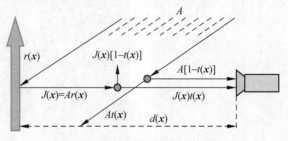

图 3.2.2 大气散射模型的细节

根据式(3.2.2),图像去雾的主要工作就是要估计出 A 和 $t(x)$,从而可恢复出无雾图像 $J(x)$:

$$J(x) = A - \frac{A - I(x)}{t(x)} \tag{3.2.4}$$

为恢复出无雾图像 $J(x)$ 需要分别获得整体环境光 A 和大气透射率 $t(x)$ 才有可能,这在实际中是很难同时做到的。换句话说,这是一个不定方程的求解问题。

3.2.2 暗通道先验模型

基于对大量无雾图像的统计观察发现[He 2009]:对于自然图像中非天空部分的局部区域里的某些像素点,至少其有一个颜色通道的亮度值很低(趋于 0)。据此,可得到**暗通道先验**模型/假设(也有人称为暗原色先验理论[於 2014]),即对于任意一幅自然无雾图像 $J(x)$,其暗通道图像满足

$$J_{\text{dark}}(x) = \min_{y \in N(x)} \left[\min_{C \in \{R,G,B\}} J_C(y) \right] \to 0 \tag{3.2.5}$$

式中,$J_C(y)$ 代表 $J(y)$ 的某一个 R、G、B 颜色通道;$N(x)$ 表示以像素点 x 为中心的邻域(半径为 r),可记为 $N_r(x)$。假设在 $N_r(x)$ 邻域内的大气透射率值为常数,记为 $t^N(x)$,将式(3.2.2)两边除以 A_C 并进行最小化运算(即将暗通道值代入),可得到:

$$\min_{y \in N(x)} \left[\min_{C \in \{R,G,B\}} \frac{I_C(y)}{A_C} \right] = \min_{y \in N(x)} \left[\min_{C \in \{R,G,B\}} \frac{J_C(y)}{A_C} \right] t^N(x) + [1 - t^N(x)] \tag{3.2.6}$$

如果大气光值 A 为已知常量,取 $J_C(y) = 0$,则可得到 $N_r(x)$ 邻域中大气透射率的估计值 $t^N(x)$:

$$t^N(x) = 1 - \min_{y \in N(x)} \left[\min_{C \in \{R,G,B\}} \frac{I_C(y)}{A_C} \right] \tag{3.2.7}$$

根据暗通道先验模型,通常无雾图像的暗通道像素亮度很小,基本趋近于 0,所以含雾图像中暗通道像素的亮度值实际上基本就是雾的浓度值。因此,可以利用图像的暗通道值

来估计大气光值 A，并进而由式(3.2.7)得到大气透射率。

上述基于暗通道先验模型的方法为求解大气散射模型提供了一条可行的路线，成为利用图像恢复技术实现图像去雾的一种基本方法。

利用这种方法进行图像去雾的一个实际效果可见图 3.2.3 的示例，其中左图为有雾的原图，而右图是去雾后的结果图。可见去雾效果还是很明显的。

图 3.2.3　基本方法去雾的效果示例

3.2.3　实用中的一些问题

上述基于暗通道先验去雾的基本方法在实际应用中会遇到一系列技术问题。下面列出该算法几个比较典型的问题。

(1) 首先，实用中需要选取一定的像素来估计暗通道值，基本方法中选取暗通道图里最亮的前 0.1% 像素作为对原图大气光的估计点(即 A 的值为最亮的前 0.1% 像素灰度的平均值)。但这种方式并不能保证选出真正的最亮点，尤其是当场景中有灯光等出现时常会受到干扰。同时，这种做法也会导致去雾后图像的平均亮度低于原图像。

(2) 其次，如果直接将式(3.2.7)代入式(3.2.2)进行反演去雾，则实际去雾后的图像常常会出现明显的**光晕**现象或效应(即在景物边缘出现模糊的虚影，也称晕轮伪影)，直接影响图像的分辨率和信噪比。为解决这个问题，可采用**软抠图**算法对媒介传输图进行优化[He 2011]，不过软抠图算法会消耗很多的内存从而导致计算速度比较慢，达不到实时处理的要求。进一步的改进是利用**引导滤波**(也称**导向滤波**，见 3.3.5 小节)来替换软抠图算法[He 2013]，但这样容易出现去雾效果不够彻底的现象。

(3) 另外，暗通道先验假设大气透射率在局部图像块内为常量，但当图像块跨越场景中的景深边界时，也会产生"光晕"现象。减轻"光晕"现象的方法之一是利用图像分割方法将图像按景深进行分块，并假设每个块内的景深不变来求解大气透射率[Fang 2010]。不过，采用这种分块的操作会产生块效应，后续还须对大气透射率进行优化调整。

(4) 最后，利用暗通道先验模型时常会出现噪声放大的现象，为此还需采用对有雾图像和去雾图像进行**双边滤波**以抑制噪声的方法，如[王 2013]。

3.3 改进思路和方法

为解决上面基于暗通道先验去雾的基本方法遇到的一些具体问题，人们已提出了许多改进的思路和方法。这些改进对解决图像去雾中的一些其他问题也有启发意义和帮助。下面具体介绍一些典型的改进思路和具体做法。

3.3.1 大气光区域确定

对大气光的估计在实现去雾中起关键作用。为对大气光进行估计，基本方法选择暗通道图像中最亮的前 0.1% 像素进行统计计算。但是很多时候图像中的最亮点并不是实际上雾浓度最大的地方。基本方法有时会使估计点落到前景区域中，而并不一定能得到大气光的准确值。事实上，这些亮点常常源自场景中的白色物体或其他人工光源，其灰度值往往高于真实的大气光值。

为解决这个问题，已提出了多种改进方法，下面介绍两种。

1. 根据物理意义确定大气光估计点

根据式(3.2.1)，大气光的物理意义是景深为无穷远处的背景辐射。根据这一描述，可推断对大气光的估计点应满足以下条件[宋 2016]。

(1) 大气光作为环境光源，应该具有较高的亮度。

(2) 对大气光的估计点应落入背景区域。

可以从这两个条件(之一)出发来确定具有较高亮度的大气光估计点，并使这些点鲁棒地落到场景的背景区域中。

针对条件(1)，可设置一个亮度域值 I_{th}。采用**视网膜皮层**理论对照度图像的估计方法[Jobson 1997]来获得原图像亮度分量 I_{int} 的照度图像，然后取照度图像的最大值作为亮度域值 I_{th}。

$$I_{\text{th}} = \max\{\text{Gaussian}(\boldsymbol{x}) \otimes I_{\text{int}}(\boldsymbol{x})\} \tag{3.3.1}$$

$$\text{Gaussian}(\boldsymbol{x}) = \exp\left(-\frac{\|\boldsymbol{x}\|_2^2}{\sigma^2}\right) \tag{3.3.2}$$

式中，σ 为卷积高斯核函数的尺度，可取为 $\sigma = 0.1\min(H, W)$，H 和 W 分别为图像的高和宽。

针对条件(2)，可借助对二值化边缘图 I_{canny}(对用坎尼边缘检测算子得到的边缘阈值化)进行形态学闭运算操作的结果 I_{close}，取 $I_{\text{close}}(\boldsymbol{x}) = 0$ 的点来对应背景区域。

由条件(1)和(2)得到的约束条件可分别用模板的方式来表示：

$$\begin{cases} \text{Mask}_1 = (I_{\text{int}} \geqslant I_{\text{th}}) \\ \text{Mask}_2 = (I_{\text{close}} = 0) \end{cases} \tag{3.3.3}$$

用这两个条件对暗通道图 $D_C(\boldsymbol{x})$ 进行过滤，得到的非零点即是最有可能成为大气光估计的点：

$$D_{Cp}(\boldsymbol{x}) = \text{Mask}_1(\boldsymbol{x})\text{Mask}_2(\boldsymbol{x})D_C(\boldsymbol{x}) \tag{3.3.4}$$

考虑一下极端情况。如果 $\text{Mask}_1(\boldsymbol{x}) \bigcap \text{Mask}_2(\boldsymbol{x}) = \phi$，即原图中不存在亮度较高的背

景区域,则可令 $D_{C_p}(\pmb{x})=D_C(\pmb{x})$,算法退化为采用暗通道图来估计大气光。接着,再从 $D_{C_p}(\pmb{x})$ 中迭代扩大半径找到平均亮度最高的图像块(块半径 $r=r_{th}+n\cdot step$,具体可参见 3.3.4 小节),并以这个块对应的原图中像素的平均颜色作为大气光的估计值,此处以局部最亮块而非最亮的单个像素来估计大气光是为了进一步滤除不能被 Mask$_1$ 和 Mask$_2$ 过滤掉的前景点。以上步骤可以使大气光的估计点比较鲁棒地落到背景区域。

2. 借助四叉树计算最浓雾区域

为避免对大气光值 A 的不合理估计,需要确定图像中雾的浓度最高的区域。事实上,在雾浓度越高的区域,像素值也越高,且像素之间的差异也会越小,而均值与标准差的差值会越大[杨 2016]。下面定义区域 i 的这个差值为 $S(i)$:

$$S(i)=|\,M(i)-C(i)\,| \tag{3.3.5}$$

式中,$M(i)$ 和 $C(i)$ 分别为该区域的均值和标准差。

借助对图像表达的四叉树结构,可先将图像递归式地划分成 4 个相同大小的矩形区域,分别计算 4 个区域的差值 $S(i),i=1,2,3,4$。选择其中差值最高的区域,继续进行递归式分解并分别计算其 4 个子区域的差值。重复上述过程直到矩形区域的大小满足预先设定的阈值,最后选取出来的区域就是雾浓度最高的区域,记为 $R(\pmb{x})$,可在此区域内较准确地估计大气光的值。

3.3.2　大气光值校正

估计大气光值不仅要选对区域,还要合理地进行估计。对大气光值估计的不准确,会导致去雾图像的亮度发生偏移。由式(3.2.2)可知:在 $I(\pmb{x})$ 和 $t(\pmb{x})$ 已知的情况下,如果对 A 的估值变高,会导致去雾图像 $J(\pmb{x})$ 的幅值变小而偏暗。下面介绍两种对大气光值估计进行校正的方法。

1. 大气光值加权校正

为了更鲁棒地获取大气光的值,在获得雾浓度最高的区域 $R(\pmb{x})$ 后,不直接取 $R(\pmb{x})$ 中最亮点的像素值而是采用加权估计来进行调整[杨 2016]。

将 $R(\pmb{x})$ 中所有的像素点划分为两部分:所有灰度值大于均值的点属于亮区,所有灰度值小于均值的点属于暗区。设亮区和暗区的像素点个数分别为 N_b 和 N_d。选取 3×3 的块,分别计算亮区和暗区中暗通道值的最大值 M_b 和 M_d。设 M_b 和 M_d 分别在点 $R(\pmb{y})$ 和 $R(\pmb{z})$ 处取得,则大气光值 A 为

$$A=W_bR(\pmb{y})+W_dR(\pmb{z}) \tag{3.3.6}$$

式中,$W_b=N_b/S_R,W_d=N_d/S_R$,且满足 $W_b+W_d=1$;这里 S_R 为 $R(\pmb{x})$ 的尺寸(即 N_b+N_d)。这样,当亮区像素点比较多时,A 由 $R(\pmb{y})$ 主导,当暗区像素点比较多时,A 则由 $R(\pmb{z})$ 主导,但是无论何种情况,$R(\pmb{y})$ 和 $R(\pmb{z})$ 都是共同发挥作用,相互制约,相互补偿,从而给出一个较合理的大气光值,帮助获得视觉上较自然的去雾图像。

总结一下,估计大气光的值 A 的具体步骤如下。

(1) 将图像分成 4 个相同大小的矩形区域,分别计算每个区域的差值 $S(i)$。

(2) 选取差值最大的区域,重复步骤(1),直到满足预先设定的阈值,获得雾浓度最高区域 $R(\pmb{x})$。

(3) 将区域 $R(\pmb{x})$ 内的像素点分别划分到暗区和亮区,分别获取两个区域内暗通道值的

最大值。

（4）确定两个最大值在图像中的位置，通过加权求取大气光的值 A。

2. 大气光颜色值校正

当背景为蓝天时，如果直接由式（3.2.4）求解去雾图像，将会产生色彩失真。下面具体分析产生色彩失真的原因并介绍一种解决办法[宋 2016]。

由瑞利定律可知，蓝天是由于大气散射对波长的选择性而形成的，散射系数与入射光的波长存在如下关系[Narasimhan 2003]：

$$k(\lambda) \propto \frac{1}{\lambda^\gamma} \tag{3.3.7}$$

式中，γ 的取值与大气悬浮颗粒的尺寸有关，通常情况下，$0 < \gamma < 4$。在晴朗的天气，$\gamma \to 4$，短波长的蓝光散射系数最大，天空呈现蓝色；在浓雾天气，$\gamma \to 0$，散射系数可近似地认为与波长无关，所有波长的光散射系数几乎相等，天空呈现灰白色。换句话说，蓝天是大气光经大气散射后呈现的颜色，并非大气光本来的颜色。因此，当估计点落入蓝天区域时，为了得到大气光本来的颜色，应对大气光的估计值进行修正。一种修正大气光颜色的方法是减小彩色的**饱和度**，主要步骤如下。

（1）求得 A 的估计值在 HSI 空间中的 3 个分量：色调 A_H、饱和度 A_S 和亮度 A_I。

（2）设置饱和度阈值 S_{th}。它的取值应尽量小，但同时还能保持原图像的色彩氛围（即不能直接取 $S_{th}=0$）。与亮度域值的求解过程（见式（3.3.1））类似，取雾霾图像饱和度分量经高斯卷积（$\otimes$）平滑后的最小值作为 S_{th}：

$$S_{th} = \min\{\text{Gaussian}(\boldsymbol{x}) \otimes I_{sat}(\boldsymbol{x})\} \tag{3.3.8}$$

（3）保持 A_H 和 A_I 不变，计算

$$A'_s = \min(S_{th}, A_s) \tag{3.3.9}$$

用 A'_s 更新 A_S，并将 3 个分量由 HSI 空间转换回 RGB 空间，得到修正后的大气光的色彩值。

3.3.3 尺度自适应

暗通道先验模型假设大气透射率在 $N_r(\boldsymbol{x})$ 邻域内为常量，此时 r 的取值会对去雾的效果产生影响。下面先分 r 值较小和 r 值较大两种情况分别讨论。

（1）当 r 较小时，在图像里对应前景的大部分区域会有 $0 < J_d(\boldsymbol{x}) < A$，则 $t(\boldsymbol{x}) > t^N(\boldsymbol{x})$，即暗通道先验对大气透射率的估计值将小于其实际值。另外在 A 为常量的情况下，由式（3.2.4）可知 $t(\boldsymbol{x})$ 在 $N_r(\boldsymbol{x})$ 内也为常量，且 $0 < t(\boldsymbol{x}) < 1$，即有 $\nabla J = \nabla I / t$，$\nabla J > \nabla I$，可见去雾的实质就是通过放大雾霾图像中各颜色通道的幅值变化来提升**对比度**。如果对 $t(\boldsymbol{x})$ 的估值变小，则会过度放大 $N_r(\boldsymbol{x})$ 内像素的颜色变化，使得恢复图像产生过饱和失真。同时，由式（3.2.4）还可知，当 $I(\boldsymbol{x}) < A$ 时，$t(\boldsymbol{x})$ 的值变小将会导致去雾图像 $J(\boldsymbol{x})$ 的幅值变小而偏暗（因为估计点更容易落到与其物理意义不相符的前景区域）。

（2）当 r 较大时，在图像里对应前景的大部分区域会满足 $J_d(\boldsymbol{x}) \to 0$，此时 $t(\boldsymbol{x}) \approx t^N(\boldsymbol{x})$，暗通道先验对大气透射率的估计值将会比较接近其实际值。不过，较大的 r 有可能会使暗通道的求解块 $N_r(\boldsymbol{x})$ 跨越景深边缘而使恢复图像产生"光晕"失真。利用引导滤波（见 3.3.5 小节）可在一定程度上减小"光晕"现象，但并不能使其完全消除。

由以上讨论可知，仅使用单尺度（固定 r）的暗通道先验模型和引导滤波并不能同时兼顾好的色彩复原效果和小的"光晕"失真效果。解决该问题的方法之一就是采用尺度自适应策略，在图像的不同区域找到其合适的暗通道求解尺度 r，增大 $J_d(\boldsymbol{x}) \to 0$ 的概率；同时尽量避免暗通道的求解块 $N_r(\boldsymbol{x})$ 跨越景深边缘。

下面介绍一种尺度自适应的方法，它根据图像的颜色及边缘特征来自适应地获得像素级的暗通道求解尺度，从而更好地满足暗通道先验的约束条件，以有效抑制"光晕"现象和色彩失真[宋 2016]。具体就是对于图像中的不同区域采用不同的尺度来求解暗通道值：在亮度较低或饱和度较高的区域，采用较小尺度；在亮度较高且饱和度较低的区域，采用较大尺度；在景深突变处，采用较小尺度；在平滑区域，采用较大尺度。具体步骤和细节如下。

1. 根据颜色特征求解初始尺度

对尺度选择的目的是要使 $J_d(\boldsymbol{x}) \to 0$。一般在前景中亮度较低或饱和度较高的区域，只需要采用较小的尺度就可以使 $J_d(\boldsymbol{x}) \to 0$，而在前景中亮度较高且饱和度较低的区域，则需要采用较大的尺度才能使 $J_d(\boldsymbol{x}) \to 0$。不过对于天空背景区域，采用任何尺度都不能使 $J_d(\boldsymbol{x}) \to 0$。但是，在天空区域有 $I(\boldsymbol{x}) \to A$，由式（3.2.7）可求得 $t^N(\boldsymbol{x}) \to 0$，这恰好与无穷远处大气透射率趋于 0 的实际情况相符。因此，对天空区域无须特殊处理，可将其视作亮度较高且饱和度较低的区域，采用较大的尺度来求解暗通道。

先计算几个与像素颜色特征相关的量。

（1）雾霾图像中彩色通道的最小值 $D_C(\boldsymbol{x})$：

$$D_C(\boldsymbol{x}) = \min_{C \in \{R,G,B\}} \big[I_C(\boldsymbol{x}) \big] \tag{3.3.10}$$

（2）雾霾图像中最小值处的亮度分量 $I_{\mathrm{int}}(\boldsymbol{x})$：

$$I_{\mathrm{int}}(\boldsymbol{x}) = \frac{I_R(\boldsymbol{x}) + I_G(\boldsymbol{x}) + I_B(\boldsymbol{x})}{3} \tag{3.3.11}$$

（3）雾霾图像中最小值处的饱和度分量 $I_{\mathrm{sat}}(\boldsymbol{x})$：

$$I_{\mathrm{sat}}(\boldsymbol{x}) = 1 - \frac{D_C(\boldsymbol{x})}{I_{\mathrm{int}}(\boldsymbol{x})} \tag{3.3.12}$$

根据雾霾图像中最小值处的颜色特征可以得到像素级的初始尺度 $r_0(\boldsymbol{x})$。由式（3.3.10）～式（3.3.12）可知：当 $I_{\mathrm{int}}(\boldsymbol{x})$ 较小或 $I_{\mathrm{sat}}(\boldsymbol{x})$ 较大时，应采用较小的尺度；当 $I_{\mathrm{int}}(\boldsymbol{x})$ 较大或 $I_{\mathrm{sat}}(\boldsymbol{x})$ 较小时，应采用较大的尺度。注意，前一种情况时 $D_C(\boldsymbol{x})$ 也较小，而后一种情况时 $D_C(\boldsymbol{x})$ 也较大。所以，可以认为尺度与通道最小值是正相关的。如果用 $r_0(\boldsymbol{x}) = k \cdot D_C(\boldsymbol{x})$ 表示像素级的初始尺度，为使尺度值为整数，可定义 $r_0(\boldsymbol{x})$ 为

$$r_0(\boldsymbol{x}) = \max\{1, \mathrm{round}[k \cdot D_C(\boldsymbol{x})]\} \tag{3.3.13}$$

2. 根据边缘特征对尺度进行修正

由于"光晕"现象发生在景深突变处，如果在边缘附近采用较小的尺度，就可使大气透射率的求解块 $N_r(\boldsymbol{x})$ 尽量不跨越景深边界，从而减小"光晕"现象；而在非边缘附近采用较大的尺度，就可以增大 $J_d(\boldsymbol{x}) \to 0$ 的概率以使复原图像的背景更平滑，噪声和失真更小。

由边缘特征对初始尺度 $r_0(\boldsymbol{x})$ 进行修正的步骤如下。

（1）边缘检测：采用坎尼边缘检测算子对雾霾图像的亮度分量 $I_{\mathrm{int}}(\boldsymbol{x})$ 进行边缘检测，并阈值化以得到二值化边缘图 I_{canny}。

（2）前景分离：对 I_{canny} 作形态学闭合运算操作，粗略地将图像的前景和背景区分开，并

将结果用 I_{close} 表示。$I_{close}=1$ 的像素覆盖了图像的前景区域。

(3) 获取初始尺度：设置边缘像素尺度阈值 r_{th}，用 I_{close} 滤除背景，得到前景像素初始尺度 $r_s(\boldsymbol{x})$：

$$r_s(\boldsymbol{x})=I_{close}(\boldsymbol{x})r_0(\boldsymbol{x}) \tag{3.3.14}$$

式中，$r_0(\boldsymbol{x})$ 的取值为 $[0 \quad 10]$ 的整数，$r_s(\boldsymbol{x})$ 为 0 的像素对应背景区域。r_{th} 取 $r_s(\boldsymbol{x})$ 中出现概率最大的非零值，这样可以增大前景区域 $J_d(\boldsymbol{x}) \rightarrow 0$ 的概率。

(4) 利用边缘特征对尺度进行修正：对于任一像素 $\boldsymbol{x}$，如果满足 $0 < r_s(\boldsymbol{x}) \leqslant r_{th}$，则不修正其尺度，即：$r(\boldsymbol{x})=r_s(\boldsymbol{x})$；否则，如果 $r_s(\boldsymbol{x})=0$（即 $\boldsymbol{x}$ 位于背景区域），或者 $r_s(\boldsymbol{x}) > r_{th}$（$\boldsymbol{x}$ 位于亮度较高区域），则对 $\boldsymbol{x}$ 的尺度进行修正，首先从 $r=r_{th}+\text{step}$ 开始，逐渐增大尺度，即取 $r=[r_{th}+\text{step}, r_{th}+2 \cdot \text{step}, \cdots, r_{th}+n \cdot \text{step}]$，直到在 I_{canny} 图中以 $\boldsymbol{x}$ 为中心，$r(\boldsymbol{x})$ 为半径的块内包含边缘点为止，此时的 $r_{th}+(n-1) \cdot \text{step}$ 即为 $\boldsymbol{x}$ 点修正后的尺度。如此递增进行，求解块 $N_r(\boldsymbol{x})$ 应不会跨越景深边界，从而可减小出现"光晕"现象的可能。上面的参数 step 和 n 决定了尺度的自适应范围。统计表明，可选取 $\text{step}=2$，$n=5$ 以将尺度的自适应范围限定在 $1 \sim r_{th}+n \cdot \text{step}(1 \leqslant r_{th} < 10, r_{th}+n \cdot \text{step} < 20)$，这个范围对于大多数自然场景的图像都能取得很好的去雾效果。当 $r_{th}+n \cdot \text{step} > 20$ 后，去雾效果改善不多，但计算时间会偏长。

如果 $\boldsymbol{x}$ 点正好在边缘上，且满足 $0 < r_s(\boldsymbol{x}) \leqslant r_{th}$，则取 $r(\boldsymbol{x})=r_s(\boldsymbol{x})$；否则取 $r(\boldsymbol{x})=r_{th}$。所以，可称 r_{th} 为边缘像素的最大尺度。由此可见，r_{th} 的值越小，恢复图像的"光晕"失真越小。不过，如果原始图像的饱和度较低，过小的 r_{th} 值有可能使图像的大部分区域不满足 $J_d(\boldsymbol{x}) \rightarrow 0$，从而使恢复图像的彩色过饱和，色彩反而不自然。

如果获得了 $\boldsymbol{x}$ 点处的（自适应）尺度，就可用下式来求解暗通道：

$$D_C(\boldsymbol{x})=\min_{\boldsymbol{y} \in N_r(\boldsymbol{x})} \left[\min_{c \in \{R,G,B\}} I_C(\boldsymbol{y}) \right] \tag{3.3.15}$$

3.3.4 大气透射率估计

基于暗通道先验的去雾方法是在局部图像块内估计**大气透射率**，这样得到的大气透射率值在块内是恒定的。但在实际图像处理中，块内的大气透射率并不总是恒定不变的，尤其是在深度产生较大跳跃的边缘，会导致大气透射率图出现严重的块效应，使恢复图像产生"光晕"现象。从统计学的角度看，当图像块分得较大时，块中包含暗像素的概率也会较高，暗通道先验更容易满足；但当图像块的尺寸过大时，块中透射率恒定的假设会失效，从而导致色彩畸变。

1. 融合暗通道值估计大气透射率

块效应的出现表明块边缘包含了一些错误的高频信息。换句话说，大气透射率中的低频部分比较接近实际的透射率，而高频部分（对应块边缘）与实际的透射率有较大差别。可以想象，如果减小块的尺寸，甚至减小到单个像素，则块效应不会再出现，而且可以保留所有场景中的细节，即高频部分基本对应实际的透射率；但此时对低频部分的估计会不够精确，恢复图像会产生较严重的色彩失真。

从以上分析可知，较大块的暗通道信息里的低频部分接近真实透射率的低频部分，而较小块的暗通道信息里的高频部分接近真实透射率的高频部分。如果结合采用这两部分来估计透射率，应该可以得到较好的效果。所以，可参照图 3.3.1 的流程来估计透射率[杨

2016]。先取较大块为一定尺寸的块,较小块为点,分别对雾霾图像计算各个块的暗通道值和点的暗通道值。然后,借助小波变换,分别提取前者的低频系数和后者的高频系数并进行融合。最后,再进行小波反变换,就可得到较好的大气透射率估计。

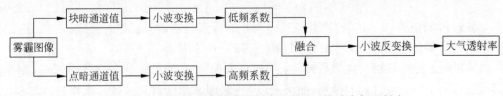

图 3.3.1　融合块暗通道值和点暗通道值以估计大气透射率

2. 基于局部自适应维纳滤波细化大气透射率

对块和点的暗通道值进行融合常会不可避免地引入一些错误的细节信息。对此,可采用局部自适应**维纳滤波器**对透射率进行细化估计,以有效地去除**块效应**和"光晕"现象。

假设大气光 A 已知,由于错误的细节信息是在融合的过程中引入的,分析式(3.2.2)可知,融合后得到的暗通道值 $J_d(\boldsymbol{x})$ 可看作是**大气散射图** $G(\boldsymbol{x})=A[1-t(\boldsymbol{x})]$ 和错误细节信息 $n(\boldsymbol{x})$ 之和:

$$J_d(\boldsymbol{x})=G(\boldsymbol{x})+n(\boldsymbol{x}) \tag{3.3.16}$$

这里假设 $G(\boldsymbol{x})$ 和 $n(\boldsymbol{x})$ 是相互独立的。

给定式(3.3.16),可采用局部自适应维纳滤波器来估计采样块 $N_r(\boldsymbol{x})$ 内的 $G(\boldsymbol{x})$,记为 $G^E(\boldsymbol{x})$:

$$G^E(\boldsymbol{x})=\mu_G(\boldsymbol{x})+\frac{\sigma_G^2(\boldsymbol{x})+\sigma_n^2}{\sigma_G^2(\boldsymbol{x})}[J_d(\boldsymbol{x})-\mu_d(\boldsymbol{x})] \tag{3.3.17}$$

式中,$\mu_G(\boldsymbol{x})$ 和 $\sigma_G^2(\boldsymbol{x})$ 分别为 $G(\boldsymbol{x})$ 在采样块内的均值和方差;$\mu_d(\boldsymbol{x})$ 为 $J_d(\boldsymbol{x})$ 在采样块内的均值;σ_n^2 为细节信息 $n(\boldsymbol{x})$ 的方差(均值为 0),假设其在整幅图像中是恒定的,则可如下估计。

$J_d(\boldsymbol{x})$ 在采样块内的方差 $\sigma_d^2(\boldsymbol{x})$ 为两部分之和:

$$\sigma_d^2(\boldsymbol{x})=\sigma_G^2(\boldsymbol{x})+\sigma_n^2 \tag{3.3.18}$$

实际中,大气光在较大的采样块内是互相关的,且其方差 $\sigma_G^2(\boldsymbol{x})$ 很小。假设 $\sigma_G^2(\boldsymbol{x})\ll\sigma_n^2$,则可用暗通道值方差的全局平均作为细节方差的估计(上标 E 代表估计)

$$(\sigma_n^2)^E=\frac{1}{M}\sum_{x=0}^{M-1}\sigma_d^2(\boldsymbol{x}) \tag{3.3.19}$$

式中,M 为整幅图像里的像素点数。

估计得到 $G(\boldsymbol{x})$ 的均值和方差以及细节信息的方差后,通过式(3.3.17)可得到大气光函数的最优估计 $G^E(\boldsymbol{x})$,而最后的大气透射率为

$$t(\boldsymbol{x})=1-p\frac{G^E(\boldsymbol{x})}{A} \tag{3.3.20}$$

式中,p 为常数(称为去雾深度参数),其作用是在结果中保留部分雾,这是因为如果彻底去除雾的存在,去雾图像的整体效果将会不太真实且丢失深度感(远景和近景之间的距离感)。一般 p 的取值范围为 0.92~0.95,雾浓时取较大值,雾稀时则取较小值。

3.3.5　浓雾图像去雾

基本方法在处理雾浓度很大的场景时所得到的去雾图像会偏暗。为此,可借助雾浓度因子的概念,在分析影响雾天能见度因素时借助大气消光系数建立**能见度**和**雾浓度因子**的关系,通过估计能见度值以估计雾浓度因子的值,再借助引导滤波进一步估计大气光值以实现去雾[龙 2016]。

1. 算法流程

回到描述雾、霾环境下图像退化(降质)的物理模型,即式(3.2.1)。使得雾霾图像变模糊的因素主要有两个:一个是空气中浑浊介质对成像物体反射光的吸收和散射;另一个是空气中的大气粒子及地面的反射光在散射过程中对所成图像造成的多重散射干扰。它们分别对应式(3.2.1)的第 1 项和第 2 项。与大气光的远距离传输相比较,成像设备所获取图像的场景深度变化是微小的,特别在浓雾条件下更是如此。因此可以用 G_k 代替 $e^{kd(x)}$,并称之为雾浓度因子。将 G_k 代入式(3.2.2),这样雾天成像和恢复的物理模型就可以表示为:

$$J(x) = G_k(I(x) - A) + A \tag{3.3.21}$$

基于式(3.3.21)的模型可知,要想得到清晰的原始图像,在采集到退化图像 $I(x)$ 时,还必须要对雾浓度因子值 G_k 以及大气光值 A 做出估计。

为此,可设计一种基于大气消光系数和引导滤波的雾霾图像去雾算法,流程如图 3.3.2 所示。对于一幅待去雾的浓雾图像,首先对图像所在环境的能见度进行估计,借助已建立的能见度与雾浓度因子的关系求得雾浓度因子的值 G_k;同时将有雾图像转换为灰度图像,利用对灰度图像的引导滤波求得大气光值 A,最后利用式(3.3.21)完成图像的去雾。

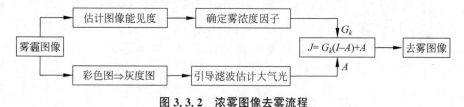

图 3.3.2　浓雾图像去雾流程

下面分别介绍对雾浓度因子值 G_k 以及大气光值 A 的估计方法。

2. 雾浓度因子估计

能见度(对应透射率)是衡量雾浓度的一个直接标准,能见度大表示雾浓度小,反之则表示雾浓度大。由此可见,在能见度非常小的情况下,雾的浓度会非常大。对雾浓度很大的图像进行去雾处理常常会使得去雾后的图像噪声偏大,此时在去雾的同时还需要抑制图像的噪声,因此进行不完全的去雾应该是相对较好的选择。而当能见度上升到一个比较大的距离时,雾浓度比较低,此时雾对采集到图像的影响较小。因此可以在能见度 L 对应不同的范围内给定雾浓度因子 G_k 不同的取值范围:

$$G_k = \begin{cases} G_k = 8 & L < 50 \\ 1 \leqslant G_k \leqslant 8 & 50 \leqslant L \leqslant 1000 \\ G_k = 1 & L > 1000 \end{cases} \tag{3.3.22}$$

在有雾的天气条件下,空气中存在着大量半径值为 $1 \sim 10\mu m$ 的粒子,此时的能见度 $L \in [50, 1000]$(以 m 为单位)。根据雾天退化模型,导致图像降质的一个重要原因就是空气中粒子对成像物体反射光的**米氏散射**，而粒子的散射特征由粒子的尺度特征 α 所决定，且 $\alpha=2\pi r/\lambda$，其中，r 为粒子的半径，λ 为入射光的波长。根据大气光中可见光的波长范围和空气中粒子的半径，可以得到粒子的尺度特征范围：$\alpha\in[8,157]$。在这个范围内，大气能见度 L 和**大气消光系数** e 有如下关系[龙 2016]：

$$L\equiv-\frac{\ln T}{e} \tag{3.3.23}$$

式中，T 为视觉对比阈值，L 代表具有正常视力的人在当时的天气条件下能够看清楚目标轮廓的最大距离。根据气象部门对浓雾条件下人的视觉对比阈值的规定，此时人的视觉对比阈值的取值为 0.05[龙 2016]。令式(3.3.23)中 T 的取值为 0.05 得到

$$L=2.99/e \tag{3.3.24}$$

根据散射理论，在不考虑雾粒子对光线吸收的情况下，大气消光系数 e 与消光效率因子 Q_e、雾粒子浓度 n、雾粒子半径 r 之间存在如下关系：

$$e=\pi n r^2 Q_e \tag{3.3.25}$$

式中，消光效率因子 Q_e 随雾的变化一般在 $Q_e=2$ 附近波动，所以下面取 $Q_e=2$。根据式(3.3.24)和式(3.3.25)可知，雾粒子浓度 n 以及雾粒子半径 r 均为影响大气消光系数 e 的因素，同样也就是影响能见度 L 的因素。而且，雾浓度与 n 或 r 都是正相关的，所以可定义能见度 L 的雾浓度因子 G_L 为

$$G_L=G_\alpha n_\alpha r_\alpha^2 \tag{3.3.26}$$

式中，系数 G_α 对给定的尺度特征 α 是常数，将式(3.3.24)和式(3.3.25)结合进式(3.3.26)可以得到：

$$G_L=\frac{2.99G_\alpha}{2\pi L} \tag{3.3.27}$$

从式(3.3.27)可知，如果以能见度在 1000m 以内作为有雾天气，当能见度 $L\in[50,1000]$ 时，雾浓度因子 G_L 和能见度 L 之间成正比例关系。此时取 1000m 作为参考标准，得到：

$$G_L=\frac{1000G_{1000}}{L} \tag{3.3.28}$$

也就是说，当以 1000m 的距离作为有雾的标准距离时，雾浓度因子 G_L 与 $1000/L$ 之间存在着正比例关系。由于 G_k 同样是描述雾浓度因子的参数，所以根据式(3.3.22)定义的能见度范围下的雾浓度因子的取值，可以得到雾浓度因子 G_k 与能见度 L 的关系式：

$$G_k=\begin{cases}8 & L<50\\0.36\times 1000/L+0.64 & 50\leqslant L\leqslant 1000\\1 & L>1000\end{cases} \tag{3.3.29}$$

3. 基于引导滤波的大气光估计

在修复雾霾图像时，除了需要获取雾浓度因子 G_k 的值，还需要估计大气光的值。这可借助具有边缘保持特性的引导滤波来实现。

引导滤波是一种线性可变滤波，利用其估计大气光的基本思想如下[He 2013]。

记输入图像为 P，引导图像为 I，滤波输出图像为 Q，则在第 k 个半径为 r 的方形图像块 W_k 中存在如下线性关系：

$$Q_i = a_k I_i + b_k \quad \forall i \in W_k \tag{3.3.30}$$

式中, a_k 与 b_k 为块中的局部线性系数,在给定块中为固定值; i 是块中的像素索引。为了让引导滤波的效果达到最好,必须使得输出的图像 Q 与输入的图像 P 之间的差异最小,此时需要代价函数 $E(a_k, b_k)$ 满足:

$$E(a_k, b_k) = \min \sum_{i \in W_k} \left[(Q_i - P_i)^2 + \varepsilon a_k^2 \right] \tag{3.3.31}$$

为得到 $E(a_k, b_k)$ 的最小值,可利用最小二乘法的思想求解线性系数 a_k 与 b_k:

$$a_k = \frac{\mathrm{cov}_k(I, P)}{\mathrm{var}_k(I) + \varepsilon} \tag{3.3.32}$$

$$b_k = p_k' - a_k I_k' \tag{3.3.33}$$

式中, ε 为正则化平滑因子, $\mathrm{cov}_k(I, P)$ 为引导图像 I 和输入图像 P 的协方差, $\mathrm{var}_k(I)$ 为 I 的方差, p_k' 为 p 在单元块 W_k 内的均值, I_k' 为 I 在单元块 W_k 内的均值。在利用最小二乘法求得满足代价函数最小值的 a_k 与 b_k 的值后,通过对图像进行滤波得到大气光幕值,即大气光 A 可以表示为:

$$A = F \left[\left(\frac{1}{|W|} \sum_{k \in W_i} a_k \right) P_i + \frac{1}{|W|} \sum_{k \in W_i} b_k \right] \tag{3.3.34}$$

式中, P_i 为输入图像中的像素点, W_i 表示以像素 P_i 为中心的单元块, $|W|$ 为单元块里的像素个数, F 表示对每个像素点做滤波处理。该种滤波方法采用最小二乘法的思想,借助**盒滤波器和积分图像**技术进行快速运算,在执行滤波操作时其执行速度与滤波块的尺寸无关。

3.4 改善失真的综合算法

图像去雾的目的是希望改善图像的视觉质量,所以除了提高去雾图像的清晰度外,还要避免处理所导致的失真。这里介绍的一种去雾算法,也对基本方法进行了综合改进[李2017]。它的特点是在试图提高算法去雾效果的同时,还着重考虑了能使去雾图像失真较小、比较自然的手段。

下面先给出改进算法的流程,接下来依次介绍其中的各个步骤。

3.4.1 综合算法流程

再回到描述雾霾图像退化的大气散射模型,即式(3.2.2)。图像去雾是在只知道 $I(\boldsymbol{x})$ 的条件下,先估计出 A 和 $t(\boldsymbol{x})$,最后要得到 $J(\boldsymbol{x})$。这里,将对 $J(\boldsymbol{x})$ 的恢复公式表示为[He 2011]

$$J(\boldsymbol{x}) = \frac{I(\boldsymbol{x}) - A}{\max[t(\boldsymbol{x}), t_0]} + A \tag{3.4.1}$$

这里为防止分母出现 0,分母上加了一个下限阈值 t_0。

综合改进的基本思路是在透射率(T)空间计算**大气散射图**以进行去雾。主要步骤如下。

(1) 将图像转换到 T 空间。

(2) 利用引导滤波得到大气散射图。

(3) 确定天空区域。

（4）进行对比度增强和亮度调整。

整个算法流程如图 3.4.1 所示。

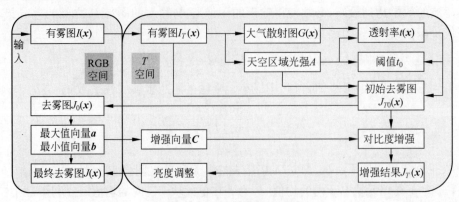

图 3.4.1　综合改进算法的流程

3.4.2　T 空间转换

对彩色图像,其 RGB 三个通道之间有一定的相关性,或者说三个通道中的彩色之间存在着耦合。如果能削弱各通道之间的耦合,会使暗通道先验模型更容易得到满足。为此,可利用地物波谱特性和人眼视觉模型等计算出耦合程度更低的**透射率空间**,即 **T 空间**[史 2013]。T 空间与 RGB 空间的转换为:

$$\boldsymbol{T} = \boldsymbol{MC} \tag{3.4.2}$$

式中,$\boldsymbol{T} = [T_1\ T_2\ T_3]^{\mathrm{T}}$,表示透射率空间的 3 个通道;$\boldsymbol{C} = [R\ G\ B]^{\mathrm{T}}$,表示原彩色空间的 3 个通道。如此得到的 $\boldsymbol{M}$ 为(这里为使 RGB 空间中的[255；255；255]转换到 T 空间后仍为[255；255；255],对每一项都乘了 255):

$$\boldsymbol{M} = \begin{bmatrix} 0.0255 & -0.1275 & 1.0965 \\ -0.3315 & 1.5045 & -0.1785 \\ 0.5610 & 0.3825 & 0.0510 \end{bmatrix} \tag{3.4.3}$$

将 RGB 空间中的图像 $I(\boldsymbol{x})$ 转换到 T 空间后记为 $I_T(\boldsymbol{x})$。实验表明,在 T 空间中暗通道像素所占的比例更高[史 2013]。在 RGB 彩色空间与在 T 空间中进行去雾,所得到效果的一个对比示例如图 3.4.2 所示,其中图 3.4.2(a)为有雾的原图,图 3.4.2(b)为在 RGB 空间中的去雾结果,图 3.4.2(c)为在 T 空间中的去雾结果,相对来说其颜色失真更小一些。

3.4.3　透射率空间的大气散射图

根据暗通道先验和雾天图像退化模型,可计算 T 空间中颜色通道最小值:

$$D_T(\boldsymbol{x}) = \min_{d \in (T_1, T_2, T_3)} [I_T^d(\boldsymbol{x})] \tag{3.4.4}$$

记式(3.2.2)右边的第 2 项为大气散射图 $G(\boldsymbol{x}) = A[1 - t(\boldsymbol{x})]$。对 $D_T(\boldsymbol{x})$ 借助引导滤波消除细节后得到 $G(\boldsymbol{x})$ 的一个模糊版本 $G_{\mathrm{m}}(\boldsymbol{x})$,这样对 $G(\boldsymbol{x})$ 的计算公式为:

$$G(\boldsymbol{x}) = \max\{\min[p \times G_{\mathrm{m}}(\boldsymbol{x}), D_T(\boldsymbol{x})], 0\} \tag{3.4.5}$$

式(3.4.5)中的 p 与式(3.3.20)中的 p 的作用一样(见 3.3.4 小节)。

根据 $G(\boldsymbol{x}) = A[1 - t(\boldsymbol{x})]$,从 $G(\boldsymbol{x})$ 得到的透射率 $t(\boldsymbol{x})$ 为:

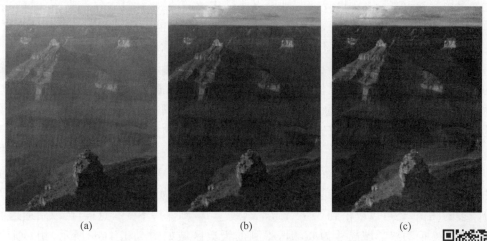

图 3.4.2　在 RGB 空间和 T 空间去雾结果的比较

$$t(x) = 1 - 0.95 \times G/A \qquad (3.4.6)$$

这里将 G 和 A 的平均值代入式(3.4.6)以使分子分母均只有一个颜色通道。

根据式(3.4.5)和式(3.4.6),当 p 较大时 $G(x)$ 也可能会较大,而 $t(x)$ 会较小。在式(3.4.1)中,由于一般 $I \leqslant A$,所以第一项为负。这样 t 较小时恢复出的 J 较小,更容易出现过于饱和的颜色,从而导致颜色失真。为此,取系数 $p = 0.75$,这样比采用较大的 p 值更能降低颜色失真和边缘失真。图 3.4.3 给出一组示例,其中图 3.4.3(a)为有雾原图;图 3.4.3(b)为 p 取 0.9 时得到的去雾结果,总体颜色过于饱和,楼房的色调偏黄;而图 3.4.3(c)为 p 取 0.75 时得到的去雾结果,颜色比较自然。

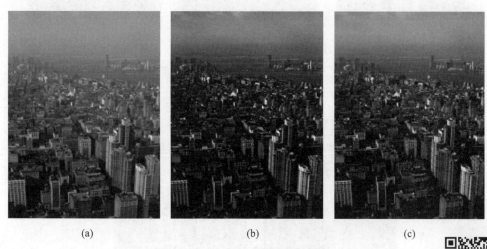

图 3.4.3　p 取不同值时的去雾结果

3.4.4　天空区域检测

基本方法中简单地把阈值 t_0 定为 0.1 有可能会引起天空区域失真,如图 3.4.4 所示,其中图 3.4.4(a)为一幅有雾原图,图 3.4.4(b)为取 $t_0 = 0.1$ 时得到的去雾结果,由于 t_0 过小,有明显的颜色失真。

如果用暗通道来表示深度 $d(x)$，则可以使用式（3.2.3）来计算大气透射率。试验表明当系数 k 为 1.5 时，得到 $t(x) \geqslant e^{-k} = e^{-1.5} = 0.2231$，这就能抑制天空区域的部分失真，得到的结果如图 3.4.4(c)所示。不过，系数 k 是根据经验选取的，普遍意义不太强。

由于一般天空区域中细节较少，所以可考虑将图像中暗通道较亮且边缘较少的部分判断为天空，这部分里最亮的像素值为 A。为此，可设计两个阈值[褚 2013]：一个是暗通道阈值 T_v，它可定为 0.9×暗通道的最大值；一个是边缘个数阈值 T_p，它可定为邻域内边缘个数的最小值/0.9。这样，只有暗通道值≥阈值 T_v 且邻域内边缘数≤ T_p 的部分才是天空区域。

进一步还可采用动态阈值 t_0[方 2013]，并适当放松 T_v 来扩大天空区域，从而得到更准确的天空区域和 t_0。具体做法是对一般图像可将 T_v 放松为 $0.88 \times \max[d(x)]$，而对天空部分较多的图像，还可以放松到 $0.6 \times \max[d(x)]$，T_p 则保持不变。这样，当取暗通道的邻域尺寸为 120 而边缘邻域尺寸为 60 时，得到的天空区域如图 3.4.4(d)所示，相对比较完整。天空区域中最亮的像素值给出大气光的 A。如果采用文献[方 2013]提出的天空区域透射率的 0.99 分位求出透射率阈值 t_0，得到 $t_0 = 0.6643$。最终的去雾结果如图 3.4.4(e)所示。

(a) (b) (c)

(d) (e)

图 3.4.4　天空区域检测及效果

3.4.5　对比度增强

在 T 空间去雾后还可进行对比度增强[史 2013]。设 R,G,B 分别是去雾结果图 $J_0(x)$ 在 RGB 空间的 3 个通道,令 $a=[\max(R)\quad \max(G)\quad \max(B)]^{\mathrm{T}}$ 为最大值向量,$b=[\min(R)\quad \min(G)\quad \min(B)]^{\mathrm{T}}$ 为最小值向量,可如下计算出 T 空间的增强向量(这里为向量元素对应相除,即数组相除):

$$C=\frac{M(a-b)}{M\,[255\quad 255\quad 255]^{\mathrm{T}}} \tag{3.4.7}$$

式中,M 见式(3.4.3)。

在 T 空间中,增强结果图 $J_T(x)$ 是用去雾结果图 $J_{T0}(x)$ 的各个分量除以增强向量 C 的各个分量而得到的。对比度增强效果的一个对比如图 3.4.5 所示,其中图 3.4.5(a)是原始有雾图像;图 3.4.5(b)是对比度增强之前的去雾结果,有些偏红;图 3.4.5(c)是对比度增强之后的去雾结果,颜色偏红的天空变得更蓝、更晴朗、更加自然,图像的主观视觉质量有所提高。

(a) (b)

(c)

图 3.4.5　对比度增强前后的去雾结果比较

需要注意,对比度增强会使原本偏暗的地方变得更暗,所以还要注意提高暗处的亮度来恢复这些细节。这时可以使用一种如下的亮度映射的曲线 $q=f(p)$[甘 2013]:

$$q=\frac{255}{\lg 256}\times\frac{\ln(p+1)}{\ln\left[2+8\left(\dfrac{p}{255}\right)^{\frac{\ln s}{\ln 0.5}}\right]} \tag{3.4.8}$$

式中，s 是一个可调参数，其值与亮度调整幅度（特别在图像中较暗部分）呈反比关系，一般可取 5。上述亮度调整需对每个通道分别进行。

将亮度调整后的结果转换回 RGB 空间就得到最终的去雾图像。

3.5 去雾效果评价

随着众多图像去雾算法的提出，为了衡量不同算法的有效性，以判断和选择合适的算法用于特定的场合，需要对去雾的效果进行评价。

对去雾效果的评价与一般对图像质量的评价或对图像恢复效果的评价有所不同。实际中，与有雾图像场景完全相同的真实清晰图像常常很难获得，所以常常没有理想图像作为评价参考。评价时只能对去雾图像自身进行评测，或者与有雾图像进行对比。另一方面，采用主观视觉评价的方法容易受到观测者个人因素的影响，而且人类的视觉感受本身就不是一个确定性的过程。所以，主观视觉评价需要与客观视觉评价结合才比较有意义。

下面先分别介绍了一些用以评价去雾效果的客观指标和考虑了视觉感知的客观指标，然后介绍一个主客观相结合的评价实例。

3.5.1 客观评价指标

目前还没有大家公认的评价图像去雾算法或去雾图像质量的客观指标。

在图像处理中，现有的图像客观评价方法按照对参考信息的需求程度可分为全参考、半参考和无参考三大类。其中前两类需要借助参考图像。针对图像去雾的效果评价这一具体应用而言，上面已说明参考图像很难获得，所以前两类指标不太适用。

1. 无参考评价指标

运用无参考的客观评价方法，常用的评价指标可分 4 类[吴 2015]。

（1）基于像素：比较有雾图像和去雾图像的对应像素，计算它们像素值之间的差异，从而可判断失真的程度。为此，可使用峰值信噪比（PSNR）、均方误差（MSE）等指标。

（2）基于图像组成：比较有雾图像和去雾图像之间在景物结构上的差异，计算不同组成部分和细节保持的能力。在这个方面，结构相似度（SSIM）是一个常用指标。

（3）基于图像对比度：比较有雾图像和去雾图像之间在局部对比度方面的变化，分析景物特征被识别的提高程度。虽然使用这类指标的方法无法正确评价存在过度增强的图像去雾效果，但由于比较直接地与人类视觉感知相关，仍得到广泛应用。

（4）基于图像保真度：比较有雾图像和去雾图像之间在景物色彩方面的保持情况，计算色彩偏移的程度。这可借助图像直方图的相似度（相关系数）来衡量。

2. 可见边缘梯度

当人观察图像时，首先会发现和关注其中的边缘。可见边缘梯度法[Hautière 2008]是一种在去雾的领域中常用的盲评价方法。它借助**能见度**（**VL**，也称可视度）的概念来评价去雾图像的视觉质量。能见度与目标和背景之间的亮度差异有关，是一个相对的概念。借助能见度可将对图像对比度的性能评估问题转化为对一个相关对比度系数 R 的求取问题。R 可表示为

$$R = \frac{\Delta \mathrm{VL}_J}{\Delta \mathrm{VL}_I} = \frac{\Delta J}{\Delta I} \qquad (3.5.1)$$

式中,VL_J 和 VL_I 分别代表去雾图像和有雾图像中目标物的能见度水平,ΔJ 和 ΔI 分别代表去雾图像 J 和有雾图像 I 中属于可见边缘像素的梯度(灰度差异)。可见,R 借助了去雾图像和有雾图像之间的相关梯度来衡量去雾方法所导致的能见度水平的提升程度(对应对比度的增加)。

借助去雾图像和有雾图像可计算相关对比度图,这里定义了以下 3 个评价(对比度的)指标。

(1) 去雾后新增可见边缘之比例 E

$$E = \frac{N_J - N_I}{N_J} \qquad (3.5.2)$$

式中,N_J 和 N_I 分别代表去雾图像和有雾图像中可见边缘的数目。E 的值越大,表明去雾图像中可见边缘的数量增加得越多。

(2) 可见边缘的梯度均值 G

$$G = \exp\left[\frac{1}{N_J} \sum_{q_i \in Q_J} \log G_i\right] \qquad (3.5.3)$$

式中,Q_J 为 J 中可见边缘的集合,q_i 为 J 中一个具体可见边缘,G_i 为在 q_i 处 ΔJ 与 ΔI 的梯度比值。G 的值越大,表明去雾图像中可见边缘的强度越大。

(3) 饱和的黑色像素或白色像素的百分比 S

$$S = \frac{N_s}{N} \qquad (3.5.4)$$

式中,N_s 为 J 中饱和的黑色或白色像素的数目,实际中可通过计算灰度化后去雾图像中像素亮度值为 255 或 0 的像素数目之和来确定;N 为相关对比度图中的像素总数。S 的值越小,表明去雾图像的对比度越高。

这 3 个指标中,前两个反映了去雾图像中视觉效果改善的情况,越大越好;后一个对应于去雾图像中被过度处理的情况,越小越好。但需要注意,实际中这 3 个指标常常不能同时得到最优值。另外,有时最优值并不一定对应最好的视觉效果。

3. 视觉感知计算

人在观察图像时,感知的舒适和愉悦程度除与图像中的对比度有关外,还与图像的色彩自然程度和丰富程度有关。前面讨论的三个评价指标均围绕图像对比度计算,主要反映了去雾算法的对比度复原能力。然而,人类视觉系统在判断算法的去雾效果时,还要考虑去雾图像的色彩质量。这里可借助人类视觉所感知的色彩自然度和色彩丰富度来判断图像色彩质量。将对比度、自然度和丰富度结合起来就可以进行考虑人眼感知的**对比度-自然度-丰富度(CNC)**评价[Huang 2006]。它具体也有 3 个指标:**对比度增强指标(CEI)**,**色彩自然度指标(CNI)**,**色彩丰富度指标(CCI)**。

对比度增强指标仍然基于可见边缘(参见式(3.5.2)的参数定义),可写为:

$$\mathrm{CEI} = \frac{N_I}{N_J} \qquad (3.5.5)$$

对色彩自然度指标的计算需要一系列的步骤:先计算图像的亮度 L、色调 H 和饱和度

值 S；保留亮度值为 $20\sim80$、饱和度值大于 0.1 的彩色；考虑 3 个范围的色调值：U 对应 $[25\ 70]$，V 对应 $[95\ 135]$，W 对应 $[185\ 260]$；对 3 个范围分别计算平均饱和度值 S_{Ua}、S_{Va}、S_{Wa} 和像素个数 N_U、N_V、N_W；然后计算 3 个范围内像素的局部 CNI 值：

$$\text{CNI}_U = \exp\{-0.5[(S_{Ua}-0.76)/0.52]^2\} \tag{3.5.6}$$

$$\text{CNI}_V = \exp\{-0.5[(S_{Va}-0.81)/0.53]^2\} \tag{3.5.7}$$

$$\text{CNI}_W = \exp\{-0.5[(S_{Wa}-0.43)/0.22]^2\} \tag{3.5.8}$$

最后，计算总的 CNI 值：

$$\text{CNI} = (N_U \times \text{CNI}_U + N_V \times \text{CNI}_V + N_W \times \text{CNI}_W)/(N_U + N_V + N_W) \tag{3.5.9}$$

色彩自然度指标是一个反映人类视觉度量图像场景是否真实自然的指标，主要用于对去雾图像 J 的色彩自然程度进行评判，其取值范围为 $[0\ 1]$。CNI 越接近于 1，图像越自然。

色彩丰富度指标是一个衡量色彩鲜艳生动程度的指标。在 sRGB 彩色空间中，一幅图像的 CCI 可用如下公式计算[Hasler 2003]：

$$\text{CCI} = \sigma_{\text{rgyb}} + 0.3\mu_{\text{rgyb}} = \sqrt{\sigma_{\text{rg}}^2 + \sigma_{\text{yb}}^2} + 0.3\sqrt{\mu_{\text{rg}}^2 + \mu_{\text{yb}}^2} \tag{3.5.10}$$

式中，下标 rg 和 yb 表示 sRGB 彩色空间中根据对立色理论计算得到的分量：

$$\text{rg} = R - G \tag{3.5.11}$$

$$\text{yb} = \frac{1}{2}(R+G) - B \tag{3.5.12}$$

色彩丰富度指标同样用于评判去雾图像 J。当 CCI 在某一个特定取值范围内时，人类视觉对图像色彩的感知最为适度。注意 CCI 与图像内容相关，适合用于衡量同一场景、相同景物在不同去雾效果下的色彩丰富程度。

将去雾后新增可见边缘之比例的指标 CEI 与色彩自然度 CNI 和色彩丰富度 CCI 结合就可对去雾效果进行较全面的定量评价，总体流程如图 3.5.1 所示[郭 2012]。

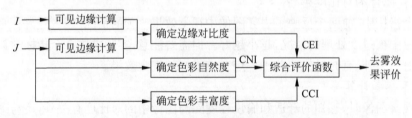

图 3.5.1　基于视觉感知的综合评价流程

综合评价函数的确定要考虑各个指标在不同雾霾情况下的数值变化情况，从而确定不同指标的各自权重。为此，可通过模拟不同程度的雾霾情况（从浓雾、大雾到薄雾，直到无雾）以及不同程度的去雾情况（从去雾不足、逐步清晰到去雾恰当，甚至到去雾过度），并计算和统计各个指标的数值，以得到各个指标的总体变化趋势。实验表明，三个指标都基本呈现其数值随着去雾程度先由小到大然后又由大到小的变化（虽然有一些波动起伏）。其中，指标 CEI 和 CCI 的值在波动中稳步上升，直到过度增强达到一定程度后才急剧下降（即最佳去雾的效果在曲线达到峰值前取得）。而指标 CNI 的值在波动中上升较快，在到达最佳去雾的效果前就会出现几个局部峰值，而且到达最佳去雾效果后就开始下降。由于现实中存在少量雾气时图像的色彩可能反而较为自然,所以最自然的图像并不一定是清晰化效果最好的图像,但最清晰的图像必定具有较高的 CNI 值。综合看来,要使综合评价函数的曲线峰值与图像实际最佳去雾的效果相接近,需要使 CEI 和 CCI 曲线在达到最佳去雾的效果后直到其峰值之间的高数值尽可能地被 CNI 曲线在这段范围内的下降变化所抵消。所以,可取综合评价函数为如下形式:

$$\text{CNC} = \text{CEI}^k \times \text{CNI} + \text{CCI}^h \times \text{CNI} \tag{3.5.13}$$

式中,k 和 h 是小于或等于 1 的常数,用来调节 CEI 和 CCI 相对于 CNI 的权重。

3.5.2 主客观结合的评价实例

主观评价指标反映视觉质量更直接,而客观评价指标更便于定量计算。选用比较符合主观质量的客观评价指标(即两者相关比较密切的指标)是一种思路。

1. 评价指标和计算

这里考虑采用**结构相似度(SSIM)**[Wang 2004]作为客观评价图像质量的指标。结构相似度借助了图像中的协方差等信息,对图像中的结构有一定的描述作用。由于人眼对结构信息比较敏感,所以结构相似度应反映一定的主观视觉感受。结构相似度衡量的是两幅(灰度)图像结构之间的相似度,其值可归一化到[0 1]区间,两幅图像相同时,有 SSIM $=$ 1。对彩色图像,可将图像转换到 CIELab 空间[赵 2013],并计算 L 通道的 SSIM,这是因为 L 通道的 SSIM 相比 a 通道和 b 通道的 SSIM 更有代表性。

为衡量结构相似度与图像主观视觉质量之间的相关性,可考虑对原始图像采取加雾的方法来获得不同的加雾图像作为参考,从而计算各种情况下的结构相似度。具体可使用蓝色通道[Wang 2014]加雾算法对去雾的结果进行加雾。归一化的蓝色通道 $B(\boldsymbol{x})$ 与图像景深之间存在对数关系,可表示为:

$$d(\boldsymbol{x}) = -\log(1 - B(\boldsymbol{x})) \tag{3.5.14}$$

用引导滤波去掉 $B(\boldsymbol{x})$ 的细节(虚化)得到 $B_d(\boldsymbol{x})$。根据式(3.2.3)和式(3.5.14),透射率与蓝色通道为线性关系。透射率可写为:

$$t(\boldsymbol{x}) = 1 - 0.95 \times B_d(\boldsymbol{x}) \tag{3.5.15}$$

选图中最亮的像素值为 A,再利用式(3.2.2)就可得到恢复图像 I'。

一个图像加雾示例如图 3.5.2 所示,其中图 3.5.2(a)是 $I(\boldsymbol{x})$,图 3.5.2(b)是 $J(\boldsymbol{x})$,图 3.5.2(c)是 $B_d(\boldsymbol{x})$,图 3.5.2(d)是 $I'(\boldsymbol{x})$。

利用加了不同程度的雾的图像进行的实验表明,去雾的结果与原图像之间的 SSIM 值越大(即越相似),加雾的结果与原图像之间的 SSIM 值也越大。这说明 SSIM 越大则图像失真越小,主观质量更高。加雾前后的 SSIM 数据点标在图 3.5.3 中,其中横轴指示去雾图像与原图像之间的 SSIM,竖轴指示加雾图像与原图像之间的 SSIM。图 3.5.3 最右的一串红色点指示原图像经过加雾后得到的 SSIM,其横轴坐标为 1(雾被完全去除了)。

如图 3.5.3 所示,蓝色点表示的去雾图像的 SSIM 与加雾图像的 SSIM 的相关系数高达 0.8708。当去雾图像的 SSIM 较大时,加雾图像的 SSIM 的增长变慢。根据红色的数据点,如果去雾图像的 SSIM 继续增加,加雾图像的 SSIM 增长会进一步变慢甚至下降,直至红色点。虽然 SSIM 过高时的图像主观质量可能下降,但在蓝色点区间,即各种实际去雾结

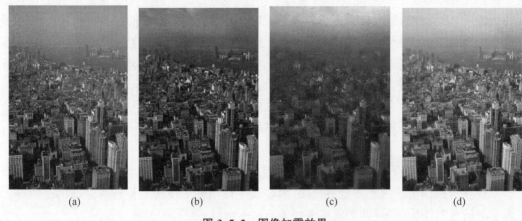

(a)　　　　　　　(b)　　　　　　　(c)　　　　　　　(d)

图 3.5.2　图像加雾效果

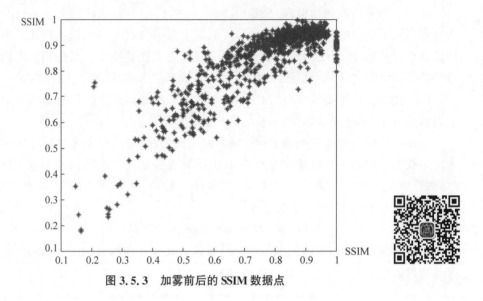

图 3.5.3　加雾前后的 SSIM 数据点

果中，SSIM 越大，失真越小，图像有更高的主观质量。这表明结构相似度与图像的主观视觉质量具有较强的正相关。

2. 实验和结果

为进行实验，使用了文献［He 2009］网站和 PPT 中展示的图像作为测试图像的一部分，这些图像的大小约为 400×600。另外，还在 PM2.5 约为 300 时拍摄了一些有雾霾的图像来扩展数据集，这些图像的大小为 2448×3264。从这两部分中共选了 50 幅测试图像。测试图像内容种类比较分散，其中有自然风光也有城市景象，也有存在高光区域的图像和逆光条件下拍摄的图像。

为具体进行主客观评价，选择了 5 个算法参与比较实验：算法 A［甘 2013］（参见 3.4.5 小节），算法 B［褚 2013］（参见 3.4.4 小节），算法 C［史 2013］（参见 3.4.2 小节），算法 D（结合了算法 A 和算法 B），算法 E［李 2017］（参见 3.4 节）。

求大气散射图时引导滤波的引导图和输入图均为归一化到［0,1］的 $D_T(x)$，滤波后将结果映射放大回$[0,255]$区间。令W_r表示半径为r的方形引导滤波窗口,对400×600的图像取$W_r=12$,正则化平滑因子$\varepsilon=0.04$;对2448×3264的图像,取$W_r=70$,$\varepsilon=0.04$。计算天空区域时,对400×600图像,取$T_v=0.88 \times \max[d(\boldsymbol{x})]$;对$2448 \times 3264$图像,取$T_v=0.6 \times \max[d(\boldsymbol{x})]$。对$400 \times 600$的图像,取暗通道的邻域大小为30,边缘邻域的大小为15;对2448×3264图像,取暗通道的邻域大小为120,边缘邻域的大小为60。图像加雾时,对400×600的图像,取$W_r=5$,$\varepsilon=0.04$;对2448×3264的图像,取$W_r=30$,$\varepsilon=0.04$。

取上述50幅有雾测试原图作为参照,使用5个实验算法分别进行去雾,一共得到了250幅去雾结果图。请了10人对这些图像进行了主观评价[李2017]。每次呈现1幅有雾原图和分别使用5个算法对该图获得的去雾结果图。为保证公平性,随机打乱了各个算法结果显示的顺序。对每幅结果图,均分别根据对失真和去雾两个方面的评判进行打分。每个打分标准都分为低、中、高3档。失真越低越好,去雾越高越好。为拉开3档之间的差距,将低、中、高失真项的权重分别设为3,2,1;将低、中、高去雾项的权重分别设为1,2,3。两项的得分都是越高越好。失真总分和去雾总分的权重均为1。

实际中,由于结果图的质量总体较好,所以参与评价的人对图像的质量比较容易达成共识。最后,打分结果较集中,峰值较明显。这说明10人已经能帮助找到打分的统计分布。

参与比较的5个算法的失真评分如图3.5.4所示,5个算法在L通道中的SSIM值如图3.5.5所示。由这两幅图可见,SSIM对最高分和最低分的识别较好。SSIM值最高的粉色点在失真得分图中也排在前面,SSIM值最低的蓝色点在失真得分图中也排在后面。在参与比较的5个算法中,这两个算法(排名最前的算法E和排名最后的算法A)平均有40%的图的SSIM值与失真得分排序相同。

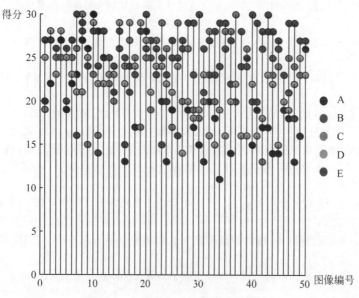

图 3.5.4 比较 5 个算法的失真得分

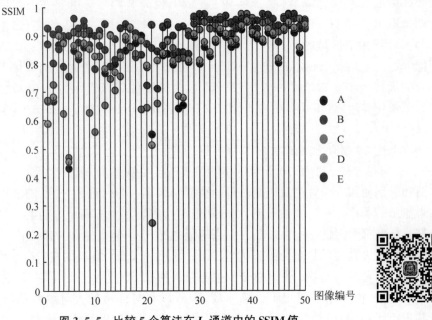

图 3.5.5　比较 5 个算法在 L 通道中的 SSIM 值

3.6　近期文献分类总结

下面是 2015 年、2016 年、2017 年和 2018 年在中国图像工程重要期刊[章 1999]上发表的一些有关图像去雾的文献目录（按作者姓氏拼音排序），全文均可在中国知网上获得。

[1]　毕笃彦,睦萍,何林远,等. 基于 Color Lines 先验的高阶马尔科夫随机场去雾. 电子与信息学报,2016, 38(9)：2405-2409.

[2]　陈丹丹,陈莉,张永新,等. 修正大气耗散函数的单幅图像去雾. 中国图象图形学报,2017,22(6)：787-796.

[3]　陈书贞,任占广,练秋生. 基于改进暗通道和导向滤波的单幅图像去雾算法. 自动化学报,2016, 42(3)：455-465.

[4]　戴声奎. 去雾算法中天空区域直方图分析与模式识别. 信号处理,2015,31(12)：1598-1604.

[5]　方帅,赵育坤,李心科,等. 基于光照估计的夜间图像去雾. 电子学报,2016,44(11)：2569-2575.

[6]　郭璠,邹北骥,唐琎. 基于多光源模型的夜晚雾天图像去雾算法. 电子学报,2017,45(9)：2127-2134.

[7]　何林远,毕笃彦,熊磊,等. 基于亮度反馈的彩色雾霾图像增强算法. 电子学报,2015,43(10)：1978-1983.

[8]　何人杰,樊养余,等. 基于非局部全变分正则化优化的单幅雾天图像恢复新方法. 电子与信息学报, 2016,38(10)：2509-2514.

[9]　胡子昂,王卫星,陆健强,等. 视觉信息损失先验的图像分层去雾方法. 中国图象图形学报,2016, 21(6)：711-722.

[10]　江巨浪,孙伟,王振东,等. 基于透射率权值因子的雾天图像融合增强算法. 电子与信息学报,2018, 40(10)：2388-2394.

[11]　鞠铭烨,张登银,纪应天. 基于雾气浓度估计的图像去雾算法. 自动化学报,2016,42(9)：1367-1379.

[12]　李加元,胡庆武,艾明耀,等. 结合天空识别和暗通道原理的图像去雾. 中国图象图形学报,2015, 20(4)：514-519.

[13] 刘海波,杨杰,吴正平,等.基于暗通道先验和 Retinex 理论的快速单幅图像去雾方法.自动化学报,2015,41(7):1264-1273.

[14] 刘海波,杨杰,吴正平,等.基于区间估计的单幅图像快速去雾.电子与信息学报,2016,38(2):381-388.

[15] 刘杰平,黄炳坤,韦岗.一种快速的单幅图像去雾算法.电子学报,2017,45(8):1896-1901.

[16] 刘万军,赵庆国,曲海成.变差函数和形态学滤波的图像去雾算法.中国图象图形学报,2016,21(12):1610-1622.

[17] 刘兴云,戴声奎.消除 halo 效应和色彩失真的去雾算法.中国图象图形学报,2015,20(11):1453-1461.

[18] 麦嘉铭,王美华,梁云,等.特征学习的单幅图像去雾算法.中国图象图形学报,2016,21(4):464-474.

[19] 南栋,毕笃彦,马时平,等.基于景深约束的单幅雾天图像去雾法.电子学报,2015,43(3):500-504.

[20] 沈逸云,邵雅琪,刘春晓,等.结合天空检测与纹理平滑的图像去雾.中国图象图形学报,2017,22(7):897-905.

[21] 汤红忠,张小刚,朱玲,等.结合最小颜色通道图与传播滤波的单幅图像去雾算法研究.通信学报,2017,38(1):26-34.

[22] 汪云飞,冯国强,刘华伟,等.基于超像素的均值-均方差暗通道单幅图像去雾方法.自动化学报,2018,44(3):481-489.

[23] 王平,张云峰,包芳勋,等.基于雾天图像降质模型的优化去雾方法.中国图象图形学报,2018,23(4):605-616.

[24] 温立民,巨永锋,闫茂德.基于自然统计特征分布的交通图像雾浓度检测.电子学报,2017,45(8):1888-1895.

[25] 肖进胜,高威,邹白昱,等.基于天空约束暗通道先验的图像去雾.电子学报,2017,45(2):346-352.

[26] 邢晓敏,刘威.雾天交通场景中单幅图像去雾.中国图象图形学报,2016,21(11):1440-1447.

[27] 杨爱萍,王南,庞彦伟,等.人工光源条件下夜间雾天图像建模及去雾.电子与信息学报,2018,40(6):1330-1337.

[28] 曾浩,尚媛园,丁辉,等.基于暗原色先验的图像快速去雾.中国图象图形学报,2015,20(7):914-921.

[29] 曾接贤,余永龙.双边滤波与暗通道结合的图像保边去雾算法.中国图象图形学报,2017,22(2):147-153.

[30] 张登银,鞠铭烨,王雪梅.一种基于暗通道先验的快速图像去雾算法.电子学报,2015,43(7):1437-1443.

[31] 赵锦威,沈逸云,刘春晓,等.暗通道先验图像去雾的大气光校验和光晕消除.中国图象图形学报,2016,21(9):1221-1228.

对上述文献进行了归纳分析,并将一些特性概括总结在表 3.6.1 中。

表 3.6.1 近期一些有关图像去雾文献的概况

编号	增强/恢复	技术关注	主要步骤特点
[1]	恢复(暗通道)	大气光区域	先利用暗通道先验获取传输图,对不符合暗通道先验的天空等大块白色区域进行校正。这里采用基于 RGB 颜色空间 1-D 分布的统计先验进行,最后利用高阶马尔科夫随机场优化传输图,得到最终去雾图像

续表

编号	增强/恢复	技术关注	主要步骤特点
[2]	恢复（暗通道）	大气散射图	在基于暗通道先验得到大气散射图的粗估计值基础上，通过构造一个修正函数来调整暗通道先验失效的明亮区域的大气散射图。然后，对修正后的大气散射图和求得的初始透射图分别利用引导滤波进行优化，再用估计的大气光恢复图像
[3]	恢复（暗通道）	大气光区域	引入了混合暗通道，通过对混合暗通道进行映射处理，从而得到大气耗散函数粗估计值。再利用导向滤波方法优化大气耗散函数粗估计值，进而求解环境光值和初始传输图，并利用全变差正则化方法对初始传输图进行优化，改善平滑性
[4]	恢复（暗通道）	大气光区域	利用天空区域在图像的直方图中（最亮处）表现为一个显著可分离尖峰分布的特点，设计实现了一种简单的模式识别方法以判决图像中是否存在天空区域并计算其置信度指标，从而自适应地设置相关参数
[5]	恢复	大气透射率照度估计	针对夜晚雾天图像具有整体亮度低、光照不均匀、偏色等特点，通过估计光照图来去除不均匀光照的影响。避免使用暗原色先验，采用了适用于夜间雾天图像的媒介传输图估计方法
[6]	恢复	大气散射模型	在传统大气散射模型中定义发光因子项，构建了一个专门针对夜晚雾天图像的去雾模型。算法将原输入图像分解为新雾天图像层和发光图像层，对新雾天图像层进行色偏纠正和引导滤波操作以得到最终的去雾结果
[7]	增强	快速计算	基于亮度反馈增强彩色图像，在结合人眼视觉特性的基础上，先对亮度信息进行处理，进行区域适应性调整和细节提升，再将结果用作对色度信息处理的约束条件，保持了两者间的相关性. 实现了对图像的自适应增强
[8]	恢复	大气散射图	先基于非局部全变分正则化优化的对比度增强算法对大气散射图进行估计，然后通过优化 Bregman 分离迭代法求解非局部 ROF 模型并获得准确的大气散射图，进而通过雾天成像模型复原出场景无雾图像
[9]	恢复	大气透射率	先通过输入图像的视觉特性将图像划分成含雾浓度不同的 3 个视觉区域。然后根据含雾图像的视觉先验知识构造视觉信息损失函数，采用随机梯度下降法求解局部最小透射率图。最后将细化后的全局透射率图代入大气散射模型求解去雾结果
[10]	增强＋恢复	大气透射率	先分别采用基于引导滤波的暗通道先验去雾算法和基于 HSV 色彩空间的直方图均衡化算法处理雾天图像；然后，基于修正的透射率图构造权值因子，将上述两种处理结果加权融合，得到合理兼顾去雾与对比度增强的输出图像
[11]	恢复	大气光强度大气透射率	先基于雾气浓度估计模型计算雾气浓度量化图，利用模糊聚类算法在量化图中识别出雾气最浓区域并估计大气光。然后，对其他非雾气最浓区域再次进行聚类处理，根据最优透射率评价指标估计出每个聚类区域的透射率，并将大气光与透射图以及有雾图像一起导入散射模型

编号	增强/恢复	技术关注	主要步骤特点
[12]	恢复 (暗通道)	大气光区域	借助天空识别,将有雾图像划分为天空与非天空部分,对其分别估计透射率图,再通过大气散射模型得到复原图像。还对色彩进行重映射,以增加图像亮度,提升图像视觉效果
[13]	恢复 (暗通道)	大气透射率	在对大气透射率初始估计的基础上,借助视网膜皮层理论,利用高斯滤波获得大气透射率的粗略估计,再将两个估计进行像素级融合,同时通过参数自适应调整对有雾图中大片天空区域的大气透射率进行修正
[14]	恢复 (暗通道)	大气透射率	先对大气光值进行区间估计,得到大气透射率的初始估计值,并通过白平衡处理对大气散射模型进行简化。然后,根据简化大气散射模型和大气透射率的初始估计值进一步调整,并结合图像融合、双边滤波等得到大气透射率的最终估计值
[15]	恢复	大气光强度 大气透射率	先基于 HSI 彩色空间进行粗略的大气光和透射率的估计,然后用引导滤波对粗略的透射率进行平滑,再利用阈值法对明亮区域的透射率进行修正,得到最终的透射率。最后,借助色彩映射进行色彩调整
[16]	恢复 (暗通道)	大气散射图 大气透射率	先利用变差函数获取较准确的大气光值;然后对最小通道图采用多结构元素形态学开闭滤波获取粗略的大气散射图,进而估计大气透射率并进行修正;接着采用双边滤波对其进行平滑操作;最后根据大气散射模型得到恢复图像
[17]	恢复 (暗通道)	颜色值校正 尺度自适应	从大气散射光与纹理信息无关的角度出发,利用相对总变差分离图像主结构和图像纹理信息,以准确估计大气耗散函数。另通过引入一个自适应保护因子来避免复原图像的色彩失真问题
[18]	恢复	景深计算	先通过稀疏自动编码机对有雾图像进行多尺度的纹理结构特征提取,同时抽取各种与雾相关的颜色特征。然后采用多层神经网络进行样本训练,得到雾天条件下纹理结构特征及颜色特征与场景深度之间的映射关系,并估算出有雾图像的场景深度图。最后结合大气散射模型,根据场景深度图恢复无雾图像
[19]	恢复	景深变化	对大气传输图像构建变分模型,即在引入变分求解大气传输图像的基础上对景深进行约束。并结合人眼视觉的对比敏感度和图像先验特性来进一步约束。在实现远景去雾的同时,保证了对近景动态范围调整和细节复原的效果
[20]	恢复 (暗通道)	大气光区域 大气透射率	先进行天空检测,以天空区域亮度值较低的像素为依据估计大气光值,以避免天空色彩失真;其次,对输入图像进行纹理平滑预处理以保持同一平面内的像素颜色一致性,并精确化计算透射率使之更符合深度信息的变化趋势
[21]	恢复 (暗通道)	大气透射率	先基于双区域滤波实现对大气透射率的初始估计,然后引入最小颜色通道图作为参考图像,采用传播滤波优化初始透射率,以避免图像景深突变边缘像素点处透射率估值出现偏差,同时去除初始透射图中冗余的纹理信息。最后自适应恢复大气光矢量,基于大气散射模型恢复无雾图像

编号	增强/恢复	技术关注	主要步骤特点
[22]	恢复	均值-均方差暗通道	先通过超像素分割得到景深恒定的小区域,接着在每个区域内计算均值-均方差暗通道;用均值替代最小值抑制景深突变处的光晕效应,同时采用均方差纠正景深无限远处的偏色问题,使生成的透射率在超像素内保持不变
[23]	恢复(暗通道)	大气光强度大气透射率	考虑到大气光强度和透射率的相关性,将这两个物理量作为互相影响的整体,采用多元优化策略进行迭代优化。为保持去雾图像颜色真实、自然,基于对无雾图像的统计特性,将多阈值融合的约束条件作为迭代停止的条件,控制优化去雾程度
[24]	增强/恢复	雾浓度度量	将图像分解为子块,建立图像局部对比度及熵的自然统计特性向量,求解待检图像和标准图像子集之间最佳期望及协方差的最大似然估计。分别计算待检图像与有雾和无雾标准子集之间的马氏距离,以二者的比值作为场景雾浓度的度量
[25]	恢复(暗通道)	大气光强度大气透射率	将引导滤波用于天空区域的细化分割,以准确估计包含天空区域图像的大气光强度,消除天空色彩失真;利用中值滤波获得边缘信息,得到清晰的透射率,以抑制景物边缘光晕问题;针对去雾后图像偏暗的问题,在 HSV 空间对 V 通道增强
[26]	恢复(暗通道)	大气光区域	先利用基于最大类间方差法的图像分割算法来自动分离天空区域,然后将天空区域的平均强度值作为大气光值,从而改进对大气透射率的估计,克服暗通道先验在明亮区域估计透射率偏小的问题
[27]	恢复	大气光区域	构建了一个含有人工光源的夜间雾天图像成像模型,相应的算法针对光照不均问题,基于低通滤波估计环境光,用于预测夜间场景传输率;针对去雾后存在光源光晕问题,根据图像色度估计场景点属于近光源区域的程度,自适应地处理光源区域和非光源区域;针对非一致色偏问题,利用直方图匹配方法进行颜色校正
[28]	恢复(暗通道)	快速计算	采用逐像素处理的方法估计透射率,并对估计值过低的透射率进行适当的增强来减少计算量。大气光采用效率高的四叉树算法以提高求解速度
[29]	恢复(暗通道)	快速计算大气透射率	利用双边滤波方式对大气透射率求解,采取先估算出较精确的大气散射函数及大气光值,然后间接求出透射率,可避免采用软件抠图的方式对大气透射率进行细化的过程,提高了算法的时效性
[30]	恢复(暗通道)	快速计算	用"边缘替代法"代替软抠图处理,以降低计算复杂度。针对明亮区域暗通道失效情况,采用基于双阈值的明亮区域识别方法和透射率修正机制,提高了暗通道先验的适用范围
[31]	恢复(暗通道)	大气光区域	采用支持向量机对候选大气光进行可靠性判断,排除车灯等误判大气光。采用基于块偏移的策略对粗糙透射率计算进行改进,保持透射率中的边缘信息以减弱无雾图像中光晕的产生,并对残留光晕进行进一步校正细化

由表 3.6.1 可看出以下几点。

（1）图像去雾采用恢复技术的是主流，其中使用暗通道先验的又居大多数。

（2）从研究思路看，重点多集中在对大气光区域、大气光强度、大气透射率等的准确估计上。另外，对夜间场景，也考虑了一些改进模型。

（3）从具体实现方法看，除结合应用场合的特殊性，有针对性地进行改进外，结合多种措施或将几个步骤联合进行优化是一个趋势。

第4章

显著性目标检测

在尺度、抽象程度等处在中层的图像分析中,近年提出了一些与多个像素组合而成的连通单元相关的概念,如**超像素、图像片、部件、显著性、属性、似物性**(建议区域)等。它们在一定程度上受到生理学和心理学研究成果的启发,其思路与人类认知有密切关联。

显著性是一个与主观感知相关联的、带有一定主观性的概念。对人的不同感官,有不同的感知显著性。这里所关注的是与视觉器官相关的视觉显著性。视觉显著性常归因于场景物体表面区域在如亮度、颜色、梯度等底层特性方面的变化或对比而导致的综合结果。显著性在中间语义层次上表达了图像的特性,对于显著性的可靠估计往往并不需要对任何实际场景内容的高层理解,所以还是在语义中层的分析。例如,人观察一个物体表面,其上的边缘处最先被观察到,其后才感知到边缘轮廓包围的部分,分析其目标属性如反射强度、纹理或形状等。

图像中的显著性极值对有效提取对于图像分析和处理具有重要的意义和应用价值[Duncan 2012]。在对视觉注意机制建模过程中,图像中显著极值的提取通常是实施选择性注意的关键步骤。例如,在分水岭图像分割过程中,标记图像的构建也通常是以图像显著性极值的提取为前提的。

本章讨论显著性检测和显著性目标提取,先对显著性进行较正式的定义,再讨论显著性的内涵,显著区域的特点,以及对显著图质量的评价问题,并分析显著性与视觉注意力机制和模型的关系。接下来,概述对显著性的检测情况,包括检测方法分类、基本检测流程、对比度检测和显著区域提取。在此基础上,将介绍几种对显著性目标分离提取的具体方法,包括基于对比度、基于背景先验和基于最稳定区域的方法。

4.1 显著性概述

如前面指出的,因为显著性可有不同的应用,所以在定义上有时会有些不同,甚至也会产生歧义。下面是一个比较适合多种应用的正式定义。**显著性**指能使一个特征、图像点、图像区域或目标的鉴别性或相对于其环境更显眼的量或性质。这个定义能覆盖显著性使用的各个领域。这里的关键是这个量或性质能使某些东西"脱颖而出"。虽然在纯粹基于视觉刺激的意义上,图像中的任何部分在用某些图像特征衡量的条件下都有可能相对其邻域"脱颖而出"。但在具体的任务中,"脱颖而出"的可以只是感兴趣的目标(而目标是一个带有主观性的概念)。

先对显著性及相关的概念给予一些讨论和解释。

1. 显著性的内涵

显著性可看作是对图像中可观察到的目标进行标记或标注的性质。这种标记或标注可在单个目标层次或目标类别层次进行。作为一个中层的语义线索,显著性可帮助填补低层特征和高层类别之间的鸿沟。为此,需要构建显著性模型,并借助显著性模型生成的显著性图(反映图像中各处显著性强度的图)来检测显著对象(区域)。

显著性与人对世界的关注或注意有关。关注或注意是一个心理学概念,是心理过程的一种具有共性的特征,属于认知过程的内容。具体来说,关注指的是选择性地将视觉处理资源集中到环境中的某些部分而将其余部分忽略的过程。人在同一时刻对环境中对象的感知能力是有限的。所以要获得对事物的清晰、深刻和完整的知识,就需要使心理活动有选择地指向有关的对象。

2. 显著性区域的特点

图像中孤立的亮度极值点,边缘点/角点等都可看作图像中的显著点,但这里更关注讨论图像中的显著区域——具有显著性的连通区域。一般说来图像中的显著区域在一定程度具有以下特征。

(1) 高层语义特征:人在观察中经常注意到的对象(如人脸、汽车等)经常对应图像中的显著性区域,本身具有一定的认知语义含义。

(2) 认知稳定性:显著性区域对场景亮度、对象位置、朝向、尺度以及观察条件等的变化比较鲁棒,即显著性的表现不仅突出而且比较恒定。

(3) 全局稀缺性:从全局范围来看,显著性区域出现的频率比较低(局部、稀少),且不容易由图像中的其他区域复合而得到。

(4) 局部差异性:显著性区域总是与周围区域具有明显的特性(如在亮度、颜色、梯度、边缘、轮廓、朝向、纹理、形状、运动等方面)差异。

3. 显著图质量的评价

在显著性区域检测过程中,输入是一幅原始图像,输出是由该图像的显著区域构成的**显著图**(即显著图像,其属性值为显著性值,所以也可称为显著性图)。显著图反映了图像中各部分吸引人注意的程度,这种程度反映在显著图里各个像素点的灰度值(对应显著强度值)上。显著图的质量是评价显著性检测算法好坏的重要标准,也与显著性区域的特点密切关联。一般从以下几个方面评价显著图的质量。

(1) 能突出最为显著的物体:显著图应能凸显视场中最显著的物体区域,且这个区域与人的视觉选择保持高度一致。

(2) 能使整个显著物体各部分具有比较一致的突出程度:这样能将显著性区域完整地提取出来,避免局部漏检。

(3) 能给出精确完整的显著性物体边界:这样可以将显著性区域与背景区域完全分离开来,避免局部误检和漏检。

(4) 能给出全分辨率的检测结果:若显著图具有与原图像相同的分辨率,则有助于实际的应用中利用对显著性区域的检测结果。

为获得高质量的显著图,常要求检测算法具有较强的抗噪性能。如果显著性检测算法比较鲁棒,则受图像中的噪声、复杂纹理和杂乱背景的影响会较小。

4. 视觉注意力机制和模型

显著性概念与心理学中的视觉注意有密切联系。人类视觉注意理论假设人类视觉系统只处理环境的一部分细节,而几乎不考虑余下的部分。视觉注意力机制使人们能够在复杂的视觉环境中快速地定位感兴趣的目标。视觉注意力机制有两个基本特征:指向性和集中性。指向性表现为对出现在同一时段的多个刺激有选择性;集中性表现为对干扰性刺激产生抑制能力,其范围和持续时间取决于外部刺激的特点和人的主观因素。

视觉注意力机制主要分为两大类:自底向上数据驱动的预注意机制和自顶向下任务驱动的后注意机制。其中,在没有先验知识指导的情况下由底层数据驱动而进行的显著性检测属于自底向上的处理。它对应较低级的认知过程,没有考虑认知任务对提取显著性的影响,所以处理速度比较快。而借助任务驱动来发现显著性目标则属于自顶向下的处理过程。它对应较高级的认知过程,需要根据任务有意识地进行处理并要提取出所需要的感兴趣区域,所以处理速度比较慢。

用计算机来模拟人类视觉注意机制的模型称为视觉注意力模型。在一幅图像中提取人眼所能观察到的引人注意的焦点,相对于计算机而言,就是确定该图像中含有特殊视觉刺激分布模式从而拥有较高感知优先级的显著性区域。人类所具有的仅由外界环境视觉刺激所驱动的自底向上的选择性视觉注意机制就源自于此。事实上,自底向上的图像显著性检测就是在这种思想基础上提出来的。

例如,有一种典型的基于生物模型的预注意机制模型[Itti 1998]。该模型的基本思想是在图像中通过线性滤波提取颜色特征、亮度特征和方向特征(均为低层视觉特征),并通过高斯金字塔、**中央-周边差**算子和归一化处理后形成 12 张颜色特征图、6 张亮度特征图和 24 张方向特征图。将这些特征图分别结合形成颜色、亮度、方向的**关注图**。再将 3 种特征的关注图线性融合生成显著图,最后通过一个两层的**赢者通吃**(**WTA**)神经网络获得对应的显著性区域。

另一个视觉注意力模型对图像中的显著性区域用**视觉注意力**(**VA**)图来表示[Stentiford 2003]。若图像中某个像素与它周围区域由某种特征(如形状、颜色等)构成的模式在图像其他相同形态区域中出现的频率越高,则该像素的 VA 值越低,反之 VA 值越高。该模型能很好地辨别出显著性特征和非显著性特征,但是如果图像模式不够典型突出,则效果可能不理想。

4.2 显著性检测

要获取显著性区域或显著性图,需要进行显著性检测判断。

1. 显著性检测方法分类

显著性检测可从不同的方面来考虑。例如,考虑显著性的定义,应用领域,所用数据集合,所用表达尺度,所用描述特征,所用计算技术,……。所以,从不同的视角出发,可以对显著性的检测方法进行不同的分类。下面是几个典型的示例。

（1）根据对图像信号的处理是在空域或在变换域进行，可以将检测方法分为基于空域模型的方法和基于变换域模型的方法。

（2）从检测算法的流程或结构看，可以将检测方法分为自底向上的方法（常基于局部特性）和自顶向下的方法（常基于全局特性）。

（3）考虑计算的对象，可以将检测方法分为基于注视点显著性的计算方法和基于显著性区域的计算方法。前者获得的常是图像中少量的人眼关注位置，而后者可以是高亮图像中具有显著性的区域，从而极大地改进显著性物体提取的有效性。

（4）从检测结果分辨率的角度考虑，可以将检测方法分为像素级的方法（逐像素进行）和基于区域（包括超像素）的方法。

（5）在实用中，常有一些辅助信息（如网络上图片旁边的说明文字）与输入图像数据伴随，这样检测方法可以分为仅利用图像自身信息的内部方法和还利用图像"周边"信息的外部方法。

（6）显著性与主观感知相关联，所以检测方法除可借助计算模型也可考虑仿生学的方法。另外，也有将两者结合的方法。借助计算模型的方法通过数学建模来实现对显著性特征的计算和提取。考虑仿生学的方法更多利用生物和生理方面的研究成果。

2. 基本检测流程

一个比较通用的**显著性检测流程**如图 4.2.1 所示，主要有 5 个模块，输入和输出可有不同的形式，其他 3 个模块也列出了一些常用的方法和技术。

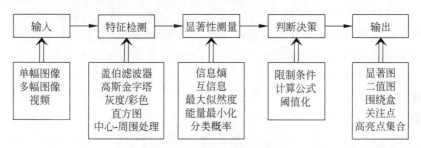

图 4.2.1 显著性检测流程

特征检测可在像素、局部和全局层次分别来考虑。例如，在像素层次可以使用亮度，在局部层次可确定像素邻域的彩色直方图，在全局层次可确定颜色的全局分布。最常用的特征是颜色、亮度和朝向，它们模仿了哺乳动物的视觉系统。其他可用的特征还包括边缘、角点、曲率、纹理、运动、紧凑性、孤立性、对称性、彩色直方图、朝向直方图、离散余弦变换系数、主成分等。这些特征可以借助高斯金字塔、盖伯滤波器、高斯混合模型等来获得和表达，也可借助特征融合进行。

对图像点或区域的显著性测量非常依赖于先前计算出来的特征。这里可以结合使用不同的特征和计算技术，如互信息、自信息、贝叶斯网络、熵、归一化的相关系数、神经网络、能量最小化、最大流、库尔贝克-莱布勒斯散度、条件随机场等。

基于显著性测量的数据，可以做出相应的判断决策。最简单的手段是设定阈值，区分显著性区域与非显著性区域。当然，还可以根据先验知识或限定性条件，通过搜索匹配获取显著性区域在图像中的位置等参数。

3. 对比度检测

感知方面的研究成果表明：在低层视觉显著性中，**对比度**是最重要的影响因素。现有的显著区域检测算法多通过计算一个图像子区域与其他区域之间的对比度来度量该图像子区域的显著性。而依据用于计算对比度的其他区域空间范围和尺度的不同，现有的显著性区域检测算法可分为两类：基于局部对比的算法和基于全局对比的算法。

（1）基于局部对比的显著性区域检测算法通过计算每个图像子区域或像素与其周围一个小邻域中子区域或像素的对比度来度量该图像子区域或像素的显著性。

（2）基于全局对比的显著性区域检测算法将整幅图像作为对比区域来依次计算每个图像子区域或像素的显著值。

对比度是许多计算显著性策略的核心。目前计算对比度的方法主要分为三大类：

（1）利用局部对比度先验知识

利用局部对比度的基本思想是将每个像素或者超像素仅与图像局部中某些像素或超像素比较从而获得对比度。常见的主要有 4 种形式：①将像素或超像素仅与相邻的像素或超像素比较；②将目标像素运用滑动窗口的方法与窗口内其他像素求差异度；③利用多尺度方法在多个分辨率上计算对比度；④利用中心-周边区域的关系计算对比度。

（2）利用全局对比度先验知识

全局对比度的基本思想是将目标像素或超像素与图像中其余所有像素或超像素分布进行特征差异度的计算，最后将这些差异度累加作为目标像素或超像素的全局对比度。相比于基于局部对比度的方法，基于全局对比度的方法在将大尺度物体从其周围环境中提取出来时能够在目标边界或邻域产生较高的显著性值。另外，对全局的考虑可比较均匀地给相似图像区域分配接近的显著性值，从而可以均匀地突出整个显著对象。

（3）利用先验知识

有的方法将一个区域的显著性定义为该区域到图像四周边界（边框）的最短加权距离。这里实际上利用了**背景先验**：即图像的四周对应背景（如参见 4.4 节）。与此对应，有**中心先验**（或称**前景先验**），即显著性区域常在图像中部，不与图像边界接触。对人造物体拍摄的照片一般满足这个条件，即目标物体经常集中在图像内部的区域，并远离图像边界（至少不与边界接触）。算法的主要思想就是首先检测出背景区域，进而向内搜索得到显著区域。或者先确定图像中心，考虑接近/围绕中心的区域显著性比较高的特点。但这些先验条件实际中常不能严格满足。

4. 显著性区域提取

在对显著性进行计算的基础上，可进一步将显著性区域提取出来。这里可采用不同的提取框架。

（1）直接阈值分割

该类方法采用简单阈值或者自适应阈值，直接对显著性图进行二值化，获得显著性区域。

（2）基于交互图像分割

典型的方法常基于抓割（GrabCut）算法。它是一种得到普及推广的、可用于显著性物体提取的交互式图像分割算法[Rother 2004]。首先使用固定阈值来二值化显著性图，在二值化后的显著性图上结合原始图像通过多次迭代 GrabCut 算法来改善分割结果，并在迭代过程中对图像进行腐蚀和膨胀,以为下一次迭代提供有益协助,直到最后获得准确的显著区域。

（3）结合矩形窗定位

为了避免显著性阈值的影响并同时减少 GrabCut 的迭代次数,可将交互式图像分割与矩形窗定位相结合。例如,可基于显著性密度的区域差异进行矩形窗口搜索,或将显著性与边缘特性相结合进行嵌套窗口搜索。

显著性区域的提取通常包括以下步骤。

（1）显著性图计算

需要根据区域的显著属性来区分哪些区域足够显著,哪些区域不算显著。

（2）初始显著性区域定位

最常用的是图像二值化的方法,其关键问题是阈值选择的最优化。此外,也可采用显著性区域定位的方法,通过窗口搜索获取显著性区域在图像中的位置。

（3）精细显著性区域提取

在定位初始显著性区域后,进一步细化其边界。在具体应用中,常需要用 GrabCut 算法进行多次迭代,并涉及一些其他操作,如腐蚀和膨胀操作。如何在降低迭代次数的同时减少对其他操作的需求并获得较好的效果是该步骤的关键问题。

4.3 基于对比度提取显著性区域

显著性图已被广泛应用于无人监督的目标分割。下面先介绍基于对比度计算显著性的几个具体算法,然后再介绍基于显著性的目标分割提取方法。

4.3.1 基于对比度幅值

像素之间属性(灰度/彩色)值的差别是区分像素显著性的重要指标。下面介绍两种相关的利用对比度幅值的全局显著性计算方法。

1. 基于直方图对比度的算法

这种算法利用**直方图对比度(HC)**对图像中每个像素分别计算其显著性。具体来说,它借助一个像素与所有其他图像像素之间的灰度或颜色差别来确定该像素的显著性值,从而可以产生全分辨率的显著性图[Cheng 2015]。这里灰度或颜色差别可利用灰度或颜色直方图来判断,并同时采用平滑过程来减少量化伪影。

具体定义一个像素的显著性是该像素与图像中所有其他像素之间的灰度对比度或颜色对比度,即图像 f 中的像素 $f_i(i=1,2,\cdots,N,N$ 是图像中的像素数量)的显著性数值为

$$S(f_i) = \sum_{\forall f_j \in f} D_c(f_i, f_j) \tag{4.3.1}$$

式中,$D_c(f_i, f_j)$ 可度量像素 f_i 和 f_j 之间在 $L^* a^* b^*$ 空间(感知精度较高)中的颜色距离。下面将式(4.3.1)按像素标号顺序展开来:

$$S(f_i) = D_c(f_i, f_1) + D_c(f_i, f_2) + \cdots + D_c(f_i, f_N) \tag{4.3.2}$$

很容易看出,根据这个定义具有相同颜色的像素会具有相同的显著性值(不管这些像素与 f_i 的空间关系如何)。如果重新排列式(4.3.2)中的各项,将对应具有相同颜色值 c_i 的像

素 f_i 分在一组，就可得到具有这种颜色值像素的显著性数值为

$$S(f_i) = S(c_i) = \sum_{j=1}^{C} p_i D(c_i, c_j) \tag{4.3.3}$$

式中，C 对应图像 f 中像素（不同）颜色的总数量，p_i 是像素具有颜色 c_i 的概率。

式(4.3.3)对应一个直方图表达。将式(4.3.1)表达成式(4.3.3)有利于在实际应用中提高计算速度。根据式(4.3.1)计算图像的显著性值，所需计算量为 $O(N^2)$；而根据式(4.3.3)计算图像的显著性值，所需计算量为 $O(N) + O(C^2)$。对 3 个通道的真彩色图像，每个通道有 256 个值。如果将其量化为 12 个值，则一共可组成 1728 个彩色。进一步考虑自然图像中彩色分布的不均匀性，如果将图像中出现的彩色按从多到少排列，一般使用不到 100 种彩色值就可表达图像中超过 95% 的像素（其余的彩色值可近似量化到这不足 100 种彩色中）。这样对较大尺寸的图像使用式(4.3.3)就可明显提高计算图像显著性数值的速度。例如，对一幅 100×100 的图像，采用式(4.3.1)和式(4.3.3)的计算量几乎一致；而对 512×512 的图像，采用式(4.3.3)的计算量只有采用式(4.3.1)的计算量的 1/25。

2. 基于区域对比度的算法

这种方法对上述基于直方图对比度的算法进行了改进以进一步利用像素之间的空间关系信息[Cheng 2015]。首先将输入图像初步分割成多个区域，然后通过计算**区域对比度**（**RC**）获取每个区域的显著性值。这里使用全局对比度分数来计算区域显著性值，具体是考虑区域自身的对比度以及它与图像中其他区域的空间距离（相当于用区域替换 HC 算法中的像素作为计算单元）。这种方法能更好地将图像分割与显著性的计算结合起来。

先对图像进行初步的分割，然后对每个区域构建直方图。对区域 R_i，通过计算其相对于图像中所有其他区域的彩色对比度来测量其显著性：

$$S(R_i) = \sum_{R_i \neq R_j} W(R_i) D_c(R_i, R_j) \tag{4.3.4}$$

式中，取 $W(R_i)$ 为区域 R_i 中的像素数量，并用它对区域 R_i 进行加权（大区域的权重大）；$D_c(R_i, R_j)$ 度量区域 R_i 和 R_j 之间在 $L^* a^* b^*$ 空间中的颜色距离：

$$D_c(R_i, R_j) = \sum_{k=1}^{C_i} \sum_{l=1}^{C_j} p(c_{i,k}) p(c_{j,l}) D(c_{i,k}, c_{j,l}) \tag{4.3.5}$$

式中，$p(c_{i,k})$ 是区域 i 中第 k 种彩色在所有 C_i 种彩色中的概率，$p(c_{j,l})$ 是区域 j 中第 l 种彩色在所有 C_j 种彩色中的概率。

接下来，将空间信息引入式(4.3.4)以加强邻近区域的权重并减少远离区域的权重：

$$S(R_i) = W_s(R_i) \sum_{R_i \neq R_j} \exp\left[-\frac{D_s(R_i, R_j)}{\sigma_s^2} \right] W(R_i) D_r(R_i, R_j) \tag{4.3.6}$$

式中，$D_s(R_i, R_j)$ 是区域 R_i 和 R_j 之间的空间距离；σ_s 控制空间距离加权的强度（其值越大则远离区域 R_i 的其他区域对其的加权强度越大）；$W(R_i)$ 代表对区域 R_i 的权重；$W_s(R_i)$ 是对区域 R_i 根据其接近图像中心的程度赋予的先验权重（接近图像中心的区域权重较大，即更显著）。

4.3.2 基于对比度分布

上述基于直方图对比度（HC）的算法在计算显著性数值时仅考虑了各像素自身的对比

度,上述区域对比度(RC)算法在计算显著性数值时还考虑了像素之间的距离,但两种算法均没有考虑图像中对比度的整体分布因素。下面举例说明这个因素的重要性[Huang 2017]。

参见图 4.3.1,其中图 4.3.1(a)是原始图像,里面两个小方框分别指示了两个标记像素(一个前景像素和一个背景像素)。图 4.3.1(b)是理想的前景分割结果。对这两个像素分别算得的对比度图如图 4.3.1(c)和图 4.3.1(d)所示,其中深(绿)色指示大的对比度。由图 4.3.1(c)和图 4.3.1(d)可见,尽管对比度的总和可以比拟,但两图中对比度的分布很不同。以图 4.3.1(c)中的标记像素为中心,大的显著性数值主要分布在其右下方。以图 4.3.1(d)中的标记像素为中心,大的显著性数值则在各个方向上的分布都差不多。对人类视觉系统,高对比度的分布方向越多(前景在多个方向上都与背景有区别),前景目标就看起来越明显。

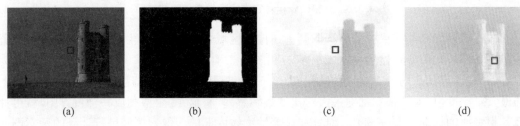

(a) (b) (c) (d)

图 4.3.1　对比度分布的影响

一个基于**对比度分布**的算法流程如图 4.3.2 所示。考虑到对每个像素计算全局对比度需要很大的计算量,先对图像进行超像素分割,取各个超像素为计算全局对比度的单位(即认为各个超像素内的像素彩色值具有一致性)。对各个超像素,计算沿多个方向上环绕该超像素的对比度,获得其在多个方向上的最大对比度值。通过结合考虑各个方向的最大对比度值,还可以计算归一化的相对对比度方差,即对比度的**相对标准方差**(RSD)。将该方差数值转换为显著性值,就得到与原始图像对应的显著性图。

图 4.3.2　基于对比度分布算法的流程图

这里定义对比度如下。将各个超像素区域记为 $R_i, i=1,2,\cdots,N$。一个超像素区域的显著性与该区域和其他区域的彩色对比度成比例,且与该区域和其他区域的空间距离也成比例。如果采取类似上面的方法,两个超像素区域 R_i 和 R_j 之间的显著性可定义为

$$S(R_i,R_j)=\exp\left[-\frac{D_s(R_i,R_j)}{\sigma_s^2}\right]D_c(R_i,R_j) \tag{4.3.7}$$

式中,$D_c(R_i,R_j)$ 为区域 R_i 和 R_j 之间的颜色距离,$D_s(R_i,R_j)$ 为区域 R_i 和 R_j 之间的空间距离,σ_s 控制空间距离加权的强度(其值越大则远离区域 R_i 的其他区域对其的加权强度越大)。

下面依照图 4.3.2 的流程给出一些具体步骤说明和示例结果,所用原始图像和超像素分割结果如图 4.3.3(a)和(b)所示。可见,超像素分割结果在较粗尺度上保留了图像结构

信息和图像局部特征。

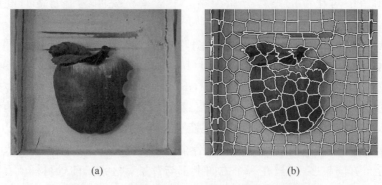

图 4.3.3　一幅图像和对它进行超像素分割的结果

在超像素分割的结果中分别选取两个超像素区域，一个在显著性物体内部，一个在显著性物体外部。它们分别显示在图 4.3.4(a)和图 4.3.4(c)中。对每一个超像素区域，以其为中心，分别计算其在周围 16 个方向(间隔 22.5°)上与其他区域的对比度，并取 16 个方向上的最大对比度值(人类视觉常对最大对比度最敏感)。将这 16 个值画成一个直方图，就可计算其相对值的标准方差(RSD)。对处在显著性物体内部的超像素区域进行计算的示意图和所得到的相对(归一化)标准方差直方图可分别见图 4.3.4(a)和图 4.3.4(b)；对处在显著性物体外部的超像素区域进行计算的示意图和所得到的相对标准方差直方图可分别见图 4.3.4(c)和图 4.3.4(d)。由这些图可见，对属于显著性物体内部的超像素区域，其各个方向的最大对比度值都比较大；而对属于显著性物体外部的超像素区域，其各个方向的最大对比度值有比较大的差别，即有的方向的最大对比度值会比较大，而另一些方向的最大对比度值会比较小。

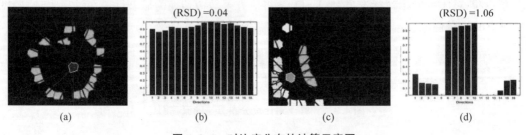

图 4.3.4　对比度分布的计算示意图

从整体的标准方差来看，属于显著性物体内部的超像素区域的相对标准方差会比属于显著性物体外部的超像素区域的相对标准方差小。这样得到的相对标准方差如图 4.3.5(a)所示。可见区域的显著性与对比度的标准方差成反比关系。借助这个反比关系得到的显著性图如图 4.3.5(b)所示。进一步对显著性图后处理的结果见图 4.3.5(c)，而图 4.3.5(d)所示为显著性图的真值。

图 4.3.6 借助图 4.3.1 的图像对基于对比度幅值的方法和基于对比度分布的方法进行了对比。图 4.3.6(a)和图 4.3.6(b)分别是用基于对比度幅值的方法和基于对比度分布的方法得到的显著性检测结果，图 4.3.6(c)和图 4.3.6(d)分别是对它们进一步处理后得到的结果。可见，对比度分布信息的利用收到了较好的效果。

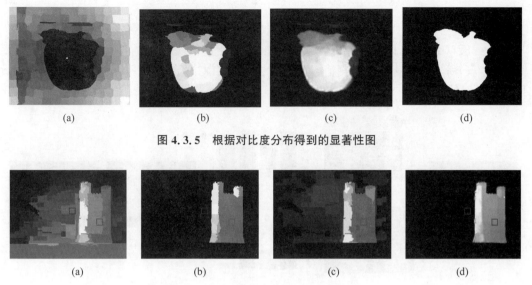

图 4.3.5　根据对比度分布得到的显著性图

图 4.3.6　两种检测显著性方法的比较

4.3.3　基于最小方向对比度

基于**最小方向对比度**(MDC)是对上述方法的改进。由于区域级的方法为了进行图像分割需要较大的计算量,所以选择了像素级的方法以取得快速的性能。

1. 最小方向对比度

考虑不同空间朝向的对比度。设将目标像素 i 看作视场中心,则整个图像可相对于像素 i 的位置被划分成若干个区域 H,如左上(TL),右上(TR),左下(BL),右下(BR)。来自各个区域的**方向对比度**(DC)可如下计算($H_1 = \text{TL}, H_2 = \text{TR}, H_3 = \text{BL}, H_4 = \text{BR}, i$ 和 j 为在对应朝向上的像素指标):

$$DC_{i,H_l} = \sqrt{\sum_{j \in H_l} \sum_{k=1}^{K} (f_{i,k} - f_{j,k})^2} \quad l = 1,2,3,4 \qquad (4.3.8)$$

式中, f 代表在 CIE-Lab 彩色空间中具有 K 个彩色通道的输入图像。参见图 4.3.7,其中图 4.3.7(a)是一幅输入图像,图 4.3.7(b)的上下两图中各选择了一个像素,其中上图中选择了一个前景像素,对应由两条红线交叉处所确定的位置;下图中选择了一个背景像素,对应由两条黄线交叉处所确定的位置。整幅图像被用红线或黄线划分为 4 个区域,对应 4 个方向。使用前景像素和背景像素得到的 4 方向对比度直方图分别见图 4.3.7(c)的上下两图。

根据图 4.3.7(c)的方向对比度直方图可见,前景像素与背景像素的方向对比度的分布很不一样,前景像素在几乎所有方向上都有相当大的 DC 数值,即使其中最小的数值也比较大。但背景像素在各方向上的 DC 数值差距较大,尤其右下方向的 DC 数值很小。事实上,由于前景像素通常被背景像素所包围,所以其方向对比度在所有朝向都会有大的 DC 数值;而背景像素通常总有至少一个方向与图像边界相连,肯定会出现小的 DC 数值。这表明可以考虑用**最小方向对比度**(MDC),即所有方向中对比度最小的 DC 值,作为初始的显著性的度量值:

$$S_{\min}(i) = \min_H DC_{i,H} = \sqrt{\min_H \sum_{j \in H} \sum_{k=1}^{K} (f_{i,k} - f_{j,k})^2} \qquad (4.3.9)$$

图 4.3.7(d)给出了基于所有像素的初始显著性数值所得到的 MDC 值的分布图,而图 4.3.7(e)所示为显著性图的真值。两相对比,由 MDC 值的分布所得到的显著性检测效果是相当好的。

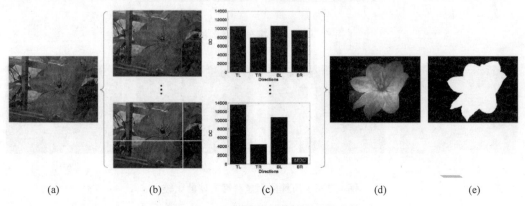

(a)   (b)   (c)   (d)   (e)

图 4.3.7　两种检测显著性方法的比较

2. 降低计算复杂度

为了对每个像素计算 MDC,需要根据式(4.3.8)计算 4 个方向的对比度。如果直接按式(4.3.8)计算,则计算复杂度将是 $O(N)$,其中 N 是整幅图的像素个数。对较大尺寸的图像,这个计算量会很大。为降低计算复杂度,可以将式(4.3.8)进行如下分解:

$$\sum_{j \in H_l} \sum_{k=1}^{K} (f_{i,k} - f_{j,k})^2 = \sum_{j \in H_l} \sum_{k=1}^{K} f_{i,k}^2 - 2 \sum_{k=1}^{K} \left\{ \sum_{j \in H_l} f_{j,k} \right\} f_{i,k} + |H_l| \sum_{k=1}^{K} f_{i,k}^2 \quad l = 1,2,3,4$$

$$(4.3.10)$$

式中,$|H|$ 表示沿 H 方向上的像素个数。式(4.3.10)中等号右边第 1 项和第 2 项里花括号中的部分都可借助积分图像[Viola 2001]来计算,这样一来,对每个像素的计算复杂度将可以减到 $O(1)$,即基本与图像尺寸无关。

获取初始显著性后,还可以进行一些后处理以提升显著性检测的性能。

3. 显著性平滑

为消除噪声影响,并提高后续操作中对显著性区域提取的鲁棒性,可以对显著性图进行平滑。为快速实现**显著性平滑**,可借助边界连通性的先验知识。如果将每个彩色通道都量化到 L 级,这样彩色数量就会由 256^3 减到 L^3(参见 4.3.1 小节)。这里可采用对具有相同彩色的像素进行量化。

一般情况下,背景区域与图像边界的连接程度要远大于前景区域与图像边界的连接程度。所以,可借助**边界连通性**(**BC**)来确定背景。这个对背景的测定可在量化后的色彩级别计算。令 R_q 表示具有相同量化颜色 q 的像素区域,则对 R_q 的边界连通性可按下式计算:

$$BC(R_q) = \sum_{j \in R_q} \delta(j) / |R_q|^{1/2} \qquad (4.3.11)$$

式中,$\delta(j)$ 在像素 j 是边界像素时为 1,否则为 0;$|R_q|$ 表示具有相同量化颜色 q 的像素个数。

用边界连通性加权的 R_q 的平均显著性为:

$$S_{\text{average}}(R_q) = \underset{j \in R_q}{\text{average}}\{S_{\min}(j) \cdot \exp[-W \cdot BC(R_q)]\} \tag{4.3.12}$$

式中，$S_{\min}(j)$ 是区域 R_q 中的最小显著性（初始显著性）值，W 是控制边界连通性的权重。最终的平滑显著性是平均显著性和初始显著性的组合：

$$S_{\text{smooth}}(j) = \frac{S_{\min}(j) + S_{\text{average}}(R_q)}{2} \tag{4.3.13}$$

图 4.3.8(a)所示为初始显著性数值，显著性平滑前后的显著性图分别如图 4.3.8(b)和图 4.3.8(c)所示（说明见下文），图 4.3.8(d)所示为最后结果，可见由量化造成的伪影在显著性平滑中被消除了。

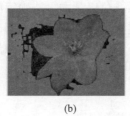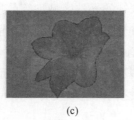

| (a) | (b) | (c) | (d) |

图 4.3.8 显著性检测后处理

4. 显著性增强

为了进一步增加前景和背景区域之间的对比度，还可以使用下面简单而有效的基于分水岭的显著性增强方法。首先使用 OTSU 方法得到二值化阈值 T，对平滑后的显著性区域 S_{smooth} 进行分割。然后使用可靠的条件将一些像素标记为前景（F）或背景（B），其他像素标记为未定（U）：

$$M(i) = \begin{cases} F & S_{\text{smooth}}(i) > (1+p)T \\ B & S_{\text{smooth}}(i) < (1-p)T \\ U & \text{其他} \end{cases} \tag{4.3.14}$$

式中，p 是控制初始标记区域（如图 4.3.8(b)所示）的参数。在图 4.3.8(b)中，前景像素为红色、背景像素为绿色、分水岭没有标记。接下来使用基于标记的分水岭算法[章 2018]将所有像素标记为前景、背景或**分水岭（W）**。每个像素的显著性为

$$S_{\text{enhance}}(i) = \begin{cases} 1 - \alpha(1 - S_{\text{smooth}}(i)) & i \in F \\ \beta S_{\text{smooth}}(i) & i \in B \\ S_{\text{smooth}}(i) & i \in W \end{cases} \tag{4.3.15}$$

式中，$\alpha \in [0,1]$ 和 $\beta \in [0,1]$ 用来控制增强的程度。较小的 α 和 β 数值表示前景像素将被赋予较大的显著性数值，而背景像素将被赋予较小的显著性数值。借助式（4.3.15），前景像素和背景像素的显著性数值分别被映射到 $[1-\alpha, 1]$ 和 $[0, \beta]$。图 4.3.8(c)是使用基于标记的分水岭算法得到的最终标记区域。由最终标记区域得到的显著性增强结果如图 4.3.8(d)所示。

4.3.4 显著性目标分割和评价

借助对显著性的检测，可进一步提取具有显著性的目标。

1. 目标分割和提取

最简单的显著性目标提取方法是对显著性数值进行阈值化计算，提取显著性数值大于

给定阈值的像素为目标像素。这种方法受噪声以及目标自身结构变化的影响比较大。更稳定的方法是采用分水岭分割（水线分割），其中可使用标号控制分割的方法来减少目标边界上的不确定像素[章 2018]。

一种借助对图割方法[章 2018]的改进来分割显著性图中目标的方法具有如下步骤[Cheng 2015]。

（1）先用一个固定的阈值对显著性图进行二值化。

（2）将显著性值大于阈值的最大连通区域作为显著性目标的初始候选区域。

（3）将这个候选区域标记为未知，而把其他区域都标记为背景。

（4）利用标记为未知的候选区域训练前景颜色以帮助算法确定前景像素。

（5）用能给出高查全率（召回率）的潜在前景区域来初始化抓割（GrabCut）算法（一种使用高斯混合模型和图割的迭代方法），并迭代优化以提高查准率（精确度）。

（6）迭代执行抓割算法，每次迭代后使用膨胀和腐蚀操作，将膨胀后区域之外的区域设为背景，将腐蚀后区域之内的区域设为未知。

2. 对显著性检测算法的评价

借助对显著性目标的提取，可方便地获得所提取目标的二值模板 M。如果已有原始目标的二值模板（真值）G，则通过比较两个模板就可对显著性检测的效果进行判断和评价。

常用的评价指标包括精度和召回率，以及对它们结合得到的 PR 曲线、ROC 曲线、F-测度等。

（1）查准率/精（确）度/精（确）性：$P = |M \cap G| / |M|$。

（2）召回率/查全率：$R = |M \cap G| / |G|$。

（3）PR 曲线：在横轴为召回率，纵轴为查准率的坐标系中的曲线。

（4）ROC 曲线：先计算虚警 $F_{PR} = |M \cap G^c| / |G^c|$ 和正确率 $T_{PR} = |M \cap G| / |G|$，其中 G^c 为 G 的补，再使用 F_{PR} 为横轴，T_{PR} 为纵轴得到坐标系中的曲线。

（5）ROC 曲线的**曲线下面积（AUC）**。

$$\mathrm{AUC} = \int_0^1 T_{PR} \mathrm{d}F_{PR} \tag{4.3.16}$$

（6）F-测度/F-分数：

$$F_k = \frac{(1+k^2)P \times R}{k^2 P + R} \tag{4.3.17}$$

式中，k 为参数。$k = 1$ 时，F_1 是 P 和 R 的调和平均数。

3. 对最小方向对比度算法的评价

最小方向对比度算法中显著性的计算是以超像素区域为中心沿各环绕方向上的最大对比度为基础的。环绕方向数有可能对最终结果有一定影响。借助 PR 曲线、ROC 曲线和 F-测度对环绕方向数的影响（取方向数分别为 4,8,12,16,20 和 24）进行实验比较得到的一些结果如图 4.3.9 所示。图 4.3.9(a)所示为 PR 曲线，可见当方向数在从 4 增加到 16 时效果有一定提升，方向数多于 16 后，效果不再变化。图 4.3.9(b)所示为 ROC 曲线，可见除方向数为 4，其他情况下的效果基本看不出区别。图 4.3.9(c)给出对应的 AUC 数值和 F-测度数值，从中也可以得出类似的结论。

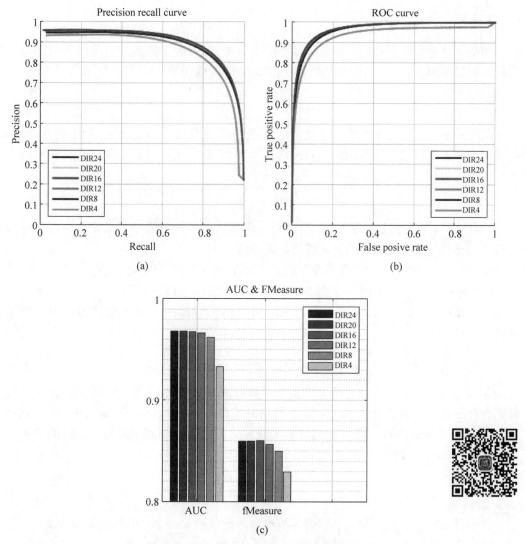

图 4.3.9 环绕方向数对检测的影响

4.4 基于背景先验提取显著性区域

对显著性区域的检测和提取常可以借助一些先验知识。这里的先验知识除包括与显著性区域自身性质相关的先验信息,还可考虑与背景相关的先验信息。在与背景相关的先验中,边界先验和连通性先验是常用的。**边界先验**认为图像的边界(轮廓)大部分情况下对应图像的背景区域。**连通性先验**认为显著性区域以外的像素通常都与图像边界相连通。

根据这两个先验,首先可确定出图像的边界属于背景区域,其次与这些背景区域相连通的像素也属于背景区域,所以剩下的像素就应该属于显著性区域了。基于这样的思路,显著性区域应是与图像边界不连通的区域,或者说显著性区域中的像素与图像边界之间的相似距离很大。

4.4.1 相似距离

在基于背景先验来对显著性区域检测的方法中，需要确定图像中各个像素与图像边界之间的相似距离。这里常用的距离测度主要包括测地距离［Wei 2012］和最小栅栏距离［Strand 2013］。

1. 测地距离

测地距离是一种特殊的**距离测度**。记 A 为一个像素集合，a 和 b 是 A 中的两个像素。在像素 a 和 b 之间的测地距离 $d_A(a,b)$ 可表示为在 A 中从 a 到 b 的所有通路长度的下确界。将像素集合 $B \subseteq A$ 分成 K 个连通组元 B_i，有

$$B = \bigcup_{i=1}^{K} B_i \tag{4.4.1}$$

在高维时，测地距离是沿着（弯曲）表面上两点之间的最短通路的长度。这与不考虑起终点之间路径是否在曲面表面上的**欧氏距离**不同。

对 2-D 图像 $f(x,y)$，可将 f 看作对应 2-D 平面 XY 的高程。则测地距离也可如下定义。考虑图像 $f(x,y)$ 中的一条包含 $L+1$ 个像素的 4-通路，它对应一个像素序列 $G=\{g(0),g(1),\cdots,g(L)\}$，其中 $g(i)$ 与 $g(i+1)$ 是 4-邻接的。该通路的测地距离可如下计算：

$$D_{GD}(G) = \sum_{i=1}^{L} |g(i) - g(i-1)| \tag{4.4.2}$$

即一条通路的测地距离是该通路上各相邻像素绝对灰度差的总和。从一个像素 p 到一个像素集合 S 的通路可以有 N 条，这 N 条通路的集合可表示为 $T=\{G_1,G_2,\cdots,G_N\}$，其中每个 G 代表一个像素序列。像素 p 与像素集合 S 之间的测地距离是所有通路的测地距离中的最小值，可以表示成

$$D_{GD}(p,S) = \min_{G_i \in T}[D_{GD}(G_i)] \tag{4.4.3}$$

2. 最小栅栏距离

最小栅栏距离也是一种特殊的**距离测度**。考虑图像 $f(x,y)$ 中的一条包含 $L+1$ 个像素的 4-通路，它对应一个像素序列 $G=\{g(0),g(1),\cdots,g(L)\}$，其中 $g(i)$ 与 $g(i+1)$ 是 4-邻接的。该通路的栅栏距离可如下计算：

$$D_{BD}(G) = \max_i g(i) - \min_i g(i) \tag{4.4.4}$$

即一条通路的最小栅栏距离是该通路上灰度最大值与灰度最小值的差（对应实际的灰度动态范围）。从一个像素 p 到一个像素集合 S 的通路可以有 N 条，这 N 条通路的集合可表示为 $T=\{G_1,G_2,\cdots,G_N\}$，其中每个 G 代表一个像素序列。所有这些通路中的最小栅栏距离称为像素 p 与像素集合 S 之间的最小栅栏距离，可以表示成

$$D_{MBD}(p,S) = \min_{G_i \in T}[D_{BD}(G_i)] \tag{4.4.5}$$

在显著性检测中，已有研究表明，测地距离对噪声比较敏感，而最小栅栏距离相对于测地距离来说更为鲁棒一些。另外，最小栅栏距离也更抗图像中像素值的波动变化。

4.4.2 最小栅栏距离的近似计算

最小栅栏距离可以逐像素地精确计算，但这需要很大的计算量。根据式(4.4.5)，从每

个像素到图像边界像素集合的最小栅栏距离要考虑从每个像素到图像边界像素集合的所有路径,路径的数量可能非常大。为减少计算量,可采取一些近似方法。下面先介绍借助最小栅栏距离的计算可能获得的结果,再介绍几种典型的近似计算方法。

1. 最小栅栏距离的计算结果

借助对最小栅栏距离的计算可实现从原始图像到最小栅栏距离图的转换,即得到每个像素的最小栅栏距离值。

图 4.4.1 给出借助最小栅栏距离计算所获得的结果。图 4.4.1(a)为一幅原始图像,其中那朵花为具有显著性的目标。图 4.4.1(b)给出图像中两个不同(颜色)的方框,它们的中心是所考虑计算最小栅栏距离的示例像素(种子像素)。图 4.4.1(c)分别给出对这两个像素算得的最小栅栏距离和所对应的路径。由该图可见,最小栅栏距离越小的像素属于背景像素的可能性越大。另外,最小栅栏距离所对应的路径可能是比较复杂曲折的曲线。图 4.4.1(d)为根据对全图像素计算最小栅栏距离获得的距离进行变换而得到的(显著性)结果。

图 4.4.1　最小栅栏距离的计算示例

2. 基于光栅扫描的近似方法

基于**光栅扫描**的方法[Zhan 2015]是一种近似计算的方法。它采取对图像进行逐像素扫描的方式,先正向从图像左上角扫描到右下角,再反向从图像右下角扫描到左上角。正向加反向构成一次完整的扫描。这样的扫描可反复进行,随着扫描次数的增多,可逐渐逼近精确的路径。当然,多次扫描需要较高的计算成本。实际中,一般需要三次扫描以达到运算时间与计算精度的较好平衡。

该方法有一个与扫描方向相关的问题。一般扫描是沿从图像左上角到右下角的方向进行的,如果实际中有些像素的最小栅栏距离所对应的路径是在左下角与右上角连线的方向上,则该方法得到的计算结果有可能会有比较大的误差。仍考虑图 4.4.1(a)和(b)所给出的原始图像和示例像素,采用基于光栅扫描方法得到的最小栅栏距离和所对应的路径如图 4.4.2(a)所示,而进一步获得的距离变换结果如图 4.4.2(b)所示。可见所得到的近似路径与精确路径有较大区别(尤其是对偏右上方的那个像素),所得到的最小栅栏距离也与准确数值差距较大。这样计算所得到的距离变换结果与图 4.4.1(d)明显不同。

(a)　　　　　　　　　　(b)

图 4.4.2　基于光栅扫描的近似计算结果

3. **基于最小生成树的近似方法**

在这种方法中,图像被简单地表示为一棵**最小生成树**（**MST**）。最小生成树是一种树结构,可由连通图转化而来。一般先将一幅图像表示成一个 4-邻接的无向图（其中结点对应像素而弧表示像素之间的灰度差）,然后通过消去大数值/权重的弧就可得到该图像的最小生成树。一个有 N 个结点的图的最小生成树仍包含原来的 N 个结点,而且保留使图连通的最少的弧,这样像素之间的路径就是唯一的[Tu 2016]。在这棵最小生成树中搜索具有最小距离值的路径是比较容易的,因为搜索范围小了很多。实际中,可以通过对树进行两次遍历来有效快速地计算最小栅栏距离。先从树叶到树根遍历一次,然后从树根到树叶遍历一次。

采用最小生成树结构来表示图像简化了搜索像素和像素集合之间路径的工作,但这种简化有可能导致一些近似路径偏离精确路径而产生误差。再考虑图 4.4.1(a)和(b)所给出的原始图像和示例像素,采用最小生成树方法得到的最小栅栏距离和所对应的路径如图 4.4.3(a)所示,而进一步获得的距离变换结果如图 4.4.3(b)所示。可见所得到的近似路径与精确路径有较大区别（尤其是对偏左方的那个像素）,所得到的最小栅栏距离也与准确数值差距较大。这样计算所得到的距离变换结果与图 4.4.1(d)也有明显不同。

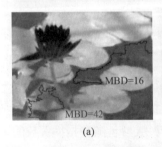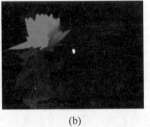

(a)　　　　　　　　　　(b)

图 4.4.3　基于最小生成树的近似计算结果

4. **基于流水驱动的近似方法**

在这种方法中,借助了水从高向低流的自然规律[Huang 2018a]。考虑图像边界像素为一个像素集合 S,从图像中任意一个像素到 S 的距离用该像素到 S 的最小栅栏距离来衡量。如果将 S 设为水源,水从水源像素流向其他像素的代价用最小栅栏距离来衡量,则问题转化为寻找一条其像素灰度值（如为彩色图像,可考虑其三个通道之一）的上下波动范围（即最大值与最小值之差）最小的路径。解决这个问题的过程就对应水从水源像素流向其他像素并将其淹没的过程。一个示例如图 4.4.4 所示。图 4.4.4(a)为原始图像,图 4.4.4(b)为将图像边界像素初始化为水源像素集合。图 4.4.4(c)～图 4.4.4(e)为水根据不同的最小栅栏距离流向图中其他区域的几个中间结果,其中红色掩模表示已被淹没的区域,可见在这个过程中,与图像边界的最小栅栏距离小的像素先被淹没。继续水流的过程,直到最后所有区域都被淹没,如图 4.4.4(f)所示。图像中每个像素的最小栅栏距离就在这个流动过程中被计算了出来,这样就可将原始图像转换为最小栅栏距离图,即得到每个像素的最小栅栏距离值。

图 4.4.4 流水驱动近似计算的过程示例

这种方法对最小栅栏距离的计算有较好的近似效果。再次考虑图 4.4.1(a)和(b)所给出的原始图像和示例像素,则采用基于流水驱动方法得到的最小栅栏距离和所对应的路径如图 4.4.5(a)所示,而进一步获得的距离变换结果如图 4.4.5(b)所示。可见所得到的近似路径与精确路径比较接近,所得到的最小栅栏距离也与准确数值差距很小。这样计算所得到的距离变换结果与图 4.4.1(d)很相似。

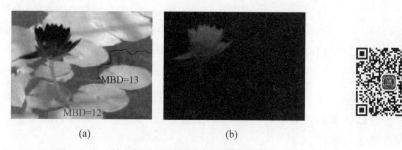

图 4.4.5 基于流水驱动的近似计算结果

4.4.3 流水驱动的显著性区域检测

基于对最小栅栏距离的计算,就可实现最小栅栏距离变换,获得距离变换结果(即各点的显著性数值）。实际中，在距离变换基础上将需要的显著性区域检测出来还需要一些预处理和后处理步骤。本小节结合整体流程介绍基于流水驱动近似计算方法相关的预处理和后处理方法。这些方法对使用其他近似计算方法的显著性区域检测工作也有参考作用。

1. 整体流程

对显著性区域检测的整体流程如图 4.4.6 所示。首先对输入图像进行预处理，这里对图像边界进行一次加权平均替换以调整显著性区域与图像边界的显著性差异。然后进行像素级的最小栅栏距离计算。最后是一系列后处理操作，包括使用**中心先验**和进行全局平滑，并在自适应增强后再进行形态学平滑，就可获得显著性区域。整个检测流程在使用单个线程时可达到 180fps 的速度。

图 4.4.6　显著性区域检测的整体流程图

一个反映上述流程主要步骤效果的示例如图 4.4.7 所示。图 4.4.7(a) 是一幅输入图像，图 4.4.7(b) 是最小栅栏距离计算的结果。进一步，图 4.4.7(c) 是使用中心先验得到的结果，图 4.4.7(d) 是进行全局平滑得到的结果，图 4.4.7(e) 是借助自适应增强得到的结果，图 4.4.7(f) 是使用形态学平滑后得到的最后结果，图 4.4.7(g) 给出了显著性区域的真值。

下面对各个步骤的目的和方法分别介绍［Huang 2018a］。

2. 边界替换

在背景相关的先验中，基于最小栅栏距离的计算中使用了边界先验和连通性先验。根据这两个先验，判定图像边界的像素属于背景，而与边界相连通的像素也属于背景。这种判断有时会带来一个问题，即与图像边界接触的显著性目标的显著性值将很小，从而会被误判为背景。为克服这个问题，可以对边界进行替换。

设输入图像为 $f(x,y)$，其边界（可取给定个数的像素宽度）的平均灰度为 f_b，则边界替换可按如下方法进行，即新图像 $f_N(x,y)$ 为：

$$f_N(x,y) = \begin{cases} (1-W)f(x,y)+Wf_b & (x,y) \in 边界 \\ f(x,y) & (x,y) \notin 边界 \end{cases} \quad (4.4.6)$$

式中，W 是一个控制平衡的权重。由新图像算得的最小栅栏距离变换图记为 $d(x,y)$，而由输入图像计算得到的显著性图 $S(x,y)$ 现在为

$$S(x,y) = \begin{cases} |f_N(x,y)-f(x,y)| & (x,y) \in 边界 \\ d(x,y) & (x,y) \notin 边界 \end{cases} \quad (4.4.7)$$

这种**边界替换**的方法可增加与图像边界接触的显著性目标的显著性值，减小将目标误判为背景的可能性。

3. 中心先验

后处理的第一步是使用**中心先验**，即显著性目标在图像中心位置的可能性更大。为此，可对图像中每个像素的显著性值根据像素位置进行不同的加权：

$$S_W(x,y) = S(x,y)\exp\left[-\frac{dis^2(x,y)}{\sigma^2}\right] \quad (4.4.8)$$

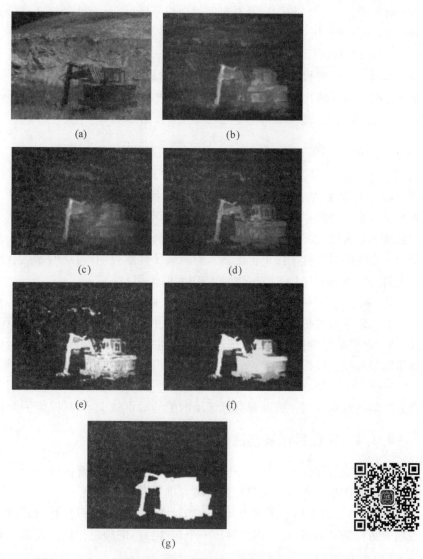

图 4.4.7　一个显著性区域检测步骤的结果示例

式中,$dis(x,y)$代表像素位置(x,y)与图像中心坐标之间的欧氏距离(可用图像尺寸归一化),σ^2控制中心先验的作用程度。对比图 4.4.7(b)和(c),很容易看出使用中心先验的效果,即接近图像边界区域的显著性值得到了一定的抑制。

4. 全局平滑

全局平滑的目的是要使具有相似颜色的像素具有更接近的显著性。这里为降低计算复杂度,可先将彩色图像的每个颜色通道量化为 K 种颜色,即将全部颜色种类从 256^3 种量化到 K^3 种。然后,在具有相同量化颜色的像素之间进行平滑操作。如果 $f(x,y)$ 被量化到了颜色 $g(x,y)$,用 G 代表所有具有量化颜色 $g(x,y)$ 的像素,则像素 $f(x,y)$ 平滑后的显著性 $S_S(x,y)$ 由像素集合 G 的平均显著性 $A_G(x,y)$ 与像素 $f(x,y)$ 平滑前的显著性 $S(x,y)$ 加权而成:

$$S_S(x,y) = \frac{1}{2}\left[S(x,y) + A_G(x,y)\right] \tag{4.4.9}$$

对比图 4.4.7(c)和(d)，可看出经过全局平滑后，显著性区域各部分自身的显著性值更加一致，而显著性区域与背景区域的反差得到了增强。

5. 自适应增强

自适应增强的目的是要进一步加大显著性区域与背景区域之间的对比度。设 T 为对显著性图进行阈值化的阈值，则对显著性图进行自适应增强的**扩展 Sigmoid 函数**为（T 为 0.5 时就是原始的 Sigmoid 函数，也称 S 型生长函数）：

$$\text{Sigmoid}_{E}[S(x,y)] = \frac{1}{1 + \dfrac{1-T}{T}\exp\{-k[S(x,y)-T]\}} \tag{4.4.10}$$

式中，k 为控制系数。经过这个扩展 Sigmoid 函数的映射，图像中显著性大于 T 的区域其显著性值将变得更大；图像中显著性小于 T 的区域其显著性值将变得更小；而显著性等于 T 的区域其显著性值将继续保持不变。对比图 4.4.7(d)和(e)，很容易看出显著性区域与背景区域之间的对比度增加了。更多实验的统计数据表明，自适应增强在减少显著性图和真值之间的平均偏差（MAE）方面能起到很大的作用。

6. 形态学平滑

形态学平滑的目的是要清除图像中小尺寸的物体或背景，同时保留明显的边缘[Zhang 2015]。这里的平滑操作由基于膨胀的重建和基于腐蚀的重建两部分组成[Vincent 1993]。这里膨胀和腐蚀操作所需要用到的模板尺寸可根据图像的平均显著性来选择。

对比图 4.4.7(e)和(f)，形态学平滑后一方面背景区域中的小白块消失了（它们多源自背景区域的起伏），另一方面显著性区域内的波动也减少了，只保留了大的部件边界。

4.4.4 定位目标候选区域

基于对显著性区域的检测，还可以进一步定位**目标候选**区域。所谓定位目标候选区域，就是要确定图像中有可能有目标的区域并确定其位置和尺寸。

实际中，一般采用对图像中大量不同尺度和位置的窗口进行扫描，并快速判断这些扫描窗内有目标的可能性，也称**目标性**。一个包含目标的理想扫描窗应该满足下面两个条件。

(1) 扫描窗的外部都是背景。

(2) 扫描窗的内部有目标。

根据前面的讨论，基于背景的边界先验假设图像的边界都属于背景区域，这与理想扫描窗所需满足的第(1)个条件相符。进一步，如果将每个扫描窗稍微扩大一点，并将扩大出来的区域视为背景，计算扫描窗中其他部分到背景的最小栅栏距离，就可得到其他部分的显著性值，据此就可判断出这个扫描窗内有物体的可能性，从而满足第(2)个条件。

现在借助图 4.4.8 介绍对不同扫描窗计算其显著性而得到的不同结果。图 4.4.8(a)是一幅包含目标（船）的输入图像，图 4.4.8(b)中给出了 4 个不同的扫描窗，将这 4 个扫描窗扩大一圈并以此作为背景，利用前面的最小栅栏距离计算出来的显著性图依次如图 4.4.8(c)~图 4.4.8(f)所示。下面分别分析。

(1) 图 4.4.8(c)中扫描窗的边界同时覆盖船体和海水，将扫描窗扩大一圈得到的区域仍然覆盖船体和海水，所以它们都会被视为背景。这样一来，扫描窗内的部分也都会被视为背景，导致扫描窗内的显著性值很小。

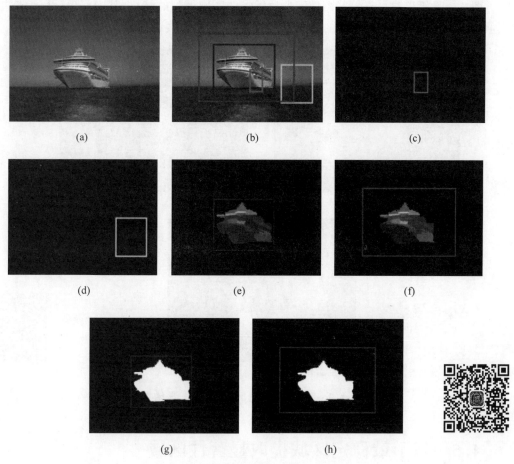

(a)   (b)   (c)

(d)   (e)   (f)

(g)   (h)

图 4.4.8 不同扫描窗的显著性结果

（2）图 4.4.8(d)中扫描窗的边界都只覆盖海水和天空，同时扫描窗内也只有海水和天空而没有船体。将扫描窗扩大一圈得到的区域仍然只包含海水和天空，它们都被视为背景。这样一来，扫描窗内的显著性值也很小。

（3）图 4.4.8(e)中扫描窗的边界都在海水和天空中，但扫描窗内有船只。将扫描窗扩大一圈所增加的区域部分仍只包含海水和天空，所以视海水和天空为背景。由于船体与海水或天空在颜色上有较大的区别，所以扫描窗内的船体到背景海水或天空的最小栅栏距离会很大，从而扫描窗内的显著性值会比较大。

（4）图 4.4.8(f)的情况与图 4.4.8(e)比较类似，所以扫描窗内的显著性也比较大。由于这里扫描窗更大一些，所以用最小栅栏距离（随路径长度单增不减）表示的显著性数值也有可能更大一些。不过，对图 4.4.8(e)和图 4.4.8(f)分别进行阈值化，得到的结果如图 4.4.8(g)和图 4.4.8(h)所示，可见检测出的显著性目标区域基本一致。

总结一下，如果扫描窗的边界只覆盖了背景区域且扫描窗内也没有目标，或者扫描窗的边界同时覆盖了部分目标和部分背景，扫描窗内区域基于背景先验的显著性都会很低。当扫描窗的边界只覆盖了背景但扫描窗内部有目标的情况下，才会有很大的显著性。这样确定出的扫描窗应该是包含目标的扫描窗，它可以将目标与背景区分开来。

图 4.4.9 给出对另外一些图像定位目标候选区域得到的结果,其中深色(红色)框指示真值,而浅色(绿色)框指示利用上面方法得到的与真值最接近的结果[Huang 2018b]。

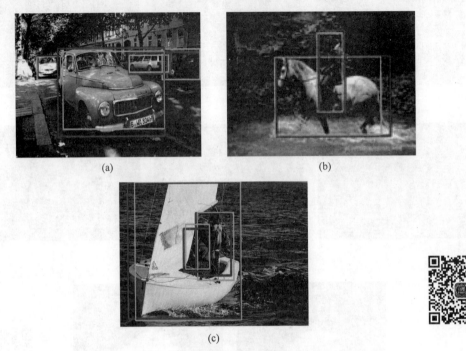

(a)

(b)

(c)

图 4.4.9　定位目标候选区域得到的一些结果

4.5　基于最稳定区域提取显著性区域

逐像素计算其显著性再根据计算结果将具有大显著性的像素聚在一起构成区域是一种自底向上的方法。在背景比较复杂、噪声比较强的情况下,完全自底向上的方法常不够鲁棒。

克服这种问题的一种思路是将有可能属于显著性目标的像素看作一个整体而一起考虑。换句话说,在判断一个像素的显著性时,考虑它的邻域或所在连通组元属于哪个目标,从目标层级上考虑显著性。一般来说,一个像素的邻域内部应具有比较相似的性质(如灰度、颜色等),但该邻域与其外部有明显不同的性质。这样的邻域在下面被称为**最稳定区域**(**MSR**),将通过先确定最稳定区域并把最稳定区域作为一个整体来计算显著性从而检测和提取显著性区域[Huang 2020]。

1. 总体流程

基于最稳定区域来提取显著性区域总体流程图如图 4.5.1 所示,首先借助超像素分割获得对图像的超像素表达,然后以超像素为单位计算最稳定区域,接下来计算基于最稳定区域的显著性图,最后对显著性图进行后处理以提取需要的显著性区域。

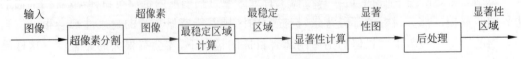

图 4.5.1　基于最稳定区域提取显著性区域的流程图

超像素分割已有很多算法,例如SLIC算法[Achanta 2012]就是一种能较好地保留图像中边缘且具有较高运算效率的超像素分割算法。

下面分别介绍其他3个处理模块。

2. 最稳定区域计算

设借助超像素分割算法将输入图像划分为了M个超像素,记为P_i,$i=1,2,\cdots,M$。为计算最稳定区域,对每个超像素P_i使用一个区域生长策略来寻找其邻域,以表示该P_i最可能属于的目标。这里要根据一个预先设计的优先级,让区域生长到相邻的超像素,直到生长成为整幅图像。在区域生长过程中会产生一系列对应(即由第i个超像素生长到第j个超像素)区域$R_{i,j}$,$j=1,2,\cdots,M$。为判断这些区域中的哪个可以表示P_i最可能属于的目标,需要考虑以下3个因素。

(1) 该区域与外部周边区域是否有很高的对比度。

(2) 该区域内部是否有较好的一致性。

(3) 该区域的面积是否超过一定的阈值(太小可能是噪声)。

根据上述3个因素,可构建如下的评判函数:

$$J(R_{i,j})=C(R_{i,j})\exp[-WH(R_{i,j})]A(R_{i,j}) \tag{4.5.1}$$

式中,$C(R_{i,j})$表示区域$R_{i,j}$与其周边区域之间的对比度,$H(R_{i,j})$表示区域$R_{i,j}$内部的一致性,$A(R_{i,j})$表示区域$R_{i,j}$的面积,W为权重参数。上述$C(R_{i,j})$,$H(R_{i,j})$和$A(R_{i,j})$分别对应前述3个要考虑的因素,其计算公式依次如下:

$$C(R_{i,j})=\frac{1}{K}\sum_{p\in R_{i,j}}\sum_{q\notin R_{i,j}}D(p,q)\delta(q\in N_p) \tag{4.5.2}$$

$$H(R_{i,j})=\frac{1}{L}\sum_{p\in R_{i,j}}\sum_{q\in R_{i,j}}D(p,q)\delta(q\in N_p) \tag{4.5.3}$$

$$A(R_{i,j})=\min\left[1,\frac{A_{i,j}}{T_A}\right] \tag{4.5.4}$$

式中,K表示参与计算区域之间对比度的超像素对的数量,L表示参与计算区域内部一致性的超像素对的数量,$D(p,q)$表示两个超像素p和q在颜色空间中的平均距离,$\delta(q\in N_p)$表示关于超像素q是否属于超像素p的邻域N_p的函数,如果属于则取1,否则取0。这样算得的$C(R_{i,j})$和$H(R_{i,j})$分别是平均对比度和平均一致性。在式(4.5.4)中,$A_{i,j}$是区域$R_{i,j}$的归一化面积(取图像归一化总面积为1),T_A是预定的阈值,可见面积小于阈值T_A的小区域将得到抑制。

根据式(4.5.1)的计算,选出区域生长过程中所产生的一系列区域$R_{i,j}$中得分最高(评价函数值最大)的区域,设为$R_{i,m}$,则这个区域成为超像素P_i的最稳定区域:

$$\mathrm{MSR}_i=R_{i,m}\quad m=\underset{j}{\mathrm{argmax}}[J(R_{i,j})] \tag{4.5.5}$$

图4.5.2给出一个最稳定区域计算示例,其中图4.5.2(a)是一幅输入图像,图4.5.2(b)是超像素分割的结果,图4.5.2(c)给出一个用于生长的超像素种子(绿色掩模),图4.5.2(d)~图4.5.2(h)为基于这个超像素生长过程中得到的几个区域(蓝色掩模),图4.5.2(c)~图4.5.2(h)对应的评判函数值依次为1.04,4.65,19.25,21.94,20.60和0。可见,评价函数值有个从小到大又从大到小的变化过程。这样就可选出评价函数最大值所对应的区域为最稳定区域(即图4.5.2(f))。

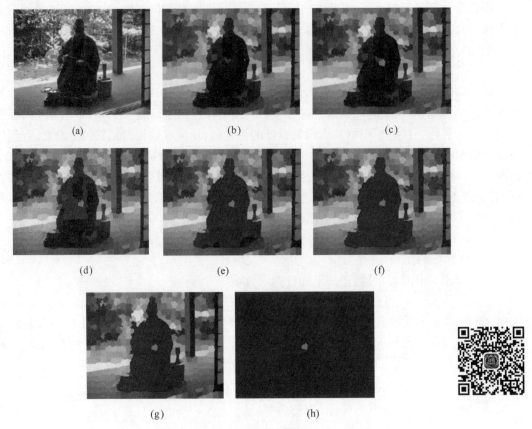

(a)　　　　　　　　(b)　　　　　　　　(c)

(d)　　　　　　　　(e)　　　　　　　　(f)

(g)　　　　　　　　(h)

图 4.5.2　最稳定区域计算示例

3. 显著性计算

借助最稳定区域 MSR，可进一步计算区域显著性。仍考虑前面介绍过的边界先验和连通性先验。可以用**边界连通性**来衡量一个区域属于背景的可能性[Zhu 2014]。这里一个（最稳定）区域的边界连通性 B 定义为该区域和图像边界重叠的长度与该区域面积的平方根的比值：

$$B(\mathrm{MSR}) = \frac{\sum\limits_{q \in P_\mathrm{b}} \delta(q \in \mathrm{MSR})}{\sqrt{\sum\limits_{q \in P} \delta(q \in \mathrm{MSR})}} \tag{4.5.6}$$

式中，P 表示图像超像素的集合，P_b 表示图像边界上的超像素，$\delta(q \in \mathrm{MSR})$ 表示关于超像素 q 是否属于最稳定区域的函数，如果属于则取 1，否则取 0。

进一步考虑图像中前景和背景的**空间分布**情况。一般前景区域的分布会比较紧凑，因而在空间上只有很小的方差；背景区域的颜色会分布在整幅图像上，所以在空间上呈现出很高的方差。可以用空间分布特征[Perazzi 2012]来表示某个区域颜色在图像中其他地方出现的可能性。所以，对最稳定区域可用下式计算区域平均颜色在图像中其他地方出现的可能性（借助加权平均方差）：

$$C(\mathrm{MSR}) = \sum_{q \in P} \| P_q - \mu(\mathrm{MSR}) \|^2 \cdot D_s(\mathrm{MSR}, q) \tag{4.5.7}$$

式中

$$\mu(\mathrm{MSR}) = \sum_{q \in P} P_q \cdot D_s(\mathrm{MSR}, q) \qquad (4.5.8)$$

$$D_s(\mathrm{MSR}, q) = \frac{1}{G_{\mathrm{MSR}}} \exp\left[-\frac{D(\mathrm{MSR}, q)}{\sigma}\right] \qquad (4.5.9)$$

式中，P_q 表示超像素 q 的位置，$\mu(\mathrm{MSR})$ 表示与 MSR 颜色类似的所有区域在空间上的加权平均位置；$D_s(\mathrm{MSR}, q)$ 表示 MSR 与超像素 q 之间由参数 σ 控制的颜色相似度，G_{MSR} 是归一化参数以使 $\sum_{q \in P} D_s(\mathrm{MSR}, q) = 1$，$D(\mathrm{MSR}, q)$ 表示 MSR 与超像素 q 之间的空间距离。这样得到的 $C(\mathrm{MSR})$ 给出了与 MSR 颜色类似的所有区域在空间上的加权平均方差，较小的方差表示分布比较紧凑，显著性较强；较大的方差表示分布比较松散，显著性较弱。

如果综合考虑边界连通性和空间分布，则可得到一个显著性的计算式：

$$S(\mathrm{MSR}) = \exp[-W_b B(\mathrm{MSR})]\exp[-W_d C(\mathrm{MSR})] \qquad (4.5.10)$$

式中，W_b 和 W_d 分别是控制边界连通性和空间分布的权重。

对给定的超像素 P_i，可以算得其对应的 MSR_i。一方面，一个 P_i 可能属于多个不同的 MSR_i；另一方面，一个 MSR_i 除包括 P_i 外，还常包括其他超像素。所以，取超像素 P_i 的显著性为包含 P_i 的所有 MSR_i 的显著性的平均值：

$$S(P_i) = \frac{\displaystyle\sum_{j=1}^{M} S(\mathrm{MSR}_i)\delta(P_i \in \mathrm{MSR}_i)}{\displaystyle\sum_{j=1}^{M} \delta(P_i \in \mathrm{MSR}_i)} \qquad (4.5.11)$$

式中，$\delta(P_i \in \mathrm{MSR}_i)$ 表示关于超像素 P_i 是否属于 MSR_i 的函数，如果属于则取 1，否则取 0。

4. 后处理

计算出各个超像素的显著性值之后，还有两步后处理工作：显著性平滑和显著性增强。

显著性平滑是要使得颜色和空间距离较小的区域之间具有较接近的显著性值。这可通过平滑滤波在超像素级别上实现。对超像素 p 的平滑滤波结果 S_a 为：

$$S_a(p) = \sum_{q \in P} S(q) W_q \exp\left[-\frac{D_s(p, q)}{\sigma_s^2} - \frac{D_c(p, q)}{\sigma_c^2}\right] \qquad (4.5.12)$$

式中，P 表示图像超像素的集合；W_q 表示对属于 P 的超像素 q 的加权，其值取决于其包含的像素数量；$D_s(p, q)$ 表示两个超像素在图像空间中的平均距离，$D_c(p, q)$ 表示两个超像素在颜色空间中的平均距离；σ_s^2 和 σ_c^2 分别用于控制在图像空间中和颜色空间中的平滑强度。

显著性增强是要加强前景区域和背景区域之间的对比度。这里仍可使用式(4.4.10)的自适应增强的扩展 Sigmoid 函数（T 为 0.5 时就是原始的 Sigmoid 函数）。

图 4.5.3 给出显著性计算和后处理效果的示例。这里在获得如图 4.5.2(f)的最稳定区域后，单独使用边界连通性或空间分布特征而得到的显著性计算结果分别如图 4.5.3(a)和图 4.5.3(b)所示，将两个特征组合起来而得到的显著性计算结果如图 4.5.3(c)所示。

图 4.5.3(d)所示为对显著性计算结果进行平滑滤波得到的结果，图 4.5.3(e)所示为进一步进行增强而得到的结果，最后图 4.5.3(f)所示为理想真值。

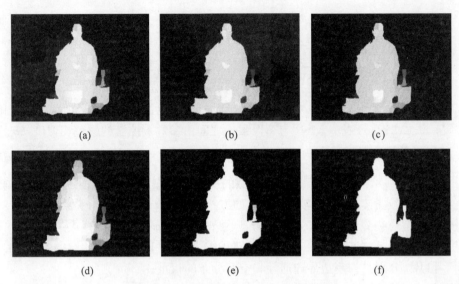

图 4.5.3　显著性计算和后处理效果示例

4.6　近期文献分类总结

下面是 2017 年和 2018 年在中国图像工程重要期刊[章 1999]上发表的一些有关图像显著性检测的文献目录（按作者姓氏拼音排序），全文均可在中国知网上获得。

[1]　毕威,黄伟国,张永萍,等.基于图像显著轮廓的目标检测.电子学报,2017,45(8)：1902-1910.

[2]　崔丽群,赵越,胡志毅,等.复合域的显著性目标检测方法.中国图象图形学报,2018,23(6)：846-856.

[3]　崔玲玲,许金兰,徐岗,等.融合双特征图信息的图像显著性检测方法.中国图象图形学报,2018,23(4)：583-594.

[4]　丁鹏,张叶,贾平,等.基于视觉显著性的海面舰船检测技术.电子学报,2018,46(1)：127-134.

[5]　方正,曹铁勇,洪施展,等.融合深度模型和传统模型的显著性检测.中国图象图形学报,2018,23(12)：1864-1873.

[6]　郭春梅,陈恳,李萌,等.融合显著度时空上下文的超像素跟踪算法.模式识别与人工智能,2017,30(8)：728-739.

[7]　郭鹏飞,金秋,刘万军.融合目标增强与稀疏重构的显著性检测.中国图象图形学报,2017,22(9)：1240-1250.

[8]　纪超,黄新波,刘慧英,等.融合连续区域特性和背景学习模型的显著计算.模式识别与人工智能,2018,31(4)：300-309.

[9]　姜青竹,田畅,吴泽民,等.基于可区分边界和加权对比度优化的显著度检测算法.电子学报,2017,45(1)：147-156.

[10]　蒋峰岭,张海涛,杨静,等.背景吸收的马尔可夫显著性目标检测.中国图象图形学报,2018,23(6)：857-865.

[11]　李梦,刘星,任泽民.联合 Sobolev 梯度的相场变分模型应用于图像显著性检测.电子学报,2018,46(7)：1683-1690.

[12]　林华锋,李静,刘国栋,等.基于自适应背景模板与空间先验的显著性物体检测方法.自动化学报,2017,43(10)：1736-1748.

[13]　刘赏,董林芳.人群运动中的视觉显著性研究.数据采集与处理,2017,32(5)：890-897.

[14] 刘政怡,黄子超,张志华.显著中心先验和显著-深度概率矫正的RGB-D显著目标检测.电子与信息学报,2017,39(12):2945-2952.

[15] 宋腾飞,刘政怡.中心矩形构图先验的显著目标检测.中国图象图形学报,2017,22(3):315-326.

[16] 唐红梅,吴士婧,郭迎春,等.自适应阈值分割与局部背景线索结合的显著性检测.电子与信息学报,2017,39(7):1592-1598.

[17] 王晨,樊养余,李波.基于鲁棒前景选择的显著性检测.电子与信息学报,2017,39(11):2644-2651.

[18] 王晨,樊养余,熊磊.利用LapSVM的快速显著性检测方法.中国图象图形学报,2017,22(10):1392-1400.

[19] 王慧斌,陈哲,卢苗,等.运动显著性概率图提取及目标检测.中国图象图形学报,2018,23(2):229-238.

[20] 吴建国,邵婷,刘政怡.融合显著深度特征的RGB-D图像显著目标检测.电子与信息学报,2017,39(9):2148-2154.

[21] 吴泽民,王军,胡磊,等.基于卷积神经网络与全局优化的协同显著检测.电子与信息学报,2018,40(12):2896-2904.

[22] 吴祯,潘晨,殷海兵.视觉感知正反馈的显著性检测.中国图象图形学报,2017,22(7):946-956.

[23] 徐涛,马玉琨.基于引导传播和流形排序的协同显著性检测方法.电子测量与仪器学报,2017,31(12):1999-2008.

[24] 杨兴明,王雨廷,谢昭,等.基于"轮廓-区域"多层互补特性的显著性检测.电子学报,2018,46(11):2688-2695.

[25] 姚钊健,谭台哲.结合背景和前景先验的显著性检测.中国图象图形学报,2017,22(10):1381-1391.

[26] 叶锋,洪斯婷,陈家祯,等.基于多特征扩散方法的显著性物体检测.电子与信息学报,2018,40(5):1210-1218.

[27] 余春艳,徐小丹,钟诗俊.面向显著性目标检测的SSD改进模型.电子与信息学报,2018,40(11):2554-2561.

[28] 袁巧,程艳芬,陈先桥.多先验特征与综合对比度的图像显著性检测.中国图象图形学报,2018,23(2):239-248.

[29] 张雷,李成龙,涂铮铮,等.基于保边滤波的显著目标快速分割方法.数据采集与处理,2017,32(4):799-808.

[30] 郑云飞,张雄伟,曹铁勇,等.基于全卷积网络的语义显著性区域检测方法研究.电子学报,2017,45(11):2593-2601.

[31] 周帅骏,任福继,堵俊,等.融合背景先验与中心先验的显著性目标检测.中国图象图形学报,2017,22(5):584-595.

[32] 周洋,何永健,唐向宏,等.融合双目多维感知特征的立体视频显著性检测.中国图象图形学报,2017,22(3):305-314.

对上述文献进行了归纳分析,并将一些特性概括总结在表4.6.1中。

表 4.6.1 近期一些有关图像显著性检测文献的概况

编号	方法类别	显著度指标	主要步骤特点
[1]	空域、全局	色彩、灰度和纹理	先利用全局概率边界算法提取图像轮廓,然后利用改进的最大类间方差法自适应地阈值化以获得图像的显著性轮廓。通过检测手段移除目标不稳定轮廓部分以构造目标模型,最后联合轮廓的多种局部及全局特征检测目标

编号	方法类别	显著度指标	主要步骤特点
[2]	空域＋频域	振幅谱 颜色、纹理	在空间域用多尺度视网膜增强算法处理原图像，建立无向图并提取节点特征，重构超复数傅里叶变换到频域上得到平滑振幅谱、相位谱和欧拉谱，通过多尺度高斯核平滑，得到背景抑制图；利用小波变换对图像提取多层级特征，并计算多特征的显著性图；将背景抑制图与多特征显著性图进行融合
[3]	空域、全局	颜色 空间分布	先对图像进行超像素分割，根据超像素之间的颜色差异求取颜色对比特征图；其次按照颜色特征对图像进行 K-均值聚类，依据空间分布紧凑性和颜色分布统一性计算每个类的颜色空间分布特征。将聚类后的结果映射到超像素分割的像素块上，进一步优化颜色空间分布图；最后，融合颜色对比显著图和颜色空间分布特征图
[4]	空域＋频域	亮度、颜色、纹理	先用顶帽算法对原图进行预处理以抑制干扰，然后在 CIE-Lab 颜色空间提取多种特征(亮度、红绿对比、黄蓝对比、盖伯滤波方向)构成四元数图像并借助离散余弦变换进行显著性检测
[5]	空域、全局	颜色、纹理	一方面训练一个基于密集卷积网络的全卷积网络(FCN)显著性模型，另一方面选取一个基于超像素的显著性回归模型，在得到两种模型的显著性结果图后，通过显著性结果哈达玛积和像素之间显著性值的一对一非线性映射进行融合
[6]	空域＋频域	特征协方差 运动相关性	先对目标上下文区域进行超像素分割预处理，然后根据运动信息计算其运动相关性，并利用颜色和位置信息构建图像中每个区域的协方差矩阵，利用特征协方差信息及运动相关性得到相关性显著度。再利用贝叶斯框架，在频域构建融合显著度信息的时空上下文模型，利用联合颜色和纹理直方图实时更新时空上下文模型
[7]	空域、全局	颜色分布 背景稀疏性	先计算超像素的中心加权颜色空间分布图作为前景显著图，然后由图像边界的超像素构建背景模板并以优化后的背景模板作为稀疏表示的字典，计算稀疏重构误差得到背景差异图，最后利用快速目标检测方法获取一定数量的建议窗口，利用对象性得分计算目标增强系数，以此来引导两种显著图的融合，得到最终显著检测结果
[8]	空域 全局＋局部	对比度 空间分布性	计算区域显著目标像素与周围像素位置的距离，然后采用连续性区域合并获得前景显著区域；对背景采用直方图对比度、上下文显著检测和基于局域对比度 3 种方法处理，得到不同的显著特征图，借助混合高斯背景模型，加权学习合成背景图，最后结合细胞调节规律融合得到显著区域
[9]	空域、全局	对比度 空间分布性	先设计了一种粗略评估显著度的指标(连通的空间分布性)，以检测背景图；然后构造一种前景-背景加权的对比度来计算初始显著度；最后，使用加权的优化模型进行显著度的优化
[10]	空域、全局	空间分布性	首先通过差异化筛选去除差异最大的边界，选择剩余 3 条边界上的节点进行复制作为马尔可夫链的吸收节点，通过计算转移节点的吸收时间获得初始显著图，并从中选择背景可能性较大的节点进行复制作为吸收节点，再进行一次重吸收计算获得显著图，最后对多层显著图进行融合获得最终的显著图

续表

编号	方法类别	显著度指标	主要步骤特点
[11]	仿生学	亮度、纹理	先构造基于图像信息的相场变分模型,通过非线性变化,使图像显著分量和背景分别逼近于两个极端,在压制背景的同时突出图像显著特征,再用索伯列夫梯度下降法转化变分模型为与时间相关的偏微分方程组,通过循环迭代求解获取图像显著性
[12]	空域、全局	颜色 图像边界空间分布	先根据显著性物体在颜色空间上的稀有性,以图像边界为原始背景区域,移除其中的显著超像素块,获取基于自适应背景模板的显著图;再根据显著性物体在空间分布的聚集性,利用基于目标中心优先与背景模板抑制的空间先验方法获得空间先验显著图;最后将获得的两种显著图进行融合得到最终的显著图
[13]	空域、全局	空间分布 运动强度	从规模、速度、组内紧致度和变化度 4 个方面对运动群组的视觉显著性进行度量。据此先利用光流法对运动人群进行分析得到光流向量,然后通过层次聚类算法对运动人群进行分组,最后检测出视觉显著性最高的运动群组
[14]	空域、深度	深度特征 颜色特征	先依据 3-D 空间权重和深度先验获取深度图像初步显著图,并采用特征融合的流形排序算法获取 RGB 图像的初步显著图。计算基于深度的显著中心先验,以提升 RGB 图像的显著检测结果。计算显著-深度矫正概率,并计算基于 RGB 的显著中心先验,以提升深度图像矫正后的显著检测结果。最后,优化结果得到最终的显著图
[15]	空域、全局	前景先验 空间分布	假定目标分布在中心矩形构图线附近。先对图像进行超像素分割并构造闭环图,再提取中心矩形构图线上的超像素特征,并进行流形排序,获取初始显著值。然后,据此确定中心矩形构图交点显著值和紧凑性关系显著值;最后,融合三个显著值获得最终的中心矩形构图先验显著图
[16]	空域、全局	颜色均值 区域面积	将分割过程与背景选择相结合。在分割过程中,生成相邻区块的 RGB 以及 LAB 共 6 个通道融合的颜色差值序列,采用区块面积参数的反比例模型生成自适应阈值与颜色差值序列进行对比合并。在背景选择过程中,根据局部区域背景-主体-背景的相对位置关系线索,得到背景区域,再对结果进行边缘优化
[17]	空域、局部	颜色对比度	先利用角点检测和边缘连接算法得到两个不同的凸包,用它们的交集初步确立目标区域的大致位置;然后对凸包内的超像素进行相似度检测,将与大部分外边缘相似的超像素去除,得到更准确的目标样本作为前景种子;借助凸包以及前景定义得到背景种子对得到的两种显著性检测图借助代价函数优化,得到最终的检测结果
[18]	空域、全局	区域到图像边缘距离	利用超像素之间相似性构建拉普拉斯图,根据边缘特性定义粗糙标识样本,并利用基于流形正则化的半监督分类方法进行分类,提取出更准确的背景和目标样本作为新的标识样本再次进行分类,用能量函数对分类结果进行优化得到最终的显著性图
[19]	频域	运动特征	先在时间尺度上构建包含短期运动信息和长期运动信息的时间序列组,然后利用时间傅里叶变换计算显著性值,得到条件运动显著性概率图。接着借助全概率公式获得突出运动目标的显著性而对背景显著性进行抑制的运动显著性概率图

编号	方法类别	显著度指标	主要步骤特点
[20]	空域、全局	深度特征 颜色特征	先使用背景顶点区域、构图交点和紧密度处理深度图，并多角度融合形成深度显著图，将深度特征和颜色特征结合形成综合特征。从前景角度，将综合特征通过边连接权重构造关联矩阵，通过流形排序方法计算出 RGB-D 图像的前景显著图；从背景角度，根据背景先验以及边界连通性计算出背景显著图；最后，将两图融合
[21]	空域、全局 仿生学	颜色、纹理 目标特性	基于传统单幅图像的优化模型构建了全卷积结构的全局协同显著性优化模型和检测网络，采用数据驱动的方式学习从图像底层特征到人类语义认知的映射（模拟人类视觉注意机制），充分利用图像内与图像间的协同性信息，实现了局部超像素块显著值在图像间的传播与共享，使得优化后的显著图与真值更加接近
[22]	仿生学	视觉刺激	先模拟人类视觉多通道特性用多种常规方法检测图像显著度，并组合为综合显著图以构建初始注视区。再借助集成随机向量功能网络模拟人脑神经网络产生视觉刺激，对注视区与非注视区内像素在线进行"随机采样-学习建模"，获得新注视区。对新注视区与非注视区重复迭代进行"随机采样-学习建模-像素分类"，直到感知饱和
[23]	仿生学	单幅图像的 显著性	对 N 幅群组图像中的任一图像，先借助单幅图像显著性探其与组内其他图像两两间的共同相似性属性，获取 $N-1$ 幅初始协同显著性图。再通过流形排序算法，计算 $N-1$ 张前景显著性图中每个像素点的排序值，以更新之前的显著性检测结果
[24]	空域 全局+局部	颜色 对比度 轮廓-区域	在图像超像素分割基础上，分别提取基于颜色直方图的全局外观线索和基于区域近邻关系的局部对比度线索，以描述区域内容的显著性；针对混杂场景的区域外观差异小而引起的目标混淆问题，提取基于边缘的目标轮廓封闭性以描述区域轮廓的显著性；使用支持向量机优化多尺度模型中的"轮廓-区域"互补特性融合过程
[25]	空域、全局	颜色特征 空间关系	先选取图像的边界超像素作为背景区域，根据图像每个区域与背景区域的差异度来建立背景先验显著图；再通过计算特征点来构建一个能够粗略包围目标区域的凸包，并结合背景先验显著图来选取前景目标区域，从而根据每个区域与前景目标区域的相似度来生成前景先验显著图；最后融合这两个显著图
[26]	空域、全局	背景+中心 颜色先验	用由背景先验、颜色先验、位置先验组成的综合先验方法选取种子节点，将其显著性信息通过由图像的底层特征构建的扩散矩阵传播到每个节点得到初始显著图，再结合图像的高层特征构建扩散矩阵，继续运用扩散方法更新显著图
[27]	空域、全局	目标特性	构建了面向多显著性目标检测的去卷积注意力残差单点多盒探测器(DAR-SSD)模型，引入去卷积模块以融合底层和高层语义特征，改善小尺度对象检测性能；引入注意力残差模块可学习得到更多感兴趣区域相关特征，增加上下文信息，改善定位信度和精准性
[28]	空域 全局+局部	背景+中心 颜色先验	在高层先验知识的基础上，对背景先验特征和中心先验特征重新进行了定义，并考虑人眼视觉一般会对暖色调更为关注，从而加入颜色先验。在图像低层特征上使用目前较为流行的全局对比度和局部对比度特征，在特征融合时针对不同情况分别采取线性和非线性的融合策略，以得到高质量的显著图

续表

编号	方法类别	显著度指标	主要步骤特点
[29]	空域、局部	外观特征 运动特征	先在梯度驱动下对视频帧进行降采样,保留最大的梯度信息并得到低分辨率的视频帧,然后提取低分辨率视频帧的外观特征与运动特征,并在能量最小化的框架下融合这两种不同的特征,以均匀地凸显出显著目标,得到视频显著性检测结果
[30]	空域、全局	颜色 目标边界 空间一致性	构建基于全卷积结构的语义显著性区域检测网络,用数据驱动的方式实现从图像底层特征到人类语义认知的映射,提取语义显著性区域。将用颜色信息、目标边界信息、空间一致性信息获得的超像素级前景和背景概率与语义信息融合得到最终的显著性区域图
[31]	空域、局部	中心先验 背景先验	以边缘超像素为吸收节点,利用马尔可夫吸收链计算其他超像素的平均吸收时间作为背景先验值,得到背景先验图;使用改进的哈里斯角点检测估计目标区域位置,建立峰值位于目标中心的 2-D 高斯函数,计算各超像素的中心先验值,获取中心先验图;最后将背景先验图与中心先验图相融合得到显著图
[32]	空域+时域	颜色、距离、运动特征	首先,基于空间特征利用贝叶斯模型计算 2-D 图像显著图;接着,根据双目感知特征获取立体视频的深度显著图;然后,利用光流法计算帧间局部区域的运动特征,获取时域显著图;最后,基于全局-区域差异度将 3 种不同维度的显著图融合

由表 3.6.1 可看出以下几点。

(1) 从检测方法看,主要还是在空域进行的(时域和频域的不多),使用全局特征的更多一些。有的方法借鉴了仿生学的原理。

(2) 从显著度判断指标看,主要还是各种视觉特征以及中心和背景先验。大部分方法结合使用了多种特征和先验。

(3) 从实现的具体手段看,多采用分层次递进的策略,有一些方法利用了深度学习的神经网络。另外,有一些方法考虑了对协同显著性的检测(在显著性外还考虑了重复性)。

第5章

基于图像的生物特征识别

人体生物特征指的是人体所具有的生理、物理甚至是化学的特性,例如指纹、人脸、虹膜、声音、步态和气味等,简称生物特征。**生物特征识别**则是依据不同人所具有的生物特征的差异对人的身份进行识别的过程。尽管也有研究将这一过程应用到动物个体的识别,但在本章中我们仅仅讨论针对人身份识别的相关内容。

生物特征识别是一个古老的话题,我国早在秦代的时候就有利用指纹作为现场勘察证据的记录。在近现代的刑侦领域,指纹也一直被用来作为嫌疑人身份判别的证据,并为大多数国家的司法系统所采纳。实际上在日常生活中,人脸和声音也一直被人们作为辨别对方身份最为主要的依据。早期的生物特征识别主要由专业人士通过人工鉴别的手段实现,其效率相对低下且代价高昂,因而不能满足现代社会日益增长的身份识别的需求。因此从 20世纪 70 年代开始,研究者们开始了基于计算机平台的自动人体生物特征识别的研究。最初的研究主要集中在指纹、人脸和声音等**生物特征模态**上。随着身份识别需求的多样化,相关研究也逐步拓展到更多不同的生物特征模态。本章将重点介绍基于图像数据的生物特征识别的相关理论与方法。

针对不同模态的生物特征识别方法存在一定的差异,但其共同点都是从对应的生物特征数据中抽取与身份相关的特征并进行匹配。早期的生物特征识别方法多是采用人工设计的特征来实现身份信息的提取。这些特征有些是针对某种生物特征模态的特殊构造而设计,例如指纹的细节点;而有些则是基于相应数据的信号特点设计,例如人脸的**主成分分析**(PCA)特征和声音信号的**梅尔频率倒谱系数**(MFCC)等。深度学习模型被认为能够更好地学习出高鉴别力的特征,因此近年来在多种生物特征模态的识别任务上也都被广泛地采用。

5.1 生物特征识别概述

生物特征识别的目标是利用人个体之间生物特征存在的差异将不同的人按照身份区分开。根据使用场景和需求的不同,生物特征识别可能针对不同的模态进行。这些模态之间存在着诸多方面的差异,因此不同模态生物特征识别的方法也有很多不同。在实际应用中,生物特征识别系统完成整个识别过程,包括数据的获取、特征的提取与匹配以及系统决策等。针对不同的应用方式,生物特征识别系统的评价标准也有较大差异。

5.1.1 生物特征模态

包含人个体之间差异的属性都可以作为生物特征的一种模态,但不一定总能适应自动人体生物特征识别的需要。例如,遗传学已经验证了在一般情况下不同人细胞中的脱氧核糖核酸(DNA)总是不相同的。但是 DNA 的获取与分析流程复杂且代价高昂,因此通常仅在其他生物特征失效的极端情况下用于人身份的识别。实用的生物特征模态通常都具有如下的一些特性。首先是要具备足够的**独一性**,也就是说对不同人而言该生物特征模态具备足够的差异可以用来进行身份的区分。其次是要具备一定的**稳定性**,也就是说在一段时期当中该生物特征模态在人体生长变化,以及环境的改变过程中不会发生本质变化。另外就是要具备**普适性**,也就是说该生物特征模态应该是绝大多数人,无论种族、性别和年龄,所共同拥有的。除此之外,从实用的角度考虑,该生物特征的获取应该相对较为容易。还有一点对于生物特征识别系统的普及也非常重要的是,该生物特征应该具有较高的社会接受度。对于该生物特征的使用应该尽量不违背相应的社会道德与习惯。最后,不同的生物特征模态所展现出的身份识别的精度可能不同,这既和不同模态的本质可区分度有关,也和相关技术发展的阶段有关。图 5.1.1 展示了一些常被用于生物特征识别的生物特征模态的示例。

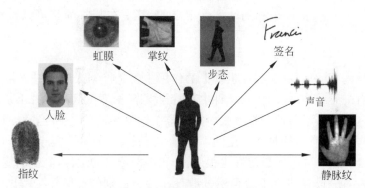

图 5.1.1 常用的生物特征模态

根据不同生物特征模态的属性,可以对其进行分类。生物特征模态可以分为生理性的或者行为性的。生理性的生物特征模态指的是人体在静止状态下就可以展示出来的特性,例如人脸、指纹等。而行为性的生物特征模态指的是人在运动过程中才可以展示出来的特性,例如步态、签名等。生物特征模态还可以分为接触式采集的,例如指纹、签名等;和非接触式采集的,例如人脸、声音等。另外,大多数的生物特征在获取之后其原始数据以图像或图像序列的方式存在,例如指纹、人脸、步态等。也有少数的生物特征获取之后的数据以其他信号的形式存在,例如声音、气味等。本章将重点介绍几个常用的基于图像的生物特征模态的特点与识别方法。下面首先对这几个生物特征模态进行简要介绍。

1. 人脸

人脸识别是近几年来最被关注的人体生物特征识别,很大程度上是因为人脸作为最显著和普适的外在生物特征,其用于身份识别的功能历来都被普遍地认知和接受。人脸具有很高的普适性,而且其获取非常容易,可以通过非接触的方式以不干扰用户的方式获取。人脸的独一性相对较高,除了双胞胎以外很难有两个人的人脸相似到几乎无法区分。然而人脸的稳定性并不是很高,例如年龄、身体状态都会对人脸的表征产生较大的影响。尽管也有相关的人脸识别研究试图克服人脸的这一问题,但实际应用中一个更为直接的方法则是以适当的频率要求用户更新**注册**信息。在绝大多数社会形态中,人脸图像的获取与使用都能够被广泛地接受。然而也存在一些诸如宗教和风俗的影响使得人脸的获取存在困难。在识别的有效性方面,近年来随着深度学习方法的发展,在相对受控的条件下的人脸识别的精度也达到了可以满足绝大多数应用的程度。

2. 指纹

指纹识别是最早实现实用化的生物特征识别技术,这和其在刑侦领域长期成功的应用有很大关系。指纹的普适性较好,但也存在完全没有指纹的人群,这是由基因突变而导致的一种疾病[James 2011]。指纹的获取通常采用接触式的方法通过指纹采集仪来实现。指纹的独一性相对较高,但是也曾经出现过高度相似的指纹导致的误识别的例子[Weiser 2004]。指纹的稳定性实际上是比较低的,这很大程度上是因为指纹的载体手指在日常生活中往往要接触各种类型的物质。另外,环境因素和人身体的状况也会引发指纹质量的恶化。获取指纹在某些情况下会导致心理上的抵触,这是因为采集指纹的操作很长时间都和刑侦关联在一起。不过随着相关应用的普及,特别是移动设备上的指纹识别的普及,指纹识别作为人体生物特征识别的功能也逐步被广泛接受。在采集的指纹图像较为完整,质量较好的情况下,指纹识别的精度是很高的,甚至在某些国家可以被司法过程接受作为证据。

3. 虹膜

虹膜是眼球内部的环状区域,在生理上的作用主要是控制人眼的进光量。具有正常眼球结构的人都有虹膜结构,然而作为一种生物特征模态,虹膜的普适性并不是很理想。这主要是因为某些区域的人不习惯于睁大眼睛露出整个虹膜区域。虹膜的获取通常都需要用户的配合,近距离的采集有可能带来一定的不适感。虹膜的纹理非常复杂,不同人之间的虹膜纹理几乎不可能相同。虹膜的稳定性也很好,作为内部器官的组件,虹膜的复杂纹理在大约两岁的时候就发育完成且终生不会自然的改变。虹膜识别的社会接受程度不如人脸与指纹,其根本的原因还是在于采集过程给人带来的不适感。虹膜识别的精度非常高,可以满足绝大多数应用需求。

4. 步态

步态是一种动态的行为特征,它非常适合远距离获取和识别,因此在监控领域有较好的应用前景。步态的独一性是很难保证的,例如可以通过严格的训练使得不同的军人在正步走的过程中每个人的步态几乎完全一致。然而在自然状态下,不同人行走的方式还是具有相当的可区分度的。步态识别的普适性和社会接受度都比较高,然而其相对较低的识别精度是其应用的一个障碍。

上述的 4 种生物特征模态都是基于图像的,也将是本章介绍的重点。可以看到,不同的生物特征模态在特性上有差异。因此,仅仅使用单一的模态往往难以满足应用的需求。因此在实际系统中往往采用两种以上的模态进行融合,这被称为**多模态生物特征识别**。表 5.1.1 总结了上述生物特征模态的特点。

表 5.1.1　不同生物特征模态特点对比

模态	独一性	稳定性	普适性	获取方式	社会接受度	识别精度
人脸	高	中	高	非接触	高	高
指纹	高	中	中	接触	高	高
虹膜	高	高	中	接触	中	高
步态	低	低	高	非接触	高	中

5.1.2　生物特征识别系统

生物特征识别本质上是一个模式识别的任务，即将来自于待识别目标人的数据中的与生物特征相关的部分提取出来，并从中生成与身份识别相关的**特征模板**，随后将该特征模板与特定数据库中的已知身份的模板进行比对以确定目标人的身份。一个生物特征识别系统需要包含必要的功能以完成上述的识别过程。尽管不同的生物特征识别系统实现的具体方式不同，可能是本地的或者是在线的，可能是模块化的或者是端到端的。但是从功能角度来看一个完整的生物特征识别系统应该至少实现如下的功能：生物特征数据获取，数据质量评估与预处理，特征模板提取，特征模板匹配与决策以及数据库操作。图 5.1.2 展示这些功能在一个典型的生物特征识别框架下的结构。

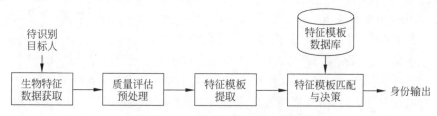

图 5.1.2　生物特征识别系统框架

1. 生物特征数据获取

作为生物特征识别系统和用户直接交互的关键环节，生物特征数据获取的效率与质量将直接影响生物特征识别系统的性能与用户体验。大多数的生物特征模态，诸如指纹、人脸、虹膜等，都是以图像的形式被获取的。然而，适用于不同模态的生物特征传感器的工作原理与方式却是不同的。人脸图像通常用光学摄像头直接拍摄，而指纹则是需要通过专用的指纹传感器（电感、电容或者光学）来获取。通常来说，使用高质量的生物特征传感器有利于系统获取更适合识别需要的生物特征数据。在有些情况下，生物特征数据的获取也需要充分考虑环境和用户习惯的需要。例如在室内环境中人脸图像的采集通常需要在摄像头附近加装补光的设备。

2. 质量评估与预处理

从用户的参与方式来看，生物特征识别系统可以分为配合式系统和非配合式系统。在配合式系统中，用户主动配合系统的需要以完成身份认证。这类系统常见于访问控制的场合，例如门禁、智能设备解锁等。在这些系统中，获取到的生物特征数据通常会通过一个质量评估模块来评判其是否适合用于身份识别。几乎所有的生物识别系统的识别精度和稳定性都极大地依赖于获取的生物特征数据的质量。为了保证一定的识别精度，配合式的生物特征识别系统通常会拒绝对低质量的生物特征数据进行识别,而要求用户重新配合数据的采集。这一情况在用户注册的过程中尤为显著。用户注册是指在生物特征识别系统的数据库中增加已知身份信息的生物特征数据。由于该数据将作为后续身份识别的主要依据,其质量要求通常都会较高。例如在指纹识别系统中,用户注册过程通常会采集多个指纹,从中选取高质量的区域进行合并,形成最终的注册模板。具有生物特征识别功能的监控系统是非配合式的生物特征识别系统的典型例子。尽管无法要求用户主动配合,这些系统也仍然会在获取的多个生物特征数据中选择高质量的数据进行识别。

3. 特征模板提取

几乎没有生物特征识别方法会直接对获取的原始生物特征数据进行匹配与识别,这主要有两个原因。首先是原始生物特征数据,例如人脸图像、指纹图像等,包含了大量和身份无关的信息,其鉴别力很弱。其次是原始生物特征数据的数据量通常比较大,不适合大量的存储与交换。因此在生物特征识别中一个通用的做法是从原始的数据中提取与身份识别最为相关的具有鉴别力的特征,以**特征模板**的形式进行存储。这些特征可能是从长期的实践中总结出来的,例如指纹的细节点;也可能是通过机器学习的方法从数据中自动获取的。特征模板通常都很小,其表示也相对简单,适合后续的高效率的匹配和不同系统之间数据的交换。即便是针对同一种生物特征模态,不同的生物特征识别系统中的特征模板的格式和定义通常也是不相同的。

4. 特征模板匹配与决策

在前一个步骤中提取出的特征模板通常会和数据库中已知身份的特征模板进行匹配。匹配的结果通常以**匹配分数**的形式展现。匹配分数的含义在不同模态的识别中也是不同的。例如,指纹识别中经常采用可以匹配上的细节点的数目作为匹配分数。而在一些基于机器学习的识别方法中,两个特征模板在其嵌入的低维空间中的距离通常会被用来当作匹配分数。在某些生物特征识别系统中,匹配分数也可能会根据生物特征数据的质量进行相应的调整。一般来说,匹配分数将直接决定系统输出的对于目标人的身份的判断。但是在生物特征识别中,也存在着不同的识别任务种类,直接影响系统的决策方式和输出结果的形式。最为常见的识别任务是**生物特征验证**和**生物特征辨认**。生物特征验证完成一对一的识别任务,即将来自目标人的生物特征与其声称的身份所对应的数据库中的生物特征进行比对,来确定目标人所声称的身份是否属实。生物特征验证最为常见的应用就是身份查验,例如查验目标和其所持有的第二代居民身份证中存储的生物特征是否吻合。生物特征辨认完成一对多的识别任务,即将来自目标人的生物特征与数据库中所有的生物特征进行比对,以期确定目标人对应的身份。除此之外还有一些特定的识别任务,但大多数也都是上述两种任务的某种组合。完成不同识别任务的生物特征识别系统,其决策过程也有着不同的设计方式。

5. 特征模板数据库

一般来说,该数据库存储了需要使用该系统的用户的生物特征的相关信息,主要包括特征模板和对应的身份信息。构建该数据库的过程就被称为**注册**。注册的过程通常包含数据获取,质量评估与预处理,以及特征模板的抽取。为了保证系统的识别精度与稳定性,在多数的生物特征识别系统中,注册的过程比识别的过程要更为严格。在安全等级较高的系统中,例如银行的客户系统,二代身份证的制作系统等,注册的过程通常会伴随人工的监督。

在某些情况下,例如生物特征验证系统,特征模板数据库也可能不存在,因为用于比对的生物特征数据均由用户在识别过程中提供。

5.1.3　生物特征识别的评价方法

在生物特征识别过程中,两个特征模板通常很难完全匹配,即便它们的来源是同一个生物特征的对象,例如同一张人脸。这是由采集过程中存在的亮度、姿态等因素的变化,甚至是采集器的随机噪声导致的。同源的特征模板在匹配过程中出现的差异被称为**类内差异**。相应的,不同源的特征模板之间的差异称为**类间差异**。和其他的模式识别任务一样,在生物特征识别过程中也希望类内差异尽量小的同时类间差异尽量大。同源特征模板之间的匹配称为**真实匹配**,而不同源特征之间的匹配称为**冒名匹配**。

两个特征模板之间匹配的结果通常用**匹配分数**来表示。一般情况下,匹配分数刻画了对应的两个生物特征数据之间的相似程度。匹配分数是生物特征识别决策最为根本的依据。例如在生物特征验证中,匹配分数高于一个阈值则认为用于匹配的两个生物特征同源,反之则不同源。在这样的决策策略下,生物特征验证的精度实际上由两类错误决定。一类错误是真实匹配的匹配分数低于阈值导致的错误拒绝,另一类则是冒充匹配的匹配分数超过阈值导致的错误接受。随着阈值的变化,这两类错误出现的比率,即**错误拒绝率(FRR)**和**错误接受率(FAR)**,之间存在此消彼长的关系。这种关系可以被用来刻画一个生物特征验证系统的识别性能,常常以曲线图的形式存在,被称为**检测错误权衡曲线(DET)**或者**受试者工作特性曲线(ROC)**。图 5.1.3 展示了两种曲线的示例。一般来说,ROC 曲线的纵坐标是1-FRR。

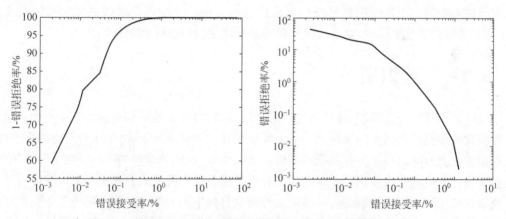

图 5.1.3　ROC 曲线(左)和 DET 曲线(右)示例

总体上来说,DET 曲线越靠近左下角,系统的识别性能越好。相应地,ROC 曲线下面的面积,也就是 ROC 曲线的积分值越高,系统的识别性能越好。对于一个实际的生物特征验证系统而言,需要根据应用的需要来设置匹配阈值,让系统工作在一个合理的工作点上。例如对于安全性要求较高的场景,一般会将工作点选择在 FAR 很低的位置。而对于一个主要是用于娱乐的系统来说,通常会选择较低的 FRR。需要注意的是,这两种曲线展示的是系统的统计性能,对于特定的用户来说,其识别性能可能很明显的偏离曲线。例如对于一个指纹模糊的用户,其对应的指纹识别的 FAR 和 FRR 可能比曲线展示出来的要恶化很多。

DET 和 ROC 曲线对于系统识别性能的描述较为全面，但是表述起来不够简洁。因此在生物特征验证系统中也常用一个单一的**等错误率（EER）**来刻画系统的总体识别性能。等错误率定义为 FAR 和 FRR 相等时候的取值。一般说来，等错误率越低意味着系统的识别精度越高。如果假设真实匹配和冒名匹配的匹配分数都服从高斯分布，则 EER 可以用解析的形式表达。令真实匹配的匹配分数服从均值为 μ_g，方差为 σ_g 的高斯分布，而冒充匹配分数服从均值为 μ_i、方差为 σ_i 的高斯分布，则下式中的 F-ratio 实际上是描述了这两个分布之间的某种距离。

$$\text{F-ratio} = \frac{\mu_g - \mu_i}{\sigma_g + \sigma_i} \tag{5.1.1}$$

在高斯分布的假设下，等错误率可以用下式计算：

$$\text{EER} = \frac{1}{2} - \frac{1}{2}\text{erf}\left(\frac{\text{F-ratio}}{\sqrt{2}}\right) \tag{5.1.2}$$

式中，erf 是高斯分布的误差函数：

$$\text{erf}(x) = \frac{1}{\sqrt{\pi}}\int_0^x e^{-t^2}\,dt \tag{5.1.3}$$

在生物特征辨认系统中，从待识别人的生物特征提取出的特征模板和系统数据库中的特征模板一一匹配，根据匹配的分数来对待识别人的身份进行判断。严格来说，最高的匹配分数所对应的身份应该作为待识别人的身份的判别结果。用 R_1 表示在这种策略下识别的正确率，称为 Top-1 识别率。相应地可以定位 Top-k 识别率 R_k，即待识别人的真实身份在匹配分数最大的 k 个数据库特征模板对应的身份当中。生物特征辨认系统的性能通常由 R_k 和 k 之间的关系来描述，对应的曲线称为**累计匹配特性曲线（CMC）**。

5.2　人脸识别

人脸是天然的身份标记，其适用性广且获取简单，因此**人脸识别**在过去几十年中一直是计算机视觉研究最为活跃的领域之一。人脸识别技术最主要的挑战来自于人脸的多变性。人脸图像在获取的过程中很容易受到表情、光照、姿态、遮挡等因素的影响。在实际应用中，这些变化往往会使得人脸识别系统的性能有显著的恶化。因此人脸识别技术的关键就是如何克服这些变化而保持识别的有效性。人脸识别过程中最为关键的两个阶段是人脸检测和人脸特征提取。人脸检测是从输入图像或者视频中提取人脸区域，而人脸特征提取则是从人脸区域提取与身份最为相关的特征用于匹配。

5.2.1　人脸检测

给定一幅输入图像，**人脸检测**的任务就是判断其中是否有人脸存在，如果存在的话则确定人脸的位置。在人脸识别系统中，准确的人脸检测结果是后续的特征模板提取与匹配的基础。从图像中检测出人脸的位置可以依据人脸皮肤的颜色、头部的形状、人脸的表观特性等来实现。在早期的研究工作中，人脸皮肤颜色常被用来作为人脸检测的依据。很显然，这种方法的泛化能力很差，人体其他区域的皮肤颜色，或者是不同肤色的人都会导致检测失效。现有的人脸检测方法大多数是基于人脸的表观特性,利用人脸不同器官和区域的明暗变化等纹理特征来实现检测。一种通用的思路是首先利用滑窗等方法产生候选区域,随后从候选区域中提取纹理特征,最后将分类器作用于这些特征以确定不同的区域是否包含人脸。

遵循这一思路,Viola 和 Jones 最早提出了利用**级联分类器**来实现高效率的人脸检测〔Viola 2004〕。该方法采用了形式简单并适合快速实现的 Haar 特征来描述图像的纹理。图 5.2.1 展示了一些 Haar 特征提取的模板,其中浅色的部分代表对应像素值相加,而深色部分代表减去对应像素值。

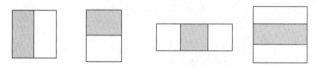

图 5.2.1　典型的 Haar 特征提取模板

Haar 特征的计算可以利用图像的积分图来进行加速。假设 $I(x,y)$ 表示坐标 (x,y) 处图像的像素值,则图像的积分图 $II(x,y)$ 可以由式(5.2.1)计算:

$$II(x,y) = \sum_{x' \leqslant x, y' \leqslant y} I(x',y') \tag{5.2.1}$$

积分图的计算复杂度是 $O(N)$,其中 N 是图像的像素数目。利用积分图可以快速计算 Haar 特征,其基本操作是计算图像上给定矩形内部像素值的和。假设待计算的矩形区域的左上角坐标为 (x_0,y_0),而右下角坐标为 (x_1,y_1),则该矩形内部像素值的和 S 可以用式(5.2.2)以 $O(1)$ 复杂度进行计算:

$$S = II(x_1,y_1) - II(x_1,y_0) - II(x_0,y_1) + II(x_0,y_0) \tag{5.2.2}$$

通过对图像进行放缩可以得到不同尺度下的 Haar 特征所构成的向量 $\boldsymbol{h}$,基于该特征向量可以为对应的候选框进行二分类,即人脸或者非人脸。Viola 和 Jones 采用了级联分类器的方法来实现这一分类过程。在该级联结构中,每一个强分类器 C 用 K 个弱分类器 $c_k(k=1,2,\cdots,K)$ 的线性组合来构建,如式(5.2.3)所示:

$$C(\boldsymbol{h}) = \sum_{k=1}^{K} \alpha_k c_k(\boldsymbol{h}), \quad \alpha_k \geqslant 0 \tag{5.2.3}$$

最终的分类结果由 $C(\boldsymbol{h})$ 的符号决定,例如 $C(\boldsymbol{h}) > 0$ 表示对应的候选框是人脸,反之则不是人脸。弱分类器 $c_k(\boldsymbol{h})$ 的取值可以是离散的,也可以是连续的。在 Viola 和 Jones 最初的实现中,每个弱分类器就是简单实现 $\boldsymbol{h}$ 中的某一维和一个特定的阈值比大小的过程。多个强分类器级联到一起最终实现候选框的分类。这其中一个关键的思路是每个强分类器都可以将非人脸的候选框中的相当一部分筛除掉,同时又能够保留几乎所有的人脸框。通过靠前端的分类器筛除掉绝大多数的非人脸框,可以使得整个的分类过程非常高效。

近年来,随着深度学习方法的逐步提出,研究者们也针对人脸检测任务提出了多种深度网络结构。和传统方法相比,这些工作中的图像特征和分类器都是通过学习的方法联合产生,因而可以更好地适应人脸检测的需要,因此取得了显著优于传统方法的性能。直观上看,可以直接用**卷积神经网络(CNN)**来替代级联结构中的强分类器,一种三层级联的人脸检测结构如图 5.2.2 所示〔Li 2015a〕。

随着输入尺寸的增大,卷积神经网络的层数也在增多。和传统的级联分类器不同,该结构

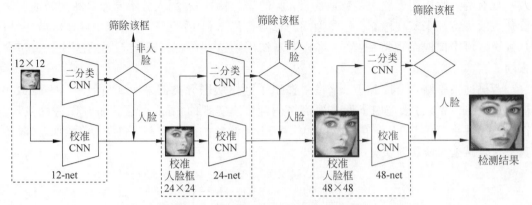

图 5.2.2　基于级联 CNN 的人脸检测

中还引入了一个额外的矫正卷积神经网络用于人脸框的位置进行微调。该网络的输出是预设的 45 种矫正模式的似然。每种矫正模式对应一个三维的向量 $[\boldsymbol{s}_n, \boldsymbol{x}_n, \boldsymbol{y}_n]$，$(n=1,2,\cdots,45)$，其中 $\boldsymbol{s}_n$ 有 5 种预设值，$\boldsymbol{x}_n$ 和 $\boldsymbol{y}_n$ 各有 3 种预设值。假设输入的人脸框的左上角坐标为 (x,y)，宽度为 w，高度为 h，矫正网络的输出为 $[c_1, c_2, \cdots, c_{45}]$，则微调之后的框的左上角坐标和宽、高如下所示：

$$\left(x - \frac{\tilde{x}}{\tilde{s}}w, y - \frac{\tilde{y}}{\tilde{s}}w, \frac{w}{\tilde{s}}, \frac{h}{\tilde{s}}\right) \tag{5.2.4}$$

式中，$\tilde{s},\tilde{x},\tilde{y}$ 是利用矫正网络输出进行加权平均之后的矫正模式，其计算方法如式(5.2.5)，式中的 τ 是手动设置的阈值用来过滤过低的矫正网络输出维度：

$$[\tilde{s},\tilde{x},\tilde{y}] = \frac{1}{\displaystyle\sum_{n=1}^{45} I(c_n > \tau)} \sum_{n=1}^{45} [\boldsymbol{s}_n, \boldsymbol{x}_n, \boldsymbol{y}_n] I \quad (c_n > \tau) \tag{5.2.5}$$

矫正网络本质上是将人脸检测框的回归任务转化为分类任务用离散的方式来实现。事实上，卷积神经网络同样也可以直接对人脸检测框进行回归。一个更为有效的思路是将人脸检测的分类任务，人脸框位置的矫正任务，乃至人脸关键点定位任务联合进行多任务训练。图 5.2.3 展示了一个结合多任务训练的三层级联的人脸检测结构[Zhang 2016a]。通过引入框校准以及人脸关键点定位，进一步提升了人脸检测的性能。

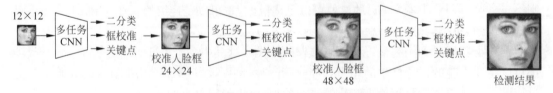

图 5.2.3　结合多任务训练的级联 CNN 人脸检测

人脸检测也可以被视为通用物体检测的一个特例，因此诸如 Faster R-CNN[Ren 2015]，YOLO[Redmon 2016]，SSD[Liu 2016a]等物体检测结构也可以直接被应用到人脸检测上。不过这些网络的结构通常较为复杂，而且多是针对通用物体检测来实现的，因此其效率和性能和专用的人脸检测网络相比较并不占优势。

5.2.2 人脸特征提取

从检测出的人脸区域提取出与身份相关的特征构建特征模板是人脸识别中关键的步骤。人脸表面最为明显的特征是眼睛、嘴巴和鼻子,直观上看这些器官的大小和相互位置关系是人脸上最为直接的特征。早期的人脸识别研究中[Kanade 1973]曾经利用这些器官的尺寸与相互之间的距离作为人脸识别的特征。然而实践证明,这些几何特征具有很强的鉴别能力,因此无法实现足够的识别精度。其原因首先是自动地精确计算这些几何特征并不容易,实际上一直到深度学习模型的引入才使得人脸表面器官的关键点定位达到了足够的精度与稳定性。另外一个原因是这些几何特征并没有反映出人脸表面的三维形状变化。更为有效的方法是充分利用人脸表面的纹理来进行特征的提取。

Eigenface[Turk 1991]是最早被提出的接近实用需要的人脸特征提取方法。该方法将检测出的一个人脸区域视为一个高维空间中的向量 $x \in \mathbf{R}^N$,而将人脸图像的集合视为高维空间中的一个线性子空间。然后利用**主成分分析**的方法,在最小均方误差的意义下将原始的 N 维空间线性映射到一个低维空间 $\mathbf{R}^M$ ($M \ll N$)中。该低维空间用 M 个主成分向量 $\boldsymbol{v}_i$ ($i = 1, 2, \cdots, M$)张成,而输入的人脸图像在这些主方向上的投影系数 α_i 就作为对应的特征,如图 5.2.4 所示。

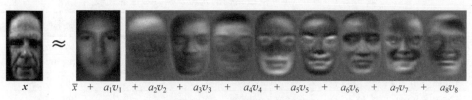

图 5.2.4 人脸图像主成分

主成分分析理论上可以对向量进行最优的降维,但并不能得到具有高鉴别力的特征。实际上一种更好的线性特征提取方法是**线性判别分析**(**LDA**)。该方法的基本思想是寻找最优的投影矩阵,使得类间散度和类内散度之间的比例值最大化。在下面的公式中, $\boldsymbol{S}_{\text{inter}}$ 和 $\boldsymbol{S}_{\text{intra}}$ 分别是类内散度矩阵和类间散度矩阵。考虑到人脸图像的像素数通常会比训练图像的数目要大,为了避免 $\boldsymbol{S}_{\text{intra}}$ 出现奇异性,可以在进行 LDA 分析之前首先利用 PCA 方法对数据空间进行降维。

$$W_{\text{LDA}} = \underset{W}{\arg\max} \frac{|\boldsymbol{W}^{\text{T}} \boldsymbol{S}_{\text{intra}} \boldsymbol{W}|}{|\boldsymbol{W}^{\text{T}} \boldsymbol{S}_{\text{inter}} \boldsymbol{W}|} \tag{5.2.6}$$

上述的两种方法对于人脸姿态的表情变化很不鲁棒,一种解决方法是对人脸不同区域,例如人眼、嘴部等分开提取特征。**弹性束图匹配**(**EBGM**)是较早被提出的解决这一问题的方法[Wiskott 1997]。其基本思路是将人脸表示成为由多个节点相互连接构成的图结构。这些节点位于人脸标志性的位置,例如瞳孔、眼角和嘴角等。每个节点对应区域上使用一组 Gabor 小波系数作为局部特征。这种方法实际上是最早将人脸关键点检测和特征提取融合的方法。

近年来,卷积神经网络的引入极大地提升了人脸特征的鉴别力,也使人脸识别的精度有了大幅度的提升,图 5.2.5 中展示了 DeepID2 的卷积部分的网络结构,其中包含 4 个卷积层,在前 3 个卷积层每层的后面都有一个最大池化过程。在训练该网络的过程中,采用多种

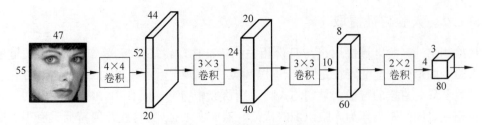

图 5.2.5　DeepID2 卷积网络结构

损失函数的组合以及输入数据增强等手段。尽管只采用了 4 个卷积层，该网络在 LFW 数据库[Huang 2008]上也比传统方法取得了大幅度的性能提升。

在过去的 5 年中，各种类型的 CNN 网络结构被应用到人脸识别上。随着大规模人脸识别数据库，特别是用于网络训练的数据库的出现，基于 CNN 的人脸识别方法无论是在识别性能还是在泛化能力上都取得了极大的提升。表 5.2.1 总结了一些代表性的基于 CNN 的人脸识别方法所采用的网络结构，以及在 LFW 上所取得的识别性能。可以看到在 2016 年 ResNet 结构[He 2016]被提出以来，逐渐成为人脸识别中特征提取网络的主流结构，这主要得益于 ResNet 结构的灵活性和易训练的特性。

表 5.2.1　基于 CNN 网络结构的人脸识别方法性能比较

方 法 名 称	网 络 结 构	识别率(%)
DeepFace[Taigman 2014]	AlexNet	97.35
VGGFace[Parkhi 2015]	VGG16	98.95
DeepID2[Sun 2014]	AlexNet	99.15
FaceNet[Schroff 2015]	GoogleNet	99.63
Center Loss[Wen 2016]	Lenet	99.28
L2-softmax[Ranjan 2017]	ResNet-101	99.78
SphereFace[Liu 2017]	ResNet-64	99.42
CosFace[Wang 2018]	ResNet-64	99.33
RingLoss[Zheng 2018]	ResNet-64	99.50
LGM Loss[Wan 2018]	ResNet-27	99.20

5.2.3　人脸识别数据库

人脸识别的发展很大程度上得益于诸多公开的人脸识别数据库。这些数据库为不同的人脸识别方法提供了相对一致的检验平台。这些数据库往往针对人脸识别所面临的不同的挑战来设计。在本节中将介绍几个使用较为广泛的人脸数据库。

1. FERET 数据库

FERET 数据库（https://www.nist.gov/programs-projects/face-recognition-technology-feret)是由美国国家标准化和技术研究院 NIST 构建的[Phillips 1998]，其目的是帮助商用人脸识别系统的开发。该数据库包含来自于 1204 个不同人的 14051 张人脸图像。这些人脸图像包含光照、姿态、表情的变化。图 5.2.6 中展示了 FERET 数据库中部分人脸图像。

2. FRGC 数据库

FRGC（https://www.nist.gov/programs-projects/face-recognition-grand-challenge-

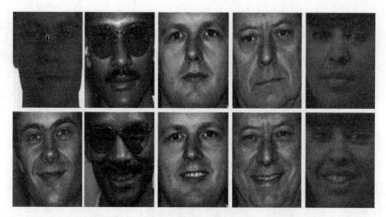

图 5.2.6　FERET 数据库中部分人脸图像

frgc)实际上是由 NIST 组织的人脸识别测试,其目的是考查不同的人脸识别方法在挑战性的条件下的性能[Phillips 2005]。FRGC 包含了一个 222 人 12776 张图像的训练集和一个 466 人 24042 张图像的测试集。这些图像部分是在受控的环境下拍摄的,部分是在日常的非受控环境下拍摄的。图 5.2.7 展示了部分非受控环境下拍摄的人脸图像,这些图像包含了更为复杂的光照和表情变化。

图 5.2.7　FRGC 数据库部分非受控环境下的人脸图像

3. Multi-PIE 数据库

PIE(http://www.cs.cmu.edu/afs/cs/project/PIE/MultiPie/Multi-Pie/Home.html)实际上是 3 个英文单词 Pose(姿态),Illumination(光照)和 Expression(表情)首字母的缩写。因此该数据库主要是为了考查人脸识别算法在极端的姿态、光照和表情变化下的性能。该数据库由美国卡耐基梅隆大学构建,包含 337 人 75 万张人脸图像[Gross 2010]。每个人的图像都是在总共 15 个视角以及 19 种光照条件下拍摄的,拍摄的环境是严格受控的。图 5.2.8 展示了不同视角和不同光照的人脸图像的样例。

4. CAS-PEAL 数据库

CAS-PEAL(http://www.jdl.ac.cn/peal/index.html)是中国科学院建立的一个中国人人脸数据库[Gao 2008],包含了来自 1040 人的 99594 张人脸图像。这些图像也是在受控的环境下采集的,除了包含姿态、表情和光照的变化之外,该数据库还包含了佩戴帽子、眼镜等饰物的人脸图像,如图 5.2.9 所示。

5. LFW 数据库

LFW 数据库(http://vis-www.cs.umass.edu/lfw/)是首个全部图像完全在非受控条

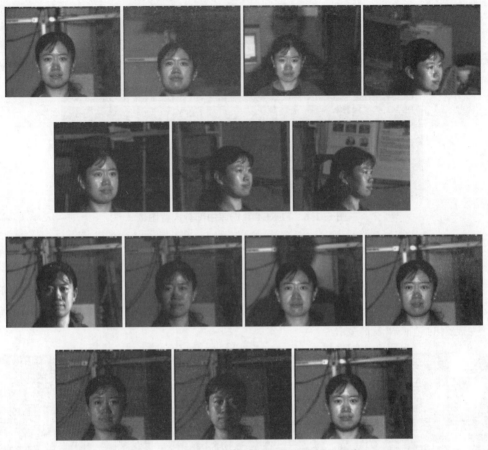

图 5.2.8　多视角多光照 PIE 数据库部分图像

图 5.2.9　CAS-PEAL 数据库部分人脸图像

件下获取的大规模人脸数据库，其所有的图像都来自于互联网［Huang 2008］。这些人脸图像中存在大量的姿态、光照、表情变化，甚至有些图像中存在严重的遮挡情况。LFW 包含 13000 张人脸图像，每张图像都被标识出对应的人物的名字。在所有的人物当中，有 1680

个人有两张以上的人脸图像。LFW 常被用来作为人脸验证的测试集,其官方提供了 6000 组的人脸图像的配对,其中 3000 组的图像对来自同一个人,而另外 3000 组的图像对来自不同的人。在测试过程,人脸验证算法需要对每一组的图像对输出是否来自同一个人的判断,总共正确的判断数目除以 6000 就是最终的识别率(见表 5.2.1)。因为其具有很强的挑战性,大多数的传统方法都无法在该数据库上取得令人满意的效果。因此在过去的几年中,LFW 成为基于深度学习的人脸识别算法主要的测试与对比的平台。图 5.2.10 展示了 LFW 中一些人脸图像的样例,其中每一列的两张图像来自于同一个人。可以看到很多的图像都包含大幅度的姿态和表情变化,甚至是遮挡和模糊。

图 5.2.10 LFW 数据库部分人脸图像

6. CASIA-Webface 数据库

CASIA-Webface(http://www.cbsr.ia.ac.cn/english/CASIA-WebFace-Database.html)是由中国科学院建立的大规模人脸数据集[Yi 2014],和 LFW 一样该数据集中所有的图像均收集自互联网。该数据集包含了来自 10575 人的 494414 张人脸图像。由于采用了自动算法结合人工的方式,该数据集在人身份的标注上存在少量的误差。和 LFW 相比,该数据集中来自同一个人的人脸图像数目通常比较多,因此通常被用来进行基于深度学习的人脸识别的训练。图 5.2.11 展示了该数据集中来自同一个人的部分人脸图像。

图 5.2.11 CASIA-Webface 数据库中部分人脸图像

7. MegaFace 数据库

MegaFace(http://megaface.cs.washington.edu/)是世界上首个旨在评估百万量级人

脸识别算法的比赛[Nech 2017]，由华盛顿大学计算机科学与工程实验室发布并维护。该数据库包含来自 690572 人总共 570 万张人脸图像，其中 470 万张可以作为训练集，而另外 100 万张图像构成干扰集。该数据集上主要是测试人脸辨认算法。图 5.2.12 展示了部分干扰集的人脸图像，可以看到这些图像中包含了极大的年龄跨度。

图 5.2.12　MegaFace 数据库中部分人脸图像

5.3　指纹识别

指纹通常指的是人手指皮肤的纹理。这种纹理主要由相互交错的**脊线**和**谷线**组成，分别对应皮肤上突起和凹陷的部分。指纹的形成非常早，生物学认为指纹在胎儿发育到 7 个月的时候就已经完全定型了，而且终身不会发生本质的变化[Maltoni 2009]。指纹的发育不完全由 DNA 决定，其过程存在未知的随机性，因此即便是同卵双胞胎的指纹也不可能完全一样。指纹的获取相对容易，实际上指纹很容易遗留在手指接触过的光滑的表面上，例如玻璃或者金属表面等。高清晰度的摄像头甚至可以在不接触的情况下直接对指纹进行成像。这些都使得指纹成为一种非常适合用于身份识别的生物特征模态。指纹在这方面的应用甚至可以追溯到几百年前，而其正式成为近现代刑侦学的研究对象大致可以追溯到 20 世纪初。在相关研究基础的支持下，**自动指纹识别（AFR）**是最早被实用化的生物特征识别技术。

5.3.1　指纹的结构与特征

指纹图像的表观特性与指纹采集的方式相关。图 5.3.1 展示了 4 种不同方式采集的指纹图像，它们的纹理与结构特征都有很大的差异。图 5.3.1(a)所示的指纹是手指蘸墨之后按压在指纹采集卡上形成的指纹图像，称为**墨迹指纹**。由于手指可以在指纹采集卡上滚动，因此墨迹指纹图像所包含的手指区域比较完整。但是由于墨水存在流动性，墨迹指纹图像上可能存在墨迹粘连的情况。图 5.3.1(b)所示的指纹是用光学指纹采集仪采集的指纹图像，这类图像的质量通常比较好，但是受限于指纹采集端的尺寸，其包含的手指区域通常要小一些。现有的大多数的自动指纹识别系统都是利用指纹采集仪来进行指纹获取的，因此在本章中将主要针对指纹采集仪获取的指纹图像进行讨论。根据成像的原理不同，指纹采集仪主要分为电容式、电感式和光学式。图 5.3.1(c)所示的指纹是**残留指纹**，是手指接触到光滑表面之后遗留下的指纹的痕迹。这类指纹的质量差，通常也比较残缺，其识别问题主要是刑侦领域研究的对象。图5.3.1(d)所示的指纹是用高清晰度摄像头对手指直接拍摄的结果,可以看到皮肤的纹理非常清晰,甚至连皮肤的汗孔都清晰可见。这类高清晰度的指纹图像理论上可以进一步提高指纹识别的精度,但是由于其采集设备通常较为昂贵,因此实际应用较少。

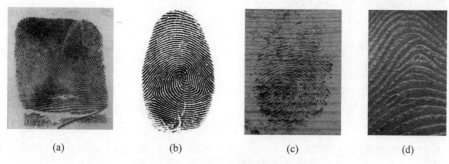

(a)　　　　　(b)　　　　　(c)　　　　　(d)

图5.3.1　不同方式获取的指纹图像

简单地说,指纹图像就是脊线和谷线交错所形成的纹理。脊线是皮肤表面突起部分的成像结果,而谷线则是脊线之间的缝隙。在指纹图像上,脊线一般是深色的,而谷线一般是浅色的。指纹最为显著的特征就是脊线的总体形状分布,依据此可以对指纹进行分类。图5.3.2展示了最为常见的3种指纹类型。图5.3.2中的三角形标记的是指纹中多个方向脊线的汇聚点,称为三角点;而红色的正方形标记的是指纹中心的脊线曲率最大的位置,称为曲点。三角点和曲点往往被用来进行指纹类别的判断和指纹图像的配准,但是从身份识别的角度来说,这些总体特征的鉴别力是不足够的。

箕型　　　　　弓型　　　　　斗型

图5.3.2　常见的指纹种类

指纹更具有身份鉴别力的特征是脊线的一些不连续和分叉的位置,称为**指纹细节点**。细节点的种类非常多,在最为精细的分类体系中总共有150种不同的细节点。图5.3.3展示了一些不同类型的细节点的例子。不同类型的细节点出现的概率有很大的不同,在一个特定的指纹上通常只会出现很少的几种细节点。

在所有的细节点类型中,**断点和分叉点**是最为常见的,在几乎所有的指纹上都存在,因此也被大多数的指纹识别系统所采用作为指纹的特征。断点和分叉点在某种意义上是相互对偶的,如果把脊线和谷线的角色互换,则断点和分叉点也就会相互转化。在指纹识别应用中,一个断点或者分叉点通常用其在图像中的坐标(x,y),及其方向θ来共同表示。如图5.3.4所示,断点的方向定义为对应的脊线的方向,而分叉点的方向定义为对应的谷线的方向。

在指纹比对过程中,两个来自不同指纹的一对细节点,如果能在位置坐标和方向上都吻合,则认为这一对细节点实现了匹配。指纹识别最为关键的步骤是提取指纹中的细节点信息。从图5.3.3中可以看出,指纹的脊线和谷线并不总是清晰和连续的,粘连和断续的情况时常存在。因此在指纹识别系统中往往需要首先对指纹的图像进行增强，再进行细节点的提取。

图 5.3.3　不同类型的指纹细节点

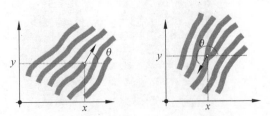

图 5.3.4　指纹断点与分叉点的方向定义

5.3.2　指纹识别方法

基于细节点的指纹识别方法主要分为细节点提取与细节点比对两个步骤。图 5.3.5 展示了细节点提取的一般流程。**指纹图像增强**的主要目的是为了使得脊线和谷线的纹理更为清晰和连续。增强后的指纹图像经过二值化和细化之后提出了脊线的单像素宽度的骨架，在其上可以很容易地提取细节点。例如断点就是脊线的骨架上 8-邻域像素点中仅有一个骨架点的像素点。

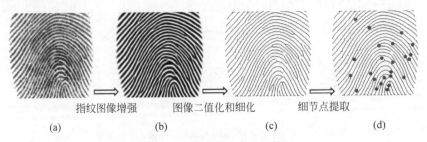

指纹图像增强　　图像二值化和细化　　细节点提取

(a)　　　　　　(b)　　　　　　(c)　　　　　　(d)

图 5.3.5　指纹细节点提取流程

和普通的自然图像增强不同，指纹图像增强可以充分利用脊线和谷线交错纹理的先验知识。在指纹图像的局部区域，脊线和谷线形成近似平行的纹理，且相互之间的间隔也是近似一致的，也就是说空间上的频率是均匀的，如图 5.3.6 所示。如果能对局部指纹图像块的脊线方向和垂直于该方向的频率进行较好的估计，就可以对该区域进行有效增强[Hong 1998]。

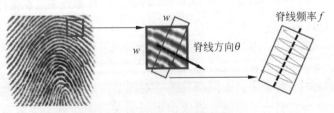

图 5.3.6　指纹局部纹理方向与频率估计

假设局部图像块的尺寸为 $w \times w$,令 $d_x(i,j)$ 和 $d_y(i,j)$ 分别代表像素 (i,j) 处图像在水平和垂直方向上的梯度值,则在 (i,j) 处脊线方向 $\theta(i,j)$ 可以用下面的三个公式来进行计算。在实际应用中考虑到指纹图像上可能存在的噪声和干扰,计算出的脊线方向可能不够连续。因此可以将方向场先转化为一个连续的向量空间,然后对该空间进行低通滤波,再重新换算成为方向场。

$$D_1(i,j) = \sum_{u=i-w/2}^{i+w/2} \sum_{v=j-w/2}^{j+w/2} 2d_x(u,v)d_y(u,v) \tag{5.3.1}$$

$$D_2(i,j) = \sum_{u=i-\frac{w}{2}}^{i+\frac{w}{2}} \sum_{v=j-\frac{w}{2}}^{j+\frac{w}{2}} d_x^2(u,v)d_y^2(u,v) \tag{5.3.2}$$

$$\theta(i,j) = \frac{1}{2}\arctan\left(\frac{D_2(i,j)}{D_1(i,j)}\right) \tag{5.3.3}$$

在脊线方向的垂直方向上选取一个矩形框并统计该框中指纹纹理波动的情况就可以估计局部的脊线频率 $f(i,j)$。同样也可以对频率场进行低通滤波来保持其局部的连续性。在获取了局部脊线纹理的方向和频率之后,可以用对应频率和方向的 Gabor 滤波器进行局部纹理增强。图 5.3.5(b)展示了增强之后的效果,可以看到脊线和谷线的纹理更为清晰可分,这也为后续细节点提取提供了基础。

指纹细节点的匹配方式可以分为基于配准的和基于点模式匹配的。基于配准的细节点匹配基本思路是利用指纹上一些特殊的点,例如三角点和曲点,将待匹配的两个指纹在空间上适配到同一个坐标系下。这样一来,配准后的两个指纹的细节点就可以利用其 (x,y) 坐标以及方向 θ 直接加以匹配。这种匹配方式的优点在于算法复杂度低,缺点在于配准的准确性对于结果的影响大。基于空间点模式匹配的方法则是将指纹的细节点视为空间的点模式,再以最佳匹配为目标优化两个点模式之间的几何变换关系。常用的点模式匹配方法包括基于梯度下降的能量最小化法,以及基于 Hough 变换的方法等。

基于细节点的指纹识别方法可解释性强而且和刑侦应用中的判据吻合,因此十分常用。但是这种方法也存在一些问题。首先是细节点的提取算法复杂性较高,不利于快速实现。其次,在某些质量较差的指纹上稳定地提取细节点非常困难。另外,细节点仅包含位置与方向信息,没有利用到指纹局部纹理的特性。因此也有一些指纹识别方法将指纹局部的纹理信息提取出来作为匹配的依据。局部纹理信息通常是利用一些特定方向或者频率的滤波器响应来进行刻画[Jain 2000]。另外,指纹上脊线的空间形状也可以作为指纹识别的特征。这些额外的纹理特征如果和指纹的细节点结合起来使用,通常可以获得更好的识别效果。

5.3.3 指纹数据库

由于指纹数据相对较为敏感,因此公开的指纹数据库并不多。下面介绍的几个指纹数据库都是在学术研究中使用较多的。

1. NIST 指纹数据库

NIST 指纹数据库是由美国国家标准化和技术研究院 NIST 构建的(https://www.nist.gov/srd/nist-special-database-4),主要是面向研究用途[Watson 1992]。该数据库包含多个属性不同的专用子数据库,其中在学术研究中应用最广泛的是专用数据 4,简称

NIST4。该子数据库包含 2000 对指纹图像，这些指纹图像都是从指纹采集卡片上扫描获得的，均是 8 位的灰度图像，其扫描分辨率为 19.7 像素/mm。图 5.3.7 展示了一些 NIST4 指纹图像的样例。

图 5.3.7　NIST4 数据库中部分指纹图像

2. FVC 指纹数据库

指纹验证比赛（FVC）是由博洛尼亚大学、密歇根州立大学和圣何塞州立大学共同举办的指纹识别的国际比赛[Cappelli 2007]。从 2000 年到 2006 年每隔一年举办一届，对应的指纹数据库也有 FVC2000/2002/2004/2006 总共 4 个版本。以 FVC2004(http://bias.csr.unibo.it/fvc2004/default.asp)为例，该数据库包含采集自 110 个手指的总共 3520 张指纹图像。这些图像由 4 种不同的指纹采集仪所采集，其分辨率大致为 500dpi。图 5.3.8 展示了 FVC2004 中 4 种不同采集仪采集的指纹图像的示例。

图 5.3.8　FVC2004 数据库中部分指纹图像

3. CASIA 指纹数据库

CASIA 指纹数据库由中国科学院自动化所构建，包含来自 4000 个手指的 20000 幅指纹图像(http://www.idealtest.org/dbDetailForUser.do?id=7)。图像以 8 位灰度方式存储，分辨率为 328×356。图 5.3.9 展示了该数据库部分指纹图像的示例。

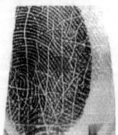

图 5.3.9　CASIA 指纹数据库中部分指纹图像

5.4　虹膜识别

虹膜是人类眼球中一个重要的组件,其位置与外观特性如图 5.4.1 所示。从生理角度来说,虹膜的主要作用是伸缩以改变瞳孔的大小,进而控制人眼的进光量。虹膜主要由结缔组织组成,其内部富含色素、血管与平滑肌,因此其纹理呈现出高度的复杂性。早在 20 世纪中叶,就已经有人提出虹膜复杂的纹理很可能可以如指纹一样用于人的身份的区分[Doggart 1949]。然而由于虹膜的获取相对较为复杂,而且其用于身份识别并没有被广泛地接受,因此直到 20 世纪 90 年代,J. Daugman 才首次提出了一种实用的**虹膜识别**方法,并通过实验发现虹膜识别具有很高的识别精度[Daugman 1993]。虹膜识别最为关键的两个步骤分别是虹膜区域的分割和虹膜纹理的特征提取。

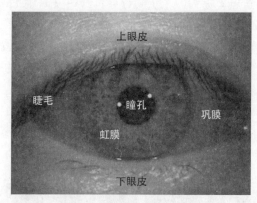

图 5.4.1　虹膜的位置与外观

5.4.1　虹膜分割

由于虹膜是人眼的一个组件,因此在采集虹膜的过程中难以避免地会同时采集到眼睛的其他区域,例如巩膜和眼睑。**虹膜分割**的任务就是要将虹膜区域从图像中分离出来。对虹膜识别而言,准确的虹膜分割是后续特征提取和比对的基础。直观上看,虹膜部分的几何形态非常接近于一个圆环状,早期的虹膜分割方法大多数基于该假设来设计。J. Daugman 最早提出了一种利用环形的**积分微分算子**来定位虹膜区域的圆心和半径的方法。假设 $I(x,y)$ 表示虹膜图像在坐标 (x,y) 处的灰度值,(x_c,y_c) 表示待确定的虹膜区域的内圆或者外圆的圆心,r 表示待确定的虹膜区域的内半径或者外半径。则虹膜定位过程可以视为在 (r,x_c,y_c) 空间中搜索下式的最大取值位置。

$$\left| G_\sigma(r) \odot \frac{\partial}{\partial r} \oint_{r,x_c,y_c} \frac{I(x,y)}{2\pi r} ds \right| \tag{5.4.1}$$

式中 G_σ 表示标准差为 σ 的高斯核,$\odot$ 表示卷积操作。直观上看,该过程就是要寻找合适的 (r,x_c,y_c),使得在半径方向的变化会导致环状积分值发生的变化最为明显。实际上该方法可以同时检测出上下眼睑的边缘位置。在实际使用该方法时,可以通过一些简单的预处理方法缩减搜索空间来提高效率。例如,瞳孔部分通常是虹膜图像中灰度值最低的区域,可以通过简单的灰度积分图来初步定位瞳孔的位置，进而大幅度减小圆心的搜索范围。图 5.4.2 展示了几个用该算法定位出的虹膜区域的实例。

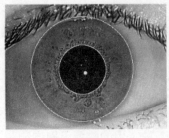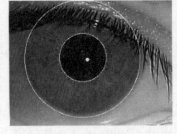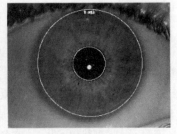

图 5.4.2　基于积分微分算子虹膜定位结果

利用 Hough 变换也可以有效地检测出虹膜的环状区域。首先对虹膜图像进行边缘提取，假设提取出的边缘像素点坐标为 $(x_i,y_i),(i=1,2,\cdots,k)$，则 Hough 变换由下面的公式来表述。也就是说对于每个能够使得 $(x_i-x_c)^2+(y_i-y_c)^2=r^2$ 边缘点，对应的候选圆 (x_c,y_c,r) 的权重 H 就增加 1。变换之后只要搜索所有候选圆中权重最大的一项，就是要搜索的圆形。图 5.4.3 展示了 Hough 变换的过程，以及最终定位的虹膜区域。

$$H(x_c,y_c,r)=\sum_{i=1}^{k}h(x_i,y_i,x_c,y_c,r) \tag{5.4.2}$$

$$h(x_i,y_i,x_c,y_c,r)=\begin{cases}1 & (x_i-x_c)^2+(y_i-y_c)^2=r^2\\ 0 & 其他\end{cases} \tag{5.4.3}$$

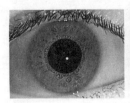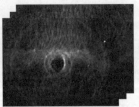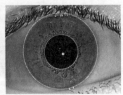

图 5.4.3　基于 Hough 变换的虹膜分割

上述两种方法都假设虹膜的边缘符合圆形的假设，然而在实际当中由于各种生理的变化以及拍摄角度和遮挡的影响，虹膜边缘在形态上往往很难完全符合规则的圆形。一种解决方法是放松对于圆形的约束，引入诸如椭圆等形态的假设。更为直接的方法是不对虹膜边缘的形状进行假设，而采用自由度更高的诸如**主动形状模型**来进行虹膜分割[Shah 2009]。然而这样的方法对于初始位置的选择往往比较敏感，在弱边缘的地方也容易出现分割错误。近年来也有人将图像语义分割的方法直接运用到虹膜分割上，采用基于训练的方法来得到虹膜区域[Liu 2016b]。

虹膜分割完成之后，为了方便后续的特征提取，通常需要将虹膜区域的纹理展开成为固定分辨率的矩形图像，这一过程称为虹膜图像归一化。最为常见的归一化方法是利用极坐标变换实现从环状纹理到矩形纹理的映射。而极坐标的极轴通常选取为内外圆心的连线。图 5.4.4 展示了一个归一化之后的指纹图像的实例。

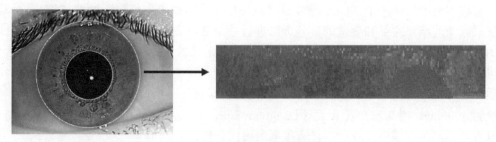

图 5.4.4　归一化虹膜图像

5.4.2　虹膜特征提取

从归一化的虹膜图像提取特征是虹膜识别中关键的步骤。和指纹的细节点不同,虹膜并没有生理含义明确的特征,因此虹膜的特征多是基于图像在空域或是频域的纹理信息,其中最早被用于虹膜识别的是二维 Gabor 特征。作为一种近似小波,Gabor 滤波器兼有空域和频域的选择性,可以对图像纹理特征进行较为全面的表述。一个二维 Gabor 滤波器在空域的表达式如下所示。

$$G(x,y) = e^{-\pi\left[(x-x_0)^2/a^2 + (y-y_0)^2/\beta^2\right]} e^{-2\pi i\left[u_0(x-x_0) + v_0(y-y_0)\right]} \tag{5.4.4}$$

直观上看,二维 Gabor 滤波器在空域就是一个高斯核和一个正弦/余弦波调制的结果。在式(5.4.4)中 α 和 β 决定了滤波器空间的有效宽度和长度,u_0 和 v_0 决定了滤波器在频域的频率和方向。在实际应用当中,通过选择不同的 α,β,u_0 和 v_0 的值可以得到方向以及空域频域选择性不同的滤波器组。滤波器组的设计通常是从频域的覆盖性上进行考虑的,图 5.4.5 展示了一个常用的 5 尺度 8 方向 Gabor 滤波器组的在空域的形态。

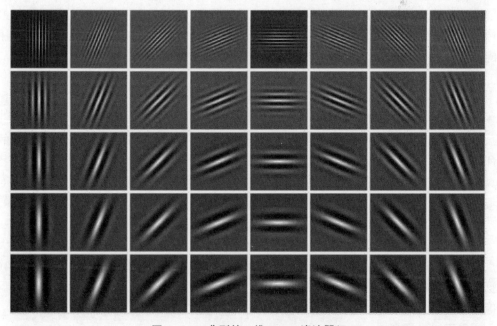

图 5.4.5　典型的二维 Gabor 滤波器组

滤波器组中的每一个 Gabor 滤波器对归一化之后的虹膜图像进行滤波,对每一个滤波位置根据滤波结果实部和虚部的符号可以进行一个 2bit 的编码。需要注意的是,由于滤波器的数目比较多,如果将所有滤波的结果都作为特征可能会导致抽取的特征模板过大。因此可以采用下采样的方法,或者直接对虹膜图像进行分块处理来降低特征的维度。事实证明适当地降低维度有利于提高识别的准确率。在 Daugman 最初的工作中,提取的虹膜特征长度为 4096bit。图 5.4.6 展示了用 Daugman 提出的参数设置提取的虹膜的 Gabor 特征,可以看到不同的虹膜所提取的特征有很强的可区分性。

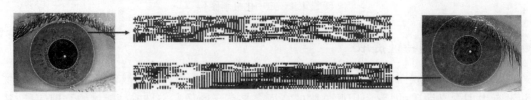

图 5.4.6 虹膜的 Gabor 特征

小波变换也是图像处理中常用的一种特征提取方法。简单来说,小波变换就是用一组由同一个母函数经过缩放和平移得到的小波来提取多尺度信息的方法。在图像领域最常使用的是二维离散小波变换。其主要步骤是首先选取特定的低通和高通滤波器,然后沿不同方向对图像进行分解和下采样操作以获取不同频率区域的滤波结果。对归一化之后的虹膜图像进行二维离散小波变换,之后再将变换系数进行二值化也可以作为一种有效的特征。

局部二值模式（LBP)也是一种常用的虹膜特征[Li 2015b]。LBP 的目标是将纹理特征建模成为图像每个像素点和其邻居像素点灰度值的一种联合分布。具体操作是对每个像素点计算其和邻居像素点灰度值的大小关系进行 0,1 编码。LBP 本质上是一个局部特征,为了增加该特征的视野,可以使用不同的邻域大小提取多尺度的 LBP 信息。对归一化的虹膜图像提取 LBP 特征之后,可以对不同的图像块中的 LBP 特征进行统计,构建直方图用于匹配。

5.4.3 虹膜数据库

1. CASIA-IrisV4 数据库

中国科学院自动化所从 2002 年起开始构建虹膜数据库,CASIA-IrisV4 是其最新的版本(http://biometrics.idealtest.org/dbDetailForUser.do?id=4)。该数据库包含从 1800 位真实的人和 1000 个虚拟对象上采集或生成的总共 54601 张虹膜图像。该数据包含 6 个子集,分别用不同的设备采集或者生成。图 5.4.7 展示了来自 6 个不同子集的虹膜图像。

2. UBIRIS.V2 数据库

该数据库由葡萄牙贝拉室内大学构建(http://iris.di.ubi.pt/ubiris2.html),其最大的特点是采用普通的单反相机从 4~8m 的距离拍摄的行走中的对象的虹膜[Proenca 2010]。数据库包含来自 261 人的 11102 张虹膜图像。由于在远距离非受控条件下拍摄,该数据库图像包含了较多的光照变化、模糊和遮挡情况,如图 5.4.8 所示。

3. ICE2006 数据库

ICE 是由美国国家标准化和技术研究院 NIST 组织的虹膜识别国际比赛,共举办过两届,分别是在 2005 年和 2006 年[Phillips 2008]。该数据库包含来自 240 人的共 59558 张虹膜图像(https://www.nist.gov/programs-projects/iris-challenge-evaluation-ice)。该数据库由专门的虹膜采集设备采集,因此图像质量相对较高。图 5.4.9 展示了 ICE2006 部分虹膜图像。

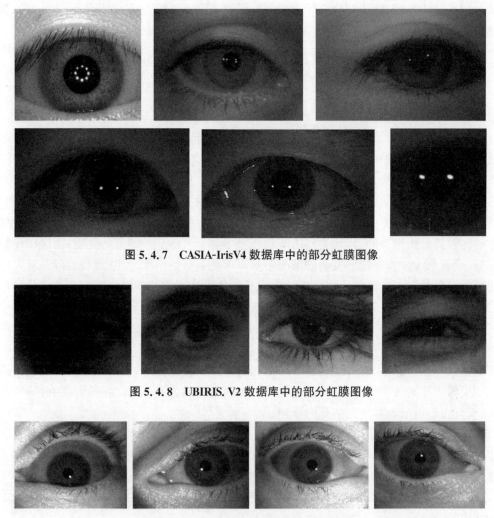

图 5.4.7　CASIA-IrisV4 数据库中的部分虹膜图像

图 5.4.8　UBIRIS.V2 数据库中的部分虹膜图像

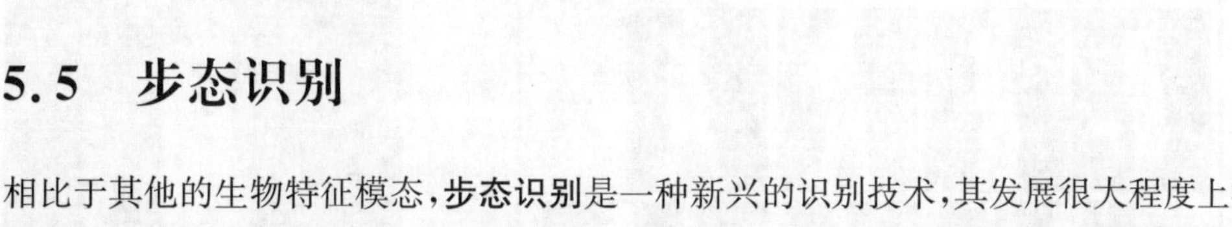

图 5.4.9　ICE2006 数据库的部分虹膜图像

5.5　步态识别

　　相比于其他的生物特征模态,**步态识别**是一种新兴的识别技术,其发展很大程度上得益于日益增长的视频监控的应用。步态是一种人类的行为特征,它反映了人的行走姿态,主要是行走过程中躯干和四肢关节处有规律的运动趋势与变化。在视频监控应用场景中,步态识别具有一定的优势。人的行走步态可以在较远的距离(>100m)通过普通的视频摄像头进行获取。相比较而言,之前提到的人脸、指纹和虹膜几乎都不可能在这样的距离上有效地被获取。另外步态特征可以从大尺度上有效地被观测到,这就意味着即便监控视频的图像质量不高,步态识别仍然是可能实现的。步态的捕捉可以用完全隐蔽的方式来实现,对于识别的对象可以做到完全不干扰。实际场景中的步态识别也面临诸多的难点。由于完全采用非配合的远距离方式获取,干扰步态识别的环境因素很多,例如复杂的背景变化,衣着与配饰的改变以及人在自由条件下行走方向与路线的不确定性等。此外由于步态是一种行为特征,因此对于步态的识别要综合视频中的多帧图像来实现,这就意味着步态识别处理的数据量通常较大,时间与空间复杂度高。步态识别的研究重点是如何从视频序列中提取出最具区分力的特征。在已有的研究中主要分为基于人工设计特征的方式和基于深度学习的特征学习方式。

5.5.1 基于人工设计特征的步态识别

早期的步态识别研究工作中大多采用人工设计的特征。这些特征多是基于对于步态中可区分信息的理解而形成。一种最为直观的想法是对人体进行结构化建模,将人体不同的部件进行图像层面的切分,并由此得到人体不同部件之间的距离和夹角等几何参数作为步态的特征。从动态的角度看,可以将这些几何参数在时域的变化作为对象,提取诸如频率、幅度和相位信息作为特征。这类方法中所提取的特征维度通常不高,因此包含信息的可区分性也比较低。更重要的是,这类方法非常依赖于对于人体部件的精细分割,而这在视频质量较差,或者是人体姿态较为复杂的情况下难以取得足够的精度。相比较而言,不对人体进行建模而直接从行走的图像中提取统计特征是一种更为鲁棒的方法。这类方法中最具代表性的步态特征是**步态能量图(GEI)**,其基本想法就是将一个步态周期中二值化的人体轮廓进行对齐后求取简单的平均图[Han 2006]。GEI 图实际上反映了在行走过程中,人体在空间中出现的概率分布。从实际应用的角度来说,GEI 图具有很强的鲁棒性。其计算过程仅仅需要将人体从背景中分割出来,这是一个相对简单的视觉任务,在视频中这可以通过诸如背景建模等方法有效实现。另外,由于采用了多图平均的方式,GEI 对于图像的分辨率要求不高,而且可以有效地抑制二值化的噪声。

图 5.5.1 展示了二值化的人体轮廓及其对应的 GEI 图。图中亮度较高的区域表示在行走过程中移动较少的区域,而亮度较低的区域表示行走过程中移动较大的区域。GEI 图从统计意义上反映出了人行走步态的特点。例如 5.5.1 中的行人在行走过程中身体较为直立,而手臂摆动比较小,只在身前区域有少许手臂探出。随着人体的朝向与成像平面的夹角不同,GEI 图也会展示出步态不同侧面的特点。

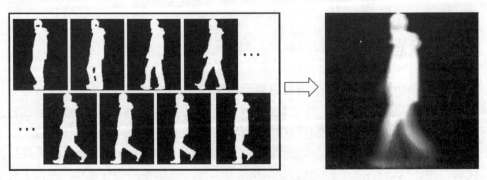

图 5.5.1 人体轮廓与步态能量图

图 5.5.2 展示了同一个行人不同角度的 GEI 图。另外，由于 GEI 图直接由人的二值轮廓生成，因此其也会包含服装和配饰的特点。例如从 5.5.2 中的 GEI 图中可以看出该行人斜背了一个包。

图 5.5.2　不同角度的 GEI 图

利用图像和视频的不同特性可以对 GEI 图进行改进。例如可以将简单的人体轮廓替换成含有运动信息的二值化的光流场，进而生成**步态流图**（**GFI**），进而更好地利用视频中的运动信息[Lam 2011]。或者将一个步态周期聚类成为几个子类，对每个子类的图像求相应的 GEI，以分别反映不同人体姿态下的特征。

在得到 GEI 图之后，步态识别实际上就转化成为一个图像分类问题，分类的标签是身份而非物体类别。GEI 是维度很高的灰度图像，不适合直接用来进行分类，因此通常采用一些降维的方法。常用的用于步态识别的降维的方法有 PCA，2DPCA，KPCA 和 LDA 等。图 5.5.3 展示了对侧面的 GEI 图像进行 PCA 分析得到的前 5 个主成分分量。直观上看，头部及上身的轮廓对于步态识别的作用是较为主要的。

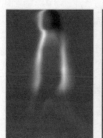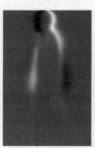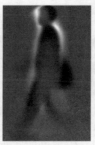

图 5.5.3　GEI 图的主成分分析图

5.5.2　基于深度学习的步态识别

基于人工设计特征的步态识别在步态识别研究的早期是主流的方法。这类方法的关键在于合理地提取人行走过程中的形态和时序信息用于身份识别。这类方法往往是将特征提取和分类两个任务分开独立进行，因此无法达到整体意义上的最优结果。随着深度学习技术的出现与发展，现有步态识别技术更多地采用深度学习手段。一种最为直接的思路是仍然采用传统方法中设计的诸如 GEI 的步态特征，而将分类任务交由卷积神经网络来实现。然而步态识别的数据库规模一般都比较小，其数据量远小于诸如 ImageNet 这样的图像分类数据库和诸如 CASIA Webface 这样的人脸识别数据库。这是因为获取步态并将其和身份对应很难通过互联网数据挖掘的方式来实现。这使得 CNN 网络的训练变得非常困难。

而且由于步态图像和 ImageNet 中的自然物体图像存在巨大的差异，因此也无法用预训练模型再做微调的方式来解决。一种可能的解决思路是采用**孪生网络**的结构，使用成对学习的方法来扩充数据量[Zhang 2016b]。如图 5.5.4 所示，网络的训练直接采用成对的 GEI 图像是否来自同一个人作为监督。

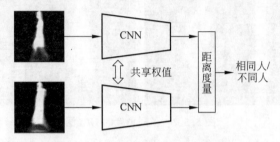

图 5.5.4　基于孪生网络的步态识别

上述方法仍然使用了人工设计的步态特征，并没有充分利用行走过程中的时空信息，以及深度学习网络强大的特征学习能力。一种改进的方式是采用三维卷积神经网络，该网络结构中卷积核都是三维的，或者说卷积在图像序列相邻的图像上进行。图 5.5.5 展示了利用孪生三维卷积网络来实现步态识别的方式。

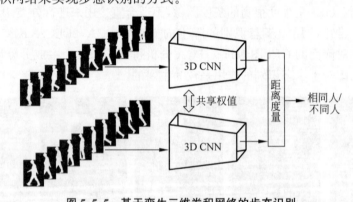

图 5.5.5　基于孪生三维卷积网络的步态识别

已有的步态识别方法中的一个通用的做法是利用姿态变化等信息从步态序列中提取出一个步态周期进行识别。在真实应用中，由于行走方向的变化以及遮挡的出现，完整而准确地提取出一个步态周期并不容易，因此极大地限制了步态识别的灵活性。一种更为实用的方式是忽略时序信息，而尽量利用可以捕捉到的步态图像进行识别[Chao 2018]。这样一来，不同行走方向的步态图像，断续捕捉的步态图像，甚至是不同摄像头捕捉到的同一个目标的乱序步态图像，都可以被集合到一起来实现步态识别。图 5.5.6 展示了基于这种思路构建的步态识别网络，其中融合特征可以采用取最大值的方式来实现。

5.5.3　步态数据库

1. Human ID 数据库

Human ID 数据库由美国佛罗里达大学构建（http://www.cse.usf.edu/~sarkar/SudeepSarkar/Gait_Data.html），用于进行基于步态的人体识别的比赛[Sarkar 2005]。数据库包含了来自 122 人的总共 1870 段步态视频。这些视频中包含了大量的真实场景变化

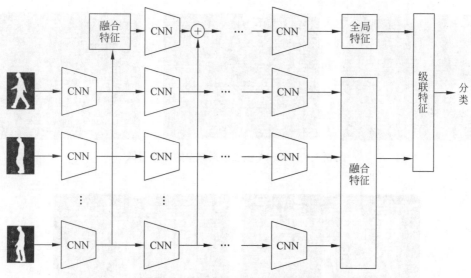

图 5.5.6　基于图像集合的步态识别框架

因素，包括拍摄视角、着装等。图 5.5.7 展示了该数据集中部分步态视频的截图，由于拍摄的距离较远，人体在图像中的分辨率普遍比较低。

图 5.5.7　Human ID 步态数据库中的部分图像

2. CASIA 步态数据库

CASIA 步态数据库（http://www. cbsr. ia. ac. cn/english/Gait％20Databases. asp）由中国科学院自动化研究所构建，其公开部分包含 CASIA-A，CASIA-B 和 CASIA-C 三个子集[Zheng 2011]。CASIA-A 包含来自 20 人的 240 段步态视频，这些视频都在户外拍摄，对每个人拍摄了 3 个行走方向的不同视频。CASIA-B 包含了来自 124 人的 1240 段步态视频，这些视频都在室内受控的条件下拍摄，视频包含了诸如拍摄视角、穿戴等变化。CASIA-C 包含了来自 153 人的 1530 段步态视频，这些视频都是在夜间与户外用红外摄像头拍摄，也包含了拍摄视角、穿戴等变化。图 5.5.8 分别展示了来自 3 个子集的步态图像。

3. OU-ISIR 步态数据库

OU-ISIR 步态数据库由日本的大阪大学构建（http://www. am. sanken. osaka-u. ac. jp/BiometricDB/GaitTM. html），包含来自 4007 人的 7842 段步态视频[Iwama 2012]。这些视频都是在室内拍摄。由于使用了跑步机，因此行人的步行速度可以很精确地控制。图 5.5.9 展示了来自该数据集的一些步态图像，可以看到数据集中包含了不同步速和穿着的步态图像。

图 5.5.8　CASIA 步态数据库中的部分图像

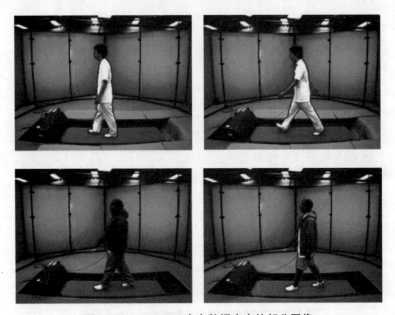

图 5.5.9　OU-ISIR 步态数据库中的部分图像

5.6　近期文献分类总结

下面是 2015 年、2016 年、2017 年和 2018 年在中国图像工程重要期刊［章 1999］上发表的一些有关生物特征识别的文献目录（按作者姓氏拼音排序），全文均可在中国知网上获得。

［1］ 付晓峰,张予,吴俊.遮挡表情变化下的联合辅助字典学习与低秩分解人脸识别.中国图象图形学报,2018,23(3)：399-409.

［2］ 郭欣,王蕾,宣伯凯,等.基于有监督 Kohonen 神经网的步态识别.自动化学报,2017,43(3)：430-438.

［3］ 何逸炜,张军平.步态识别的深度学习：综述.模式识别与人工智能,2018,31(5)：442-452.

［4］ 胡正平,何薇,王蒙,等.多层次深度网络融合人脸识别算法.模式识别与人工智能,2017,30(5)：448-455.

［5］ 贾姗,徐正全,胡传博,等.基于重加密的随机映射指纹模板保护方案.通信学报,2018,39(2)：122-134.

［6］ 李倩玉,蒋建国,齐美彬.基于改进深层网络的人脸识别算法.电子学报,2017,45(3)：619-625.

[7]　刘笑楠,杨争威,张海珊.基于混合测地线区域曲线演化的虹膜定位方法.电子测量与仪器学报,2018,32(10):79-86.

[8]　马晓,庄雯璟,封举富.基于带补偿字典的松弛系数表示的小样本人脸识别.模式识别与人工智能,2016,29(5):439-446.

[9]　邵虹,王昳昀.基于集成 Gabor 特征的步态识别方法.电子测量与仪器学报,2017,31(4):573-579.

[10]　唐云祁,薛傲,丁建伟,等.基于帧差时空特征的步态周期检测方法.数据采集与处理,2017,32(3):533-539.

[11]　王彬福,陈晓云,肖秉森.基于低秩表示与矩阵填充的人脸识别方法.模式识别与人工智能,2018,31(12):1110-1119.

[12]　王飞,张莹,张东波,等.基于捷径的卷积神经网络在人脸识别中的应用研究.电子测量与仪器学报,2018,32(4):80-86.

[13]　王慧珊,张雪锋.基于 Biohashing 的指纹模板保护算法.自动化学报,2018,44(4):760-768.

[14]　王科俊,邢向磊,崔会涛,等.非接触指纹图像识别算法研究.电子学报,2017,45(11):2633-2640.

[15]　王修晖,严珂.基于连续密度隐马尔可夫模型的人体步态识别.模式识别与人工智能,2016,29(8):709-716.

[16]　吴长虹,苏剑波,陈叶飞.抗年龄干扰的人脸识别.电子学报,2018,46(7):1593-1600.

[17]　吴震东,王雅妮,章坚武.基于深度学习的污损指纹识别研究.电子与信息学报,2017,39(7):1581-1591.

[18]　徐德琴,卞维新,丁新涛,等.指纹图像多尺度分类字典稀疏增强.中国图象图形学报,2018,23(7):1014-1023.

[19]　许秋旺,张雪锋.基于细节点邻域信息的可撤销指纹模板生成算法.自动化学报,2017,43(4):645-652.

[20]　杨恢先,刘建,张孟娟,等.双空间局部方向模式的人脸识别.中国图象图形学报,2017,22(11):1493-1502.

[21]　叶学义,陈雪婷,陈华华,等.级联型 P-RBM 神经网络的人脸检测.中国图象图形学报,2016,21(7):875-885.

[22]　余丹,吴小俊.一种卷积神经网络和极限学习机相结合的人脸识别方法.数据采集与处理,2016,31(5):996-1003.

[23]　袁姮,王志宏,姜文涛.基于复合梯度向量的指纹匹配算法.电子学报,2017,45(4):912-921.

[24]　袁延鑫,孙莉,张群.基于卷积神经网络和微动特征的人体步态识别技术.信号处理,2018,34(5):602-609.

[25]　曾青松.多核支持向量机域描述在基于图像集合匹配的人脸识别中的应用.中国图象图形学报,2016,21(8):1021-1027.

[26]　詹小四,蔡乐毅.基于高斯调制二维正弦曲面滤波器的指纹增强算法.数据采集与处理,2017,32(1):62-70.

[27]　张莉,李甫,吴开腾.无方向的三角形匹配指纹识别.中国图象图形学报,2017,22(9):1214-1221.

[28]　张彦,彭华.基于深度自编码器的单样本人脸识别.模式识别与人工智能,2017,30(4):343-352.

[29]　周凯,元昌安,覃晓,等.基于压缩金字塔核稀疏表示的人脸识别.数据采集与处理,2016,31(5):1043-1050.

[30]　朱建清,葛主贝,曾焕强,等.采用新型纹理特征 2DLDA 人脸识别算法.信号处理,2017,33(6):811-818.

对上述文献进行了归纳分析,并将一些特性概括总结在表 5.6.1 中。

表 5.6.1　近期一些有关生物特征识别文献的概况

编号	模态	技术关注点	主要步骤特点
[1]	人脸	稀疏表示和字典学习	首先通过非凸稳健主成分分析进行第一次低秩分解,分解得到去除了光照、遮挡等变化的低秩字典;然后将得到的低秩字典用作初始化,进行基于核范数的第二次秩近似分解,将其用于分类。最后构造辅助字典模拟遮挡、光照等影响,通过最小化稀疏表示重构误差进行分类识别
[2]	步态	深度学习	使用 EMG 智能传感继承装置采集不同步态的表面肌电信号,利用 TKE 算子法确定肌肉收缩的初始时刻以提取信号的特征值,提出有监督的 Kohonen 神经网络聚类算法对步态进行识别,显著提升了 5 种路况下步态的平均识别率
[3]	步态	深度学习	基于端到端和多层特征提取的思想,深度学习近年在步态识别领域取得一系列进展。文章综述深度学习在步态识别中的研究现状、优势和不足,总结其中的关键技术和潜在的研究方向
[4]	人脸	深度学习和多尺度融合	利用人脸标定算法获得人脸特征点,将人脸区域分块。使用"卷积-池化"网络结构,基于多层次分类策略,先对全局人脸进行训练完成预分类,然后利用局部人脸块训练局部网络完成最终分类
[5]	指纹	生物特征模板安全性	提出一种改进随机映射算法的指纹模板保护方案。将变换域分为相互独立的指纹特征匹配域和加噪干扰域,在子域内加噪后利用子随机映射矩阵交叉融合生成模板;同时,引入重加密机制实现对变换密钥(RP 矩阵)的安全存储和传输
[6]	人脸	稀疏自动编码器	基于经过无监督学习获得的卷积核、池化、多层稀疏自动编码器构建并训练深层网络特征提取器,使用 softmax 回归模型对预处理后的图像经由上述特征提取器提取的特征进行分类
[7]	虹膜	测地线区域演化	提出了一种顺序定位虹膜的方法。首先采用基于 HOG 特征和级联分类器的虹膜检测模型初步定位虹膜区域,再根据灰度梯度信息和拟合圆的方法确定虹膜内边缘,最后采用混合测地线区域曲线演化法定位虹膜外边缘
[8]	人脸	稀疏表示与字典学习	针对基于带补偿字典的稀疏表示的人脸识别方法中,训练集字典和补偿字典对测试图片表示的能力不同而导致的二者在稀疏性上的不同要求,通过对两类字典采用不同的稀疏性约束,提出基于带补偿字典的松弛稀疏表示的人脸识别方法
[9]	步态	差分二值编码和 Gabor 特征图	采用均值融合和差分二值编码,对动态区域 Gabor 特征图进行多尺度和多角度的集成;然后从得到的集成特征图中选取出最终的特征向量,将其输入 KNN 分类器进行步态识别
[10]	步态	步态时空特征信息提取	受异或运算原理的启发,提出帧差步态时空特征,蕴含步态运动的时间和空间信息,能较好地表达步态运动周期的各个状态。基于该特征设计足趾离地检测算法,实现步态周期的自动检测
[11]	人脸	低秩表示与最近邻分类	将低秩矩阵填充和低秩表示学习进行整合,通过最小化表示系数和矩阵秩交替计算样本低秩表示系数矩阵和恢复矩阵缺失项,再使用最近邻分类器实现分类,从而提升在训练样本矩阵元素随机缺失时算法的性能
[12]	人脸	深度学习模型惩罚函数和捷径连接	提出一种基于附加惩罚函数和捷径连接的卷积神经网络模型。将第一层的卷积特征与最后一层直接连接,以减小浅层主要特征的损失;在原有的 softmax 损失函数项添加一个惩罚项,使同类特征到该类特征中心之间的距离最小化

续表

编号	模态	技术关注点	主要步骤特点
[13]	指纹	生物特征模板安全性	对 Biohashing 指纹保护算法提出改进。采用可变的步长参数和滑动窗口产生固定大小的二值特征矩阵,减少了指纹数据特征值之间的关联性;离散化的非线性处理过程获得更大的密钥空间,有效提高了算法的安全性
[14]	指纹	Gabor 滤波器与局部二值模式	采用图像 YCbCr 模型中的 Cb 分量和 Otsu 法相结合的方法进行手指区域的提取,其次采用高频强调滤波和迭代自适应直方图均衡化相结合的图像增强算法进行图像增强处理,再用简化的 Gabor 函数模板进行二次增强,然后提出了一种手指指纹 ROI 区域提取的方法,最后采用基于 AR-LBP 算法进行特征提取,利用最近邻分类器进行特征匹配
[15]	步态	隐马尔可夫模型和 Cox 回归	使用基于自然步态周期的特征提取算法构造观测向量集,对连续密度隐马尔可夫模型(CD-HMM)进行参数估计,最后使用基于 Cox 回归分析的渐进自适应算法对训练过的步态模型进行参数自适应和步态识别
[16]	人脸	子空间学习	将人脸图像特征分解为身份特征部分和年龄干扰特征部分,并分别投影到两个独立的子空间,然后基于身份子空间进行人脸识别。字典学习过程中同时引入重构误差约束项和类别约束项以提高子空间的表征能力和区分能力
[17]	指纹	深度学习与模糊特征	提出基于 CNN 的 CBF-FFPF(Central Block Fingerprint and Fuzzy Feature Points Fingerprint)算法,该算法提取指纹中心点分块图像及特征点模糊化图,合并后输入 CNN 网络进行指纹深层特征识别。经验证,该算法对污损指纹识别有更高的识别率和更好的鲁棒性
[18]	指纹	稀疏表示与字典学习	构建基于分类字典稀疏表示的指纹块频谱增强模型,在训练得到多尺度分类字典和预增强指纹的基础上,基于块质量分级机制和复合窗口策略,结合频谱扩散,基于多尺度分类字典对块频谱进行增强
[19]	指纹	指纹细节点与贪婪算法	为提高安全性等性能,设计了一种基于细节点邻域信息的可撤销指纹模板生成算法。采用改进的细节点描述子采样结构提取细节点邻域的纹线特征,结合用户 PIN 码生成指纹模板,同时结合贪婪算法设计了相应的指纹匹配算法
[20]	人脸	局部防线模式与主成分分析	提出双空间局部方向模式(DSLDP)的人脸识别方法。经由 Kirseh 模板的卷积操作获取图像 3×3 邻域的边缘响应,然后将边缘响应差值绝对值最大值方向编码得到 DSLDP 码。人脸描述阶段对 DSLDP 图进行直方图统计并利用信息熵加权得到人脸特征,使用 PCA 和最近邻分类器进行分类识别
[21]	人脸	受限玻尔兹曼机	采用 RBM 中神经元的概率表征来模拟人脑神经元连续分布的激活状态,利用多层 P-RBM 级联来仿真人脑对视觉的层次学习模式,以逐层递减隐藏层神经元数来控制网络规模,采用分层训练和整体优化的机制来缓解鲁棒性和准确性的矛盾
[22]	人脸	卷积神经网络与极限学习机	使用卷积神经网络提取人脸特征,极限学习机根据这些特征进行识别;固定卷积神经网络的部分卷积核以减少训练参数,从而提高识别精度
[23]	指纹	复合梯度向量	提出一种基于复合梯度向量的指纹匹配算法,获取旋转后指纹图像的极大梯度向量。并以其组建复合梯度向量。然后对复合梯度向量进行分层标记,通过指纹检索、复合梯度向量匹配、维度和梯度匹配,识别出指纹图像

编号	模态	技术关注点	主要步骤特点
[24]	步态	迁移学习	针对敏感场所内人体目标身份认证问题，运用迁移学习的思想，首先用 MNIST 数据集与训练得到卷积神经网络分类模型，然后用人体微动特征数据集去训练模型的分类器，从而对人体步态进行识别
[25]	人脸	支持向量机	提出一种基于支持向量域描述的人脸识别方法，通过多核学习扩展了支持向量域描述，提高其对多中心分布数据的表达能力。进一步借助与位置相关的方法对样本动态加权，解决全局权重参数所带来的问题
[26]	指纹	二维正弦曲面滤波器	针对指纹图像的纹理特征，基于指纹图像纹理结构和二维正弦曲面模式的相似性，构造设计了二维正弦曲面滤波器，并采用二维高斯函数对二维正弦曲面滤波器进行调制以降低边际噪声的影响，基于该滤波器对指纹进行增强
[27]	指纹	三角形匹配	针对输入指纹图像的平移、旋转和尺度变化，提出无方向的三角形匹配算法。在待识指纹图像和模板指纹图像中确定基准三角形，将各个特征点与基准三角形三个顶点的距离组成有序三数组，最后利用数组的相等程度对指纹相似度进行匹配判断
[28]	人脸	深度自编码器	提出基于深度自编码器的单样本人脸识别算法，先采用所有样本训练广义深度自编码器，然后使用单样本微调得到特定类别的深度自编码器，识别时将图像输入自编码器进行重构，使用重构图像训练 softmax 回归模型
[29]	人脸	尺度不变特征和稀疏编码	使用尺度不变特征变换算法提取图像特征，然后与随机生成的字典进行稀疏编码，再用金字塔模型分层提取不同尺度空间的特征，并用最大池融合特征，最后运用核稀疏表示分类
[30]	人脸	二维线性判别分析	提出用于描述人脸图像大尺度局部特征的中心四点二元模式(C-QBP)和用于描述小尺度局部特征的简化四点二元模式(S-QBP)两种互补的新型纹理特征，采用 2DLDA 子空间学习算法基于上述特征进行人脸识别

由表 5.6.1 可看出以下几点。

(1) 在所有的常用生物特征识别模态中，人脸识别的研究吸引了更多研究者的关注。

(2) 深度学习模型及相关方法在几乎所有的生物特征模态的研究中都有应用。

(3) 生物特征识别研究的重点依然是如何从数据中获取具有身份辨别信息的稳定的特征。

第6章

人脸三维重建

人脸三维重建指将人脸表面的形状和纹理进行恢复,从而获得人脸更为精确的表示。人脸三维重建在很大程度上受到了人脸识别技术发展的推动。为了得到对于人脸的姿态、光照等变化更为鲁棒的人脸识别方法,重建三维人脸成为一个行之有效的预处理步骤。人脸三维重建的结果也可以应用在很多其他的场合,诸如游戏制作、电影特效等。

人脸三维重建是一般物体表面三维重建的一个特例,因此计算机视觉中一般物体的三维重建技术也被广泛地应用在该问题中。然而人脸三维重建也具有自身的特点。很多应用里往往需要从单张的人脸图像重建三维人脸,这是一个欠定的问题,往往需要利用关于人脸表面形状和纹理的先验知识进行建模。在过去的 30 年左右的时间里,大量的人脸三维重建方法被提出,其中有些方法已经得到了实际的应用。下面将首先对人脸三维重建技术进行概述,随后选取几个典型方法进行介绍。

6.1　人脸三维重建概述

人脸三维重建技术旨在构建与输入人脸精确匹配的立体形状,该形状不仅能用于表述人脸图像,还可以应用于诸如人脸识别、动画模拟等更高层任务中。从 Parke 建立第一个人脸三维模型以来[Parke 1974],研究者们已经提出许多创造性的人脸三维重建的方法,推动着这一领域高速发展。对不同重建算法的分析和比较,文献[Romdhani 2005]给出了以下 5 个层面的评判标准:精度、效率、鲁棒性、自动化和实用性,不过要建立同时满足这 5 个特点的重建方法仍面临着很大的困难。按照不同的准则人脸三维重建可划分为不同的类别。如根据传感器是否向目标人脸发出光线,人脸三维重建方法可分为主动式和被动式两种。主动式技术目前已应用于成熟的产品中,除了激光扫描仪外,还有利用结构光成像重建三维的微软 Kinect 3D 体感摄影机[Boyer 1987]。这类方法重建准确度高、稳定性好,但设备通常较为昂贵且成像过程需要用户配合,另外这些方法并不适应于已形成的人脸图像库。在本章内容中将关注的是利用现有图像的被动式人脸三维重建的相关方法。

从重建方法的输入来看,基于图像的被动式人脸三维重建方法大致可以分为两类:基于多张人脸图像的方法和仅基于单张人脸图像的方法。基于多张人脸图像的方法是利用人脸在不同条件下成像之后所保留的三维信息进行重建。这类方法通常是将人脸三维重建问题建模成为恰定或者过定的问题进行求解。代表性的方法有基于运动序列的重建,基于多光照图像的重建和基于多视角图像的重建等。相比较而言,基于单张人脸图像的方法具有更为广泛的应用价值,这是因为在很多情况下无法根据人脸三维重建的要求获得多张人脸图像。从单张图像恢复人脸三维形状本质上是一个欠定问题,通常需要引入关于人脸表面结构和纹理的先验知识。一种最为常见的做法是采用数据驱动的方式为人脸表面建立统计模型。下面首先简要介绍几种不同种类的人脸重建方法,在后面的章节中会给出更加详细的说明。

6.1.1　基于从阴影恢复形状的人脸三维重建

人脸从三维形状投影到二维图像的过程中,形状信息会在成像时转换成图像中对应的明暗变化。因此可以根据图像的亮度或阴影将其表面各点的相对高度或法向量等参数恢复出来,即**从阴影恢复形状(SFS)**[Horn 1970],[Woodham 1980]。在图像的成像过程中,图像的灰度受到物体表面法线方向、光源强度和方向、摄像机(观察者)相对位置及物体材质4个因素的影响[章 2012]。为简化求解,传统的 SFS 方法通常都基于如下的几个假设[Horn 1970]。

(1) 假定光源为无限远处的点光源。

(2) 假定人脸为朗伯凸表面,满足朗伯反射定律。

(3) 投影模型为正交投影。

这样,物体表面点的亮度仅由该点光源入射角的余弦与反射率共同决定。假设人脸表面某一点灰度为 I,图像亮度约束方程为:

$$I = \rho l^{\mathrm{T}} \dot{n} \tag{6.1.1}$$

式中,ρ 为该点反射率,$\dot{n} = (\dot{n}_x, \dot{n}_y, \dot{n}z)^{\mathrm{T}}$ 为人脸表面法向量,l 为光线列向量。对于单幅图像,图像上每个点的亮度只能提供一个约束条件,而表面朝向有 3 个未知数(以表面深度在 x 方向、y 方向的梯度形式表示时是两个自由度)。即使假定人脸表面各处反射率恒定且光照方向已知,这仍是一个病态问题。为了得到唯一解,可以采取两种方式引进补充信息:一是利用图像中的约束条件,即 Horn 提出的单幅图像 SFS 问题[Horn 1970];二是增加同一视角下不同光照的图像数目使系统过定,即**光度立体技术**[Woodham 1980]。

基于单图像的 SFS 方法中添加的约束条件主要有亮度约束、平滑约束、可积分性约束、灰度梯度约束和单位法向量约束[Zhang 1999]。有研究者将 SFS 与人脸模型结合来约束解空间,这和人类的认知是一致的。人们在观察一幅图片时就能估计出各部分的深度信息,也是因为引入了先验信息。如文献[Kemelmacher 2011]用一个三维人脸参考模型来替代亮度约束方程中缺少的信息,充分利用人脸形状与反射率的先验知识,分步求解出方程里的各个未知数,对于可控光照条件和网络下载的表情图片这一方法都取得了高精度的重建结果。

为了确定人脸表面朝向的两个未知数,每个点应有至少两个方程。为了提高精确度和恢复表面反射系数,则至少需要 3 张图像。光度立体学在人脸三维重建的经典应用是 Georghiades 的光照锥算法[Georghiades 2001],该文献中使用 7 张正面姿态下不同光照的图来恢复光照锥,再由光照锥得到人脸深度信息。设用于重建的 k 张图像构成一个二维图

像矩阵 $X = [x_1, x_2, \cdots, x_k]$，矩阵每一列为一幅图，根据对成像过程的描述，同时计算法向量和光照信息即求解如下最小化问题，其中 Y 为反射率与法向量的乘积，是光照锥的一组基，而 L 为光照矩阵：

$$\min \| X - LY \|^2 \tag{6.1.2}$$

6.1.2　基于统计模型的人脸三维重建

虽然不同人的脸部特征之间存在很多差异性，但人脸也有很多结构上的共同点。充分利用这些先验知识进行约束才能设计出快速有效的人脸重建算法，这就是基于统计模型的方法。Blanz 和 Vetter 提出的**三维形变模型（3DMM）**［Blanz 1999］是一项开创性的工作，它能够被用来自动重建出具有高度真实感的三维人脸。更重要的是，它是一个生成式模型，通过对模型参数的调控，可以产生具有多种光照、姿态变化模式的投影图像。形变模型的核心思想是线性组合，特征点定位常用的**主动形状模型（ASM）**和**主动表观模型（AAM）**［Cootes 2001］就源于线性模型的思想。Blanz 和 Vetter 将这一思想推广到三维空间，对人脸形状和纹理（反射率）分别进行建模。三维形变模型的运用包括两个方面，一是模型建立；二是模型匹配。用于训练的原型数据通过激光扫描仪得到，经感兴趣区域切割、空洞修补等预处理操作后，利用光流算法建立起三维人脸间点对点的稠密对应关系。这样每一个人脸都可表述为一组相同长度的形状、纹理向量，从而分别张成形状和纹理向量空间，再用统计学的方法构建这两个线性子空间的一组基向量，新的人脸形状和纹理就可以表示为基向量的线性组合，组合系数称为模型表达的内部参数。当利用 3DMM 与特定人脸图像匹配时，还需要一系列的外在参数来描述姿态、光照等因素。匹配过程一般采用合成式分析方式，通过定义合适的代价函数，对模型的内外部参数进行寻优，以恢复特定人脸的模型参数表达。从 3DMM 提出至今的相关的研究主要集中在 3 方面：优化方法的改进、代价函数的定义以及模型的改进。

1. 优化方法

随机牛顿法是 Blanz 和 Vetter 在提出 3DMM 时采用的优化算法，文中所定义的代价函数包括图像灰度、特征点和模型先验 3 个约束项。为了避免局部最优问题，算法每次迭代随机选取 40 个点参与计算，随机性虽然使陷入局部最优的可能性降低，但它极大增加了寻优复杂度，完成整个优化大约需要几分钟的时间。针对随机牛顿法计算复杂度高的问题，Romdhani 提出了**线性形状纹理（LiST）**优化算法［Romdhani 2002］。其精髓在于将原始的非线性代价函数看成是形状、纹理两个线性误差项之和，采用迭代交替优化的思想，通过优化一组参数时固定其他参数，使整个优化过程大大简化，对于形状和纹理系数的更新都只需要求解一个过定的线性方程组。

2. 代价函数

Romdhani 的另一个重要贡献在于改进了代价函数的形式，提出了一种结合人脸图像灰度、边缘、特征点、高光多种特征的匹配算法［Romdhani 2005］。其基本思路是不同特征的代价函数在解空间里具有不同区域的局部最优解，那么经过融合后的代价函数更有可能是凸的，更容易达到全局最优解。图 6.1.1 展示了分别优化两个图像特征代价函数和优化多特征代价函数时的极值分布情况，特征融合有效地降低了局部最小点的出现。而在优化速度上，多特征对局部极值的抑制效应使优化速度大大提升，可以把优化过程加速到几十秒

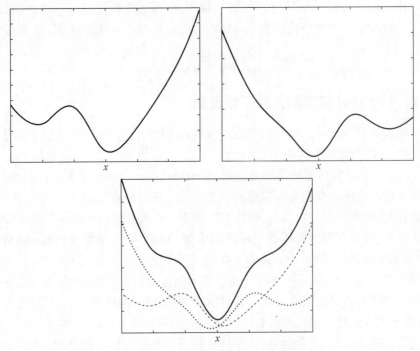

图 6.1.1　多特征融合代价函数

的量级。Amberg 等将形变模型与立体视觉相结合，从不少于 2 幅同时拍摄的宽基线图像中精确恢复人脸表面形状信息[Amberg 2007]。该方法将图像灰度反投影至模型，建立起多图像间像素对应关系。同时将代价函数修正为图像间的颜色差，并融合特征点、形状先验、侧影轮廓等特征，避免了对光线方向和皮肤折射率的估计，使形状重建更为精确和鲁棒。

3．模型改进

在光照模型的改进方面，Wang 和 Zhang 将球谐函数与 3DMM 联系起来，提出了**球谐基形变模型（SHBMM）**方法，采用和 LiST 类似的分步计算策略，交替优化形状参数和球谐参数[Wang 2009]，[Zhang 2006]。为了增加模型对极端光线和部分遮挡图像的适应性，Wang 还引入了马尔科夫随机场对人脸纹理的统计分布和空间一致性进行建模，使得即使对于极度偏光下的输入图像也能给出满意的重建结果。通过重建三维人脸将输入图像光照变为识别系统设定光照条件，该方法对 CMU-PIE[Sim 2003]和 Yale B[Georghiades 2001]人脸库都取得了很好的人脸识别结果。

最初的 3DMM 是建立在 200 个中性表情三维人脸训练集上的，所构建的子空间无法描述具有表情变换的输入人脸，而人脸表情建模对于表情识别和合成又至关重要。Wang 用表情三维人脸建立了一个复合中性表情形变模型[Wang 2011]：对于中性模型的训练和优化，文章遵循和[Zhang 2006]中类似的思路，引入球谐函数来描述光环境；而对于表情模型部分，文章基于流形学习的思想，把人脸表情特征点坐标的变化量通过**局部线性嵌入（LLE）**[Roweis 2000]降维到一个二维流形子空间，然后用混合高斯模型来表示低维空间的概率分布，其中的表情变化量完全由流形空间的二维坐标来表示。在合成式分析优化过程中，三维形状包含了表情的变化，依据最大后验概率准则推导出的代价函数也自然地包含了流形空间概率函数。中性模型和表情模型分开建模、联合优化的方式，不仅使得重建精度优于所有训练样本混合建模的方式,还为去表情操作提供了便利。

近年来,随着深度学习技术的发展,深度学习模型也被用于人脸三维重建。Jourabloo 等人沿用了 3DMM 作为人脸三维统计模型[Jourabloo 2016],但在模型的优化过程中则是使用了 6 个不同的**卷积神经元网络(CNN)**来进行参数估计,替代了传统方法中的非线性优化。类似的思想也在[Zhu 2016]中被采用,不同的是该方法中仅仅使用了一个 CNN,在三维重建过程中通过迭代地调用这个 CNN 来实现 3DMM 模型参数的估计。Jackson 则是将三维人脸表面数据转化为体素的表示形式,然后利用一个 CNN 来直接回归出三维体素表示[Jackson 2017]。

6.1.3 基于从运动恢复结构的人脸三维重建

从运动恢复结构(SFM)是计算机视觉领域一个经典问题,它的目标在于对同一场景的未标定图像集或视频序列来恢复三维场景的结构和相机的相对运动。它首先通过对图像进行特征点检测与跟踪,得到特征点位置的序列,然后利用多视图几何约束关系,得到摄像机参数,实现欧氏空间的三维点云重建[Tomasi 1992]。SFM 不需要特殊的采集设备,也不需要对图像进行标定,仅依靠图像间的特征匹配关系进行三维重建,是一种低成本易于应用的重建技术。对于一个未标定图像序列,用数据矩阵 W 表示 F 帧每帧 P 个特征点的二维坐标序列,SFM 的本质就是一个矩阵分解问题:

$$\min \| W - MS \|^2 \quad W \in \mathbf{R}^{2F \times P}, M \in \mathbf{R}^{2F \times r}, \quad S \in \mathbf{R}^{r \times P} \tag{6.1.3}$$

式中,M 为投影矩阵,S 为形状矩阵。对于刚性物体,Tomasi 首次提出了正交投影准则下的求解方法[Tomasi 1992]。其最重要的贡献在于证明了对于正交投影,矩阵 W 具有低秩特性 $r=3$,简单的**奇异值分解(SVD)**就可以得到较好的重建结果。但当数据矩阵受到噪声干扰或在透视投影情况下,则需要更多的约束条件和更复杂的优化方法。**光束平差法**[Triggs 2000]是刚性 SFM 中对测量误差应用最精确的非线性优化方法,它的一个典型应用就是基于大规模非校正图像的城市场景重建[Agarwal 2011]。也有很多学者把目光转向非刚性 SFM 的求解[Gotardo 2011],以适应人脸、关节等可变形物体的三维建模。对于人脸而言,在忽略表情变化的情况下,仍可以将其视为是一个刚性物体,这在数据采集阶段也是很容易做到的。利用 SFM 进行重建的一个关键难点在于特征点的匹配,因为人脸大部分区域的纹理特征不明显,依靠特征检测与追踪算法建立人脸图像间精确的稠密匹配是非常困难的。

6.2 基于光照锥恢复的人脸三维重建

基于光照锥的重建方法属于 SFM,是 SFM 方法一种比较简单的实现方式。其基本思路是利用同一人脸不同光照的图像来恢复人脸表面的形状与纹理。该方法的基本假设是不同光照的人脸图像落在一个低维空间中,通过求解线性方程组的方式重构出该空间就可以获得三维人脸。

6.2.1 问题的建模

图像空间中的**光照锥**概念最早是由 Belhumeur 和 Kriegman 正式提出的,他们证明了一个物体在任意光照和任意反射状况下的图像组成了一个在 $\mathbf{R}^n$ 空间中里的凸锥，其中 n 是图像的像素个数。若该物体的表面是凸的而且满足朗伯反射定律（例如对人脸表面的常用的近似假设），则该表面在任意光照下的图像构成了 $\mathbf{R}^n$ 空间里的一个凸多面锥，而且该多面锥的面的个数与物体的表面法向量数目相等[Belhumeur 1998]。数学表示上，假设 $z(x,y)$ 和 $\rho(x,y)$ 分别是物体表面的深度和反射率，x 和 y 分别是图像横纵方向上的坐标。由于假设物体表面为朗伯凸表面，满足朗伯反射定律，因此可用 $\boldsymbol{b}(x,y)$ 表示表面每一点上反射率与单位法向量的乘积：

$$\boldsymbol{b}(x,y) = \rho(x,y) \frac{(z_x(x,y), z_y(x,y), -1)}{\sqrt{z_x^2(x,y) + z_y^2(x,y) + 1}} \tag{6.2.1}$$

式中，$z_x(x,y)$ 和 $z_y(x,y)$ 分别为深度 $z(x,y)$ 在 x 方向和 y 方向上的偏导。假设图像的光照环境是来自无限远处的一个点光源，用光照向量 $\boldsymbol{s} \in \mathbf{R}^3$ 表示其光的强度与方向。同时用向量 $\boldsymbol{x} \in \mathbf{R}^n$ 表示物体的 n 个像素的图像展开成的一维向量。这里图像的展开方式并不关键，可以采用行先序或者列先序展开。定义由 $\boldsymbol{b}(x,y)$ 作为行向量组成的矩阵 $\boldsymbol{B} \in \mathbf{R}^{n \times 3}$，于是图像 $\boldsymbol{x}$ 可以表示为 $\boldsymbol{B}$ 与光照向量 $\boldsymbol{s}$ 的乘积：

$$\boldsymbol{x} = \max(\boldsymbol{Bs}, 0) \tag{6.2.2}$$

这里的 max 函数将 $\boldsymbol{Bs}$ 乘积结果中为负的点都设为 0，这是因为成像过程里这些点对应脸部出现附着阴影的部分，这部分理应不对计算过程产生影响。实际上，$\boldsymbol{x}$ 可以投射到 $\boldsymbol{B}$ 的列向量所张成的光照子空间 L 里[Hallinan 1994]，[Shashua 1997]，[Candes 2006]。若不考虑投射阴影的影响，则不带阴影的子集 $L_0 \in L$ 即构成了一个凸锥[Belhumeur 1998]。实际场景中的光源往往超过一个，假设图像中的光源来自 k 个无限远处的点光源，则图像就是各个光源分别照射所形成的图像的线性叠加，其中 $\boldsymbol{s}_i$ 是表示第 i 个光源的向量：

$$\boldsymbol{x} = \sum_{i=1}^{k} \max(\boldsymbol{Bs}_i, 0) \tag{6.2.3}$$

在朗伯凸表面上，由于不同方向上光线的叠加，所有可能的方向与强度的光源生成的图像集合 C 组成一个凸锥。从式(6.2.3)中可不难看出，采用矩阵方式可以很好地描述这个凸锥，且不受光照变化的影响。因此光照锥 C 中的所有图像可以定义为如下极端光线的凸组合：

$$\boldsymbol{x} = \max(\boldsymbol{Bs}_{ij}, 0) \tag{6.2.4}$$

$$\boldsymbol{s}_{ij} = \boldsymbol{b}_i \times \boldsymbol{b}_j \tag{6.2.5}$$

式中，$\boldsymbol{b}_i$ 和 $\boldsymbol{b}_j$ 是矩阵 $\boldsymbol{B}$ 中 $i \neq j$ 的两列。由式(6.2.4)和式(6.2.5)可以看出，理论上重建人脸图像的光照锥可以由如下方法实现：收集一个人脸在同一姿态不同光照下的多张（多于 3 张）无阴影的图像，用这些图像计算出光照子空间 L 的基向量，也就同时得到了物体的形状与反射率信息。一种计算 L 基向量的方法是将图像向量归一化，然后用 SVD 分解得到一组最小二乘意义下的三维正交基组成矩阵 $\boldsymbol{B}^*$。数学上看，该过程即求解如下最小化问题：

$$\min_{\boldsymbol{B}^*, \boldsymbol{s}} \| \boldsymbol{X} - \boldsymbol{B}^* \boldsymbol{S} \|^2 \tag{6.2.6}$$

式中，矩阵 $\boldsymbol{X} = [\boldsymbol{x}_1, \boldsymbol{x}_2, \cdots, \boldsymbol{x}_k]$ 由同一张人脸不同光照下的 k 张图像的向量构成，$\boldsymbol{S}$ 是一个 $3 \times k$ 矩阵，它的第 i 列 $\boldsymbol{s}_i$ 对应第 i 幅人脸图像的光照。要注意的是这里的计算结果 $\boldsymbol{B}^*$ 与

真实的 B 可能会相差一个线性变换,即形式上有 $B^* = BA$。换句话说,B^* 与 B 是同一个光照锥 C 的不同的基,对于任意的光源 s,都有 $x = Bs = (BA)(A^{-1}s)$。另外,由以上 SVD 分解的方法得到的 B^* 并不精确,因为即使是一个标准的凸物体表面,也只有一个与观察方向相同的光线才不会造成阴影。而对于人脸这样并不是标准凸表面的情况来说,这种误差就更为明显。也就是说,如果用来做 SVD 分解的像素点里带有阴影,这将会本质影响估算结果,因此在实际计算中需要避开这些无效的点,于是需要重写上面的最小化问题为:

$$\min_{\boldsymbol{b}_j^*, \boldsymbol{s}_i} \sum_{ij} w_{ij} \mid \boldsymbol{x}_{ij} - \langle \boldsymbol{b}_j^*, \boldsymbol{s}_i \rangle \mid^2 \tag{6.2.7}$$

式中,x_{ij} 表示第 i 幅图的第 j 个像素,$\boldsymbol{b}_j^*$ 是矩阵 $B^* \in \mathbf{R}^{n \times 3}$ 的第 j 行,$\boldsymbol{s}_i$ 是第 i 幅图像的光线向量,w_{ij} 为标记第 i 幅图的第 j 个像素是否有效的函数:

$$w_{ij} = \begin{cases} 1, & x_{ij} \text{ 有效} \\ 0, & x_{ij} \text{ 无效} \end{cases} \tag{6.2.8}$$

6.2.2　求解步骤

该问题的求解过程通常运用到两种方法的结合:一种是由多幅图像数据计算三维线性子空间 L 的基的方法[Jacobs 1997],[Shum 1995],[Tomasi 1992];另一种是由阴影恢复形状时保持表面的可积性的方法[Frankot 1988]。二者的结合也就是在由多幅图计算子空间 L 的基向量的同时保持重构表面的可积性。这里限制可积性可以使模型的自由度变小,也就是所需求解的参数个数变少,所得结果可以更加精确。最终基变换矩阵 A 的 9 个参数里,6 个可以通过上述的方法得以确认,剩下的 3 个参数则与三维表面的**广义浮雕变换(GBR)**对应。理论上,这 3 个参数无法只由光照信息得到,因此无法得到符合实际的精确的矩阵 B 以及对应的表面深度 $z(x, y)$,只能得到它们的广义浮雕变换后的版本 $\bar{B}$ 和 $\bar{z}(x, y)$。为保证可积性,可以在每次迭代中都将上一步计算得到的 B^* 投射到一个可积的向量空间,相对应的也就是用基表面(例如高度函数等)将计算得到的表面 $\bar{z}(x, y)$ 展开:

$$\bar{z}(\boldsymbol{x}, \boldsymbol{y}; \bar{c}(\boldsymbol{w})) = \sum \bar{c}(\boldsymbol{w}) \phi(\boldsymbol{x}, \boldsymbol{y}; \boldsymbol{w}) \tag{6.2.9}$$

式中,$\boldsymbol{w} = (u, v)$ 是一个索引向量,$\{\phi(\boldsymbol{x}, \boldsymbol{y}; \boldsymbol{w})\}$ 表示一组基函数,它们不一定相互正交。如果用离散余弦函数作为基函数,这时的 $\bar{c}(\boldsymbol{w})$ 就恰好是 $\bar{z}(x, y)$ 的离散余弦变换(DCT)的系数。由于基函数的偏导 $\phi_x(\boldsymbol{x}, \boldsymbol{y}; \boldsymbol{w})$ 和 $\phi_y(\boldsymbol{x}, \boldsymbol{y}; \boldsymbol{w})$ 可积,而且根据上面的构造 $\bar{z}(x, y)$ 的偏导也可以作类似展开:

$$\bar{z}_x(x, y; \bar{c}(\boldsymbol{w})) = \sum \bar{c}(\boldsymbol{w}) \phi_x(\boldsymbol{x}, \boldsymbol{y}; \boldsymbol{w}) \tag{6.2.10}$$

$$\bar{z}_y(x, y; \bar{c}(\boldsymbol{w})) = \sum \bar{c}(\boldsymbol{w}) \phi_y(\boldsymbol{x}, \boldsymbol{y}; \boldsymbol{w}) \tag{6.2.11}$$

由于 $\bar{z}_x(x, y)$ 和 $\bar{z}_y(x, y)$ 展开后会有同样的系数 $\bar{c}(\boldsymbol{w})$,很容易得到它们的二阶导数是相等的,即有 $\bar{z}_{xy}(x, y) = \bar{z}_{yx}(x, y)$。即使由优化公式所计算得到的 B^* 不可积,其对应的物体表面深度的偏导 $z_x^*(x, y)$ 与 $z_y^*(x, y)$ 仍然可作类似的展开:

$$z_x^*(x, y; c_1^*(\boldsymbol{w})) = \sum c_1^*(\boldsymbol{w}) \phi_x(\boldsymbol{x}, \boldsymbol{y}; \boldsymbol{w}) \tag{6.2.12}$$

$$z_y^*(x, y; c_2^*(\boldsymbol{w})) = \sum c_2^*(\boldsymbol{w}) \phi_y(\boldsymbol{x}, \boldsymbol{y}; \boldsymbol{w}) \tag{6.2.13}$$

一般情况下 $c_1^*(w) \neq c_2^*(w)$，也就是说 $z_{xy}^*(x,y) \neq z_{yx}^*(x,y)$，即求得的物体表面深度不可积。解决这一问题的方法是：若由 $\boldsymbol{B}^*$ 计算得到的物体表面深度的梯度为 $z_x^*(x,y)$ 与 $z_y^*(x,y)$，则需要找到一组与其最为接近的可积的偏导 $\bar{z}_x(x,y)$ 和 $\bar{z}_y(x,y)$，也就是求解如下最小化过程：

$$\min_{\bar{c}} \sum_{x,y} \{ (\bar{z}_x(x,y;\bar{c}) - z_x^*(x,y;c_1^*))^2 + (\bar{z}_y(x,y;\bar{c}) - z_y^*(x,y;c_2^*))^2 \}$$

$$(6.2.14)$$

总结来讲，在每次迭代中首先求出一组梯度 $z_x^*(x,y)$ 与 $z_y^*(x,y)$，而它们很可能不可积。然后再计算与它们在最小二乘意义上最为接近的可积的偏导 $\bar{z}_x(x,y)$ 和 $\bar{z}_y(x,y)$。再对 $\bar{c}(w)$ 进行二维反余弦变换，便可得到估计的表面深度 $\bar{z}(x,y)$。如前所述，若不考虑阴影与噪声的影响，k 幅人脸图像的数据矩阵 $\boldsymbol{X} = [\boldsymbol{x}_1, \boldsymbol{x}_2, \cdots, \boldsymbol{x}_k]$ 的阶数应该为 3。因此可以对 $\boldsymbol{X}$ 作 SVD 分解得到 $\boldsymbol{X} = \boldsymbol{B}^* \boldsymbol{S}$，其中 $\boldsymbol{S}$ 是一个 $3 \times k$ 阶矩阵，它的列 s_i 对应第 i 幅图的光照向量。另外，由于图像中可能存在投射阴影或图像饱和，在计算之前首先得判断出哪些像素点不满足朗伯表面的假设。阴影部分比饱和部分更难以判断，一种简单的策略是令像素中的灰度除以反射率的值低于一个阈值的点为阴影部分，并用训练图像的平均值作为反射率的初始值，设定一定的阈值后，就可以去掉阴影部分的无效点。总的来说，该算法主要由以下步骤组成。

（1）计算训练图像的灰度平均值，作为反射率 $\rho(x,y)$ 的初始值。

（2）将 k 幅图像展开成为 k 个列向量，构成数据矩阵 $\boldsymbol{X}$，并由式(6.2.8)找出其中的无效点（阴影点、饱和点等）。

（3）挑选出 $\boldsymbol{X}$ 中所有完整的行（没有无效点的行）组成一个新的子矩阵 $\tilde{\boldsymbol{X}}$，一般要求 $\tilde{\boldsymbol{X}}$ 的行数比其列数 k 要大。

（4）对 $\tilde{\boldsymbol{X}}$ 作 SVD 分解得到矩阵 $\boldsymbol{S} \in \mathbf{R}^{3 \times k}$，也就是 $\tilde{\boldsymbol{X}}$ 行空间的基，将它作为光照矩阵的初始值。

（5）由式(6.2.7)的最小化过程求出 b_j^*（$\boldsymbol{B}^*$ 的行），其中的 x_{ij} 来自数据矩阵 $\boldsymbol{X}$，s_i 来自步骤(4)中计算得到的矩阵 $\boldsymbol{S}$ 的列。

（6）将 $\rho(x,y)$ 固定为初始值（步骤(1)中），由式(6.2.1)计算出的 $\boldsymbol{B}^*$ 得到出一组梯度值 $z_x^*(x,y)$ 和 $z_y^*(x,y)$，这两组梯度值可能不可积。

（7）求解式(6.2.14)的最小化问题，即求解最佳的 $\bar{c}(w)$，即得到一组可积的梯度值 $\bar{z}_x(x,y)$ 和 $\bar{z}_y(x,y)$。

（8）使用步骤(4)中计算的矩阵 $\boldsymbol{S}$ 和步骤(7)中计算出的偏导 $\bar{z}_x(x,y)$ 和 $\bar{z}_y(x,y)$，通过最小二乘法更新反射率 $\rho(x,y)$。

（9）用新计算的梯度值 $\bar{z}_x(x,y)$ 和 $\bar{z}_y(x,y)$ 以及新的反射率 $\rho(x,y)$ 计算新的 $\bar{\boldsymbol{B}}$。

（10）用新的 $\bar{\boldsymbol{B}}$ 再去重新计算光照 s_i。

（11）重复步骤(5)~(10)，直到结果收敛。

（12）对系数 $\bar{c}(w)$ 进行反 DCT 变换，得到广义浮雕变换后的表面 $\bar{z}(x,y)$。

6.2.3　重建结果

假设用于重建的图像数目为 k，每幅图的像素数为 n。由问题的建模可以看出，需要求解的是人脸图像上每个像素点上的 ρ, z_x, z_y，再加上 k 幅图像的光照向量未知数（每个光照向量为三维向量），总共有 $3n+3k$ 个未知数。考虑到人脸图像中可能由于阴影或者饱和存在的无效点，k 幅人脸图像实际上能提供的方程数的个数还会少于 kn。为使该问题可以稳定求解，一般会选择将问题构造成为过定方程组，于是应该有：

$$kn > 3n + 3k \tag{6.2.15}$$

很显然，这就要求 $k>3$。所以要用上述的方法重建三维人脸，所需要的同一姿态不同光照下的图像应多于 3 幅。图 6.2.1（a）中展示了来自 Yale 人脸数据库［Georghiades 2001］的 7 幅光照不同的图像。实际上，这 7 幅图的光照都十分接近正面光照，光线的偏角不超过 $10°$，但这也足够被用来重建人脸的三维表面。图 6.2.1（b）则是由这 7 幅图重建的三维人脸旋转到不同的角度展示的结果。实际上，通过三维重建的结果还可以很容易得到多光照的人脸图像，只要构造不同的光照向量即可。

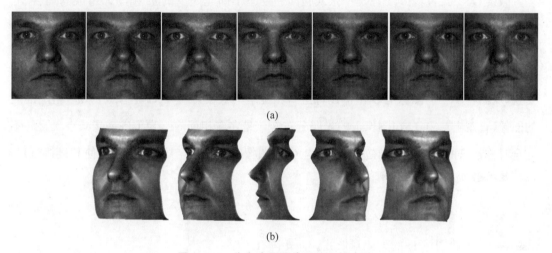

(a)

(b)

图 6.2.1　由多光照图像重建三维人脸

6.2.4　人脸对称性的应用

人脸有一个共同的特征，即看上去大致上是左右对称的。先前有不少研究者专门针对人脸的对称性与非对称性做了研究。Vetter 与 Poggio 提出，假设知道物体是对称的，那在二维图像或视频中检测此物体可以容易很多［Vetter 1994］。Seitz 与 Dyer 假定蒙娜丽莎的脸是对称的，进而实现了其脸部的三维重建［Seitz 1996］。Hsieh 与 Tung 假定人脸是左右对称的，在人脸识别中利用半张脸的信息去解决另半张脸上遮挡的情况［Hsieh 2010］。Passalis 则是利用了同样的想法来解决三维人脸识别中的人脸姿态变化的问题。这些方法里都是默认了人脸的左右对称性，但是唯一不足的是，他们都是将较亮或者较完整半张脸作翻转去弥补另半张脸上信息的缺失。这样的翻转破坏了正常成像的原则，使得生成的图像显得十分不真实。尤其是在原图的光照偏离正面的时候，会使得生成的图像明显看出不是一张真实拍摄的图。

而另一方面，也有不少生理学层面的研究表明人脸并不是完全对称的，尤其是有表情的人脸具有比较明显的偏侧性［Borod 1998］，［Campbell 1982］，［Farkas 1981］。有研究表明人脸的表情一般在左脸上表现更为明显。而在人脸识别方面，有些研究发现单用左脸和单用右脸做识别其结果与用整张脸的做识别的结果有区别[Frankot 1988]，[Tomasi 1992]。Liu与Palmer对有表情的人脸的非对称性作了量化分析，并将此用在了二维视频中的表情分类里，而且还提出，将传统的人脸识别与人脸的非对称性联系起来可以大大提高识别率[Liu 2001]，[Liu 2002]，[Liu 2003a]，[Liu 2003b]。

总的来说，人脸的确不是精确的左右对称，尤其是在有表情的时候这一非对称性更为明显。然而即便人脸不是精确对称的，只要左脸与右脸形状上的差异与两幅图上光线的差异相比可以忽略不计，就可以通过粗配准与精细配准的方式进一步减小这一差异。一种可能的做法是将有偏光的整幅图作左右翻转，然后通过精细的调整，使用新的图来代替对侧光环境下的图像，而不是通常的翻折半张脸。这样就可以从已有的人脸图像中挖掘出更多的信息，而这一信息可以帮助光照锥的重建，进而获得三维人脸。

假设 $G = \{I_1, I_2, \cdots, I_m\}$ 是一张人脸同一姿态不同光照下的 m 幅图像组成的集合，并假设这 m 张图已经是剪切和配准好的。将 G 中的每幅图像作左右翻转，得到包含 m 幅翻转后图像的集合 $\check{G}$。首先利用人脸关键点检测方法找到翻转前后人脸图像中各自的 5 个关键点：两只眼睛中央、鼻尖、嘴中央和下巴。将翻转前后的图像两两对应得到可以二维刚性变换，从而将 $\check{G}$ 中的图像与 G 中的图像进行粗配准。假设 $\check{I}_i$ 是 $I_i (i=1,2,\cdots,m)$ 粗配准后的图像，直观上 $\check{I}_i$ 和 I_i 在图像上的光照分布应该是左右相反的。为了进一步减小人脸的不完全对称带来的误差，可以在原图像集合 G 的图像中寻找一个线性组合 I_i^c，使其最接近 $\check{I}_i$，也就是求解如下最小化问题：

$$\min_t \| At - \check{v}_i \| \qquad (6.2.16)$$

式中，$\check{v}_i$ 是人脸图像 $\check{I}_i$ 的列向量形式。而矩阵 A 为：

$$A = [v_1, v_2, \cdots, v_m] \qquad (6.2.17)$$

由此 I_i^c 可以定义为：

$$I_i^c = At^* \qquad (6.2.18)$$

式中，t^* 是优化问题的最优点。随后可以对 I_i^c 与 $\check{I}_i$ 作高斯模糊后再作 SIFT 光流调整[Liu 2011]来微调人脸的不对称性带来的两幅图中人脸形状上的差异。图 6.2.2 给出了上述配准过程的一个示意，图中也是一个来自 Yale B 人脸数据库的样例，图 6.2.2(a)～图 6.2.2(c)为从该样例挑选的 3 幅接近正面光照的图作为初始人脸图像集 G。将图 6.2.2(a)水平翻转，得到图 6.2.2(d)，然后用 5 个人脸关键点作为控制点，将图 6.2.2(d)按照图 6.2.2(a)做粗配准得到图 6.2.2(e)。由图 6.2.2(a)与图 6.2.2(e)的对比可看到，该样例中的人脸存在着明显的不对称，尤其是嘴部。将图 6.2.2(a)～图 6.2.2(c)作线性组合，由式(6.2.16)得到最接近图 6.2.2(e)的组合结果图 6.2.2(f)，然后再按照图 6.2.2(f)对图 6.2.2(e)作 SIFT 光流的调整就可以得到图像 6.2.2(g)。该图像与真实拍摄的对应光照图像 6.2.2(h)已经十分接近，而且与图 6.2.2(e)相比，图 6.2.2(g)中由人脸不对称性带来的差别也减小了很多。因此可以用图 6.2.2(g)代替图 6.2.2(h)进行三维重建，从而实现了使用更少的输入图像挖掘更多的可用信息。这里使用 SIFT 光流作精细配准是因为 SIFT 光流可以对每个像素点作变动。相较同样也是点对点配准的普通光流配准,SIFT 光流使用的是像素块之间的匹配,比较能容忍两幅差别较大的图像,也更符合这里两幅图中光照和形状信息并不完全一致的情况。

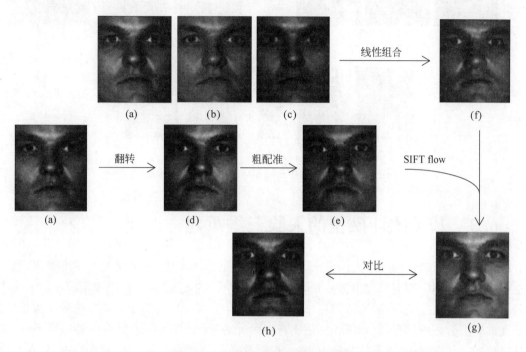

图 6.2.2　正面人脸图像翻转与配准

如前面的分析,使用恢复光照锥的方法重建三维人脸,理论上需要多于 3 幅不同光照的人脸图像才能实现。如果使用图 6.2.2(a)～图 6.2.2(c)中所示的三幅人脸图像,则得到三维重建结果如图 6.2.3(b)中所示。很明显这不是一个正确的人脸形状,因此也验证了由于输入信息的不足,利用这样的 3 张图像是无法进行正确三维重建的。然而如果利用人脸对称性信息,这样的三维人脸重建就成为可能[Chen 2013],[Chen 2014]。如果将图 6.2.2(a)～图 6.2.2(c)中的三幅人脸图像都按照上述的方法进行左右翻转与配准就可以得到图 6.2.4(b)所示的 3 张翻转后的人脸图像,将翻转前后的 6 幅图像图 6.2.4(a)与图 6.2.4(b)一起用来进行三维重建的结果如图 6.2.4(c)所示。重建结果看上去要比图 6.2.3(b)好得多,与图 6.2.2 中 7 张图重建的结果已经十分接近。

图 6.2.3　Yale 库中三幅人脸图像重建三维人脸

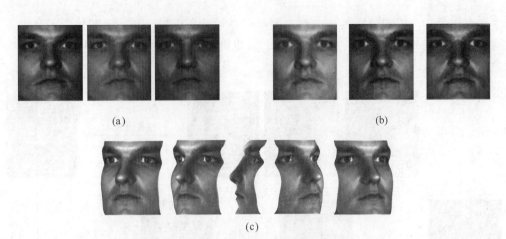

图 6.2.4　Yale 库中三幅图翻转后再重建三维人脸

6.3　基于统计模型的人脸三维重建

前面介绍了基于同一个人的多张不同光照的正面人脸图像来实现人脸三维重建，然而在很多实际应用中则需要仅根据一张人脸图像来进行人脸三维重建。用单幅图重建三维人脸一般来讲是病态问题，因为一张二维图所提供的信息不足以计算出一个准确的三维形状。若要准确求解三维信息，需要事先知道图像中的光环境、物体表面的反射率和边界条件（即外围轮廓上的深度值，以及部分极值点）。然而这些信息本身就属于要求解的内容，在实际应用里无法得知。幸运的是，由于求解对象是人脸，可以利用一些人脸形状与纹理的先验知识。虽然不同人脸之间存在很多细微的差异性，但人脸也有很多结构上的共同点，充分利用这些先验知识有可能设计出快速、有效、鲁棒的基于单幅图像的人脸三维重建算法。这类方法的基本思路是利用已知的三维人脸数据构造人脸表面形状的统计模型，并假设任何人脸的三维形状都可以通过变化该统计模型的参数来进行拟合与近似。

Blanz 和 Vetter 提出的**三维形变模型**就是该类方法中的一项开创性的工作[Blanz 1999]，[Blanz 2003]。该模型对人脸形状和纹理（反射率）分别进行主成分分析（PCA）建模，在人脸三维重建过程中通过**合成式分析法**将模型与输入单幅图像进行匹配。3DMM 通过光流匹配建立起原型人脸稠密的像素级对应关系，将成像过程中的姿态、光照参数化，可以生成高度真实感的人脸三维模型，同时还能合成任意姿态、光照下的新图像。合成式分析方法关键在于选取适当的最小化度量准则和成像模型来构建代价函数。基于 Phong 光照模型[Phong 1975]最小化输入图像和合成图像之间灰度差是最常用的方式，但由于三维模型的成像过程是一个高度非线性映射，直接寻优速度较慢，无法应用于实际系统。Romdhani 等将非线性灰度误差函数看成是形状和纹理线性误差之和，当优化其中一组参数时固定另外的参数，以避免求解大型的梯度矩阵从而降低运算复杂度[Romdhani 2002]。另一方面，Basri 等提出了球谐光照模型，该模型假设人脸是朗伯凸表面，在任意光照下的人脸图像可由一组基图像线性组合来表示[Basri 2003]，[Ramamoorthi 2001]。一种方案是将球谐函数应用于 3DMM 中，用多项线性误差来近似非线性能量函数，依次求解模型的姿态、形状、光照和纹理参数，将复杂的优化问题分解为多个线性方程组求解，从而得到逼真的三维重建结果。

在单幅图像重建三维的研究中,还有一类简单高效不需要优化的插值类方法,该方法利用模型和输入图像对应特征点集计算人脸姿态参数,然后将模型变换到同一姿态下并通过**径向基函数(RBF)**拉伸三维模型,对其余点则进行插值近似。这一方法虽然只能给出近似的三维模型,但在对于重建精度要求不高的场合是一种有效的方法。在本节中将对这几种不同的方法进行介绍。

6.3.1　三维形变模型(3DMM)

3DMM 是应用最广泛的三维人脸统计模型,它的思想基础是线性组合,该方法假定人脸位于一个线性子空间中,通过若干典型样本构建该子空间的一组基,那么任意人脸的形状和纹理都可以分别用对应的基向量的线性组合来表示。Blanz 和 Vetter 等将 $m=200$ 个三维激光扫描仪采集到的原型人脸数据通过光流建立稠密的一一对应关系[Blanz 1999],数据集中的每个人脸就可以用一个形状向量和一个纹理向量共同表示,它包含了 n 个顶点处的三维坐标 (x,y,z) 和三个通道的反射率值 (r,g,b):

$$\begin{cases} s=[x_1,y_1,z_1,x_2,y_2,z_2,\cdots,x_n,y_n,z_n]^T \in \mathbf{R}^{3n} \\ t=[r_1,g_1,b_1,r_2,g_2,b_2,\cdots,r_n,g_n,b_n]^T \in \mathbf{R}^{3n} \end{cases} \tag{6.3.1}$$

令 s_i 和 t_i 对应数据集中第 $i(i=1,2,\cdots,m)$ 个原型人脸数据,于是任意一个新的人脸可表示为原型人脸的线性组合:

$$s_{\text{new}}=\sum_{i=1}^{m}\alpha_i s_i \quad t_{\text{new}}=\sum_{i=1}^{m}\beta_i t_i, \quad \alpha_i,\beta_i \in [0,1] \quad \text{且} \quad \sum_{i=1}^{m}\alpha_i=\sum_{i=1}^{m}\beta_i=1 \tag{6.3.2}$$

在实际应用中,为了降低数据维度以及消除数据间的相关性,可以采用 PCA 对原始数据进行降维处理以获得子空间的正交基。以形状向量 s 为例,首先计算其平均向量,每个样本减去平均向量后构成去均值化矩阵 A 并对其进行 SVD(Singular Value Decomposition)分解:

$$\bar{s}=\frac{1}{m}\sum_{i=1}^{m}s_i, \quad A=[s_1-\bar{s},s_2-\bar{s},\cdots,s_m-\bar{s}]=U\Lambda V^T \tag{6.3.3}$$

记 A 的协方差矩阵为 C,则其特征向量可由 A 的 SVD 直接得到:

$$C=\frac{1}{m}AA^T=\frac{1}{m}U\Lambda^2 U^T \tag{6.3.4}$$

式中,正交矩阵 $U=[u_1,u_2,\cdots,u_m]^T$ 是协方差矩阵 C 的特征向量矩阵,也即 PCA 所要寻求的主成分;令 $\Lambda=\text{diag}(\lambda_1,\lambda_2,\cdots,\lambda_m)$,则 $\sigma_i=\lambda_i^2/m$ 是 C 的特征值,按降序排列。去均值化矩阵 A 的秩为 $m-1$,因此 $\lambda_m=0$,这表明最后一列特征向量是没有意义的。如果用特征值归一化后的特征向量作为基向量 $\hat{s}_i=\lambda_i u_i$,那么任意新的三维人脸现在可用这组特征向量的线性组合来表征:

$$\begin{cases} s_{\text{new}}=\bar{s}+\sum_{i=1}^{m-1}\alpha_i\hat{s}_i=\bar{s}+\hat{S}\alpha \\ t_{\text{new}}=\bar{t}+\sum_{i=1}^{m-1}\beta_i\hat{t}_i=\bar{t}+\hat{T}\beta \end{cases} \tag{6.3.5}$$

式中,$\hat{S}$ 和 $\hat{T}$ 分别是由新的形状和纹理基向量组成的矩阵,而 α 和 β 分别是形状和纹理组合系数组成的向量。PCA 同时给出了组合系数 $\boldsymbol{\alpha}$ 和 $\boldsymbol{\beta}$ 的概率分布，同样以形状系数为例，元素 α_i 服从均值为 0，方差为 1 的高斯分布：

$$P(\alpha_i) = \exp\left(-\frac{1}{2} \parallel \alpha_i \parallel^2\right) \tag{6.3.6}$$

3DMM 是建立在像素级对应的三维原型人脸数据库上，对位于由 200 个训练数据张成的子空间里的人脸，此模型能恢复具有高度真实感的三维形状。模型匹配用到的最常见方法是合成式分析[Blanz 1999]，它将整个成像过程参数化，通过最小化由模型生成图像与输入图像间的某种距离度量来得到形状、纹理及图像合成参数。针对给定人脸图像，能量函数定义通常为输入图像 I_{input} 与合成图像 I_{model} 之间的灰度差：

$$\min_{\boldsymbol{\alpha},\boldsymbol{\beta},\boldsymbol{p}} \delta \boldsymbol{I} = \sum_{x,y} \parallel I_{\text{input}}(x,y) - I_{\text{model}}(x,y) \parallel^2 \tag{6.3.7}$$

式中，I_{model} 是将三维重建出的形状和纹理投影后得到的图像，而 $\boldsymbol{p}$ 就是投影的参数向量。上式所示代价函数是非线性的，直接优化具有计算耗时、容易陷入局部最优的问题。一种可能的方案以 LiST 误差来近似原代价函数[Romdhani 2002]，构建基于谐波光照模型的重建算法，交替求解各项参数。

6.3.2 基于球谐波光照模型的重建方法

1. 谐波光照模型

Basri 在他的工作中证明，对于在任意无限远点光源下的朗伯凸表面所成的图像位于一个低维线性子空间[Basri 2003]。基于此理论，Basri 和 Ramamoorthi 在同时期分别提出了对光照变化建模的**球面谐波光照**模型，并证明在忽略投射阴影时任意光照下朗伯凸表面的图像可以由 9 个球面谐波基图像张成的线性子空间来很好地近似[Basri 2003]，[Romdhani 2002]。根据统计结果，此二阶近似能够涵盖图像 99.2% 的能量[Frolova 2004]。基于球谐波光照模型，对于给定的形状、纹理以及合成参数（姿态参数、光照系数的统称），图像合成过程可由以下几个公式来表述，首先是三维形状以及其投影过程：

$$\boldsymbol{s}_{\text{2-D}} = f\boldsymbol{PR}(\bar{\boldsymbol{s}} + \hat{\boldsymbol{S}}\boldsymbol{\alpha} - \boldsymbol{T}_{\text{3-D}}) + \boldsymbol{t}_{\text{2-D}} \tag{6.3.8}$$

式中，$\boldsymbol{s}_{\text{2-D}}$ 代表三维点投影之后在二维平面的坐标位置；f 是尺度因子而 $\boldsymbol{R}$ 代表刚性旋转矩阵，由物体绕 x、y、z 三个轴的旋转矩阵复合而成；$\boldsymbol{P}$ 为正交投影矩阵，当物体距离成像中心的距离远远大于物体本身的几何尺寸时，正交投影通常可以作为透视投影的一种合理的近似；$\boldsymbol{T}_{\text{3-D}}$ 为三维平移矩阵，等于所有点坐标的均值，其作用为使原点位于三维形状的中心；$\boldsymbol{t}_{\text{2-D}}$ 为二维平面的平移量，和旋转矩阵一样，是需要优化的参数。随后是表面纹理到图像的映射关系：

$$I_{\text{model}} \cong \boldsymbol{\rho} \odot \boldsymbol{h}$$

$$\boldsymbol{\rho} = \begin{bmatrix} 0.30 & 0.59 & 0.10 & 0 & 0 & 0 & & \cdots & \\ 0 & 0 & 0 & 0.30 & 0.59 & 0.10 & & \cdots & \\ & & \cdots & & & & & \cdots & \\ 0 & 0 & 0 & 0 & 0 & 0 & 0.30 & 0.59 & 0.10 \end{bmatrix}_{n \times 3n} (\bar{\boldsymbol{t}} + \hat{\boldsymbol{T}}\boldsymbol{\beta})$$

$$\tag{6.3.9}$$

式中，$\boldsymbol{\rho}$ 是反射率向量，是人脸的内在特征描述。在该方法中简单地通过将纹理向量 RGB

三个通道的值转化为灰度值来近似人脸表面的反射率值;符号⊙代表逐元素的向量乘积, $\boldsymbol{h}$ 是一个 n 维的向量,其中的每个元素都是由模型上对应的点的球谐波函数计算得到的:

$$\boldsymbol{h}[i] = \sum_{k=1}^{9} h_k(\dot{\boldsymbol{n}}) l_k \tag{6.3.10}$$

式中, $\dot{\boldsymbol{n}}$ 是模型上对应点的表面法向量,其三个方向的分量记为 $\dot{n}_x, \dot{n}_y, \dot{n}_z$; $l_1, l_2, \cdots, l_9$ 是球谐基图像系数,也被称为光照系数,但它并非真正的光照向量,而是反映了未知的点光源、延展光源与漫反射光的任意线性组合;球谐波基函数 $h_k(\dot{\boldsymbol{n}})$ 与人脸表面法向量的 3 个分量的关系为:

$$\begin{cases} h_1(\dot{\boldsymbol{n}}) = 1, h_2(\dot{\boldsymbol{n}}) = \dot{n}_x, h_3(\dot{\boldsymbol{n}}) = \dot{n}_y, h_4(\dot{\boldsymbol{n}}) = \dot{n}z, h_5(\dot{\boldsymbol{n}}) = \dot{n}_x\dot{n}_y, \\ h_6(\dot{\boldsymbol{n}}) = \dot{n}_y\dot{n}z, h_7(\dot{\boldsymbol{n}}) = \dot{n}_x\dot{n}_z, h_8(\dot{\boldsymbol{n}}) = \dot{n}_x{}^2 - \dot{n}_y{}^2, h_9(\dot{\boldsymbol{n}}) = 3\dot{n}_z{}^2 - 1 \end{cases} \tag{6.3.11}$$

需要注意的是,3DMM 对形状的表述形式是空间离散点云及其三角拓扑关系,因此经投影成像后的像素值也是散点形式,而图像像素是 (x, y) 平面的整点值,这就需要从散点空间到整点空间的映射,简单地说就是一个像素点插值过程。出于计算方便性,一般采用从整点到散点的反投影方向。根据 Romdhani 提出的基于 Phong 光照模型的 LiST 算法[Romdhani 2002],可以构建基于球谐波光照模型的 LiST 优化方法,采用对形状、纹理、合成参数依次寻优、循环迭代的方式,在优化一组参数时假定其他参数为常量,这样对于每一组参数求解过程都是线性的。

2. 形状更新

形状系数 $\boldsymbol{\alpha}$ 对合成图像中像素灰度的影响来自于对应点的法向量,而法向量与形状之间是非线性映射关系,因此直接从灰度差 δI 来更新 $\boldsymbol{\alpha}$ 较为困难,LiST 算法采用从形状误差恢复形状参数的策略。但输入图像是没有包含形状信息的,通过计算当前参数下合成图像和输入图像之间的光流场[Liu 2009]可得到形状误差 $\delta \boldsymbol{s}_{2\text{-D}}$,由光流场恢复的输入图像形状信息用 $\boldsymbol{s}_{2\text{-D}}^{\text{img}}$ 来表示。除用于更新形状系数外,它还将用于计算姿态参数。

旋转、平移、尺度更新:形状更新的第一步是计算姿态参数 $\boldsymbol{R}$、$\boldsymbol{t}_{2\text{-D}}$ 和 f,可以直接利用当前形状模型和输入图像对应特征点集求出旋转角度、二维平移量和尺度因子。用 $\boldsymbol{Q}$ 和 $\boldsymbol{q}$ 分别表示三维模型和二维图像上对应的人脸特征点集合,其中输入图像的特征点可以由 ASM 人脸特征点定位方法获得[Milborrow 2014],而三维模型上的点可以手工标定,这是一个无需重复的离线工作,只要记录下模型特征点的编号每次调用即可。优化过程为找到满足下式的旋转、平移、尺度参数:

$$\min_{\boldsymbol{R}, \boldsymbol{t}_{2\text{-D}}, f} \| f\boldsymbol{R}\boldsymbol{Q} + \boldsymbol{t}_{2\text{-D}} - \boldsymbol{q} \|^2 \tag{6.3.12}$$

对于式(6.3.12),可以采用 SVD 最小二乘求取刚性转换参数以自动获取姿态参数初始值[Olga 2009],从而避免任何手动交互。由于多姿态人脸图像特征点定位本身是一个很困难的问题,定位准确性和稳定性都不够,因此在计算姿态时并不能完全依赖于特征点。因此在之后的迭代过程中,为了消除定位误差对姿态判断带来的影响,还需要使用光流恢复的形状 $\boldsymbol{s}_{2\text{-D}}^{\text{img}}$ 和对应的模型点来优化姿态参数。

形状参数更新:如前所述,输入图像是不提供形状信息的,通过计算当前合成图像和输入图像之间的光流场来得到图像的形状坐标 $\boldsymbol{s}_{2\text{-D}}^{\text{img}}$,光流场描述的是像素在水平和垂直方向的运动,因此直接插值就能得到与模型一一对应的形状差。当假定纹理参数和合成参数为常量时，形状误差 $\delta s_{\text{2-D}}$ 和形状参数 $\boldsymbol{\alpha}$ 之间是线性关系，通过求解一个过定的线性方程组可得到形状参数变化量 $\delta\boldsymbol{\alpha}$：

$$\delta s_{\text{2-D}} = s_{\text{2-D}}^{\text{img}} - s_{\text{2-D}}^{\text{model}} = f\boldsymbol{PR\hat{S}}\delta\boldsymbol{\alpha} = \boldsymbol{A}\delta\boldsymbol{\alpha} \tag{6.3.13}$$

3. 纹理更新

光照系数更新：在求解光照信息时，取二阶球谐函数近似，光照向量就是一个 9 维的向量，假定当前形状、纹理、姿态参数为常量，式(6.3.14)简化为一个只有 9 个未知量的高度过定线性最小化问题，直接用矩阵伪逆可求取光照系数向量 $\boldsymbol{l} = [l_1, l_2, \cdots, l_9]^{\text{T}}$。文献[Kemelmacher 2011]通过实验证明，即使采用任意三维人脸模型代替输入人脸的反射率和形状信息，计算出的光照结果误差也非常小(误差均值为 $4.9°$，标准差为 $1.2°$)。

$$\min_{l} \sum \| \boldsymbol{I}_{\text{input}} - \boldsymbol{\rho} \odot \boldsymbol{h} \| \tag{6.3.14}$$

纹理参数更新：除纹理参量外，形状参数、合成参数都已完成更新。类似地可以将已更新的参数都视为常量，灰度差代价函数式(6.3.7)简化为只以 $\boldsymbol{\beta}$ 为未知量的线性方程组，同样通过求解一个过定方程组即得到新的纹理参数。

$$\delta\boldsymbol{I} = \begin{bmatrix} 0.30 & 0.59 & 0.10 & 0 & 0 & 0 & & \cdots & \\ 0 & 0 & 0 & 0.30 & 0.59 & 0.10 & & \cdots & \\ & & \cdots & & & & & \cdots & \\ 0 & 0 & 0 & 0 & 0 & 0.30 & 0.59 & 0.10 \end{bmatrix}_{n \times 3n} \boldsymbol{\hat{T}} \odot \boldsymbol{h}\delta\boldsymbol{\beta}$$

$$= \boldsymbol{B}\delta\boldsymbol{\beta} \tag{6.3.15}$$

在上述的每一步中都假定只有一组参数是未知的，以得到参数与代价函数的线性关系，但非线性关系是真实存在的，因此这种线性近似只能是局部小范围的，而并非存在于整个解空间，需要受到一定的约束。同时由于噪声等因素的影响，直接求解式(6.3.13)和式(6.3.15)中矩阵 $\boldsymbol{A}$、$\boldsymbol{B}$ 的伪逆来更新模型会导致过拟合，产生远离平均脸的结果。可以采用模型先验约束的 l_2-最小二乘来求解形状、纹理系数。如下式所示，参数 η 控制解空间受到模型约束的强度：

$$\min_{\delta\boldsymbol{\alpha}}(\| \delta s_{\text{2-D}} - \boldsymbol{A}\delta\boldsymbol{\alpha} \|^2 + \eta \| \boldsymbol{\alpha}_{\text{cur}} + \delta\boldsymbol{\alpha} \|^2)$$

$$\min_{\delta\boldsymbol{\beta}}(\| \delta\boldsymbol{I} - \boldsymbol{B}\delta\boldsymbol{\beta} \|^2 + \eta \| \boldsymbol{\beta}_{\text{cur}} + \delta\boldsymbol{\beta} \|^2) \tag{6.3.16}$$

整个求解过程是：首先利用模型与输入图像对应的特征点集求得初始姿态参数 $\boldsymbol{R}$、$\boldsymbol{t}_{\text{2-D}}$ 和 f，用于生成第一幅合成图像。在以后的每一次迭代中，第一步为利用光流恢复的形状信息优化姿态参数，第二步使用形状误差和模型约束更新形状参数 $\boldsymbol{\alpha}$，第三步恢复光照向量 $\boldsymbol{l}$，这同样是一个线性求解过程，第四步是利用灰度差和模型先验更新纹理系数。当两次迭代的灰度差小于给定阈值时，迭代结束输出模型参数。为了减小计算耗时，可以对全部可见点下采样得到可见点子集用于参数计算。对于这里采用的正面姿态的人脸图像，人脸内部的可见点数目约为 30000 个，而要求解的不管是姿态参数还是形状、纹理参数其维度都在百量级或以下，线性方程系数矩阵高度过定，经过 5 倍下采样后仍是过定的。此外随机选取顶点参与计算，可以有效降低噪声的影响，提高结果的稳定性。

4. 重建结果

这里采用的 3DMM 为来自 Basel 大学的三维形变模型 BFM(Basel Face Model)[Paysan 2009]。图 6.3.1 显示了来自 Yale B 中的重建例子，第一行给出了重建形状、反射率和纹理映射后的结果,第二行给出了合成新姿态与人脸库里真实图像的对比,从重建结果的各个新视角来看,重建的结果非常真实。在计算时间上,对于一张归一化为 270×302 像素大小的图像,在 MATLAB 2010 环境下,整个重建过程迭代大约 5 次共耗时约 50s(CPU 为 3.4GHz Intel Core i7),时间几乎都用于计算输入图像和合成图像之间的光流场以及在约束条件下求解形状、纹理系数。

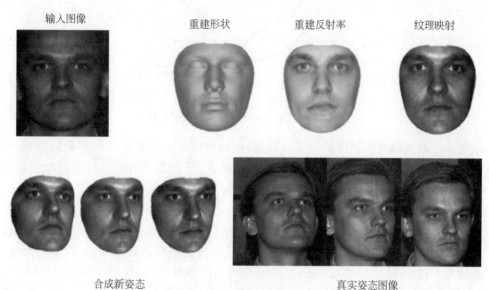

输入图像 　重建形状 　重建反射率 　纹理映射

合成新姿态 　　　　　　　　　真实姿态图像

图 6.3.1　单幅图重建示例

6.3.3　基于径向基函数快速三维重建方法

基于 3DMM 的重建方法虽然能给出令人满意的重建效果,但复杂的模型训练和优化过程限制了它的实际应用价值。针对这一问题,一些学者提出了**通用弹性模型(GEM)**的思想来快速重建人脸三维形状[Prabhu 2011]。这一类方法基于这样的潜在假设,对于具有姿态变化的不同个体而言,深度信息是不足以作为判定准则的,它可以用一个通用模型的深度值代替,只要个体在 x 和 y 方向上人脸特征的空间信息是和个体自身相匹配的。

为了证明这一假设的合理性,Prabhu 对 USF Human-ID 数据库[USF Human-ID]里的原型人脸形状向量作了如下的 PCA 实验,一是对完整顶点向量(x,y,z)的 PCA,二是将所有原型人脸的(x,y)统一到某一规范化的形状$(\bar{x},\bar{y})$后,仅对深度信息 $\hat{z}$ 作 PCA,两者主成分在重建原始数据时所占的能量百分比如图 6.3.2 所示,其中横轴代表主成分序号按照特征值降序排列,纵坐标为主成分所占能量大小。只对深度信息 $\hat{z}$ 作 PCA 得到的第一个主分量所占能量约为 0.13%,平均向量和前两个主成分就已经能相当准确地表达原始数据,其中均值向量所占能量约为 99.7%[Prabhu 2011]。因此,仅仅对于姿态变化的人脸识别,某种程度上忽略深度信息变化的假设是合理的。一种实现的方式是将 3DMM 用作通用弹性模型,给定一幅图像后只要将模型的横纵坐标变换到与输入人脸一致,深度信息用平均值代替再经纹理映射就可以快速地生成给定人脸的三维形状。重建问题现在归结为找到一个合理的方式将形变模型坐标匹配至输入人脸。

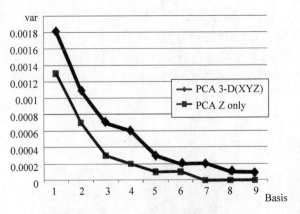

图 6.3.2 (x,y,z) 和 $\hat{z}$ 主成分分析比较

结合模型和人脸之间对应的特征点信息，下面将介绍一种基于**径向基函数（RBF）**的快速人脸重建方法［Buhmann 2000］。所谓径向基函数，是指某种沿径向对称的标量函数 φ：$R^d \rightarrow R$，通常定义为空间中任意点 x 到给定中心点 x_c 欧氏距离的单调函数 $\varphi(\parallel x - x_c \parallel)$。这类函数的作用往往是局部的，当 x 远离 x_c 时函数取值很小乃至可以忽略。所有形如 $\varphi(\parallel x - x_c \parallel)$ 及其线性组合张成函数 φ 的径向基函数空间，这些径向基函数的线性组合可用于近似任意给定函数。RBF 函数可以实现对任意多控制点的准确插值，并得到光滑连续的变形效果。给定 N 个样本点，这里的中心点即人脸特征点，例如可以用 $Q = \{x^1, x^2, \cdots, x^N\}$，$q = \{c^1, c^2, \cdots, c^N\}$ 表示三维模型和二维图像对应的特征点集的坐标，其中 Q 是源位置坐标，q 是目标位置坐标。任意给定一个需要插值的点 x，以逆多二次函数为基函数的插值函数为：

$$F(x) = \sum_{j=1}^{N} w_j \varphi(x, x^j) = \sum_{j=1}^{N} w_j \frac{1}{\sqrt{\sigma^2 + \parallel x - x^j \parallel^2}} \quad (6.3.17)$$

式中，σ 被称为扩展常数，它反映了函数图像的宽度，σ 越小，宽度越窄，函数越具有选择性，一般取每一个控制点与其他控制点距离的最小值；w_j 为插值权系数，$F(x)$ 为目标点的坐标向量。现在的问题是如何确定权重向量，一种可能的思路是使用人脸特征点坐标值。将待插值点 x 移动到三维模型特征点位置时，通过要求精确预测图像对应特征点坐标值找到权重 w_j，这就形成了含有 N 个未知数的 N 个方程，它们只有唯一解，以横坐标为例，c_x^j 为目标特征点 j 的横坐标：

$$\begin{cases} w_1 \varphi(x^1, x^1) + w_2 \varphi(x^1, x^2) + \cdots + w_N \varphi(x^1, x^N) = c_x^1 \\ w_1 \varphi(x^2, x^1) + w_2 \varphi(x^2, x^2) + \cdots + w_N \varphi(x^2, x^N) = c_x^2 \\ \qquad \cdots \\ w_1 \varphi(x^N, x^1) + w_2 \varphi(x^N, x^2) + \cdots + w_N \varphi(x^N, x^N) = c_x^N \end{cases} \quad (6.3.18)$$

这样对横纵坐标各形成了一个线性方程组：

$$\begin{cases} \boldsymbol{\Phi} w_x = \boldsymbol{C}_x \\ \boldsymbol{\Phi} w_y = \boldsymbol{C}_y \end{cases} \quad (6.3.19)$$

当输入点各不相同时，矩阵 $\boldsymbol{\Phi}$ 是可逆的，通过求逆矩阵得到权值系数 $w_x = \boldsymbol{\Phi}^{-1} C_x$，$w_y = \boldsymbol{\Phi}^{-1} C_y$。基于 RBF 的重建第一步通过特征点集得到权值系数，将三维模型的其他数据点，

代入插值函数 $F(x)$ 更新径向基函数的值,并使用求得的权值系数,就能得到这些点经变形后目标位置的横纵坐标,而深度值则用平均模型的深度值代替。图 6.3.3 中给出了利用径向基函数插值算法实现的三维重建框图,整个流程包括姿态估计,将姿态变换参数应用于平均模型,利用径向基函数拉伸平均模型使之与输入人脸匹配,纹理映射,逆变换回正面姿态,正交投影得到正面图像。这一重建方法的优点在于快速高效,对输入图像灰度没有要求,若特征点集足够准确和完备,可以认为得到的三维形状精度只存在 z 方向的差异。但完全依赖特征点意味着定位误差以及输入图像和模型对特征点的定义不一致会使重建结果严重退化,就如图 6.3.3 中所示,鼻子和眉毛处出现不平滑区域,这样的三维形状虽然不适用于合成新光照图,但对于将参考集中的单张图像合成新的姿态图以扩充参考集,或是将输入图像矫正到系统设定的姿态却是一个行之有效的方法。在 CPU 为 3.4GHz 的 Intel Core i7 的计算机上,在 MATLAB 2010 环境下所需时间约为 2s,而在 VS2010 环境下,这一重建过程仅需要不到 0.2s。

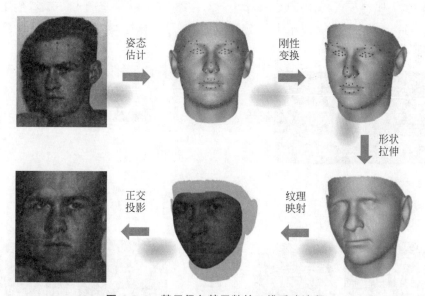

图 6.3.3　基于径向基函数的三维重建流程

6.4　基于运动视频序列的人脸三维重建

从运动到结构(SFM)是计算机视觉中用于重构物体表面三维结构的一种重要方法。这种方法也可以被应用到人脸三维重建中,即通过由未标定的单目摄像机所拍摄的图像序列来获取人脸表面深度信息。在获取视频序列时,假定相机保持静止,受试者在镜头前做头部刚性运动,或受试者静止而相机运动。在这样的条件下采集到的视频序列可以被用来计算光流场,其中就包含了人脸表面的结构信息,进而可用于帮助确定物体的三维结构和运动[章 2012]。SFM 重建方法通过视频流的特征点序列在一定约束下计算出物体表面的三维信息和相对于相机的运动参数[Gotardo 2011]。如果多幅图像间可以通过特征点匹配确定稠密的对应关系,那么就可以精确恢复出物体表面稠密的三维形状。

但由于噪声干扰、光照变化、物体形状变化和镜头畸变等影响,很难实现特征点像素级的精确匹配,尤其对于人脸而言,脸颊额头等区域缺少显著性纹理,更难建立起准确的特征点对应关系。相应的,人脸表面的关键点,诸如眼角、嘴角、鼻尖等位置通常可以较为精确地被检测和跟踪。因此一种可行的思路是利用 SFM 先进行稀疏的三维重建,再利用 3DMM 实现稠密的三维重建[Yang 2013]。稀疏三维重建过程中存在一个问题,即 SFM 方法本身极易受到特征点误差影响而性能严重退化。不过现有的 SFM 方法通常对特征点缺失有比较强的容忍能力。因此一种可行的方法是通过图像的特征来评价二维点序列的可信度,充分利用图像本身的纹理信息来删除误差大的定位点,以增强 SFM 算法对特征点定位误差的鲁棒性。

图 6.4.1 展示了基于姿态变化视频序列进行从稀疏到稠密的人脸三维重建过程。该方法的输入是一段人脸视频序列,测试者头部在摄像机前做平缓的刚性旋转运动,考虑到轮廓特征点的自我遮挡问题,姿态限制在近似正面。图 6.4.1 中给出的是第一帧和最后一帧图像及其跟踪的人脸特征点。视频总长度约为 $5s$,帧率为 25 帧$/s$,经 4 倍下采样后用于重建。该方法由 5 个步骤组成,分别为特征点定位与跟踪、可信点提取、SFM 稀疏重建、稠密重建和纹理映射,下面将详述每个步骤。

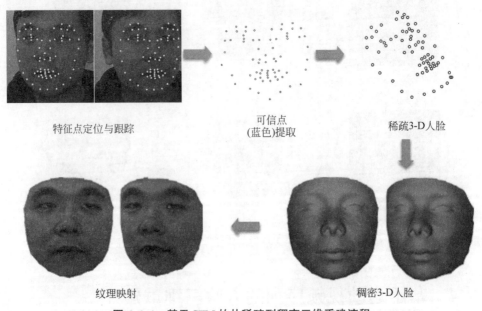

特征点定位与跟踪　　　　可信点(蓝色)提取　　　　稀疏3-D人脸

纹理映射　　　　　　　　　稠密3-D人脸

图 6.4.1　基于 SFM 的从稀疏到稠密三维重建流程

1. 特征点定位与追踪

在视频流中选定一参考帧,用现有的 ASM 算法[Milborrow 2014]提取出图像中人脸的 68 个关键点,再采用光流法[Liu 2009]跟踪这些标志点。通常特征点跟踪采用的是计算相邻两帧光流场的方式,但这样容易出现累积误差,一旦某一帧的特征点跟踪失败就会影响整个重建,为了避免或者降低大误差点对 SFM 的影响,因此可以通过计算所有其他帧和参考帧之间的光流场来建立特征点序列对应关系,从而避免了累积误差带来的影响。一段长度为 F、特征点数目为 N 的特征点序列坐标矩阵 W。表示为:

$$W_0 = \begin{bmatrix} x_{11} & \cdots & y_{1N} \\ y_{11} & \cdots & x_{1N} \\ \vdots & \ddots & \vdots \\ x_{F1} & \cdots & x_{FN} \\ y_{F1} & \cdots & y_{FN} \end{bmatrix} \tag{6.4.1}$$

2. 可信人脸特征点提取

随着头部旋转角度增加,特征点跟踪的准确性会降低,尤其是对于像脸颊、额头这些缺少显著性纹理的区域。由于特征点误差会大大降低 SFM 稀疏点重建性能,直接将数据矩阵应用于重建会得到偏离真实三维形状的结果。可以利用特征点附近图像块的灰度特征来评估该点可信度的方法,合理选取用于重建的特征点序列。在传统的 SFM 重建中,所利用的信息只有二维点序列坐标,而实际上还能从图像本身所蕴含的灰度信息里得到特征点之间的相似程度,以此作为评价可信度的判据。**灰度共生矩阵(GLCM)**是一种应用广泛的提取纹理特征的方法,不同于灰度直方图的一阶统计,它通过研究灰度的空间分布特性,得到有关图像亮度分布的二阶统计特征[Haralick 1973]。

给定一幅图像,设其灰度级为 L。图像中任给一点 (x,y) 及偏离它距离为 $d=(a,b)$ 的另一点 $(x+a,x+b)$,设该点对的灰度值为 (i,j)。遍历整个图像,得到各种点对的灰度值,理论上这些灰度值对的组合最多有 L^2 种。对于整个图像,统计出每一种灰度值对 (i,j) 出现的次数,再除以总次数归一化为出现的概率 $p(i,j)$,然后将概率按灰度值排列成一个方形矩阵 P,这样的方阵称为灰度共生矩阵。矩阵中位置为 (i,j) 处的取值 $p(i,j)$ 表示了在给定输入图中某一像素的灰度值为 i,另一与其相距距离为 $\|d\|$,方向为 $\arctan(b/a)$ 的像素灰度值为 j,这样两个像素出现次数的归一化频率。通过设定不同的差分距离 d,可得到不同情况下的联合概率矩阵。例如当 $a=1,b=0$ 时,相当于对图像进行水平 $0°$ 扫描;当 $a=1,b=1$ 时,相当于对图像进行与水平方向呈 $45°$ 斜向右下的扫描。以图 6.4.2(a)所示的一个简单图像块为例,其灰度级为 4,取距离 $d=(1,0)$,构成的灰度共生矩阵为图 6.4.2(b)所示,其中 (i,j) 取值为 $(1,2)$ 共出现了 11 次,如图中阴影标注。同时可以看出灰度对 $(0,1)$,$(1,2)$,$(2,3)$ 和 $(3,0)$ 均有较高的出现频数,说明图像中存在明显的左下到右上方向的纹理。

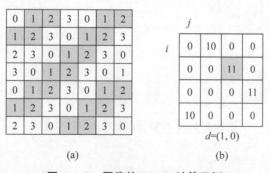

(a)　　　　(b)

图 6.4.2　图像的 GLCM 计算示例

为了能更直观地以共生矩阵描述纹理状况,Haralick 给出了共 28 个反映矩阵状况的统计特征参数,在本方法中用到的为以下几种。

（1）能量 $\sum\limits_{i,j} p(i,j)^2$，等于矩阵所有元素平方后求和。大的能量值反映规则变化的纹理模式，说明共生矩阵中的元素分布集中；小的能量值说明图像纹理变化模式较多，矩阵中元素分布广泛。能量反映了图像纹理分布的一致性，如草地的能量值就会明显低于具有均一纹理的海洋图像能量值。

（2）熵 $H = \sum\limits_{i,j} p(i,j)\log p(i,j)$，是对图像信息量的一种度量，衡量图像的无序程度。当图像矩阵是随机噪声时，所有元素具有最大的无序性，共生矩阵有较大的熵。

（3）对比度 $\sum\limits_{i,j} (i-j)^2 p(i,j)$，反映的是图像的局部差异性程度，相邻图像块差别越大，其对比度越大。同样以草地和海洋为例，前者对比度值大于后者。

（4）逆差矩 $\sum\limits_{i,j} p(i,j)/(1+(i-j)^2)$，大的逆差矩说明图像纹理不同子块之间比较均匀而缺少变化，它反映了图像局部纹理变化程度。

对每一个点对（图像帧和参考帧形成的点对），截取特征点周围 5×5 大小的图像块，分别计算其在 $d=(1,0)$；$(0,1)$；$(1,1)$ 三个方向的灰度共生矩阵和上述 4 个特征参数，形成一个 12 维的特征向量 $\boldsymbol{l}$。接下来计算特征向量对之间的互相关系数构成的矩阵 $\boldsymbol{C}$，其元素 c_{mn} 为：

$$c_{mn} = \mathrm{corr}(\boldsymbol{l}_{m,n}, \boldsymbol{l}_{\mathrm{ref},n}) \quad 1 \leqslant m \leqslant F, 1 \leqslant n \leqslant N \qquad (6.4.2)$$

式中，$\boldsymbol{l}_{m,n}$ 是第 m 帧第 n 个点的特征向量，$\boldsymbol{l}_{\mathrm{ref},n}$ 是参考帧第 n 个点的特征向量。对于人脸表面不同的特征点，互相关系数随着相对于参考帧姿态的逐渐变化会出现较大的差异，图 6.4.3 给出了 3 个点的互相关系数变化趋势，其中 2 个为脸颊点，1 个为眼角点，第 6 帧为参考帧。直观而言，脸颊因为缺少灰度信息在跟踪时更容易发生较大误差，这与实验结果一致：当姿态与参考帧相距较大时，脸颊点的互相关系数下降到 0.8 左右，而眼角点保持相对稳定。

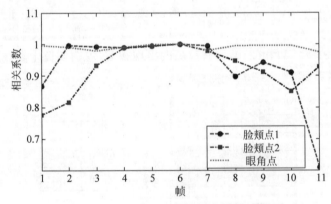

图 6.4.3　人脸特征点互相关系数变化图

3. SFM 稀疏重建

根据 SFM 重建算法，数据矩阵 $\boldsymbol{W}$ 可以分解为一个三维形状矩阵 $\boldsymbol{S}$ 和刚性变换矩阵 $\boldsymbol{M}$ 的乘积，SFM 就是要计算出这两个矩阵。这里采用文献［Gotardo 2011］中的算法来得到 68 个关键点的位置信息。该算法假定特征点序列是一个光滑的时间轨迹，由于测试者在镜头前头部平缓移动，故所得视频流是完全吻合这一假设的。下面简要叙述这一重建过程：经

过可信度检测后,不满足阈值条件的点在数据矩阵中被置为无效,新的数据矩阵表示为 W:

$$W = MS = M \begin{bmatrix} s_1 & \cdots & s_N \\ 1 & \cdots & 1 \end{bmatrix} \tag{6.4.3}$$

式中,S 矩阵由 N 个稀疏形状点的齐次坐标组成,M 矩阵是 F 帧的仿射变换矩阵。在连续时间轨迹的假设下,M 可以表示为一个时间连续矩阵函数 $\hat{M}(t) \in \mathbf{R}^{2 \times 4}$ 的等间隔采样,每一帧(经下采样后)为一个采样点 $\hat{M}_t (t = 1, 2, \cdots, F)$,如下式所示:

$$M = \begin{bmatrix} \hat{M}_1 \\ \vdots \\ \hat{M}_F \end{bmatrix}, \quad \hat{M}_t = [\hat{A}_t \hat{t}_t] \tag{6.4.4}$$

式中,$\hat{A}_t \in \mathbf{R}^{2 \times 3}$ 是 t 时刻的旋转投影矩阵,$\hat{t}_t \in \mathbf{R}^2$ 是该时刻的二维平移矩阵。接下来是算法的核心思想,它将矩阵函数看成是以一组余弦函数为基底的线性组合:

$$\hat{M}(t) = [\hat{A}(t) \quad \hat{t}(t)] = \sum_{f=1}^{6} \omega_{tf} \hat{X}_f \tag{6.4.5}$$

式中,ω_{tf} 为 t 时刻基频为 f 的余弦项,它的定义为:

$$\omega_{tf} = \frac{\sigma_f}{\sqrt{F}} \cos \frac{\pi(2t-1)(f-1)}{2F} \quad \sigma_f = \begin{cases} 1 & f = 1 \\ \sqrt{2} & f \geqslant 2 \end{cases} \tag{6.4.6}$$

从分解过程来看,余弦基函数和组合系数均是未知量,因此需要交替优化这两项。SFM 问题就转化为先求解仿射变换矩阵函数 $\hat{M}(t)$,得到它在每一帧的采样点,再由广义逆矩阵得到形状齐次表达 $S = M^\dagger W$($M^\dagger$ 代表矩阵 M 的广义逆)。在后面的求解中,用 s_s 来表示由上述过程所求得的三维稀疏点集。

4. 稠密重建和纹理映射

根据上一节的描述,在 3DMM 中人脸三维形状可以表示为一个由所有顶点按照 x, y, z 坐标顺序展开形成的向量 $s = \bar{s} + \hat{S}\alpha \in \mathbf{R}^3$。根据用稀疏点集引导稠密重建的思想,需要获取形状中的部分特征点坐标,因此通过一个映射矩阵 L 将高维形状向量映射到低维稀疏点向量空间:

$$s_s = L(\bar{s} + \hat{S}\alpha) \tag{6.4.7}$$

$s_s \in \mathbf{R}^{3N}$ 是一个维度远小于总顶点数的低维向量,虽然它给出了很强的形状约束,但由于观测噪声和 SFM 算法本身误差的影响,这个等式只在理想情况下才严格成立[丁 2012]。因此,直接求解形状系数 α 会造成过拟合[Blanz 2004]。一种可行的解决方案是利用模型先验知识对解空间进行约束,得到约束条件下的最优解。令 $y = s_s - L\bar{s}$,假定实际的观测向量受到独立同分布的均值为 0,方差为 σ_N^2 的噪声 ε 干扰,则可以得到:

$$y = L\hat{S}\alpha + \varepsilon = Q\alpha + \varepsilon \tag{6.4.8}$$

则问题的计算目标就是在给定观察向量 y 时最大化形状系数 α 的后验概率 $p(\alpha \mid y)$,首先计算先验概率如下:

$$p(y \mid \alpha) = \nu \exp\left(-\frac{1}{2\sigma_N^2} \| y - Q\alpha \|^2\right) \tag{6.4.9}$$

根据贝叶斯准则 $p(\boldsymbol{\alpha} \mid \boldsymbol{y}) \propto p(\boldsymbol{y} \mid \boldsymbol{\alpha}) p(\boldsymbol{\alpha})$，且 3DMM 假设 $\boldsymbol{\alpha}$ 满足独立同分布的高斯分布，于是有：

$$p(\boldsymbol{\alpha} \mid \boldsymbol{y}) = \kappa \exp\left(-\frac{1}{2\sigma_N^2} \parallel y - \boldsymbol{Q}\boldsymbol{\alpha} \parallel^2 + \eta \parallel \boldsymbol{\alpha} \parallel^2\right) \tag{6.4.10}$$

式中，η 为归一化因子。则优化过程可以表述为：

$$\underset{\alpha}{\operatorname{argmax}} p(\boldsymbol{\alpha} \mid \boldsymbol{y}) \Rightarrow \underset{\boldsymbol{\alpha}}{\operatorname{argmin}} \parallel y - \boldsymbol{Q}\boldsymbol{\alpha} \parallel^2 + \eta \parallel \boldsymbol{\alpha} \parallel^2 \tag{6.4.11}$$

求解该优化问题最终得到 l_2-约束最小二乘解。常数 η 使优化结果在满足稀疏点拟合和模型约束间取得权衡。求得 $\boldsymbol{\alpha}$ 后就可得到对应的稠密三维模型，经过纹理映射实现最终具有高度真实感的三维人脸形状。图 6.4.4 展示了更多的人脸三维重建结果。

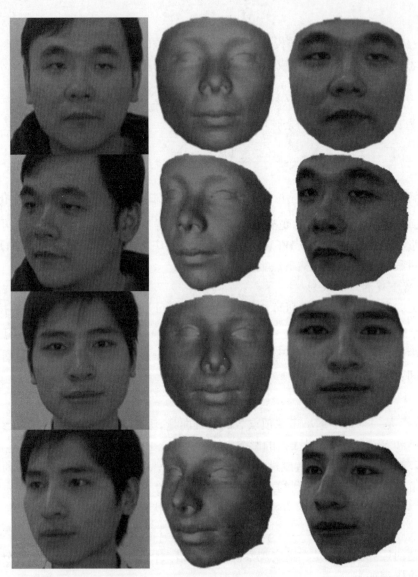

图 6.4.4　真实视频序列三维重建结果

6.5 基于深度学习的人脸三维重建

近年来,深度学习方法在很多不同的研究领域已经取得了巨大的成功。卷积神经网络作为其主要实现形式之一,由于其本身对图像处理的优越性,也在计算机视觉方向占据了主导地位。研究者们自然而然地想要将深度学习方法应用到三维人脸重建上。这方面的尝试虽然还不是很多,但大多取得了很好的效果,给三维人脸重建问题带来了崭新的思路和广阔的前景。目前,将深度学习方法应用到三维人脸重建中的思路主要可以分为两种:一是利用神经网络强大的特征提取功能,将其用作传统模型中的一部分,用于拟合模型所需的参数或进行特征点检测匹配等关键步骤,来替代传统方法使用的迭代算法等;另一种思路是直接利用神经网络解决回归问题,将整个三维人脸重建建模为回归问题,通过设计神经网络来实现输入图片到输出三维模型的端对端结构。这二者的共同之处在于都利用神经网络对输入图像进行了处理,而前者更多地是对传统算法的一种改进,通过引入深度学习模型提高整个算法的鲁棒性和高效性,后者则完全将问题建模成为神经网络的求解,通过深度学习模型来直接解决重建问题。下面结合典型的算法对这两类思路进行简要介绍。

6.5.1 结合 3DMM 的深度学习重建方法

将深度学习引入人脸三维重建的一种最为直接的思路就是利用深度学习方法来改进传统的人脸三维重建模型。其中最具代表性的是对可形变模型(3DMM)的改进,近年来有不少相关工作涌现出来。[Güler 2017],[Yu 2017]利用卷积神经网络来对齐输入图像和三维模板,进而计算 3DMM 模型参数;[Jourabloo 2015],[Dou 2017],[Tran 2017]等直接利用神经网络估计 3DMM 模型参数,也取得了不错的效果;同时,[Tewari 2017],[Bas 2017]等提出无监督方式来拟合 3DMM 参数,大大提升了模型的可扩展性,但其鲁棒性仍有待进一步提高。下面以[Tran 2017]为例,介绍通过神经网络方法拟合 3DMM 模型参数的一般思路。

如前所述,基于 3DMM 的人脸三维重建最为核心的步骤是求解式(6.3.5)中的形状参数 α 和纹理参数 β。Tran 等提出利用 CNN 来直接拟合 α 和 β 参数,来取代传统的迭代算法,进而实现单图三维人脸重建。网络结构采用了目前流行的人脸识别框架,以 ResNet-101 为基础[He 2016]并修改最后全连接层的输出个数来拟合 α 和 β。由于当前三维人脸重建方向大规模有效标注数据的缺乏,Tran 等利用已有的多角度二维图像,通过基于多幅图像的传统 3DMM 模型来为单图 CNN 训练制作标签,即通过精心初始化和调整的多图 3DMM 来获得很好的 α 和 β,作为 CNN 训练数据的真实值。这样做的好处是解决了训练数据缺乏的问题,可以生成大规模标注数据来训练模型。但同时由于神经网络的训练依赖于准确的标签,多图 3DMM 的精度会成为制约最终单图重建模型表现的瓶颈。

Tran 等的贡献还在于设计了一种非对称欧式距离来作为网络训练中的损失函数,来使网络输出具有更大的变化性而非聚集在平均值附近,其定义如下:

$$L(\boldsymbol{\gamma}_p, \boldsymbol{\gamma}) = \lambda_1 * \| \boldsymbol{\gamma}^+ - \boldsymbol{\gamma}_{\max} \|_2^2 + \lambda_2 * \| \boldsymbol{\gamma}_p^+ - \boldsymbol{\gamma}_{\max} \|_2^2 \qquad (6.5.1)$$

式中,$\boldsymbol{\gamma}^+ = \mathrm{abs}(\boldsymbol{\gamma})$,$\boldsymbol{\gamma}_p^+ = \mathrm{sign}(\boldsymbol{\gamma}) * \boldsymbol{\gamma}_p$,$\boldsymbol{\gamma}_{\max} = \max(\boldsymbol{\gamma}^+, \boldsymbol{\gamma}_p^+)$,$\boldsymbol{\gamma}$ 是网络训练标签,由 α 和 β 两个向量拼接而成;$\boldsymbol{\gamma}_p$ 是网络的输出,λ_1 和 λ_2 是用来调整损失占比的权重因子。通过这

样的损失函数,CNN 模型可以更好地预测出较有区分性的特征而非平均化的特征。实验表明该模型在精度和速度上都超过了单图重建的 3DMM 传统算法,成为目前最精确和有效的算法之一。

6.5.2 深度学习模型直接回归人脸三维模型

利用深度学习来拟合传统模型参数的算法取得了良好的效果,但是研究者们并不满足于此。众多的计算机视觉任务表明,神经网络如果是端到端训练的,其拟合结果往往要好很多。端到端模型减少了人工特征选择和处理,将选择权更多地交给了网络,神经网络由此更有可能学出比人工设定更好的特征表达和拟合方式,这与神经网络表征学习的特点以及反向传播的特性密切相关。举例来讲,上节中介绍的 Tran 等提出神经网络学习 3DMM 参数的方法,神经网络只作为模型其中的一部分,事实上整体性能受限于 3DMM 方法本身。而如果采用端到端的神经网络学习,则完全有可能获得比 3DMM 更好的建模方式和表征手段。同时,如果加以适当的指向性的约束,端到端神经网络完全可以拟合出类似 3DMM 的模型,这表明 3DMM 模型或其他传统模型,大多数是神经网络可表达的模型的子集。因此,如何利用端到端神经网络来直接处理三维人脸重建问题,也引起了广泛的关注。

得益于深度学习模型强大的回归问题解决能力,许多将人脸重建问题建模为回归问题的算法都已经取得了不错的效果。[Jackson 2017]提出由单图直接重建体素级三维人脸的方法,[Trigeorgis 2017]通过训练全卷积网络来输出人脸表面法向量及重建结果;[Feng 2018]中将三维人脸重建和人脸对齐结合起来,设计网络同时输出二者结果,取得了非常好的效果。下面以[Jackson 2017]为例,简要介绍端到端神经网络处理三维人脸重建问题的方法。

在[Jackson 2017]中,问题建模为输入单张人脸的二维图像,输出 $192\times192\times200$ 大小的矩阵,矩阵每个位置的值代表该处体素存在的概率,介于$[0,1]$之间。神经网络目标是学习出这样的映射,即 $f: \boldsymbol{I} \to \boldsymbol{V}$,与此对应,损失函数设计为 sigmoid 交叉熵损失函数,即:

$$l_1 = \sum_{w=1}^{W}\sum_{h=1}^{H}\sum_{d=1}^{D}[\boldsymbol{V}_{whd}\log(\hat{\boldsymbol{V}}_{whd}) + (1-\boldsymbol{V}_{whd})\log(1-\hat{\boldsymbol{V}}_{whd})] \tag{6.5.2}$$

式中,$\hat{\boldsymbol{V}}_{whd}$ 是$\{w,h,d\}$位置对应的网络输出经过 sigmoid 函数后的值。

Hourglass 结构[Newell 2016]是一种著名的形似"沙漏"的残差结构,可以充分提取不同尺度的特征;Jackson 等人基于 hourglass 网络结构设计了编码-解码结构,整个网络由两个 hourglass 模块构成;先通过深度网络提取出关键特征,再通过解码结构恢复空间尺度,来回归得出三维体素模型的矩阵表示;进一步地,他们发现可以先回归得出脸部关键点位置,将其与原图结合,再经过重建网络后得出体素结果,这样的方法会提升网络的精度。在训练的过程中,输入图像进行了旋转、放缩等数据增强;多个数据集的测试结果表明,Jackson 等设计的端到端网络结构在性能上显著优于之前提出的基于 CNN 的 3DMM 模型优化算法[Zhu 2016],由此证明了端到端神经网络结构处理该问题的可行性与高效性。

6.6 近期文献分类总结

下面是一些期刊近年发表的一些有关人脸三维重建的文献目录(按作者姓氏拼音排序),全文均可在中国知网上获得。

[1] 曹元鹏,周大可,杨欣,等. 基于测地线采样的三维表情人脸识别. 吉林大学学报,2015,33(4)：429-434.

[2] 陈欣,杨克义. 基于单幅图像的 3D 人脸重构. 信息系统工程,2018.

[3] 陈智,董洪伟,曹攀. 基于正方形描述符和 LSSVM 的三维人脸区域标记. 传感器与微系统,2018,37(5)：40-43.

[4] 詹红燕,张磊,陶培亚. 基于姿态估计的单幅图像三维人脸重建. 微电子学与计算机,2015,3209：95-99+104.

[5] 隋巧燕,董洪伟,刘蕾. 双目下点云的三维人脸重建. 现代电子技术,2015,3804：102-105.

[6] 方三勇,周大可,曹元鹏,等. 基于姿态估计的正面人脸图像合成. 计算机工程,2015,41(10)：24-244+249.

[7] 傅泽华,龚勋. 基于可变模板的 Kinect 三维人脸标准化. 机械,2015,41：343-348.

[8] 谷天,陈江龙,李科. 一种用于三维人脸重建的快速稠密视差图生成方法. 西华大学学报(自然科学版),2016,3501：77-79+98.

[9] 胡步发,刘志萌. 基于极线距离变换的人脸立体匹配算法. 仪器仪表学报,2015,36(2)：360-367.

[10] 蒋玉,赵杰煜,陈能仑. 基于自遮挡的三维人脸重建优化. 数据通信,2016,4：31-36.

[11] 蒋玉,赵杰煜,陈能仑. 一种侧视图的三维人脸重建方法. 宁波大学学报(理工版),2016,2903：62-67.

[12] 李想,胡剑凌,张霞,等. 基于高光消除的 SFS 三维重构算法研究. 电视技术,2015,39(21)：107-110.

[13] 李昕昕,龚勋. 三维人脸建模及在跨姿态人脸匹配中的有效性验证. 计算机应用,2017,3701：262-267.

[14] 林克正,吴迪,刘帅. 基于 PDE 形变模型的三维人脸识别算法研究. 计算机应用研究,2015,3209：2827-2830+2843.

[15] 林琴,李卫军,董肖莉. 基于双目视觉的人脸三维重建. 智能系统学报,2018,4：1-8.

[16] 吕海清,李雪飞. 真实感三维人脸建模技术综述. 软件导刊,2018,1701：1-3+7.

[17] 吕培,徐明亮,谢蕾. 表情数据库无关的人脸表情转移. 计算机辅助设计与图形学学报,2016,2801：68-74.

[18] 梅蓉蓉,吴小俊,冯振华. 基于姿态估计的张量分解人脸识别方法. 计算机工程与应用,2011,47(24)：143-145.

[19] 祁长红,刘成,姜伟,等. 基于正交图像的头部三维模型构建. 东南大学学报,2015,45(01)：36-40.

[20] 戚一濛. 单照片三维头像建模及个性化打印方法. 电子技术与软件工程,2015,05：109.

[21] 孙建伟. 基于形变模型带表情的三维人脸重建. 现代计算机,2018,06：24-27.

[22] 王国晖,周睿哲,郑浩杰. 一种基于 NL-SFS 方法的三维人脸快速重建系统. 光学仪器,2015,3705：397-401.

[23] 王云龙,李昕迪,何艳. 基于多视角图像的三维人脸重建. 自动化技术与应用,2016,3504：124-127.

[24] 吴从中,张凌华,詹曙. 融合 Gabor 特征的 SFM 算法三维人脸建模. 合肥工业大学学报,2017,40(02)：180-185.

[25] 吴凯. 基于形变模型的多视图三维人脸重建. 网络安全技术与应用,2014(11)：161-162.

[26] 杨海清,王洋洋. 基于多 Kinect 的三维人脸重建研究. 浙江工业大学学报,2018,46(2)：137-142.

[27] 张满满. 基于 Soft Cascade 及模板匹配的双眼定位算法. 工业控制计算机,2017,30(04)：107-108+110.

对上述文献进行了归纳分析,并将一些特性概括总结在表 6.6.1 中。

表 6.6.1　近期一些有关图像分割文献的概况

编号	图像类型	技术重点	主要特点
[1]	单幅图像	3DMM	用基于边缘线的三维重建算法重建单幅人脸图像的三维人脸模型，并对其进行识别
[2]	单幅正面图像	球谐波函数	用单幅正面人脸图重建 3-D 人脸模型，通过球面谐波模型生成输入人脸图在不同光照下的视图
[3]	RGB-D	随机森林	提出三维人脸模型几何局部特征描述符和姿势估计方法分别标识三维人脸区域及估计三维人脸姿势
[4]	单幅图像	径向基函数	用基于姿态估计的单幅图像三维人脸网格模型变形算法获得较逼真的人脸几何模型，用网格参数优化和人脸对称信息补全纹理
[5]	双目图像	立体匹配	基于双目视觉系统，利用 Grab-Cut 方法、区域匹配算法和 SIFT 算法对不同角度的人脸进行粗配准
[6]	单幅图像	3DMM	提出基于姿态估计的正面人脸图像合成方法和基于尺度变换的人脸图像光照补偿算法以提高人脸识别率和改善人脸图像的视觉效果
[7]	RGB-D	局部相关匹配	研究基于消费型 RGB-D 设备的人脸采集、建模与建库方法
[8]	双目图像	立体匹配	提出一种用于三维人脸重建的稠密视差快速求解方法以快速准确地实现三维人脸重建
[9]	双目图像	立体匹配	在立体匹配中提出基于极线距离变换的立体匹配算法和双极线长度的极线距离变换，搭建图像采集平台，以检验算法的有效性
[10]	单幅图像	3DMM	提出一个基于简化三维形变模型解决自身遮挡的问题，并实现三维人脸重建
[11]	视频序列	3DMM+SFM	提出基于侧视图的三维人脸重建方法，运用 SFM 方法进行三维人脸重建
[12]	单幅正面图像	3DMM	结合正面输入图像和形变模型的三维人脸重建，提出基于图像融合技术的人耳恢复方法，让重构人脸具有真实感，且重建速度较快
[13]	两幅图像	径向基函数	提出自由场景中大姿态变化下的三维人脸建模方法，并验证其有效性
[14]	单幅图像	PDE 形变模型	提出一种基于 PDE 形变模型的三维人脸识别算法，解决三维人脸识别受表情变化和遮挡情况影响的问题
[15]	双目图像	立体匹配	结合双目立体视觉系统，提出 PatchMatch 算法获取人脸三维点云
[16]	--	文献调研	梳理文献，并阐述真实感三维人脸建模理论和实践相关研究成果与方法
[17]	两幅图像	径向基函数	提出面向同一人脸表情转移的方法以提高人像的脸部表情质量
[18]	单幅图像	3DMM	建立张量主动表观模型，提出自适应的人脸特征点定位算法、自适应的人脸形状更新策略和局部纹理特征抽取算法进行人脸图像理解
[19]	两幅正交姿态图像	立体匹配	利用头部正面和侧面两张正交图像进行重建的方法，包括标准头部模型、主动形状模型、仿射变换，以获得逼真的头部三维模型

续表

编号	图像类型	技术重点	主 要 特 点
[20]	单幅图像	主动形状模型	分析三维人脸建模、打印方法的国内外研究现状,用基于 ASM 的算法实现人脸特征点和三维人脸模型重建
[21]	单幅图像	3DMM	结合人脸形变模型和人脸表情模型,用图像的二维特征点实现带表情的三维人脸重建
[22]	单幅图像	SFS	设计一种基于非 Lambert 从明暗恢复形状方法的三维人脸快速重建系统以快速重建三维人脸
[23]	多目图像	立体匹配	提出基于 SIFT 特征的三维拼接方法,实现非标定拼接和多视角图像三维信息重建
[24]	视频序列	SFM	用 Gabor 滤波器筛选特征点,设计自适应列空间拟合算法应对遮挡、不匹配的特征点,用旋转不变核的非刚性运动恢复结构算法恢复三维结构
[25]	多目图像	3DMM	提出基于形变模型的多视图三维人脸重建方法,将人脸形变模型与同一人脸在不同视点下的多幅图像进行匹配以重建三维人脸模型
[26]	双目图像＋RGB-D	立体匹配＋点云过滤	设计双目视觉测量系统和多 Kinect 测量系统实现人脸的三维数字化
[27]	单幅图像	3DMM	依次利用双眼定位算法、人脸对齐算法和三维人脸重建算法以合成正面人脸图像

由表 6.6.1 可看出以下几点。

(1) 3DMM 是基于单幅图像的人脸三维重建最主要的方法和技术基础,也被用于基于多幅图像的人脸三维中间的精细化调整中。

(2) 立体匹配被广泛应用与基于双目视和多目视图像的人脸三维重建中。这种方法和通用物体的表面三维重建没有太多的区别,因此本章中不再赘述。

(3) 主动形状模型可以被理解为一种稀疏化的人脸三维模型,主要应用于对于表面形状重建精度要求不高的场合。

第7章

基于深度图的手势交互

人机交互技术伴随着计算机的发展而不断向前推进。在计算机发展的初期,人机交互主要的手段是鼠标和键盘,人们通过鼠标点击、移动和键盘输入等方式跟计算机进行交互。而自 21 世纪以来,触摸屏的出现让人们可以用更加直观和自然的方式来对计算机或其他智能移动终端进行操控。随着新型传感器尤其是深度传感器的出现,非接触体感交互技术得到了快速的发展。体感交互技术主要包括人体姿势和动作交互以及手势交互,这种技术使得人们可以利用身体的姿态和动作来与计算机进行交互,动一下肢体即可对计算机进行控制,给人机交互带来了一次影响深远的革命。

手势交互技术对人机交互的发展影响深远,有着巨大的市场潜力,在虚拟现实(Virtual Reality,VR)、增强现实(Augmented Reality,AR)、办公、游戏娱乐、驾驶交互、工业设计等领域都有广阔的应用前景。近年来,虚拟/增强现实掀起了一股新的热潮,交互技术是其中最关键的一环,没有了交互,内容和显示仅仅是一个空壳,无法真正地实现虚拟和增强现实。例如,在游戏娱乐中,手势交互技术使得参与者能够摆脱操纵杆、鼠标键盘等传统游戏交互设备,直接用身体来进行操控,提高游戏的沉浸感和真实感。在办公中,可以通过手势交互技术来完成浏览网页、幻灯片展示等操作,提高办公的效率。在汽车驾驶过程中,可以利用手势来对车内设备进行操控,比如播放音乐、开启导航等,可以让驾驶员无须分心去操控按钮,提高效率和安全性。总的来说,手势交互技术的发展,对许多行业都会产生重大的影响。

手势交互的关键技术主要包括两个:手部姿态估计和手势动作识别。手部姿态估计是从深度图像中估计人手关节点的三维坐标,知道了手的关键点在三维空间中的坐标位置和姿态,才有可能实现"空中"自由的交互操作。例如,虚拟点击就需要知道指尖点的当前坐标位置;虚拟物体抓握需要精确认知手部的三维姿态。手势动作识别是从手部关节点序列信息中分析手势的交互信息。知道了当前手势的具体类别,如抓握、点击、旋转和拖动等,才有可能实现对计算机或者其他智能终端的智能交互。

近年来,非接触手势交互相关设备和技术也得到了快速的发展,例如 Leap motion,微软的 Kinect、Hololens,英特尔的 Realsense,谷歌眼镜,Nimble Sense 等。Leap motion 为针对移动平台的体感控制器,能够对手的姿态进行跟踪从而实现非接触的触控交互。英特尔公司推出的 Realsense 系列深度摄像头提供了手势交互的相关 SDK,能够实现人手 21 个关节点的三维空间定位和简单的手势识别和交互操作。微软公司最近推出的增强现实设备 Hololens 也集成了手势交互模块,在虚拟空间中用手进行点击、移动等操作,就可以实现功能切换以及游戏娱乐等功能。

7.1 手势交互概述

下文主要梳理和阐述手势交互的两个核心技术——手部姿态估计和手势识别的常见方法。

7.1.1 基于深度图的手部姿态估计

手部姿态估计在 20 世纪 90 年代开始就引起了学术界的研究兴趣[Ahmad 1994, Bretzner 1998, Wu 1999]。在早期的研究中,主要是基于单张灰度或彩色图像进行手部姿态估计[Wu 1999, Stenger 2001, De La Gorce 2011],且所估计的手部姿态通常是二维(2-D)平面坐标,整体自由度较低。自 2011 年起,随着商用深度摄像头 Kinect、PrimeSense 及随后的 Realsense 的不断发展,手部姿态估计的研究重心逐渐偏向于基于深度图像的方法。与基于彩色图像的手部姿态估计方法相比,深度图像提供了三维(3-D)的空间信息,基于深度图像的方法能够恢复出三维的手部姿态,这对于手势交互应用来说至关重要。由于深度图能够提供真实世界的 3-D 信息,有助于实现 3-D 空间的手势交互,因此本节主要介绍基于深度图的手部姿态估计算法。

基于深度图像的手部姿态估计算法通常分为 3 类:生成式方法、鉴别式方法及混合式方法。下面分别从这 3 部分相关工作进行梳理和介绍,详细的文献综述可参见 Supancic 等[Supani 2018]的工作。

(1)**生成式方法**。生成式方法也称模型拟合方法,是通过优化的方法不断把人手模型逼近输入图像,最终得到人手的姿态结果。通常需要定义当前模型状态与输入图像之间的距离度量,求解这个优化问题得到最终的手部姿态估计结果。常用的优化算法包括**粒子群优化(PSO)**[Sharp 2015]、**迭代最近点法(Iterative Closest Point,ICP)**[Tagliasacchi 2015]以及两者的结合方法 **PSO-ICP**[Qian 2014]。现有工作通常使用手工设计的能量函数来描述当前模型跟输入图像之间的距离,比如 Golden Energy[Sharp 2015]、Silver Energy[Tang 2015]等。人手模型的选取上,则包括了球体模型、球体网格模型、圆柱模型以及网格模型等。

(2)**鉴别式方法**。鉴别式方法也称基于学习的方法,是从有标注的训练样本中,通过学习来得到手部各个关节点的三维坐标位置。从学习框架的角度来说,鉴别式方法分为基于检测的方法和基于回归的方法两种。基于检测的方法通常是先预测每个关节点在空间中各个位置的分布概率(通常称为热度图,Heatmap),然后利用后处理方法从概率分布中反推出手部各个关节点的三维空间位置。而基于回归的方法则是从训练数据中学习一个回归器,直接从输入的深度图中回归出手部各个关节点的三维空间坐标。总体来说,基于回归的方法无须后处理即可得到手部姿态,因此引起了更多的研究者的兴趣,目前基于检测和基于回归的方法处于并存和辅助发展的阶段。

7.2 节介绍的**区域集成网络(REN)**[Guo 2017],[Wang 2018]也属于这一类算法。

REN 从 CNN 得到的特征图中裁取多个不同的区域,并进行特征融合用于手部姿态估计,由于更加有效的多视角特征以及模型集成带来的增益,提高了手部姿态估计的精度。**姿态引导的结构化区域集成网络(Pose-REN)**[Chen 2019]在 REN 的基础上,用一个初始的手部姿态引导在特征图中裁取以关键点为中心的特征区域,获得对每个关键点而言更精细化更有效的特征,并根据手部的拓扑结构进行结构化层级区域特征融合,建模不同关节点之间的依赖和约束关系,进一步提高了关键点位置的预测精度。更详细的内容见 7.2 节 REN 和 Pose-REN 手势姿态估计。

总的来说,鉴别式方法完全是数据驱动的,无需预设的人手模型,不需要复杂的拟合优化过程,因此复杂度相对较低,算法相对比较高效和简洁。缺点在于对输入数据的依赖性强,需要大量的标注数据用来训练。

(3) **混合式方法**。混合式方法则是将鉴别式方法和生成式方法进行结合,通常是对输入图像利用鉴别式方法学习一个回归器来得到手部姿态的初始化状态,然后用这个结果作为初始值,用模型拟合方法进行优化,得到最终的手部姿态估计结果。另一种结合的方法是利用鉴别式方法来得到姿态参数的候选值,如关节点的位置分布等,这样在后续的生成式方法中就可以进一步缩小参数搜索的范围,从而提升效率。

混合式方法的优点在于可以用鉴别式方法得到更好的模型初始化状态,易于拟合优化过程的收敛。但同时也具备了鉴别式方法和模型拟合方法的缺点,需要预定义好的人手模型,且仍需要较为复杂的模型优化过程。

手部姿态估计的主要挑战在于如下几个方面,如图 7.1.1 所示。

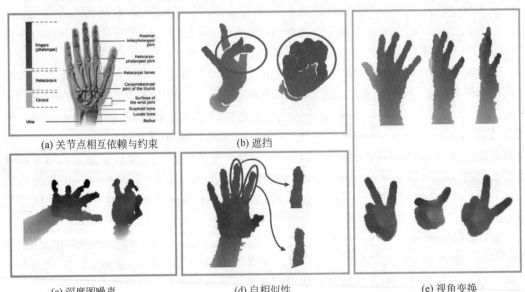

(a) 关节点相互依赖与约束　　(b) 遮挡

(c) 深度图噪声　　(d) 自相似性　　(e) 视角变换

图 7.1.1　手部姿态估计的主要挑战

- 节点多,自由度高。全手骨架有 21 个节点、26 维自由度,复杂的结构给手部姿态估计带来很大的挑战,且不同关节点之间存在较多的相互依赖与约束。
- 自遮挡问题。正由于手的灵活性,很容易发生自遮挡问题。例如在握拳等手势中,会出现手指被遮挡的现象。

- 深度图像噪声大。由于手指所占面积不大,因此在深度图像采集中噪声往往会比较大,这也给手部姿态估计带来了困难。
- 部件之间存在自相似性。例如不同手指具有很大的相似性,给手部姿态估计带来一定的混淆。

在手势交互的过程中手会呈现出不同的视角变换,例如平面的旋转和绕垂直方向的旋转等。

总的来说,要有效地解决手部姿态估计问题,得到更好的性能,主要需要考虑以下 3 个难点。

- 如何提取更有效的特征。这是一个通性问题,有助于隐式地解决遮挡、深度图质量等问题。
- 如何在手部姿态估计过程中考虑和建模不同关节点之间的依赖与约束关系。
- 如何处理几何变换带来的影响,如角度的旋转变换,手的大小变换等。

7.1.2　动态手势识别

7.1.1 节从总体上介绍了手部姿态估计的几类方法,本节在此基础上,聚焦于基于骨架序列的动态手势识别,解析手势表达的含义,以及理解手势序列的意思。虽然基于骨架序列的动态手势识别依赖于手部姿态估计的速度及性能,但是,一方面近年来手部姿态估计算法发展迅速,其速度和精度都有了很大的提高。另一方面,在很多的手势交互任务中,手部的姿态估计和动态手势识别是相辅相成的,通常除了需要知道手势的类别外,还需准确定位出手的关节点的位置以便进行触控交互。因此,直接在手部姿态估计的基础之上进行动态手势识别,能有效地利用手势交互中的重叠模块,提高效率。

随着近年来手部姿态估计算法的不断发展,高速高精度的手部姿态变得越来越容易获取,因此基于手部姿态序列的动态手势识别算法引起了越来越多的研究兴趣。

DeSmedt 等[Zhao 2018]提出了基于手部骨架序列的动态手势识别算法,并且表明了基于骨架序列的方法能够取得比基于深度图序列的方法更好的动态手势识别性能。Boulahia 等[Boulahia 2018]将基于骨架的人体动作识别中的 HIF3D[Boulahia 2016]特征用于动态手势识别任务中,受手写字识别的启发,对手部骨架不同关节点在三维空间的轨迹进行方向、角度等特征的提取,能够较好地提取手势序列中的空间信息以及运动信息。Caputo 等[Caputo 2018]利用了模板匹配的方法来进行动态手势识别。

上述几种方法都是基于人工精心设计的特征来进行手势识别的,然而,这些人工特征不一定能得到动态手势的最优表示。近年来,越来越多的方法聚焦于利用深度学习的方法来解决基于手部骨架序列的动态手势识别问题。

Nunez 等[Nunez 2018]结合了 CNN 和 LSTM(长短时记忆)来进行基于骨架的手势以及人体动作识别,该方法采用两个阶段训练的方法,第一阶段利用 CNN 进行预训练,然后在第二阶段中对整个的 CNN+LSTM 网络进行联合优化,得到最终的动态手势及动作识别结果。Ma 等[Ma 2018]聚焦于处理手势骨架序列的噪声干扰问题,提出了 LSTM 网络跟嵌套间隔的 Unscented Kalman Filter(UKF)相结合的方法提升带噪骨架序列中的动态手势识别性能。原始的骨架序列通过滑动窗的方式利用 UKF 进行序列的噪声消除,然后利用 LSTM 网络进行动态手势的识别,该方法使得动态手势识别的结果对输入数据的噪声更为鲁棒。Devineau 等[Devineau 2018]提出了利用多通道 CNN 来进行动态手势识别的方法。该方法将输入骨架的每一维数据独立地进行卷积操作,最后用**全连接**层将所有特征进行融合,输出最终的动态手势分类结果。

以上的这些方法都没有很好地利用动态手势的运动特性。对于动态手势来说,在三维空间中的全局运动和手指本身的局部运动是手势识别的最重要的两个特征,然而现有的基于深度学习的方法都没有很好地考虑这个因素,而是将原始的骨架坐标点直接输入到**神经网络**中进行学习,不利于提取更优的特征表示。

动态手势识别的难点在于如何更好地提取运动特征。此外,与人体动作识别问题不同的是,手势经常伴有手指的局部运动以及手本身在三维空间中的全局运动,因此如何更好地描述全局运动和手指的局部运动也是动态手势识别的难点。

7.2 基于姿态引导结构化区域集成网络的手部姿态估计

精确的 3D 手部姿态估计一直以来是人机交互、虚拟现实及增强现实中的一个重要问题[Erol 2007],能够为手势交互提供姿态和位置信息[De Smedt 2016],[Chen 2017]。深度图能够提供真实世界的 3D 信息,本节介绍的是基于深度图的手部姿态估计算法。

卷积神经网络(CNN)可极大地提升手部姿态估计的性能。基于 CNN 的数据驱动方法通常分为两类,第一类方法先预测每个手部关节点的热度图[Tompson 2014],[Ge 2016],然后从热度图中推理出手部姿态;第二类方法直接回归手部关节点的 3D 坐标[Oberweger 2015a],[Oberweger 2015b],[Ye 2016],[Zhou 2016],[Madadi 2017],[Wan 2017]。无论是哪种方式,特征提取对于手部姿态估计问题都是至关重要的。现在的很多方法通常关注如何将先验知识嵌入 CNN 中[Oberweger 2015a],[Zhou 2016],或者使用误差反馈的方式[Oberweger 2015b]以及空间注意力机制[Ye 2016],但很少聚焦于从 CNN 中提取更为优化且更有表征力的特征进行手部姿态估计。本节介绍的两个方法结合两种提升 CNN 性能的方法:模型集成和多视角测试,通过 CNN 为手部姿态估计提取更为有效的特征,从而提高手部姿态估计的精度。

传统的模型集成(model ensemble)通过结合多个模型来进行预测,减少预测的方差,提高预测的精度[Polikar 2012]。模型集成的效果简单地说可以类比于移动平均滤波器(moving average filter),当将每个信号采样用邻居信号平均之后,抑制了独立高频的噪声。模型集成也是一样的道理,虽然每个模型在不同的数据上会有不同的独立误判,但当把它们集合起来时便能在统计上减少这些误判。

模型集成包含三个阶段。首先在数据采样和选择方面,不同模型的训练数据尽可能不相关又比较充足。然后在每份数据上训练各自的模型,从而得到多个模型。最后采取平均、加权平均、投票等方式综合多个模型进行预测。传统的经典模型集成方法有基于装袋(bagging)的**随机森林**[Breiman 2001]、基于模型提升(Boosting)的自适应提升(AdaBoost)[Freund 1997]等。多模型集成的主要问题是在训练和测试时均需要消耗比较大的空间和时间,对于实际应用是一个很大的障碍。

融合多分支的单模型卷积神经网络也可以看作是一种泛化的模型集成。一个比较常用的策略是将不同尺度的输入[Tompson 2014],[Oberweger 2015a]或者不同图像信息

[Hanxi 2016]的多输入分支进行融合。另一类方法是在使用共享的卷积特征的同时,利用不同的输出分支,例如在不同分支训练不同的样本[Li 2016],或者预测不同的类别[Ahmed 2016]。相比于多输入分支,基于多输出分支的集成需要的时间更少,因为全连接层的推断时间要比卷积层更短。

多视角测试(multi-view testing)已经成为图像分类比赛中提高分类性能的一种标配策略,被广泛应用于各种模型中[Krizhevsky 2012][Sermanet 2013],[Simonyan 2014],[He 2015],[Szegedy 2015]。该方法主要应用于图像分类的测试阶段,利用不同视角的输入通过单一模型得到对每个视角的预测,然后对结果进行平均得到最终的预测。多视角测试可以看作是一种轻量版的模型集成,因为它不需要保留多个模型,在训练的时候只需要单一模型。测试的时候,由于需要计算多个视角的结果,因此需要一定的时间消耗。不同的模型使用不同的多视角定义和计算方式。Krizhevsky 等[Krizhevsky 2012]第一次在物体分类中提出了多视角测试的方法,利用 10 个视角(原图和水平翻转后的图的四个角和中心)的输入通过 AlexNet 进行预测并对它们的 softmax 层输出进行平均。为了提高预测速度并增加视角数目,Sermanet 等[Sermanet 2013]利用**全卷积网络(FCN)**对原图的每个位置进行稠密地预测,并利用空间平均降采样层(spatial average pooling)来得到平均的预测结果。同时,他们将图片进行尺度变换,获得多尺度的预测结果,进一步提高精度。Simonyan 等[Simonyan 2014]同时结合了多视角剪切和稠密预测,在 VGG 网络上得到了更好的效果。He 等[He 2015]在 SPPNet 中则对每个尺度提取了 18 个视角(增加了四条边的中点)。Szegedy 等[Szegedy 2015]对于每张图先提取出左、中、右三个方块,对于每个方块再提取出 10 个视角,使得视角数更多,进一步提高预测的精度。

7.2.1　数据集及评价指标

手部姿态估计方法的评估常用 3 个公开的数据集: ICVL 数据集[Tang 2014]、NYU 数据集[Tompson 2014]和 MSRA15 数据集[Sun 2015]。

(1) **ICVL 手部姿态数据集**: ICVL 数据集由 Tang 等[Tang 2014]于 2014 年提出,利用 Intel Creative Interactive Gesture [Melax 2013]相机采集,总共包括 10 个不同的采集者。通过对采集到的训练图片进行不同程度的旋转,得到了扩充后的训练集,共包括 33 万张训练样本。测试集包括 1596 个样本,分为两个序列,序列 A 包含 720 张测试图像,序列 B 包含 894 张测试图像。每张深度图像都标注了 16 个关节点的手部姿态,其中 1 个节点代表掌心点,每根手指标注了 3 个关节点。

(2) **NYU 手部姿态数据集**: NYU 数据集由 Tompson 等[Tompson 2014]于 2014 年提出,由摆放在三个视角(一个正面视角,两个侧面视角)的微软 Kinect 相机采集得到。训练集包含来自一个采集者的 72757 个样本,测试集包含来自两个采集者的 8252 个样本。其中,测试集中的一个采集者跟训练者相同,另外一个采集者则没有出现在训练集中。手部姿态的标注共包括了 36 个节点,在实验中仅使用了 36 个节点中的 14 个。

(3) **MSRA15 手部姿态数据集**: MSRA15 数据集由 Sun 等[Sun 2015]于 2015 年提出,由 Intel Creative Interactive 相机采集得到。MSRA15 数据集包括 9 个不同采集者的共 76500 个样本,在评价时采用交叉验证准则(leave one subject out cross validation),用其中 1 个采集者的样本作为测试集,其余 8 个采集者的样本作为训练集,重复 9 遍后根据所有样本的预测值来进行评价。MSRA15 数据集的手部姿态标注包含 21 个节点，其中 1 个点为掌心点，每根手指标注 4 个节点。该数据集的角度变化较大、包含的采集者较多，因此是一个挑战性较大的数据集。

手部姿态估计的评价指标：在手部姿态估计问题中，常用的评价指标有两个：关节点平均误差和成功率曲线。令 N 是测试样本的个数，J 是手的节点的个数 $\{p_{ij}\}$ 为测试集中某个样本的手部姿态的预测值，其中 i 代表样本的序号，j 代表姿态中节点的序号。$\{p_{ij}^{gt}\}$ 为对应的手部姿态的真值。

（1）**关节点平均误差**：关节点平均误差指的是所有测试样本的关节点的预测值与真值之间的欧氏距离的平均值，对于第 j 个关节点，平均误差计算如下：

$$\mathrm{err}_j = \frac{\sum\limits_i (\| p_{ij} - p_{ij}^{gt} \|)}{N} \tag{7.2.1}$$

所有关节点的平均误差 $\mathrm{err} = \dfrac{\sum\limits_j \mathrm{err}_j}{J}$ 通常也用来评价手部姿态估计的整体性能。

（2）**成功率曲线**：成功率曲线指的是正确预测样本的比例随着误差阈值的变化曲线。如果一个样本的最大关节点误差小于预设阈值 τ，则该样本被认为是正确预测样本。对于误差阈值 τ，其成功率计算如下：

$$\mathrm{rate}_\tau = \frac{\sum\limits_i 1(\max_j (\| p_{ij} - p_{ij}^{gt} \|) \leqslant \tau)}{N} \tag{7.2.2}$$

式中，$1(\mathrm{cond})$ 为指示函数，若条件 cond 为真，其函数值为 1，否则为 0。

7.2.2 区域集成网络

区域集成网络（REN）［Guo 2017，Wang 2018］结合模型集成和多视角测试策略，显著提升了卷积神经网络在手部姿态估计任务上的精度。

图 7.2.1 给出了 REN 网络的结构示意图，REN 包含一个用于提取图像特征的主干卷积神经网络和若干个回归分支。首先，图像被输入到主干卷积神经网络中提取特征，得到 $N \times N \times C$ 大小的特征图。然后，特征图被划分成不同的区域。对于每个区域，使用不同的回归分支，也就是不同的全连接层（FC）对其进行回归。最后，再将不同分支的回归结果进行融合。融合的比较简单的策略是如传统的多视角测试一样，借鉴装袋的思想，直接将所有分支的结果进行平均得到最终的结果。REN 采取了区域集成的策略，将不同全连接分支的输出特征进行拼接（concatenation），再利用单层的全连接层对关键点的坐标进行回归。整个网络能够进行端到端的训练来最小化预测误差，充分利用了不同分支的预测能力，提高了手部姿态估计的精度。

对于区域的划分，REN 采用了 9 个 $N/2 \times N/2$ 的区域，包括 4 个角（图 7.2.2(a)）、4 条边的中心（图 7.2.2(b)）和整个特征图的中心。对于 96×96 的输入，网络结构将输出 12×12 的特征图，图 7.2.3 给出的是每个特征区域在图像范围内的对应感受野大小，可以发现这类似于多视角测试输入方式。值得注意的是，REN 在计算感受野的时候排除了在图像范围之外的区域，所以不同位置特征区域的感受野大小略有不同。但 REN 的区域集成结构和多视角测试主要有 3 点不同。

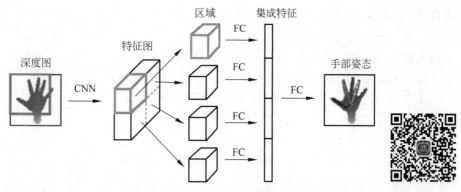

图 7.2.1　四区域的区域集成网络结构示意图（绿色的框代表特征图的左上角区域对应的感受野）

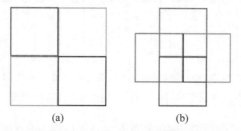

　　　　　（a）　　　　　　　　　　（b）

图 7.2.2　特征图的不同区域设置（4 个角（a）和 4 条边的中心（b），REN 采用了 9 个 6×6 区
　　　　　域，包括特征图中心和图中所示的 8 个区域）

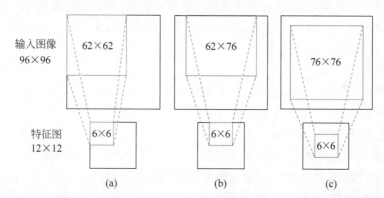

　　（a）　　　　　　　　（b）　　　　　　　　（c）

图 7.2.3　不同特征区域位置的感受野大小（其中输入图像大小为 96×96，输出特征大小为 12×12：
　　　　　（a）4 个角为 62×62，（b）4 条边的中心为 62×76 或 76×62，（c）特征图的中心为 76×76）

　　（1）多视角测试用于图像分类，而 REN 更加通用，既可以用于图像分类，也可以用于回归问题。通过利用最后一层用于融合的全连接层，可以训练网络同时利用不同视角的图像进行关键点位置的预测。

　　（2）与多视角测试只用于测试阶段不同，REN 将多视角融入网络中，是端到端的训练，可以自行调整不同视角的贡献。

　　（3）REN 将多视角测试中的平均计算替换成一个可学习的全连接层，网络学习如何进行融合多视角的特征，增强了网络的学习能力。

　　网络结构的选择对关键点检测的任务十分关键。REN 用于提取特征的主干网络（图 7.2.4）包含了 6 个 3×3 的卷积层和 3 个 2×2 的降采样层。每个卷积层后均使用**修正**

线性单元(**ReLU**)作为非线性层。网络的输入是 $96 \times 96 \times 1$ 的深度图,输出是 $12 \times 12 \times 64$ 的特征图。为了提高网络的学习能力,REN 加入了目前比较流行的残差结构[He 2016],学习输出和输入的差,即 $F(x) = y - x$,使得梯度的传播更为方便,缓解网络梯度消失(gradient vanishing)的问题。具体来说,REN 在每两个降采样层之间增加了残差连接,并利用 1×1 的卷积层增加输出的通道数使它们能够匹配。

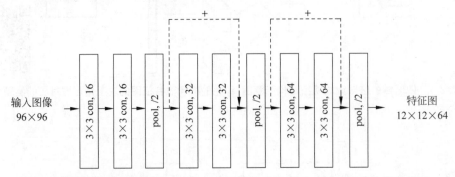

图 7.2.4 用于特征提取的基础卷积神经网络结构(该网络包含 **6** 个卷积层和 **3** 个降采样层。虚线表示带有维度增加的残差连接结构[**He 2016**]。每个卷积层后面带的非线性层没有画在图中)

对于回归,REN 使用了两层带 2048 个通道的全连接层,每个全连接层后面带有 ReLU 非线性层。同时,为了避免过拟合,加入了概率为 0.5 的 Dropout 层[Srivastava 2014]。回归层的输出是一个 $3 \times J$ 的向量,代表关键点位置的三维世界坐标,其中 J 是关节点的数量。

REN 训练时采用了 3 个比较重要的训练策略:图像块裁剪(patch cropping)、数据扩增和平滑 L_1 损失函数(smooth L_1 loss)。

1) 图像块裁剪

从深度图中以前景(手部)区域的中心提取 $150\text{mm} \times 150\text{mm} \times 150\text{mm}$ 大小的立方体作为卷积神经网络的输入。相比于直接在 2-D 图像上裁剪矩形框,该方法的好处是可以在保留前景的情况下排除背景的影响(图 7.2.5)。之后该立方体的尺寸被调整到 96×96 的大小,并将深度值按照立方体的尺寸归一化到 $[-1,1]$,其中超出立方体范围的值设为 1 或者 -1。同时,需要被回归的三维坐标值也按照立方体进行同样的归一化。对于手部中心的计算,首先利用硬阈值将背景去除,然后计算前景的重心。

(a) 2-D矩形框裁剪   (b) 3-D立方体裁剪

图 7.2.5 图像裁剪方式的对比(来自[**Supancic 2015**])

2）数据扩增

REN 在训练的时候使用了多种数据扩增策略（图 7.2.6），包括［－10，10］像素的随机平移（translation）、［0.9，1.1］的随机尺度变换（scaling）、［－180°，180°］的随机旋转（rotation）。随机的数据扩增有效地增加了训练样本的数目，因此提高了模型的泛化能力。

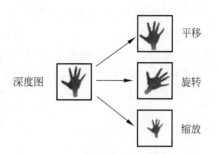

图 7.2.6　数据扩增的示意图（包括平移、旋转和尺度变换）

3）平滑 L_1 损失函数

为了应对带有噪声的关键点位置标注，REN 采用了与［Girshick 2015］中相似的平滑 L_1 损失函数：

$$\text{smooth}_{L_1}(x,\hat{x}) = \begin{cases} 0.5(x-\hat{x})^2 & |x-\hat{x}| < \delta \\ \delta(|x-\hat{x}|-0.5\delta) & \text{其他} \end{cases} \quad (7.2.3)$$

式中，x 为真值，$\hat{x}$ 为预测值。取 $\delta=0.01$。与 L_2 损失函数相比，平滑 L_1 损失函数由于在误差较大的地方权重较小，因此对于噪声更为不敏感，从而能够提高训练的效果。

为了评估 REN 的性能，分别在 ICVL 数据集［Tang 2014］、NYU 数据集［Tompson 2014］和 MSRA15 数据集［Sun 2015］，［Ge 2016］上进行了实验，用了关节点平均误差和成功率曲线这两个指标。实验结果如表 7.2.1 和图 7.2.7 所示。REN 尽管只使用了单阶段的单模型，但在手部关键点任务的 3 个数据集上均表现优异，精度达到较好的效果。

表 7.2.1　REN 在 ICVL 数据集、NYU 数据集和 MSRA15 数据集的平均 3-D 误差

数据集	平均 3-D 误差/mm	数据集	平均 3-D 误差/mm
ICVL	7.31	MSRA15	9.79
NYU	12.69		

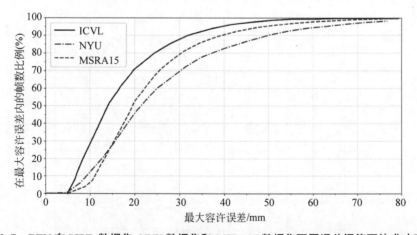

图 7.2.7　REN 在 ICVL 数据集、NYU 数据集和 MSRA15 数据集不同误差阈值下的成功率曲线

REN 的平均 3-D 误差在 ICVL 上达到了 7.31mm，在 NYU 数据集上的平均 3-D 误差为 12.69mm，在 MSRA15 数据集则是 9.79mm。从图 7.2.7 可以看出，容忍阈值为 20mm 时，REN 在 ICVL 数据集上的成功率达到了 70％左右，在 NYU 数据集上的成功率为 45％左右，在 MSRA15 数据集上成功率超过 50％。

为了观察在 MSRA15 数据集上不同视角的样本的平均预测误差性能，首先按照论文
[Sun 2015]的方法基于关键点位置计算出手掌的主坐标系（canonical coordinate frame），即
将坐标系原点定为手腕的位置，Y 轴正方向指向中指指根，Z 轴正方向指向离开手掌的平面
（由手腕、中指指根和小指指根确定）的方向，然后利用欧拉角（Euler angle）的定义分别算出
各个样本的偏航角和俯仰角：

$$\text{pitch} = -\arcsin y_3 \tag{7.2.4}$$

$$\text{yaw} = \arcsin \frac{y_1}{\cos(\text{pitch})} \tag{7.2.5}$$

式中，yaw 和 pitch 分别为偏航角和俯仰角，y_i 是估计出的 Y 坐标轴的单位向量的第 i 个分
量。从图 7.2.8 可以看出，REN 在所有角度上都显著地比其他方法好，而且波动也显著比

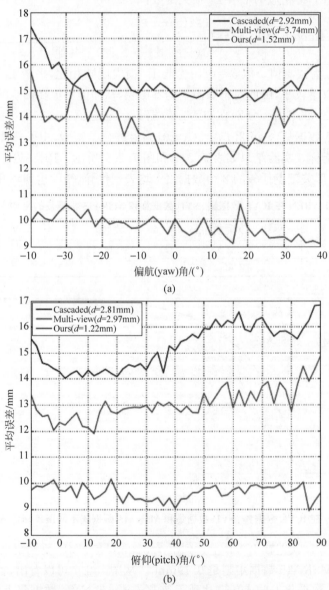

(a)

(b)

图 7.2.8　在 MSRA15 数据集上 REN 与其他工作的比较（不同偏航角的平均 3-D 误差（a）和不同俯
　　仰角的平均 3-D 误差（b）。其中 d 表示在角度范围内误差的最大值与最小值的差）

其他方法要小(超过 50% 的降幅),这说明了 REN 对于视角变化具有比较强的鲁棒性。

7.2.3 姿态引导的结构化区域集成网络

在前面介绍的 REN 基础上,姿态引导的结构化区域集成网络(Pose-REN)[Chen 2019]通过迭代的过程对每个关键点提取更加精细化的特征,可进一步提高手部姿态估计精度。Pose-REN 借鉴了 REN[Guo 2017]区域特征集成的思路,但有如下的改进与不同:①REN利用均匀网格的方法提取区域特征,而 Pose-REN 方法充分利用了引导姿态的信息,从CNN 的特征图中提取更加优化和更具鉴别力的特征;②跟 REN 中直接采用简单的特征融合不同,Pose-REN 采用了结构化层级区域特征融合的方法,能够更好地建模手部不同关节点之间的约束和依赖关系;③Pose-REN 是一个通用的框架,能够很容易地跟其他方法(如Feedback[Oberweger 2015b]、DeepModel[Zhou 2016]、REN[Guo 2017]等)进行结合,例如用这些方法预测手部姿态的初始化结果,然后输入到 Pose-REN 中进行进一步的迭代优化。

图 7.2.9 是 Pose-REN 的整体流程框架图。首先利用一个简单的 CNN(记为 Init-CNN)来得到初步的手部姿态估计结果 $pose_0$,该结果将作为整个迭代优化框架的初始化状态。Pose-REN 以上一迭代过程中得到的手部姿态估计结果 $pose_{t-1}$ 及手部的深度图像为输入。输入深度图像经过一个卷积神经网络后得到特征图,该特征图在输入引导姿态$pose_{t-1}$ 的引导下被提取出各个手部关节点对应的区域特征。通常来说,在手部关节点附近的特征对于手部姿态估计更为关键,而在远离手部关节的区域,尤其是深度图的边角区域特征的重要性相对较弱,因此在姿态引导下的区域特征提取能够更好地提取有效的特征。接下来,各个手部关节点对应的区域特征将根据手的骨架的拓扑结构来层级地进行融合,然后得到优化后的手部姿态估计结果 $pose_t$。在图 7.2.9 中,虚线框内的图像展示了 $pose_{t-1}$ 和$pose_t$ 的局部细节,从中可以看出,经过网络的迭代处理,手部姿态估计结果得到逐步的优化。

Pose-REN 的目标是从输入的单帧深度图像中估计出手部的 3-D 姿态。具体来说,给定一张深度图像 D,需要估计出 J 个手部关节点的 3-D 坐标位置 $P = \{p_i = (p_{xi}, p_{yi}, p_{zi})\}_{i=1}^J$。设 P^{t-1} 为在第 $t-1$ 次迭代中得到的手部姿态估计结果,在第 t 次迭代中,利用训练好的回归模型 R 来得到优化后的手部姿态:

$$P^t = R(P^{t-1}, D) \tag{7.2.6}$$

经过 T 次迭代后,得到跟输入深度图像 D 相对应的最终手部姿态估计结果 P^T:

$$P^T = R(P^{T-1}, D) \tag{7.2.7}$$

需要注意的是,在测试阶段,为了节省算法的空间复杂度,所有迭代优化过程使用的是同一个训练好的网络模型 R,而不是每个阶段使用不同的模型。

Pose-REN 利用一个基本的残差卷积神经网络来对输入深度图像提取特征图,网络结构跟 REN 基线网络相同,共包括 6 个卷积层和 2 个残差连接模块。每个卷积层后面连接着ReLU 激活函数[Maas 2013],每 2 个卷积层后面跟随着一个最大池化层(Max Pooling),在池化层之间利用残差模块进行连接。

令最后一个卷积层输出的特征图为 F,上一迭代过程得到的手部姿态估计结果为 $P^{t-1} = \{(p_{xi}^{t-1}, p_{yi}^{t-1}, p_{zi}^{t-1})\}_{i=1}^J$。Pose-REN 利用 P^{t-1} 作为引导从特征图 F 中提取区域特征。具体来说,对于第 i 个手部关节点,首先利用深度相机的内参将手部姿态的世界坐标转换成图

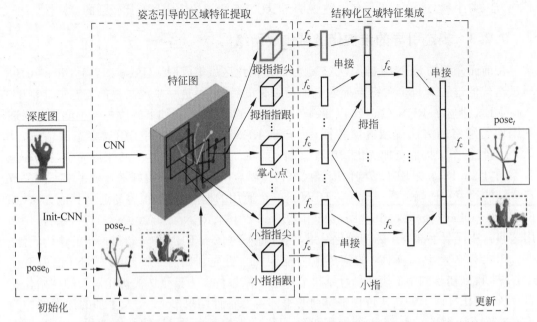

图 7.2.9 姿态引导结构化区域集成网络（Pose-REN）的整体框架图（首先利用一个简单的 **Init-CNN** 得到整个迭代框架的初始化手部姿态估计结果 **pose₀**；在 **poseₜ₋₁** 的引导下，网络从 **CNN** 得到的特征图中提取出区域特征，然后把区域特征根据手关节点的拓扑结构来层级地进行融合；**poseₜ** 为网络得到的优化后的手部姿态估计结果，将会被用作下一次迭代中的引导姿态）

像的像素坐标，如下式所示：

$$(p_{ui}^{t-1}, p_{vi}^{t-1}, p_{di}^{t-1}) = \mathrm{proj}(p_{xi}^{t-1}, p_{yi}^{t-1}, p_{zi}^{t-1}) \tag{7.2.8}$$

式中，$(p_{xi}^{t-1}, p_{yi}^{t-1}, p_{zi}^{t-1})$ 为手部关节点的 3-D 世界坐标，$(p_{ui}^{t-1}, p_{vi}^{t-1}, p_{di}^{t-1})$ 为对应的图像像素坐标。

每个关节点对应的区域特征根据以手部关节点为中心的矩形框来提取。矩形框由 4 元组 $(b_{ui}^t, b_{vi}^t, w, h)$ 来确定，其中 b_{ui}^t 及 b_{vi}^t 为矩形框左上角的坐标，w 及 h 为所要提取的区域特征的宽和高。矩形框的坐标通过将手部姿态的原始像素坐标 $(p_{ui}^t, p_{vi}^{t-1}, p_{di}^t)$ 转换到特征图上的坐标系而得到。

根据矩形框在原始特征图 F 上进行裁剪，即可得到第 i 个手部关节点对应的区域特征：

$$F_i^t = \mathrm{crop}(F; b_{ui}^t, b_{vi}^t, w, h) \tag{7.2.9}$$

式中，函数 $\mathrm{crop}(F; b_u, b_v, w, h)$ 表示从 F 中提取矩形框 (b_u, b_v, w, h) 所定义的区域。图 7.2.10 展示了姿态引导区域特征提取的一个例子。图 7.2.10(a) 为 CNN 的最后一个卷积层输出的特征。需要注意的是，特征图通常包括多个通道，在这里仅画出了其中一个通道的特征来说明姿态引导的区域特征提取的过程。图 7.2.10(a) 中的绿色点和红色点分别代表了两个不同的手部关节点，在该图中分别对应了掌心点以及中指的指跟（MCP）。绿色和红色的矩形框代表两个关节点对应的特征提取框。图 7.2.10(b) 和 (c) 分别展示了对应这两个关节点提取出来的区域特征。

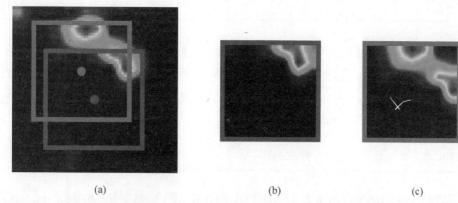

(a)　　　　　　　(b)　　　　　　　(c)

图 7.2.10 姿态引导区域特征提取的过程示意图（绿色和红色的点分别代表了上一迭代过程得到的手部姿态中两个不同的手部关节点。不同颜色的矩形框代表了相应的特征提取区域,中间和右边的图是提取出来的区域特征）

令原始的训练集为：

$$\boldsymbol{T}^0=\{(\boldsymbol{D}_i,\boldsymbol{P}_i^0,\boldsymbol{P}_i^{gt})\}_{i=1}^{N_T} \tag{7.2.10}$$

式中,N_T 为训练样本的个数,$\boldsymbol{D}_i$ 为深度图像,$\boldsymbol{P}_i^0$ 为初始化的手部姿态估计结果(可以利用一个简单的 CNN 得到),$\boldsymbol{P}_i^{gt}$ 为深度图所对应的手部姿态的标注真值。

在第 t 个阶段,利用训练集 $\boldsymbol{T}^{t-1}$ 来训练一个手部姿态回归模型 $\boldsymbol{R}^t$,利用这个模型,可以得到训练集中每个样本的优化的手部姿态估计结果：

$$\boldsymbol{P}_i^t=\boldsymbol{R}^t(\boldsymbol{P}_i^{t-1},\boldsymbol{D}_i) \tag{7.2.11}$$

将这些优化后的手部姿态估计样本 $\overline{\boldsymbol{T}^t}=\{(\boldsymbol{D}_i,\boldsymbol{P}_i^t,\boldsymbol{P}_i^{gt})\}_{i=1}^{N_T}$ 加入到训练集中,得到扩充后的训练集 $\boldsymbol{T}^t$：

$$\boldsymbol{T}^t=\boldsymbol{T}^{t-1}\bigcup\overline{\boldsymbol{T}^t} \tag{7.2.12}$$

然后,在第 $t+1$ 阶段利用训练集 $\boldsymbol{T}^t$ 来训练一个手部姿态回归模型 R^{t+1}。迭代地进行上述过程,直到迭代次数达到预设好的最大次数 T。此时的模型 $\boldsymbol{R}^T$ 即为测试阶段用到的最终模型,迭代地利用模型 $\boldsymbol{R}^T$ 对初始化的手部姿态估计结果进行优化,即可得到最终的手部姿态估计结果。

Pose-REN 的整个训练过程如表 7.2.2 所示。

表 7.2.2　Pose-REN 的训练过程

算法 1. Pose-REN 的训练过程

输入：

原始训练集($\boldsymbol{D}_i$ 为深度图像,$\boldsymbol{P}_i^{gt}$ 为手部姿态真值)$\{(\boldsymbol{D}_i,\boldsymbol{P}_i^{gt})\}_{i=1}^{N_T}$；

最大训练迭代次数 T；

输出：

最终的手部姿态估计模型 $\boldsymbol{R}^T$；

1：在 $\boldsymbol{T}^0$ 上训练 Init-CNN,得到初始化的手部姿态估计结果 $\{\boldsymbol{P}_i^0\}_{i=1}^{N_T}$

2：构建带引导姿态的初始训练集 $\boldsymbol{T}^0=\{(\boldsymbol{D}_i,\boldsymbol{P}_i^0,\boldsymbol{P}_i^{gt})\}_{i=1}^{N_T}$

3：for $t=1$ to T do

4： 根据式(7.2.8)和式(7.2.9)，利用训练集$\boldsymbol{T}^{t-1}$来训练 Pose-REN 模型 $\boldsymbol{R}^t$

5： 根据式(7.2.11)预测当前迭代的手部姿态估计结果$\{\boldsymbol{P}_i^t\}_{i=1}^{N_T}$

6： 构建当前迭代的带引导姿态的训练样本集$\overline{\boldsymbol{T}^t}=\{(\boldsymbol{D}_i,\boldsymbol{P}_i^t,\boldsymbol{P}_i^{gt})\}_{i=1}^{N_T}$

7： 根据式(7.2.12)构建扩充后的训练集$\boldsymbol{T}^t$

8：end for

9：返回：$\boldsymbol{R}^T$

为了评估 Pose-REN [Chen 2019]的性能，同样在 ICVL 数据集[Tang 2014]、NYU 数据集[Tompson 2014]和 MSRA15 数据集[Sun 2015]上进行实验并衡量平均 3-D 误差和成功率曲线，结果如表 7.2.3 和图 7.2.11 所示。

表 7.2.3　Pose-REN 在 ICVL 数据集、NYU 数据集和 MSRA15 数据集的平均 3-D 误差

数据集	平均 3-D 误差/mm	数据集	平均 3-D 误差/mm
ICVL	6.79	MSRA15	8.65
NYU	11.81		

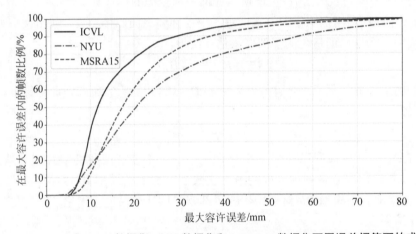

图 7.2.11　Pose-REN 在 ICVL 数据集、NYU 数据集和 MSRA15 数据集不同误差阈值下的成功率曲线

与 REN 相比，Pose-REN 在 3 个数据集上的平均 3-D 误差都进一步减小。在 ICVL 数据集上的平均 3-D 误差达到 6.79mm，在 NYU 数据集上达到 11.81mm，在 MSRA15 数据集上为 8.65mm。从图 7.2.11 中可以看到，容忍阈值为 20mm 时，Pose-REN 在 ICVL 数据集上的成功率接近 80%，在 NYU 数据集上接近 50%，在 MSRA15 数据集上达到 60%左右。

图 7.2.12 给出了平均节点误差随偏航角和俯仰角变化的曲线，若干种现有其他方法被纳入进行了充分的比较，包括层级手部姿态回归方法（Cascaded）[Sun 2015]、多视角 CNN（Multiview）[Ge 2016]、基于 3D-CNN 的方法（3DCNN）[Ge 2017]、基于局部平面法向量的方法（LSN）[Wan 2016]以及区域集成网络（REN-9x6x6）[Wang 2018]。在大部分角度中，Pose-REN 方法都取得了最小的误差。值得注意的是 LSN[Wan 2016]在偏航角和俯仰角较小的时候误差比 Pose-REN 稍小，然而，LSN 方法的性能在视角逐渐增大的时候急剧下

降,而 Pose-REN 的性能则较为稳定。这些结果表明 Pose-REN 方法对于视角变化较为鲁棒,而视角变化正是手部姿态估计问题中的一个重大挑战。

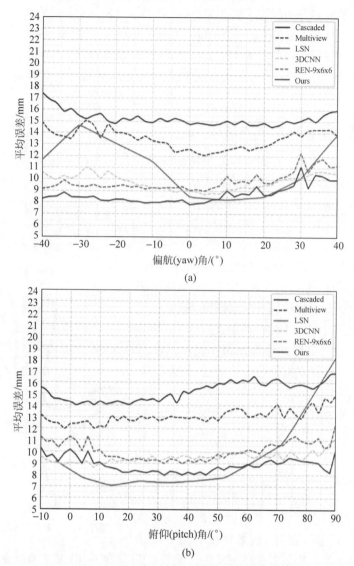

图 7.2.12 在 MSRA15[Sun 2015]数据集上 Pose-REN 与其他方法的比较((a) 平均节点误差随偏航角(yaw)的变化曲线;(b)平均节点误差随俯仰角(pitch)的变化曲线)

7.3 基于骨架的动态手势识别

7.2 节主要针对手势交互中的手部姿态估计问题展开研究,手部姿态估计能够为交互提供位置和姿态信息。进一步,手部姿态序列包含的手势信息也是手势交互的重要因素,因此本节主要研究手势交互中的第二个关键技术:基于手部骨架序列的动态手势识别技术。

由于手本身的灵活性以及手势的表达能力,手势成为人机交互(HCI)的一个高效且自然的方式。手势识别技术在手语识别、远程操控、虚拟现实和增强现实领域有着广阔的应用前景,在过去的几十年中也吸引了众多研究者的兴趣[Mitra 2007],[Bobo 2012],[Ren 2013],[Ohn-Bar 2014],[Cao 2015],[Chen 2016b],[Molchanov 2016],[Neverova 2016]。

手势识别技术主要分为静态手势识别[Ren 2013],[Cao 2015],[Chen 2016b]和动态手势识别[Ohn-Bar 2014],[Molchanov 2016],[Neverova 2016]两类。静态手势识别的目标是从单张图像中预测所代表的手势类别;而动态手势识别的目标是要从一个包含手部的图像或骨架序列中,识别出这个序列所代表的手势的含义。由于动态手势在手势交互中更为普遍,本节关注动态手势识别问题。

7.3.1 动态手势识别技术概要

动态手势识别的相关工作通常以彩色图像或者深度图像序列作为输入,部分研究工作利用了多模态数据,如红外图像[Molchanov 2016]及音频信息[Neverova 2016]等。近年来手部姿态估计算法研究取得了巨大的进步[Oberweger 2015b],[Supancic 2015],[Tang 2015],[Ye 2016],[Chen 2018],[Guo 2017],[Chen 2019],[Wang 2018],使得实时高精度的手部姿态序列获取成为可能,因此基于3-D手部骨架序列的动态手势识别算法得到了越来越多的关注。图7.3.1展示了典型的手部骨架图。

De Smedt等[De Smedt 2016]于2016年提出了基于手部骨架的动态手势识别算法,使用时域金字塔表示对骨架序列的时序特征进行提取,展示出了跟基于深度图的方法相比更好的性能。很多类似的工作也都使用了手工设计的特征用于动态手势识别[Boulahia 2018],[Caputo 2018],[Smedt 2018],但这些方法都没有充分利用手部骨架序列的运动信息。此外,也有部分方法使用了基于深度学习的方法从骨架序列中进行动态手势识别[Ma 2018],[Nunez 2018]。然而,这些方法仅仅将原始的骨架序列作为输入,并没有充分考虑动态手势本身的特性。动态手势最重要的两个特征是手指关节的运动以及手在3-D空间中的全局运动,因此,如果将精心设计的运动特征和对序列分类效果很好的RNN进行结合,很有可能提升基于骨架的动态手势识别

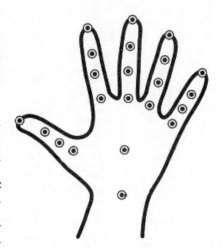

图 7.3.1　手部骨架关节点示意图

性能。下面介绍采用运动特征增强网络(MFA-Net)来进行骨架序列中的动态手势识别,这是当下手势识别方面效果最好的方法之一。

7.3.2 运动特征增强网络

1. 整体结构

运动特征增强网络(Motion Feature Augmented Network,MFA-Net)整体结构如图7.3.2所示。MFA-Net使用手部骨架序列作为输入,然后输出该序列所代表的动态手势类别。整个网络共包括3个分支,分别来处理手指运动特征、全局运动特征以及骨架坐标序列。对于动态手势来说,手在三维空间中的全局运动和手指本身的局部关节运动是手势识别最重要的两个特性。因此,利用全局运动特征和手指运动特征来对原始的骨架序列进行特征增强,

有助于改善动态手势识别的性能。

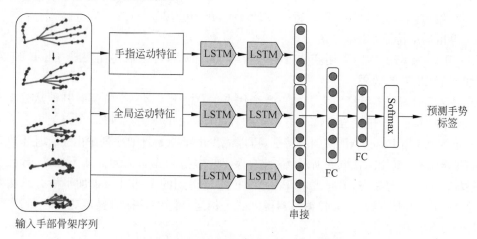

图 7.3.2 运动特征增强网络(MFA-Net)整体结构

2. 运动特征提取

给定输入的手部骨架序列之后,可以从中提取全局运动特征 $G(\boldsymbol{S})$ 和手指运动特征 $H(\boldsymbol{S})$,假设输入的骨架序列为 $\boldsymbol{S}=\{\boldsymbol{s}^t/\boldsymbol{s}^t=(x_i^t,y_i^t,z_i^t)_{i=1}^J\}_{t=1}^T$,$T$ 为骨架序列的长度,J 为手部骨架关节点的数量。

1) 全局运动特征 $G(\boldsymbol{S})$

一般来说,在手部骨架图中,通过手腕关节点、手掌关节点以及掌指关节点的位置和变化可以判断出手的整体状态和运动情况,把它们记作 $\boldsymbol{p}^t$,使用 Kabsch 算法[Kabsch 1976]来得到全局旋转特征 G_r 和全局平移特征 G_1:

$$[G_1,G_r]=\text{Kabsch}(\boldsymbol{p}^t,\boldsymbol{p}_0) \qquad (7.3.1)$$

式中,$G_r=(r_x,r_y,r_z)$ 表示相对于三个坐标轴的转动量,$G_1=(\rho,\theta,\varphi)$ 表示球坐标下的全局平移量,p_0 代表调整为原点的手掌关节点坐标$(0,0,0)$。

对于同一手势,因为不同人姿势的幅度可能不同,因此之前的部分工作[De Smedt 2016]舍弃了全局平移特征中的幅度特征 ρ。但是,对某些姿势,如"抓"和"捏",它们一般在幅度上会表现出更大差异,因此,受到距离自适应机制 (Distance Adaptive Scheme) [Liang 2014],[Cao 2015]的启发,提出一种距离自适应离散化 (Distance Adaptive Discretization,DAD) 的方法来提取全局平移特征中的幅度特征,大致过程如下:

$$\int_0^{\eta_i} g(x)\mathrm{d}x = \frac{i}{M}\int_0^{\sigma} g(x)\mathrm{d}x \qquad (7.3.2)$$

式中,$g(x)$ 是高斯分布核函数,σ 是高斯核函数的标准差(实验中取 $\sigma=1.5r_{\text{palm}}$,$r_{\text{palm}}$ 为手掌半径),根据公式计算阈值$\{\eta_i\}_{i=1}^M$,将 ρ 按照阈值转为 M 个离散值ρ_{bin}。

这样,得到手部骨架整体特征 Φ^t:

$$\Phi^t=[\rho_{\text{bin}},\theta,\varphi,r_x,r_y,r_z] \qquad (7.3.3)$$

进一步地,借鉴之前的工作[Chen 2016a],由当前时刻特征 Φ^t 减去手势序列第一帧的特征 Φ^1 得到补偿姿态 Φ_{op}^t,再由当前时刻特征 Φ^t 减去手势序列之前几帧的特征$\{\Phi^{t-s}|s=1,5,10\}$得到动态姿态 Φ_{dp}^t,即:

$$\Phi_{op}^t = \Phi^t - \Phi^1, \quad \Phi_{dp}^t = \{\Phi^t - \Phi^{t-s} \mid s=1,5,10\} \tag{7.3.4}$$

最终得到序列第 t 帧全局运动特征 $G^t(\boldsymbol{S}) = [\Phi^t, \Phi_{op}^t, \Phi_{dp}^t]$。

2）手指运动特征 $G(\boldsymbol{S})$

对于手势的运动特征，采用**变分自编码器（VAE）**特征，可以取得比文献[Chen 2017]中的运动学特征更好的效果。

采用变分自编码器特征有大概如下几个优点：①相比于运动学特征等其他从骨架序列中获取的手动特征，通过变分自编码器得到的骨架序列的隐藏表示特征有得到更多表示特征的可能；②利用 PoseVAE 得到的特征，可以减少由于原始骨架序列中由于标注不准确而带来的噪声，这一点如图 7.3.3 所示，输入的骨架的中指和无名指的标注不准确，导致出现一个很难理解的手部姿态，但是通过 PoseVAE 重建得到的手部骨架更加平滑并且去除了不必要的噪声，因此，通过变分自编码器得到的手指运动隐藏特征对噪声更加鲁棒，可以提高手势识别的准确率。

姿态的变分自编码器包括编码器和解码器，都包含两个维度分别为 32 和 20 的全连接层，示意图以及网络结构如图 7.3.4 所示。

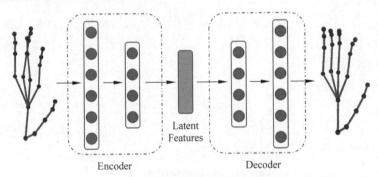

图 7.3.3　PoseVAE：提取手指运动特征的变分自编码器

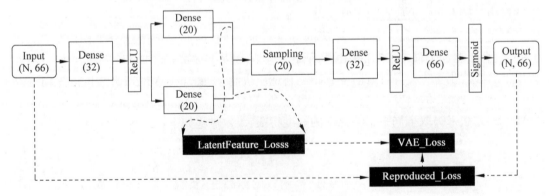

图 7.3.4　PoseVAE：网络结构

将原始骨架序列输入编码器得到骨架的隐藏特征，隐藏特征通过解码器再恢复原始的骨架信息，PoseVAE 训练的目标是减少重建误差。利用训练好的 PoseVAE 得到骨架序列的隐藏特征来表征手指关节点的移动，从而得到基于 VAE 的手指运动特征 ζ^t。

类似于全局运动特征中的补偿姿态和动态姿态，同样方法得到 ζ_{op}^t 和 ζ_{dp}^t，最终得到序列第 t 帧手指特征 $H^t(\boldsymbol{S}) = [\zeta^t, \zeta_{op}^t, \zeta_{dp}^t]$。

7.3.3 实验结果分析

1. 性能比较

1) 在 DHG-14/28 数据集上的性能比较

DHG-14/28[De Smedt 2016]是一个动态手势识别数据库,同时提供手势序列的深度图像和相关的骨架信息。这个数据库中包含 20 个不同人在两种手指设定模式下的 14 种不同的手势种类,一共包含 2800 个序列数据,每个骨架包含 22 个关节点,如图 7.3.1 所示。

保持与现有方法[De Smedt 2016]一样的实验设置,采用不同个体之间的交叉验证(Leave One Out Cross Validation,LOOCV)来对算法进行评估,即将本节提出的算法在 19 个采集者的手势序列上进行训练,在剩下的 1 个采集者的手势序列中进行评估。根据不同的测试集将该实验重复 20 遍后,即可得到所有手势序列的分类结果,如表 7.3.1 所列。

表 7.3.1 在 DHG-14/28 的性能比较

方　　法	DHG-14		DHG-28	
	Fine	Coarse	Both	Both
SoCJ+HoHD+HoWR[De Smedt 2016]	73.60	88.33	83.07	80.0
SL-fusion-Average[Lai 2018]	76.00	90.72	85.46	74.19
CNN+LSTM[Nunez 2018]	78.0	89.8	85.6	81.1
MFA-Net (Ours)	75.60	91.39	85.75	81.04

在 DHG-14/28 数据集上,将 MFA-Net 跟多种现有方法[Lai 2018],[Nunez 2018],[De Smedt 2016]进行比较,不同方法在 DHG-14 和 DHG-28 数据集上的识别率比较如表 7.3.1 所示。从表中可以看出,在 14 类手势分类任务的 DHG-14 数据集上,此方法无论是在精细手势(fine)、粗略手势(coarse)还是全部手势(both)的识别率上,都高于绝大多数现有方法。

为了更好地显示算法的性能,给出了 14 类手势的分类混淆矩阵(如图 7.3.5 所示)。从图中可以看出,14 种手势中的 12 种识别率高于 80%,其中 11 种手势识别率高于 85%。同时也可以看到手势"抓取"(G)和手势"捏"(P)之间存在着较大的混淆,这主要是因为这两类手势存在着较大的相似性,给手势识别带来较大的挑战。但是,跟现有方法[De Smedt 2016]相比,本节提出的方法在这两类手势上的识别率有一定的提升,文献[De Smedt 2016]中这两类手势的平均识别率为 59.0%,而本节中的方法则提升到了 60.25%。从表 7.3.1 中也可以看出,跟文献[De Smedt 2016]相比,本节提出的方法在精细手势、粗略手势和全部手势的识别率上都有明显的提升。并且可以看出,在更加复杂和具有挑战性的 28 类动态手势识别任务中,该方法比绝大部分现有方法[De Smedt 2016],[Lai 2018],[Nunez 2018]识别率更高,而跟现有方法中表现最好的 CNN+LSTM 方法相比,识别率基本相当,这展示了本节提出的方法的有效性。

2) 在 SHREC'17 数据集上的性能比较

跟在 DHG-14/28 数据集上的实验设置类似,将本节提出的 MFA-Net 方法在 SHREC'17[De Smedt 2017]训练集的 1960 个序列上进行训练,在测试集的 840 个序列上进行评估。使用文献[Nunez 2018]中提出的数据增强策略,对原始的手势序列数据添加随机的序列缩放、平移、时域插值以及随机噪声。经过数据增强后,总体的训练数据为 9800 个手势序列。

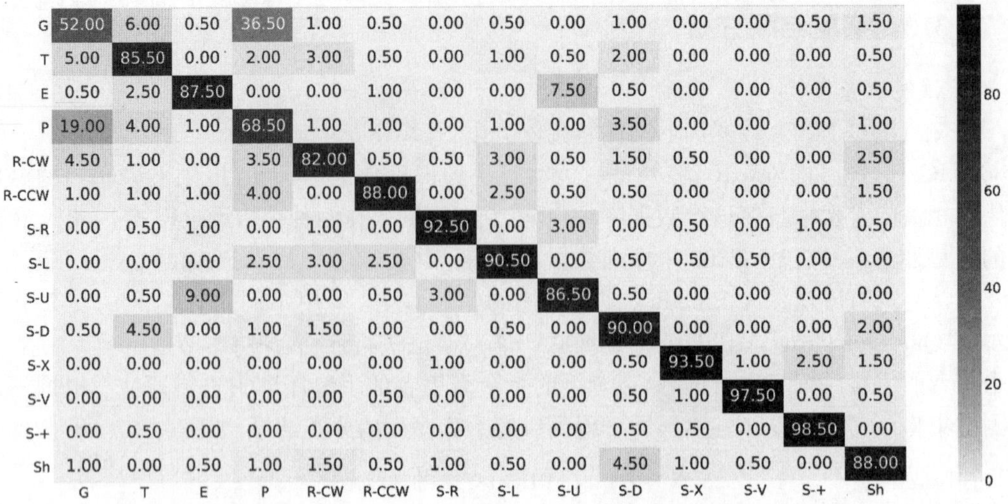

	G	T	E	P	R-CW	R-CCW	S-R	S-L	S-U	S-D	S-X	S-V	S-+	Sh
G	52.00	6.00	0.50	36.50	1.00	0.50	0.00	0.50	0.00	1.00	0.00	0.00	0.50	1.50
T	5.00	85.50	0.00	2.00	3.00	0.50	0.00	1.00	0.50	2.00	0.00	0.00	0.00	0.50
E	0.50	2.50	87.50	0.00	0.00	0.50	0.00	0.00	7.50	0.50	0.00	0.00	0.50	0.00
P	19.00	4.00	1.00	68.50	1.00	1.00	0.00	1.00	0.00	3.50	0.00	0.00	0.00	1.00
R-CW	4.50	1.00	0.00	3.50	82.00	0.50	0.50	3.00	0.00	1.50	0.50	0.00	0.00	2.50
R-CCW	1.00	1.00	1.00	4.00	0.00	88.00	0.00	2.50	0.00	0.50	0.00	0.00	0.00	1.50
S-R	0.00	0.50	1.00	0.00	0.00	0.50	92.50	0.00	3.00	0.00	0.00	0.00	1.00	0.00
S-L	0.00	0.00	0.00	2.50	3.00	2.50	0.00	90.50	0.00	0.50	0.00	0.50	0.00	0.00
S-U	0.00	0.50	9.00	0.00	0.00	0.00	3.00	0.00	86.50	0.50	0.00	0.00	0.00	0.00
S-D	0.50	4.50	0.00	1.00	1.50	0.00	0.00	0.50	0.00	90.00	0.00	0.00	0.00	2.00
S-X	0.00	0.00	0.00	0.00	1.00	0.00	0.00	0.00	0.00	0.00	93.50	1.00	2.50	1.50
S-V	0.00	0.00	0.00	0.00	0.00	0.00	0.00	0.00	0.00	0.00	1.00	97.50	0.00	0.50
S-+	0.00	0.50	0.00	0.00	0.00	0.00	0.00	0.00	0.50	0.50	0.00	0.00	98.50	0.00
Sh	1.00	0.00	0.50	1.00	1.50	0.50	1.00	0.50	0.00	4.50	1.00	0.50	0.00	88.00

图 7.3.5 MFA-Net 在 DHG-14 测试结果的混淆矩阵

在 SHREC′17 数据集上的性能比较如表 7.3.2 所示，从表中可以看出，本节提出的 MFA-Net 方法在 14 种手势分类任务中取得了 91.31% 的识别率，在 28 种手势分类任务中取得了 86.55% 的识别率，在两个分类任务中均取得了比现有方法更好的性能。特别是在 28 类手势识别任务中，本节提出的 MFA-Net 方法跟现有的最好方法[De Smedt 2016]相比，识别率提高了 4.7%。在 SHREC′17 数据集上本节方法对于 14 种手势的分类混淆矩阵如图 7.3.6 所示。可以看出，MFA-Net 在 14 种手势分类任务中 12 种手势的识别率均高于 85.0%。对于更具挑战性的 28 类手势识别任务，MFA-Net 在 15 种手势中取得了高于 85.0% 的识别率，在 22 种手势中取得了高于 80.0% 的识别率。

表 7.3.2 在 SHREC′17 上的性能比较

方　　法	14 Gestures	28 Gestures
SoCJ＋HoHD＋HoWR[De Smedt 2016]	88.24	81.90
3cent＋OED＋FAD[31]	89.52	—
Boulahia et al. [30]	90.48	80.48
MFA-Net（Ours）	91.31	86.55

2. 实验方法有效性分析

为了证明提出的方法各个模块的有效性，在 DHG-14 的分类任务中设置了若干自对比实验进行分析。

1）关于增强的运动特征的作用

下面设置了一系列实验检验增强的运动特征对最终的动态手势识别的准确性的影响。第一个实验(Skeleton)只采用了原始的骨架序列输入到 LSTM 中进行手势分类；第二个实验(MF(Kinematic))只采用了文献[Chen 2017]中的运动学特征作为 LSTM 的输入，而没有骨架序列；第三个实验(S＋MF(Kinematic))则是既有骨架序列，又有运动学特征作为输入；最后的实验(S＋MF(VAE))则是原始骨架序列加采用 VAE 获取的运动学特征作为

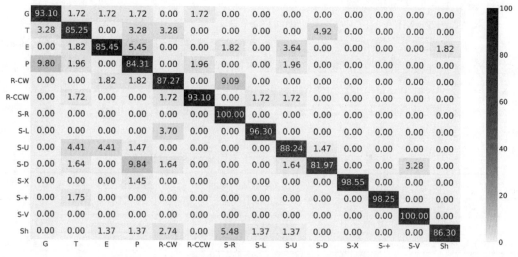

图 7.3.6　MFA-Net 在 DHG-28 测试结果的混淆矩阵

LSTM 的输入。4 组实验得到的结果如表 7.3.3 所示。

表 7.3.3　在 DHG-14 上的对比实验

方　法	Fine			Coarse			Both		
	Best	Worst	Avg±Std	Best	Worst	Avg±Std	Best	Worst	Avg±Std
Skeleton	86.0	42.0	61.2±12.37	97.78	74.44	86.44±7.94	93.5	67.86	77.43±6.82
MF(Kinematic)	84.0	46.0	71.5±11.44	96.67	64.44	81.94±8.17	90.0	58.57	78.21±7.49
S+MF(Kinematic)	90.0	**56.0**	76.9±9.19	97.78	72.22	89.0±7.55	94.29	67.86	84.68±6.67
S+MF(VAE)	**96.0**	48.0	75.6±10.29	**100.0**	**76.67**	**91.39±7.30**	**96.43**	**71.43**	**85.75±6.71**

从表 7.3.3 中可以看到,采用骨架序列和运动学特征的实验分类结果相比只采用骨架序列或是运动学特征的方法性能上平均要好 6% 以上;而在此基础上,采用 VAE 提取得到的运动学特征加上骨架序列作为输入比前面一般的运动学特征在性能上平均又要好 2% 左右,说明了增强的运动特征以及 PoseVAE 提取的 VAE 特征对手势分类的有效性。

2) 关于距离自适应离散化机制(DAD)的作用

引入距离自适应离散化(DAD)机制用于获取骨架序列的幅度信息,设置在运动学特征中是否包含 ρ_{bin} 的对比实验,实验结果如表 7.3.4 所示。

表 7.3.4　在 DHG-14 上的对比实验

方　法	Fine			Coarse			Both		
	Best	Worst	Avg±Std	Best	Worst	Avg±Std	Best	Worst	Avg±Std
MFA-Net w/o DAD	92.0	42.0	74.2±11.81	100.0	75.56	90.39±6.89	**97.14**	67.86	84.60±7.22
MFA-Net	**96.0**	**48.0**	**75.6±10.29**	**100.0**	**76.67**	**91.39±7.30**	96.43	**71.43**	**85.75±6.71**

通过上表,可以较明显地看出在运动学特征中加入 ρ_{bin} 后有 1% 以上的性能提升,并且一定程度上降低了方差,提高了模型的稳定性。

3）关于不同分类器的影响

在本节提出的 MFA-Net 中，采用训练好的全连接层来对 LSTM 块得到的骨架序列特征进行分类，正如图 7.3.2 所示。为了说明不同分类器的影响，以及证明前面学习到的特征的有效性，将全连接层前面的深度特征输入到不同的分类器中来考查性能，如 k-NN、增强的 k-NN 算法（Centroid Displacement-Based k-NN）[Nguyen 2015]和随机森林。这些分类器的超参数通过在训练集上交叉验证选取。不同分类器在 SHREC′17 数据集上的识别率如表 7.3.5 所示。

表 7.3.5 在 SHREC′17 上不同分类器的对比

方　法	14 Gestures	28 Gestures
k-NN	90.60	86.07
CD k-NN[66]	90.83	86.07
Random Forest	90.36	85.24
FC Layers (Ours)	**91.31**	**86.55**

通过上表，可以得到两个结论。①相比提到的其他分类器，通过训练得到的全连接层作为分类器具有最优的分类性能，这个也是很直观的；②与表 7.3.2 中的结果对比可发现，即使采用相对最简单的 k-NN 分类器，在 14 类和 28 类的分类任务中都取得了比之前最优结果更好的性能，尤其是在 28 类的分类任务上，相比之前最优的结果，更有高达 5% 以上的性能提升，这充分说明了增强的运动特征经过 LSTM 学习得到的序列特征是一种更优的特征表示。为了更好地说明这一点，使用 t-SNE[van der Maaten 2008]来对特征的 2-D 投影进行可视化表示，如图 7.3.7 所示。

可以看到，不同类别的特征可视化后的流形能够得到很好的区分，在测试集上的特征表示分布情况也与训练集上相似，有利于后续的分类达到较好性能。

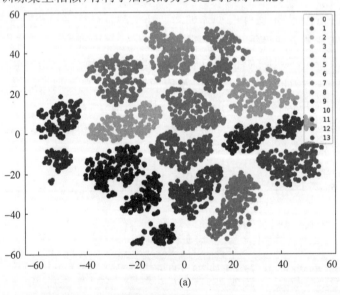

(a)

图 7.3.7　2-D t-SNE 可视化特征（全连接层前）（(a)为 SHREC′17 训练集上的特征；(b)为测试集上的特征）

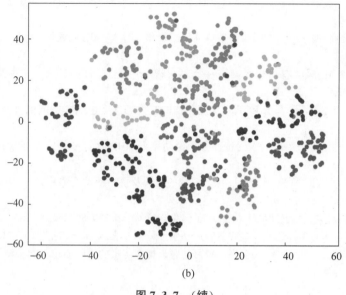

(b)

图 7.3.7 （续）

3. 实验方法运行时间分析

在配备 3.4 GHz i7-4770 CPU 和 Nvidia Tesla K40c GPU 的计算机上对 MFA-Net 的推断速度进行测试。测试发现，MFA-Net 用约 1.47 ms 从原始骨架序列中获取一个手部骨架的运动特征，约 1.3ms 从输入的特征中得到手部姿势的分类结果，也就是说，MFA-Net 平均采用 2.77ms 处理一帧手部骨架信息，在 1s 内可以处理约 361 帧骨架信息，对于实时的高性能的动态姿态估计已经足够了。

7.4 近期文献分类总结

下面是近几年在中国图像工程重要期刊[章 1999]上发表的一些手势体感交互相关的文献目录（按作者姓氏拼音排序），全文均可在中国知网上获得。

[1] 柴铎,徐诚,何杰,等. 运用开端神经网络进行人体姿态识别. 通信学报,2017,38(S2)：122-128.

[2] 陈平,皇甫大鹏,骆祖莹,等. 基于单幅图像 PnP 头部姿态估计的学习注意力可视化分析. 通信学报,2018,39(S1)：141-150.

[3] 洪金华,张荣,郭立君. 基于 $L_{(1/2)}$ 正则化的三维人体姿态重构. 自动化学报,2018,44(06)：1086-1095.

[4] 雷禧生,肖昌炎,蒋仕龙. 基于 TOF 相机的喷涂工件在线三维重建. 电子测量与仪器学报,2017,31(12)：1991-1998.

[5] 李毅,刘兴川,孙亭. 人体运动分析的实例学习方法. 中国图象图形学报,2015,20(07)：922-928.

[6] 历艳琨,毛建旭,刘仁明. 基于特征点的 3-D 人脸姿态跟踪. 电子测量与仪器学报,2016,30(04)：605-612.

[7] 刘正琼,胡丽莉,唐璇,等. 基于虚拟仪器的肢体姿态检测系统研究. 电子测量与仪器学报,2015,29(06)：907-913.

[8] 刘袁缘,陈靓影,俞侃,等. 基于树结构分层随机森林在非约束环境下的头部姿态估计. 电子与信息学报,2015,37(03)：543-551.

[9] 刘淑萍,刘羽,於俊,等.结合手指检测和 HOG 特征的分层静态手势识别.中国图象图形学报,2015,20(06)：781-788.

[10] 刘砚秋,王修晖.基于圆弧扫描线的手势特征提取和实时手势识别.数据采集与处理,2016,31(01)：184-189.

[11] 卢宏涛,张秦川.深度卷积神经网络在计算机视觉中的应用研究综述.数据采集与处理,2016,31(01)：1-17.

[12] 梅峰,刘京,李淳秡,等.基于 RGB-D 深度相机的室内场景重建.中国图象图形学报,2015,20(10)：1366-1373.

[13] 钱银中,沈一帆.姿态特征与深度特征在图像动作识别中的混合应用.自动化学报,2019,45(03)：626-636.

[14] 瞿畅,沈芳,于陈陈,等.基于 Kinect 深度图像的腕部及手指活动度测量方法.中国生物医学工程学报,2016,35(05)：626-630.

[15] 任春明.倾斜指势动作识别设计方法.电子测量与仪器学报,2018,32(05)：168-175.

[16] 阮晓钢,林佳,于乃功,等.基于多线索的运动手部分割方法.电子与信报,2017,39(05)：1088-1095.

[17] 苏铁明,程福运,韩兆翠,等.基于深度学习与融入梯度信息的人脸姿态分类检测.数据采集与处理,2016,31(05)：941-948.

[18] 史青宣,邸慧军,陆耀,等.基于中粒度模型的视频人体姿态估计.自动化学报,2018,44(04)：646-655.

[19] 王亚南,苏剑波.基于图像合成的多姿态人脸图像识别方法.模式识别与人工智能,2015,28(09)：848-856.

[20] 严甲汉,郭承军.基于 Elman 神经网络的 SINS 姿态解算算法研究.电子测量与仪器学报,2018,32(06)：1-5.

[21] 杨凯,魏本征,任晓强,等.基于深度图像的人体运动姿态跟踪和识别算法.数据采集与处理,2015,30(05)：1043-1053.

[22] 杨世强,弓逯琦.基于高斯模型的手部肤色建模与区域检测.中国图象图形学报,2016,21(11)：1492-1501.

[23] 余家林,孙季丰,李万益.基于多核稀疏编码的三维人体姿态估计.电子学报,2016,44(08)：1899-1908.

[24] 左国玉,于双悦,龚道雄.遥操作护理机器人系统的操作者姿态解算方法研究.自动化学报,2016,42(12)：1839-1848.

对上述文献进行了归纳分析,并将一些特性概括总结在表 7.4.1 中。

表 7.4.1　近期一些有关手势交互的文献的概况

编号	特征模态	技术关注点	主要步骤特点
[1]	人体	深度学习	提出了一种基于 Inception 神经网络和循环神经网络结合的深度学习模型(InnoHAR)
[2]	头部	回归树	一种基于单幅图像头部姿态估计的学生注意力可视化分析方法
[3]	人体	稀疏表示	在形状空间模型的基础上,结合 $L_{1/2}$ 正则化和谱范数的性质提出一种基于 $L_{1/2}$ 正则化的凸松弛方法
[4]	工件	点云融合	提出一种基于工件在位旋转和图形处理器(GPU)加速的 TOF 点云视频流三维重建算法
[5]	人体	实例学习	从运动分析的特征提取和运动建模问题出发,提出人体运动分析的实例学习方法
[6]	人脸	RANSAC POSIT 迭代	针对视频序列中的人脸跟踪问题,提出一种单摄像头的人脸 3-D 姿态跟踪方法

续表

编号	特征模态	技术关注点	主要步骤特点
[7]	人体	虚拟仪器	一种基于虚拟仪器的肢体姿态检测系统,对驾驶员肢体进行实时追踪、识别、分析肢体运动过程进而应用于驾驶舒适性客观测评
[8]	头部	分层随机森林	为提高非约束环境下的估计准确率和鲁棒性,提出树结构分层随机森林在非约束环境下的多类头部姿态估计
[9]	手势	HOG 特征	提出一种结合手指检测和梯度方向直方图(HOG)特征的分层静态手势识别方法
[10]	手势	圆弧扫描线	提出一种基于圆弧扫描线的手势特征提取和实时手势识别方法
[11]	视觉模式	CNN	综述卷积神经网络模型在图像分类、物体检测、姿态估计、图像分割和人脸识别等领域中的研究现状和发展趋势
[12]	场景	RGBD-SLAM 改进	以 RGBD-SLAM 算法为基础并提出了两方面的改进:帧间配准算法和指数权重函数
[13]	人体	深度学习	从图像局部区域提取姿态特征,从整体图像中提取深度特征,探索两者在动作识别中的互补作用
[14]	手部	Open NI	为简化人体腕部及手指关节活动度测量,提出一种基于 Kinect 深度图像的人体腕部及手指活动度测量方法
[15]	指尖	凸包络优化	介绍了一种快速、准确对指尖检测定位并实时识别倾斜指势的方法
[16]	手部	多线索分割	为不依赖不合理的假设和解决手脸遮挡问题,提出一种基于肤色、灰度、深度和运动线索的分割方法
[17]	人脸	深度学习	提出一种基于深度学习与融入梯度信息的人脸姿态分类学习方法
[18]	人体	中粒度模型	综合粗、细粒度模型的优点,以人体部件轨迹片段为实体构建中粒度时空模型
[19]	人脸	多姿态融合	通过同一个人的多张多姿态人脸图像的融合图像识别该人身份
[20]	人体	神经网络	提出 Elman 神经网络辅助的姿态解算算法,在传统的 AHRS 算法中加入了 Elman 神经网络的辅助
[21]	人体	三步搜索	针对低质量深度图像的人体运动姿态识别问题,一种基于三步搜索算法的人体运动姿态的跟踪和识别方法
[22]	手部	混合高斯模型	基于聚类思想,通过离线学习与期望最大化算法,在 RGB 色彩空间上对肤色信息建立多混合高斯模型
[23]	人体	HA-SIFT 描述子	设计了一种用于表达多视角图像的 HA-SIFT 描述子,提出一种基于多核稀疏编码的人体姿态估计算法
[24]	人体	姿态解算	一种遥操作护理机器人系统,为实现从端同构式机器人的随动运动控制,研究主端操作者人体姿态解算方法

由表 7.4.1 可看出以下几点。

（1）文献中对以人体为基础的交互研究很关注,相比与手部、人脸姿态,人体的姿态模式更多样,交互数据来源主要是多种深度传感器得到的深度图像（Depth images）和彩色图像（RGB images）。

（2）从技术关注点来看,深度学习方法采用的最多,但随机森林、混合高斯模型等其他机器学习方法的种类也很多,并且在不同的应用场景下都起到不同的作用。

（3）以手势、人体交互为基础的研究也应用了很多数学、统计学中的概念和工具,如稀疏表示、凸松弛、凸包络优化、实例学习等,对不同的应用采用了各异的算法。

第8章

同时定位与制图

同时定位与制图(SLAM)是指不依靠外在设备,只依靠自身传感器在一个未知的环境中同时定位和建图的过程。视觉 SLAM,专指用摄像机做导航和探索。这项技术具有很高的研究和工业应用价值,视觉 SLAM 是机器人、无人车的基础,亦是 AR、VR、MR 技术的核心。可以预见,这将成为影响未来工业生产、人们的衣食住行、人机交互的一项关键技术。该项技术目前在社交、家居、出行、海洋科学探索、外太空探索、工业制造、医疗、建筑业、医疗手术等几乎各行各业都已得到部分应用。

8.1 视觉 SLAM 概述

尽管基于 SLAM 的研究早在 20 世纪 80 年代就已经展开,其研究方法,按传感器分类大致可以分为以下几种:基于单目相机传感器、双目相机传感器、深度相机传感器、单目视觉惯性传感器及 RGB-D 传感器系统,不同传感器在视觉 SLAM 中有不同的效果与特点,如表 8.1.1 所示。

表 8.1.1 不同传感器在视觉 SLAM 中的优缺点

传感器类型	优　势	缺　点
单目	小巧方便,成本低;低功耗;标定工作量低	尺度不可知,存在尺度漂移;初始化时复杂的深度估计
双目	可以得到深度值;初始化方便	计算量大;标定工作量适中
深度	深度获取方便,仅使用深度数据;标定工作适中;主动式传感器,较鲁棒	用户不友好;计算量大;功耗高
单目+IMU	已知的相对姿态估计;尺度可知	噪声误差影响大;标定工作大,相机和 IMU 对齐;同步问题
RGB-D	深度值获取方便;主动式传感器,较鲁棒;初始化方便	标定复杂;功耗高

这些方法大都可以在静态场景中获得很不错的效果,但是在面向实际生活中还面临着诸多的挑战。首当其冲的便是动态复杂环境,在其数据关联的过程中,运动的目标、运动模

糊等原因会造成错误的数据关联。当数据关联错误的数量较少时,可以通过 RANSAC 采样[Fischler 1981]的方法获得不错的效果。但是当场景中存在运动的目标,且数据关联错误的数量较多时,这必然导致在视觉里程计中的匹配以及后端优化中产生极大的误差,这将不可避免地毁坏整个场景的重建。

随着对 SLAM 的研究不断深入,人们对视觉 SLAM 系统进行不断的总结归纳。图 8.1.1 为基于场景理解的 SLAM 系统框架,主要包括数据端输入与处理、视觉里程计、后端优化、闭环检测和建图 5 部分。

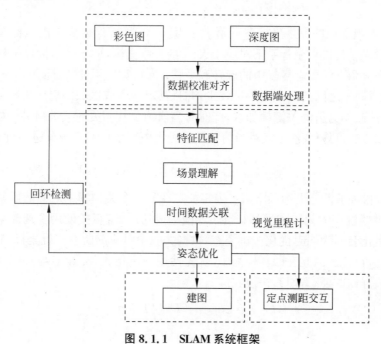

图 8.1.1　SLAM 系统框架

1) 数据端输入与处理

数据端的输入与处理因传感器种类类型而有所差异。对于 RGB-D 相机,其同时具有深度相机和彩色相机,相机本身是有畸变的,两者相机的视角,分辨率都有所不同,而且相机之间也存在一些位置上的错位。因此在数据端的处理过程中,可依据小孔成像原理,对相机进行畸变矫正,并且通过奇异值分解(Singular Value Decomposition,SVD)[Moonen 1992]寻找深度相机和彩色相机之间的映射关系,使两者对齐。

2) 视觉里程计

视觉里程计虽然是一个初步估计相机姿态的过程,但实际上是 SLAM 三维重建中最为本质和核心的一个求取数据关联的过程。数据关联是指当前帧跟之前帧相互之间特征的关联,这些数据关联也反映了传感器在此过程中的运动变化和状态,准确的数据关联尤为重要。在复杂场景中,仅仅通过特征点稀疏的方法很可能获得错误的数据关联,特别是当场景中运动目标占多数时,此时即使稠密直接法也无法获得准确的数据关联。然而数据关联的准确性将直接决定后续姿态优化及建图的精确度和效果。在视觉里程计中根据数据关联中对应的特征点通过优化当前帧与关键帧的反向投影误差获得初步的相机姿态,并且通过最大能量谱密度结合光流优化相机的姿态。

3) 姿态优化

姿态优化是根据数据关联进一步优化相机的位姿，通常包括 4 种不同方式的姿态优化，即优化相机姿态的光束平差法（Motion-only BA）、局部光束平差法（Local BA）、图优化（Graph optimization）以及全局光束平差法（Full BA）。

在视觉里程计中，估计当前帧的相机姿态使用光束平差法，是指通过当前帧与距其最近的关键帧之间的反向投影误差式(8.1.1)仅优化相机姿态。

$$E = \min_{R,t} \sum_{j=1}^{N} \| x_{(\cdot)}^j - \pi_{(\cdot)}(RX_j + t) \|^2 \tag{8.1.1}$$

式中，$X_{(\cdot)}^j$ 是指当前帧的像素坐标系下第 j 个点 $[u,v]^{\mathrm{T}}$，$\pi_{(\cdot)}$ 是从相机坐标系下到像素坐标系下的映射，X_j 是世界坐标系下对应于 $X_{(\cdot)}^j$ 的三维坐标，R,t 是指世界坐标系下的点到当前帧相机坐标系下的姿态变换中的旋转和平移；当视觉里程计估计到的当前的相机姿态变化过大，或者两帧之间的匹配的数量较少，并且其对应点或区域的反向投影误差在一定阈值内，则将当前帧作为新的关键帧加入，此时对当前帧及其相关的关键帧进行局部光束平方差约束(8.1.2)，通过最优化 E 来对当前关键帧中的姿态变换和三维坐进行优化。

$$E = \min_{R_k,t_k,X_j} \sum_{k=1}^{M} \sum_{j=1}^{N} \| x_k^j - \pi_{(\cdot)}(R_k X_j + t_k) \|^2 \tag{8.1.2}$$

式中，x_k^j 是指相对于世界坐标系下第 j 个特征点在第 k 个关键帧中对应的像素坐标，R_k,t_k 是第 k 个关键帧位姿的旋转和平移；当回环检测成功后，若直接使用全局光束平差法在大规模场景中优化会因为同时优化相机姿态，数据关联中对应的所有三维坐标，导致整个过程异常耗时，收敛也慢。因此在回环检测中，优先使用图优化式(8.1.3)与式(8.1.4)的方法，只优化各个关键帧的姿态，使其快速收敛。

$$e_{\mathrm{rel}}(i,j) = \mathrm{Log}_{\mathrm{SE(3)}}(\hat{\boldsymbol{T}}^{ij} T^j T^{i-1}) \tag{8.1.3}$$

$$C = \sum_{(i,j) \in X} \| x_k^j - \pi_{(\cdot)}(R_k X_j + t_k) \|^2 \tag{8.1.4}$$

式中，T^i 是在世界坐标系下第 i 个关键帧的位姿，T^j 是第 j 个关键帧的位姿，T^{ij} 是从第 i 帧到第 j 帧的位姿变换，$e_{\mathrm{rel}}(i,j)$ 是第 i 个关键帧与第 j 个关键帧之间的位姿误差，X 是指各个关键帧之间的组合，C 是指所有相关帧之间的误差，通过最小化 C，对各个关键帧的位姿优化；图优化后，使相机姿态能够符合全局收敛，降低了复杂度，此时再进行全局光束平差法优化式(8.1.5)，能够更快收敛，除了将初始关键帧作为三维世界坐标系的参照，将地图中其他所有的点，关键帧位姿都进行优化。

$$E = \min_{R_k,t_k,X_j} \sum_{k,j} \sum \| x_k^j - \pi_{(\cdot)}(R_k X_j + t_k) \|^2 \tag{8.1.5}$$

4) 回环检测

回环检测可以用来减轻通过传感器在三维重建的过程中姿态估计产生的累积误差，这些误差可能来自传感器自身比如传感器的测量数据就存在噪声，深度相机与彩色相机不同步，对齐不准等问题，也有可能由于图像模糊造成匹配不准导致数据关联不准确等外部原因。并且姿态估计往往是一种短期有效的运动估计，在不断运动的过程中容易产生累计误差，造成与实际的位置和路径产生较大的偏移。因而在实际的操作过程中，增加回环检测的功能可以用来消除由于累计误差造成的偏移，当传感器返回到一个"似曾相识"之前重建的场景中，它能够检测出来同时根据当前的位置和过往位置的估计进行姿态优化，大大减轻之前的累计误差。识别出之前的关键帧中有存在与当前帧一样的信息,几何结构,场景等信息的过程称为闭环检测。目前常用的方法有基于 BoW 的词袋模型和基于机器学习语义地图而进行的回环检测。ORB 特征点具有快速匹配,具有旋转不变性和尺度不变性等较为鲁棒的特点,因而本文通过以 ORB 特征点作为描述符,采用词带模型的方式进行回环检测。系统中回环检测沿用了 ORB-SLAM2 中的方法。

5) 建图

建图是与其他模块都紧密联系一个环节,将它分为全局建图和局部建图,局部建图可以视为对数据关联的管理,显示地看是 SLAM 三维重建的过程中不断管理更新稀疏地图点的过程,全局建图是指输出最终的三维模型,在实验部分展示稠密的点云图。

6) 交互

交互是通过 SLAM 技术实现简单的交互功能。

8.2 视觉 SLAM 系统实现

8.2.1 数据端的预处理

在 SLAM 系统中,不同的数据类型,代表着不同的 SLAM 研究方法和实现形式。本节从传感器出发,并对传感器得到的数据进行预处理矫正和对齐。

1. 传感器的选择

在 SLAM 研究过程中,深度估计一直是一个很重要的问题,三维模型的精确度建立离不开深度估计。双目相机虽然可以求取到深度信息,但是精度一般,且需要较大的计算量。视觉惯导估计的深度可以类似双目的方式通过三角化测量得出,但是会受到 IMU 惯导传感器的影响而使性能下降。测量精度高的结构光(Structured light)传感器面临着测量速度相对较慢且受复杂环境(如反光、透明)限制。而 TOF(Time of flight)传感器测距时精度较高,实时性好但能耗较高。表 8.2.1 展示了不同的 3-D 传感器的比较。

表 8.2.1 3-D 传感器的比较(部分数据来自文献[Hansard 2012])

	双目	单目+IMU	结构光	TOF
价格	高	中等	中等	低
反应时间	低	低	高	中等
精度	低	低	高	中等
弱光下的表现	弱	弱	好	好
强光下的表现	好	好	弱	好
能耗	低	低	中等	高
测量范围	有限	有限	中等	高

经过对应用场景和实效性等多方面的衡量,选择了 Kinect V2 的传感器作为 SLAM 三维重建的输入设备。

Kinect V2 是一款结合 TOF 技术的相机,TOF 是一种主动式测距的传感器。因而在黑暗场景,或者噪声较大的户外场景仍能获得不错的效果。

2. 基于小孔成像模型的相机矫正的原理

对 Kinect V2 相机的深度和彩色相机都以小孔成像模型进行矫正。参考文献[Andrew 2004]，建立如图 8.2.1 所示的小孔成像模型，将空间中任意一点 X 投影到图像坐标系中得到 x。令 C 为相机中心亦即投影中心点，以该点位原点建立如图 8.2.2 所示相机空间坐标系（令相机坐标系与空间坐标系重合），平面 $Z=f$ 为图像面，在小孔成像模型下，取在空间中的一点 $\boldsymbol{X}=[X,Y,Z]^T$ 映射到图像平面坐标系中的一点 $\boldsymbol{x}=[x,y,z]^T$。通过相似三角形原理 $Z/f=Y/y=X/x$，可以很快得到 $\boldsymbol{x}=[Xf/Z,Yf/Z,f]^T$，该点在图像像素坐标系下为 $[Xf/Z,Yf/Z]^T$，世界坐标下的点到图像像素坐标系下的齐次映射如式(8.2.1)所示：

$$
\begin{bmatrix} fx/z \\ fy/z \\ 1 \end{bmatrix} = 1/z \begin{bmatrix} f & 0 & 0 \\ 0 & f & 0 \\ 0 & 0 & 1 \end{bmatrix} \begin{bmatrix} x \\ y \\ z \end{bmatrix} \tag{8.2.1}
$$

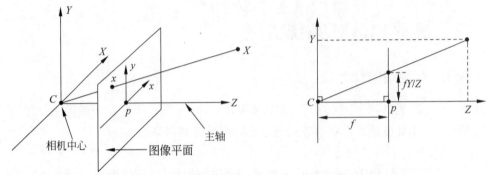

图 8.2.1　小孔成像模型（来自文献[**Andrew 2004**]）

考虑到小孔成像模型中图像平面坐标系和实际图像像素坐标系存在 (x_o,y_o) 的偏移，如图 8.2.2 所示。通过式(8.2.2)描述相机坐标系中的点在小孔成像模型中 $\boldsymbol{X}=[x,y,z]^T$ 到图像像素坐标系中的点 $[u,v,1]^T$ 的映射。

$$
\begin{bmatrix} u \\ v \\ 1 \end{bmatrix} = \begin{bmatrix} fx/z \\ fy/z \\ 1 \end{bmatrix} = 1/z \begin{bmatrix} f & 0 & x_o \\ 0 & f & y_o \\ 0 & 0 & 1 \end{bmatrix} \begin{bmatrix} x \\ y \\ z \end{bmatrix} \tag{8.2.2}
$$

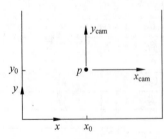

图 8.2.2　相机坐标系与图像像素坐标系的偏移

然而在实际 CCD 相机中，沿着 x 和 y 轴方向的坐标很可能并不是相等的比例系数 f 的欧氏坐标，因此令 x 和 y 轴方向上的比例系数为 m_x,m_y（令 $c_x=m_x\cdot f,c_y=m_y\cdot f$）。这样可以得到式(8.2.3)所示的 CCD 相机坐标系到图像像素坐标系的变换。

$$
s \begin{bmatrix} u \\ v \\ 1 \end{bmatrix} = \begin{bmatrix} f_x & 0 & c_x \\ 0 & f_y & c_y \\ 0 & 0 & 1 \end{bmatrix} \begin{bmatrix} x \\ y \\ z \end{bmatrix} = K \begin{bmatrix} x \\ y \\ z \end{bmatrix} \tag{8.2.3}
$$

对于 Kinect V2 的相机传感器可能由于制造精度以及组装工艺的偏差导致镜头发生径向畸变和切向畸变。镜头径向曲率的不规则易导致径向畸变，镜头本身与成像面不平行会导致切向畸变。按照经典的棱镜畸变模型即 Brown 模型 [Brown 1966]，[Brown 1971]进行校正。由于深度数据也使用了近红外镜头，因此深度相机和近红外相机的标定都是对近红外相机的标定。因此,将对 Kinect V2 近红外相机和彩色相机分别进行畸变矫正。

对于径向畸变,其模型可以通过式(8.2.4)和式(8.2.5)表示,如图 8.2.3 所示。图 8.2.3(a)为正常成像结果图,图 8.2.3(b)是桶形失真导致的畸变图,图 8.2.3(c)是枕型失真导致的畸变图。

$$x_d = x_u \times (1 + k_1 \times r^2 + k_2 \times r^4 + k_3 \times r^6 + \cdots) \tag{8.2.4}$$

$$y_d = y_u \times (1 + k_1 \times r^2 + k_2 \times r^4 + k_3 \times r^6 + \cdots) \tag{8.2.5}$$

$$r^2 = \left(\frac{x}{z}\right)^2 + \left(\frac{y}{z}\right)^2 \tag{8.2.6}$$

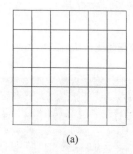 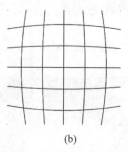 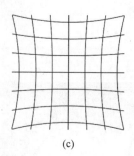

     (a)   (b)   (c)

图 8.2.3 径向畸变效果

对于切向畸变可以表示：

$$x_d = x_u + [2 \times p_1 \times x_u \times y_u + p_2 \times (r^2 + 2 \times x_u^2)] \tag{8.2.7}$$

$$y_d = y_u + [p_1 \times (r^2 + 2 \times y_u^2) + 2 \times p_2 \times x_u \times y_u] \tag{8.2.8}$$

式中,点(x_d, y_d)是相机中经过畸变后在图像坐标系中的坐标。点(x_u, y_u)是相机中未经径向畸变的理想坐标。其中k_1, k_2, k_3为径向畸变参数,可以产生类似桶形或枕型畸变效果。p_1, p_2代表切向畸变参数。

通过最大似然估计和最小化公式能量函数 E,相机的畸变参数可以估计为,

$$E = \sum_{i=1}^{N} \sum_{j=1}^{L} \| m_{ij} - \breve{m}(k_1, k_1, k_1, p_1, p_2, R_i, t_i, K, M_{ij}) \| \tag{8.2.9}$$

式中,M_{ij}是指第i幅图片第j个特征点对应于在世界坐标系中的三维坐标点,$\breve{m}(k_1, k_1, k_1, p_1, p_2, R_i, t_i, K, M_{ij})$是指世界坐标系中的三维坐标点$M_{ij}$在相机中投影后的坐标。

3. 基于小孔成像模型的相机矫正的实验

使用 Kinect V2 作为传感器的输入源,采用 8×12 的边长为 2cm 的棋盘格对其近红外和彩色图进行标定,标定的输入是彩色图(1920×1080)和近红外图(512×424)各 20 张。其输入样本图如图 8.2.4 所示。

通过标定获得近红外相机内参数 $f_x = 371.6203$,$f_y = 370.1922$,$c_x = 257.5921$,$c_y = 206.4848$,彩色相机内参 $f_x = 1072.6$,$f_y = 1075.3$,$c_x = 950.8432$,$c_y = 520.8772$,通过 LM(Levenberg Marquardt)算法对式(5.2.9)进行参数优化,测得近红外畸变参数 $k_1 = 0.0964$,$k_2 = -0.2018$,$k_3 = 0$,$p_1 = 0$,$p_2 = 0$。测得彩色相机的畸变参数 $k_1 = 0.0763$,$k_2 = -0.0892$,$k_3 = 0$,$p_1 = 0$,$p_2 = 0$。

将该畸变参数用于相机的矫正,其深度图与彩色图的矫正结果如图 8.2.5 和图 8.2.6 所示。

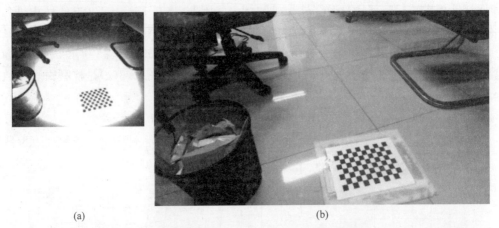

(a)　　　　　　　　　　　(b)

图 8.2.4　棋盘格对近红外和彩色图的标定图（图(a)为近红外图曝光过大,图(b)为彩色图）

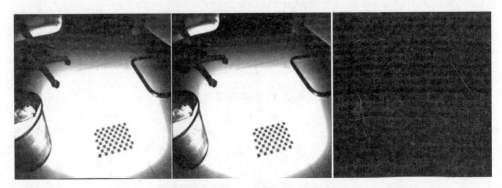

图 8.2.5　深度图的矫正图

图 8.2.6　彩色图矫正图

从图 8.2.5 和图 8.2.6 所示的深度图和彩色图,容易发现彩色相机和近红外相机的视场角和尺度存在较大差异。从左下角的黑色纸篓和右上角的黑色椅子可以看出彩色相机和近红外相机的视场角不同,水平方向近红外的彩色相机的视野更大,垂直方向近红外相机的视野更大。这与实际相机参数符合,因为 Kinect V2 相机彩色相机水平视场角为 84.1°,垂直视场角为 53.8°,近红外相机水平视场角为 70.6°,垂直视场角 60°。

4. 深度相机与彩色相机的对齐

对于采样中的近红外图，可以看出视野中央存在非常大的过曝现象，而且棋盘格在图像中存在非常明显的空隙，就像是经过了腐蚀操作一样。相较而言，彩色相机就显得理想得多，由于地面光滑，留有两个日光灯的倒影。两者迥异的成像效果导致在使用基于特征点的算法过程中，无匹配的概率非常高，难以正确对齐。当对于采用光流法进行匹配，首先由于其深度和彩色相机的尺寸大小不同，其次由于其明显不满足光流的灰度一致性原则，例如在近红外图片中，视野中央很亮，已经完全看不出黑色的瓷砖细缝，但是在彩色图中依稀可见，又比如日光灯的倒影无法在近红外中显示，在彩色图中可以看见，因而该对齐方法也不适用于光流的计算。

通过修改开源的 libfreenect2 代码，可以获得深度相机和彩色相机中部分对应点，通过多帧图像平均去除噪声干扰，采用 RANSAC 方法筛选出鲁棒的彩色相机和深度相机的对应点对，最后利用 SVD 方法计算彩色相机到深度相机的单应性矩阵。

根据已知的两组点对计算彩色相机的像素坐标系到深度相机的像素坐标系的变换矩阵。这是一个经典的最小二乘问题。

$$\min_{\boldsymbol{M}} \sum_{i=1}^{N} \left\| \begin{bmatrix} u_d \\ v_d \\ 1 \end{bmatrix} - \boldsymbol{M} \begin{bmatrix} u_c \\ v_c \\ 1 \end{bmatrix} \right\| \tag{8.2.10}$$

式中，$[u_d\ v_d\ 1]^{\mathrm{T}}$ 和 $[u_c\ v_c\ 1]^{\mathrm{T}}$ 分别是在深度图片和彩色图片的齐次坐标。

先计算两组点对的中心：

$$\boldsymbol{p} = \frac{1}{N} \sum_{i=1}^{N} \begin{bmatrix} u_d \\ v_d \\ 1 \end{bmatrix}, \quad \boldsymbol{q} = \frac{1}{N} \sum_{i=1}^{N} \begin{bmatrix} u_c \\ v_c \\ 1 \end{bmatrix} \tag{8.2.11}$$

然后再对两组点对去中心化，

$$\boldsymbol{p}' = \boldsymbol{p} - \frac{1}{N} \sum_{i=1}^{N} \begin{bmatrix} u_d \\ v_d \\ 1 \end{bmatrix}, \quad \boldsymbol{q}' = \boldsymbol{q} - \frac{1}{N} \sum_{i=1}^{N} \begin{bmatrix} u_c \\ v_c \\ 1 \end{bmatrix} \tag{8.2.12}$$

接着计算

$$\boldsymbol{H} = \sum_{i=1}^{N} \boldsymbol{p}'_i \boldsymbol{q}'^{\mathrm{T}}_i, \quad \boldsymbol{H} = \boldsymbol{U} \sum \boldsymbol{V}^{\mathrm{T}} \tag{8.2.13}$$

最后得到单应性矩阵：

$$\boldsymbol{M} = \boldsymbol{V} \boldsymbol{U}^{\mathrm{T}} \tag{8.2.14}$$

根据计算得出的单应性矩阵，将彩色图片通过变换后与原来的深度图片进行比较，其结果如图 8.2.7 所示。图 8.2.7(a)为近红外图，图 8.2.7(b)为彩色图经过单应性变换和灰度化后的结果，图 8.2.7(c)是两者做差后的结果。

从对齐后做差的效果图中可以看出，二者匹配获得较好的结果。虽然近红外图转换后的灰度图和彩色图片转换后的灰度图对应的灰度值不一致，导致两张图做差后不是一片漆黑，但是从细节分析上，仍然可以看出匹配的效果不错。①视野中央的白色细缝可以与图像远处的黑色细缝共线，这反映出近红外相机与彩色相机在中央区域对齐是准确的。②从图像右上角的桌腿和柜子的局部图可以看出，在近红外相机中包含彩色相机中所没有的部分，

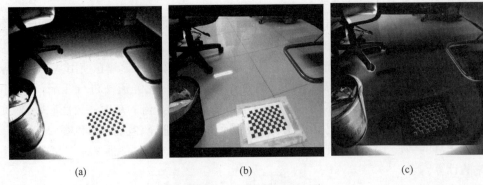

(a)   (b)   (c)

图 8.2.7　对齐效果图

在做差后，其重叠部分与非重叠区域能够很好地衔接。以上两个现象表明在公共包含区域与边界区域都能很好地对齐。但是仍有一些可以改进的地方，例如左下角的黑色垃圾桶有部分对齐不够理想。这可能是因为 RANSAC 滤除噪声不够鲁棒，左下角的垃圾桶周围的深度值由于材质、结构和处于边缘等原因导致估计不够准确。但是从实验结果看，该对齐结果满足实验要求。

8.2.2　视觉里程计

SLAM 主要分为两个部分：前端和后端。前端也就是视觉里程计（VO），它根据相邻图像的信息粗略地估计出相机的运动，给后端提供较好的初始值。VO 的实现方法可以根据是否需要提取特征分为两类：基于特征点的方法和不使用特征点的直接方法。

1．基于特征点匹配的视觉里程计

在视觉里程计中，首先使用 ORB（Oriented FAST and Rotated BRIEF）特征点快速地初步估计两帧之间相机传感器姿态变换。相较于使用 SIFT，SURF 特征点进行匹配的方法，ORB 特征点提取速度更快，并且具有旋转不变性等特点。这些优点对于实时的 SLAM 系统来说至关重要。ORB 特征点的实现主要分为两步，首先进行 OFAST（FAST Keypoint Orientation）关键点检测，其次对关键点进行 rBRIEF（Rotation-Aware Brief）描述。

1）带有方向的关键点 OFAST

ORB 特征点采用的关键点是一种具有质心方向的 FAST 角点[Brown 1966]。FAST 角点是一种被广泛使用的角点检测器。

如图 8.2.8 所示，以图片中某像素点 p 为圆心，其灰度值记为 I_p，作半径为 3 个像素的圆。将该灰度值的 20% 作为比较阈值 T。将该圆周的 16 个像素点灰度值进行比较，如果在这 16 个像素点中有 9 个像素点的灰度值与 I_p 的差值大于 T，则认为该像素点是有效的 FAST 角点。

然后求以 p 为中心的正方形区域，正方形边长为 7，根据式（8.2.15）和式（8.2.16）求取该方形区域的质心 C。

$$C = \left(\frac{m_{10}}{m_{00}}, \frac{m_{01}}{m_{00}} \right) \tag{8.2.15}$$

$$m_{pq} = \sum_{x=-3}^{y=3} \sum_{x=-3}^{y=3} x^p y^q I_p(x,y) \tag{8.2.16}$$

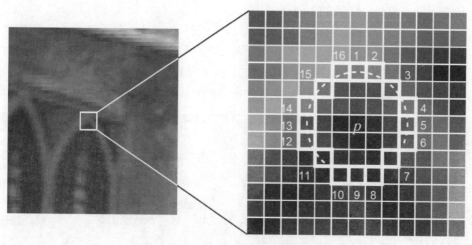

图 8.2.8　FAST 角点示意图

通过向量(m_{01}, m_{10})计算该正方形区域的朝向角度θ，表示如下：

$$\theta = \mathrm{atan2}(m_{01}, m_{10}) \tag{8.2.17}$$

至此，完成了具有方向的 FAST 角度检测。为了增强尺度不变性，将图片进行 1.2 比例的降采样，层级为 8。通过金字塔多层级的方法使特征点具有尺度不变性。

2）旋转不变性的描述符 rBRIEF

rBREIF 描述符的定义如式（8.2.18）与式（8.2.19）所示，在实验中取$n = 255$，则 rBRIEF 可以用一个 255 位二进制字符串表示。

$$f_n(p) := \sum_{1 \leqslant i \leqslant n} 2^{i-1} \tau(p; x_i, y_i) \tag{8.2.18}$$

$$\tau(p; x, y) := \begin{cases} 1: p(x) < p(y) \\ 0: p(x) \geqslant p(y) \end{cases} \tag{8.2.19}$$

在以像素点p为中心，边长为 31 的方块区域中，通过一个5×5的高斯滤波。随机采样 255 对的像素点(x, y)，在此处输入公式，组成矩阵$\boldsymbol{S}$，其中$p(x), p(y)$是指像素点所对应的灰度值。

$$\boldsymbol{S} = \begin{bmatrix} x_1 & x_2 & \cdots & x_{255} \\ y_1 & y_2 & \cdots & x_{255} \end{bmatrix} \tag{8.2.20}$$

此时 rBRIEF 不具有选择不变性，通过式（8.2.17）求出的 ORB 特征点的朝向角度θ，通过选择矩阵$\boldsymbol{R}_\theta$，构建一个旋转后的矩阵$\boldsymbol{S}'$。然后按照式（8.2.18）进行 rBRIEF 描述。另一种更为鲁棒的描述方法参见文献［Ren 2015］。

$$\boldsymbol{R}_\theta = \begin{bmatrix} \cos\theta & \sin\theta \\ -\sin\theta & \cos\theta \end{bmatrix} \tag{8.2.21}$$

$$\boldsymbol{S}' = \boldsymbol{R}_\theta \boldsymbol{S} = \begin{bmatrix} x_1 & x_2 & \cdots & x_{255} \\ y_1 & y_2 & \cdots & x_{255} \end{bmatrix} \tag{8.2.22}$$

在实验中，为了能够使匹配效果更鲁棒些，避免匹配区域仅停留在局部区域特征明显的地方，特别是在复杂的场景中，例如存在鲜明的目标区域，依据局部区域推断整体图片的运动很可能存在较大偏差，特别是有醒目的动态目标时，这种情况尤为明显。因而选取特征点时,使其均匀分布在各个层级的不同区域中。

　　如图 8.2.9 所示是特征点非均匀与均匀采样图。图 8.2.9(a)为正常采样的 ORB 特征点属于非均匀采样,图 8.2.9(b)为经过均匀化采样后的特征点示意图。可以看出图 8.2.9(b)方框中的特征点是均匀分布在图像中,而图 8.2.9(a)在特征明显的区域更集中。图 8.2.10 是特征点匹配结果图。关于特征点与能量谱密度的光流算法结果的比较将在 8.3 节展示。

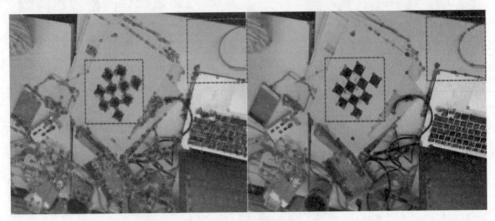

图 8.2.9　特征采样图

图 8.2.10　特征点匹配图

　　2. 结合最大能量谱密度与光流匹配的视觉里程计

　　对于采用特征点的方法而言,它是将图像中一些显著信息特征抽象出来进行描述和匹配,更多地是从图像细节局部的角度进行分析考虑,如果周围环境比较具有"迷惑性",存在一些不易描述区分或相似度很高的特征如纹理较少的白墙或者重复图案的场所,此时基于特征的匹配很可能会失效。

　　为此,在选用 ORB 特征点进行视觉里程计匹配的同时,添加基于最大能量谱密度的光流匹配算法,从全局的角度通过图像能量谱密度初步估计相机姿态,以应对变化相对较大的相机姿态和纹理信息较少的场所。然后使用 LK 光流算法[Baker 2004],[Lui 2015]对图像进行基于像素点的匹配获得更准确的匹配结果,由粗到细地估计相机姿态变换。

　　1) 基于最大能量谱密度的姿态估计

　　根据文献[Reddy 1996]首先探讨离散二维傅里叶变换的定义和一些基本属性。根据傅里叶变换中旋转和平移的属性求解出在相机传感器二维空间中的旋转和平移的运动姿态。

$$F_1(w_1, w_2) = \sum_{x=0}^{M-1} \sum_{y=0}^{N-1} f_1(x, y) e^{-2\pi j \left(\frac{x}{M} w_1 + \frac{y}{N} w_2 \right)} \qquad (8.2.23)$$

图像序列的二维离散傅里叶变换的定义见式(8.2.23),其中 M, N 分别是图像的行宽和列高,$f_1(x, y)$ 代表图片像素中 x 行 y 列的像素值,$f_1(x, y)$ 也被视为图像序列,$F_1(w_1, w_2)$ 是图像 $f_1(x, y)$ 所对应的频域函数,w_1 和 w_2 表示两个不同的频域方向。

若图像 $f_1(x, y)$ 绕原点逆时针发生了 θ_0 的旋转变化变为 $f_2(x, y)$,则可以得到下式:

$$f_2(x, y) = f_1(x\cos\theta_0 + y\sin\theta_0, -x\sin\theta_0 + y\cos\theta_0) \qquad (8.2.24)$$

其频谱函数如下所示:

$$F_2(w_1, w_2) = F_1(w_1\cos\theta_0 + w_2\sin\theta_0, -w_1\sin\theta_0 + w_2\cos\theta_0) \qquad (8.2.25)$$

容易发现,当图像在空域中发生旋转时,其频谱函数也发生类似的旋转变化,如图 8.2.11 所示。基于这一点提出最大能量谱估计的方法估计旋转角度。即找到一条线段,从原点起始终到边界为 r 的圆处之间线段上的点所对应的能量谱密度之和的平均值最大,这条线段与 w_1 所成的角度为最大能量谱角度,如图 8.2.12 所示。当图片经过旋转时,由于圆的对称性,最大能量谱角度在原来的基础上发生相同角度的旋转。

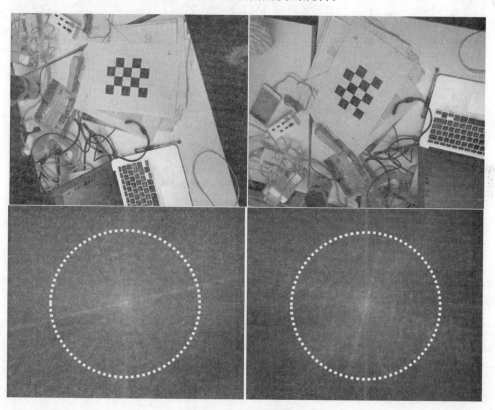

图 8.2.11 寻找最大角

如图 8.2.12 所示,此时对两帧图片的最大能量谱角度做差,即为旋转角。根据旋转角,对原图绕图片进行旋转操作。图 8.2.13 是旋转后的结果。

若图像 $f_1(x, y)$ 发生了 (x_0, y_0) 的偏移变为 $f_2(x, y)$,则可以得到下式:

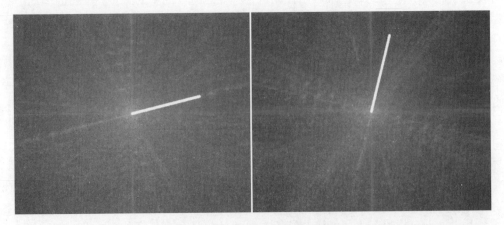

图 8.2.12　两角之差为最大角

图 8.2.13　旋转纠正

$$f_2(x,y) = f_1(x - x_0, y - y_0) \tag{8.2.26}$$

则其频谱函数如下所示：

$$F_2(w_1, w_2) = F_1(w_1, w_2) \times e^{-2\pi j(w_1 x_0 + w_2 y_0)} \tag{8.2.27}$$

可以通过式(8.2.27)看出在空域上的偏移，会在频域中以相位偏移的方式反映出来，据此进行偏移量(x_0, y_0)的估计。对该公式进行傅里叶逆变换，然后反映在图像中出现峰值的地方就是所要求的偏移位置。

$$\frac{F_2(w_1, w_2) F_1^*(w_1, w_2)}{F_2(w_1, w_2) F_1(w_1, w_2)} = e^{-2\pi j(w_1 x_0 + w_2 y_0)} \tag{8.2.28}$$

图 8.2.14 是通过相位相关的方法进行的平移纠正，显示出较好的鲁棒性和精确度。

2) 基于光流的姿态估计

为了能够更精确地估计相机姿态，将基于最大能量谱密度估计的相机姿态作为初始值，

图 8.2.14 平移纠正

通过 Lucas-Kanade 光流算法进一步优化相机姿态。因为光流法适用于灰度不变且相对低速的应用场景中,通过之前的初步估计,不但可以避免两帧间误差过大带来的相机姿态估计失败,更可以加快相机姿态估计的快速收敛。

通过不断优化相机姿态的仿射变换 $W(x;p)$ 中 p 的参数来最小化两帧之间的误差 E_{LK},如式(8.2.29)所示。

$$E_{LK} = \sum_x \parallel I(W(x;p)) - T(x) \parallel^2 \qquad (8.2.29)$$

$$W(x;p) = \begin{bmatrix} 1+p_1 & p_3 & p_5 \\ p_2 & 1+p_4 & p_6 \end{bmatrix} \begin{bmatrix} x \\ y \\ 1 \end{bmatrix} \qquad (8.2.30)$$

式中,$I(W(x;p))$ 是经过仿射变换后的图片,$T(x)$ 是待匹配图片。

通过公式推导,得出 Δp,不断更新仿射变换中参数 p,直到达到最优。

$$\Delta p = H^{-1} \sum_x \left[\nabla I \frac{\partial W}{\partial p} \right]^T \left[T(x) - I(W(x;)) \right] \qquad (8.2.31)$$

$$H = \sum_x \left[\nabla I \frac{\partial W}{\partial p} \right]^T \left[\nabla I \frac{\partial W}{\partial p} \right] \qquad (8.2.32)$$

通过光流优化后的结果如图 8.2.15 所示,图 8.2.15(a)是基于最大能量谱密度得到的误差图,图 8.2.15(b)是通过光流后得到的误差图。可以明显地看出,中央棋盘格出的误差明显减少。由此可见,通过最大能量谱密度的方法初步估计出相机的姿态后,再通过 LK 光流的细配准,这样使结果更为准确。

通过图 8.2.16,发现将基于 ORB 特征点方法与基于能量谱密度的光流算法估计的相机姿态分别求出当前帧与关键帧的帧间误差,误差小的即作为更精确的相机姿态估计。

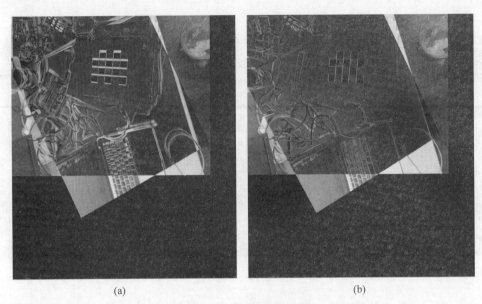

(a)　　　　　　　　　　　　　　(b)

图 8.2.15　LK 光流优化图

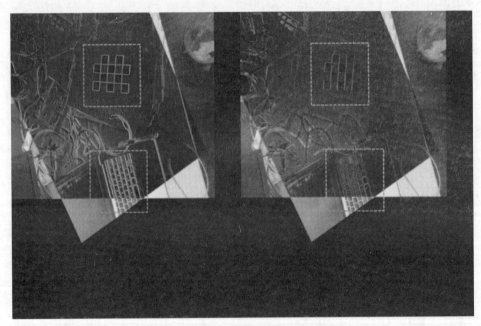

图 8.2.16　ORB 与能量谱密度光流法比较

8.3　结合机器学习的姿态优化与语义建图

8.3.1　基于 Faster R-CNN 优化

结合机器学习的方法可以较好地解决在动态复杂场景下错误的数据关联问题。同时基于时间关联的方法很好地解决由于相机运动模糊,遮挡导致的目标检测漏检的情况。同时记录了所有帧中的动态和静态目标的位置和属性,动态的目标可以用来展示环境的变换,静态的目标可以用来作为导航、路径规划等其他用途。

1) Faster-RCNN

采用 Faster R-CNN[Ren 2015]，结合用于提出候选框的深度全卷积网络 RPN(Region Proposal Network) 和 Fast R-CNN[Girshick 2015]来进行目标的识别。其中 Faster R-CNN 使用 RPN 通过端到端学习的方法替代原先 Fast R-CNN 的选择性搜索找出所有框的方法并与 Fast R-CNN 共享全图的卷积特征，极大缩短了检测时间。

如图 8.3.1 所示为 Faster R-CNN 的网络结构图，由 4 部分组成。分别为卷积层，RPN，RoI(Region of interest)池化，分类与定位。首先通过卷积层获得全图卷积特征，其次通过 RPN 提出候选区域，接着通过 RoI 池化对卷积层输出的特征和 RPN 提出的候选区域进一步提取特征，最后通过分类层对目标类别分类和分类层对边界位置进行回归。

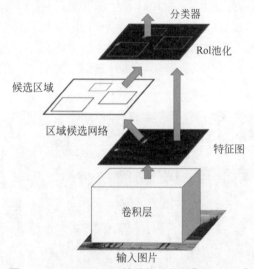

图 8.3.1　Fast-RCNN 的网络结构图[Ren 2015]

如图 8.3.2 所示是 RPN 网络结构图。以卷积层的最后一个特征图作为输入，使用 3×3 的滑动窗进行处理，然后每个滑动窗被映射为一个 255 维的特征向量。当该特征向量进入分类层会得到包含该目标区域的一个边界框(1 个边界框包含连个点即 4 个坐标信息)，当进入回归层会得到目标或背景的各自概率。同时在每个滑动窗的位置上，最多预测 1000 个可能的区域，所以会得到 $2k$ 个得分和 $4k$ 的坐标的结果。

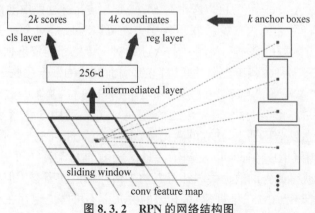

图 8.3.2　RPN 的网络结构图

RPN 误差函数如下所示：

$$L(\{p_i\},\{t_i\})=\frac{1}{N_{\text{cls}}}\sum_i L_{\text{cls}}(p_i,p_i^*)+\lambda\frac{1}{N_{\text{reg}}}\sum_i p_i^*\times L_{\text{reg}}(t_i,t_i^*) \quad (8.3.1)$$

通过 Faster R-CNN 成功地实现了对场景中目标的准确识别，并对此做出属性判断。如图 8.3.3 所示，椅子被标记为黄色，人被标记为红色，可以看出在场景中，人和椅子被准确识别出来，而且其所框出的边界亦比较合理，在 SLAM 三维重建的过程中，会通过 Faster R-CNN 不断识别当前场景中出现的各种各样的目标，同时记录下目标的位置区域，以及目标的属性，用于准确的数据关联和语义地图的理解。同时在 SLAM 三维重建的过程中，对已识别出的目标，将其目标状态分为动态目标、静态目标和绝对静止目标三种状态。动态目标是指在静态场景中发生位置偏移的目标，其状态不可变，如经过位移变化后的人。静态目标是指在静态场景中，保持静止状态的目标，其状态可变，如椅子、水杯。绝对静止目标是指在静态场景中不会发生位置偏移的目标，其状态不可变，如墙体、房屋。目标状态的改变会在下一节具体描述。同时可以根据在重建的三维场景中，依据一些恒定静止的目标，例如墙体、房屋，使用这些目标的位置和信息利于后续开展用于导航、路径规划等功能服务的研究和工作。

图 8.3.3　场景的语义理解

2）基于场景理解的数据时间关联作优化

数据关联（Data Association）可以看出是 SLAM 三维重建过程中地图特征与当前帧之间的关联以及地图特征之间内部的关联。数据关联可以看成是对全局一致性的提炼和归纳，这是 SLAM 研究问题的基础和关键。SLAM 中对于传感器的姿态估计以及通过传感器对环境进行三维重建都是依赖于数据关联进行的，因而准确的数据关联对 SLAM 的研究至关重要。传统的 SLAM 研究大都是在理想的静态场景中进行，基于的数据关联也是假设关联的数据在场景中是静止不变的，因而传统的 SLAM 并不适用于包含动态目标的复杂场景。这是因为在动态复杂场景下，建立的数据关联存在歧义性。

通过前文中采用 ORB 特征点以及基于能量谱密度的光流算法可以在运动模糊，纹理较少的复杂场景下获得优秀的数据关联并可以初步估计相机的姿态。但是当对存在动态目标这类复杂场景进行 SLAM 三维重建时，获得的关联中不可避免地存在动态目标这类错误的数据关联。基于机器学习与时间关联的方法,进一步提炼数据关联,剔除掉动态的、错误的数据关联,将动态复杂场景下的 SLAM 退化为静态场景下的 SLAM。

在视觉里程计中,以 ORB 特征点建立的数据关联进行分析。如图 8.3.4 所示,当前帧与距其最近的关键帧依据 ORB 特征点描述符的汉明距离作为依据进行特征点匹配。从图 8.3.4 中可以清晰地看到,在场景中动态目标附近的区域存在 5 个数据关联,其中一个用红色虚线的圆圈框出的误匹配,4 个用红色虚线的方块框出的具有歧义的匹配。错误的匹配是对描述特征点相似性的汉明距离阈值设置偏大造成的,降低阈值即可解决,这也是特征点方法中常见的问题。图 8.3.4 中的错误匹配可能是由于图 8.3.4(b)中的人在站起来的过程中,头部的特征点发生了位置上的变化,并且有仰头的动作,这些变化很可能导致该处的特征点描述与原先的特征点描述产生巨大的差异。虽然少量的误匹配可以通过 RANSAC 的方法剔除,但是图中用红色虚线框出的 4 个特征点难以简单通过降低阈值的方法剔除。从图 8.3.4 中看出,在人身上的特征点很多,尽管已经将阈值设置得比较低,最后只保留了 5 个特征点,再降低阈值可能会把正确的特征点匹配剔除掉,导致缺失数据关联。

(a)　　　　　　　　　　　　　　　　(b)

图 8.3.4　数据关联示意图

采用机器学习和基于时间关联的方法可以将图 8.3.4 所示的具有歧义的数据关联剔除。

首先通过 Faster R-CNN 对当前帧进行语义分析,识别出当前目标的状态,以及语义信息。将非目标区域以及绝对静止目标区域内匹配的 ORB 特征点进行数据关联,通过式(5.1.1)所代表的最小化反向投影平均误差计算相机姿态。再把各静止目标区域内的特征点的 3-D 坐标经过该相机姿态变换投影至当前帧,若该区域内的平均投影误差大于之前非目标区域以及绝对静止区域内的平均误差的两倍,则将该目标区域视为动态目标。然后剔除掉动态目标区域内所对应的数据关联,如图 8.3.5 所示即为优化后的数据关联所对应的匹配图。可以明显地看到动态目标人附近的数据关联所对应的特征点匹配已经消失。经此提炼后的数据关联有效剔除了动态目标的影响,并极大地提高相机姿态估计的准确性。

然而在实际的情况中,场景中发生的遮挡,图像运动模糊等情况时常会影响到目标的检测和准确识别。以图 8.3.6 为例,图 8.3.6(a)显示准确的检测,但是图 8.3.6(b)和(c)中的椅子并没有全部被准确识别出来,其原因很可能是由于椅子的部分位置不在视野中,以及

图 8.3.5　正确的数据关联

图 8.3.6　目标漏检的示意图

图 8.3.6(b)和(c)存在较为明显的运动模糊的情况。为了解决这一情况,采用了基于时间关联的方法解决由于运动模糊、遮挡这类问题导致的目标未识别的情况,同时将这类图片视为存在运动模糊的问题,不作为关键帧候选范围内。

在 SLAM 中假设短暂时间内两帧之间的目标区域位置是相对运动的,不会突然消失,具有时间和空间的一致关联。因此,建立一个时间关联的连续滑动窗口,保留当前帧的前 3 帧。如果当前帧与与其前 3 帧符合位置一致性原则,则视为当前帧的语义信息的识别正确。一致性原则即是目标检测窗口的位置与前 3 帧的位置存在一定范围内的重合。如果出现图 8.3.6 类似的情况,即已检测的目标突然消失,且消失的位置并不处于图像边界处,则认为是漏检发生,对于该帧则不优先考虑纳入关键帧序列中。依据匀速运动模型并考虑到变速的情况,根据前 3 帧的时刻及检测窗口质心的位置计算出两段时间运动过程中的平均速度,对两个平均速度求平均,认为相机传感器中目标质心位置从它上一帧至当前帧这段时间以该速度匀速运动。至此目标检测窗口的质心位置已经求出,根据前 3 帧对应目标检测的边界窗口的中间尺寸设置为当前帧对应的目标检测边界框的尺寸。依据上述约束条件,对图 8.3.6(b)和(c)进行实验,从图 8.3.7(b)和(c)可以看出该方法的加入可以很好地解决运动模糊和遮挡导致的目标漏检的问题,提高了重建后的精度,也在一定程度上抑制了由于运动模糊等情况造成的冗余关键帧数量的增加。

(a)　　　　　　　　　(b)　　　　　　　　　(c)

图 8.3.7　纠正后的目标检测

8.3.2　姿态估计分析

　　基于 ORB-SLAM2 系统,设计了一个可以在复杂场景下鲁棒且高效运行的基于 RGB-D 的**场景理解 SLAM 系统**,同时提供定位和测量功能。使用慕尼黑工业大学数据库中一个用于含有动态目标的 RGB-D SLAM 三维重建的数据集 fr3/walking_xyz 评估该方法。首先定量地分析实验结果,其次从三维重建的点云数据中定性比较,接着展示定点功能,最后展示实际自采数据中三维重建的结果。当前的展示数据是在离线条件下获得的,因为 SLAM 三维重建的姿态估计,稠密的点云和定量的数据分析是独立进行的。但是可以进行实时的稀疏点的 RGB-D SLAM 三维重建。计算机配置为 Intel Core i7 CPU,主频 3.4GHz,显卡 NVIDIA GeForce GTX 1080Ti,所有的实验均在该台式机上运行。

　　采用目前常用的姿态估计评价指标即绝对均方误差式(8.3.2)作为姿态估计评价指标,以 m 作为单位。

$$\mathrm{ATE}_{\mathrm{RMSE}}(\hat{X},X)=\sqrt{\frac{1}{n}\sum_{i=1}^{n}\parallel \mathrm{trans}(\hat{x}_i)-\mathrm{trans}(x_i)\parallel^2} \qquad (8.3.2)$$

式中,n 为相机的关键帧数量,$\hat{x}_i,x_i$ 分别表示第 i 帧中估计的相机姿态和真值的相机姿态。

　　实验中深度图和彩色图各计 800 余张,结果如表 8.3.1 所示。在表格中,第 2 列是在三维重建的过程中,关键帧的数量,第 3 列是由式(8.3.2)计算得出的表示姿态估计的绝对轨迹的均方误差,第 4、5、6 列分别表示 X、Y、Z 轴方向的均方误差。

表 8.3.1　场景理解 SLAM 系统误差统计表　　　　　　(单位: m)

关键帧数量	绝对轨迹的均方误差	X 轴方向的均方误差	Y 轴方向的均方误差	Z 轴方向的均方误差
69	0.017278	0.011283	0.008786	0.009698

　　原始的方法通过稀疏特征点的方法进行匹配,但是由于忽略了动态目标的影响,产生如图 8.3.4 所示的误匹配,其稀疏特征点的匹配从特征点描述的角度看是准确的,但是从相机传感器的运动变化看是错误的,这样会使得相机估计出现较大的误差,试想传感器静止运动,传感器图像数据中的人发生运动变化,由于误匹配的缘故,极容易估计出错误的传感器姿态。当出现上述类似的场景时,由此估计出的传感器姿态可能会发生较大的变化时,再伴随有运动模糊等情况的出现,不仅增加了冗余的关键帧的数量,而且容易出现追踪失败的情

景。第2列的结果表明在动态场景中，场景理解SLAM能够避免由于动态目标导致的误匹配所带来的追踪失败的风险，并且以更少且有效的关键帧记录和描述相机传感器的运动。第3列表明场景理解SLAM在相机姿态估计时获得更高的精度。

因为作为动态目标的主体"人"，动态目标主要是沿着 X 轴方向运动（认为图片从左往右为X轴方向），通过去除了动态目标和运动模糊的影响，获得了准确且鲁棒的数据关联，从表8.3.1中的数据中可以看出大大降低了关键帧的数量与在动态场景重建的姿态估计中的均方误差。

同时绘制出如图8.3.8所示的轨迹图误差分析，黑色是真值的轨迹，蓝色是姿态估计的轨迹，红色是真值与对应帧的姿态误差。

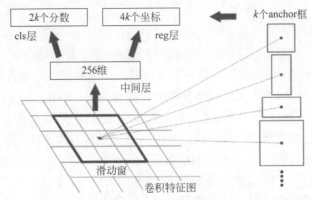

图 8.3.8　动态场景下场景理解 SLAM 轨迹的真值及姿态估计误差图

通过表8.3.1和图8.3.8的结果可以得出场景理解SLAM性能有很大提升，且结果在该公开数据集中是更鲁棒且准确的。

8.3.3　语义重建

在实验中，通过数据关联估计相机传感器的姿态变换矩阵，根据式(8.1.2)对包含动态场景的公开数据集进行三维场景重建。图8.3.9为重建的部分三维场景，其中图8.3.9(a)是 ORB-SLAM2 方法在数据集中重建的结果，图8.3.9(b)是场景理解 SLAM 的结果，图8.3.9(d)和(e)是真值的结果。图8.3.9(c)和(f)是从公开数据集中选取的两张图片。

$$T_{1,k} = \prod_{i=1}^{i=k-1} T_{i,i+1} \tag{8.3.3}$$

$$T_{1,k} = \begin{bmatrix} R_{1,k} & t_{1,k} \\ 0^{\mathrm{T}} & 1 \end{bmatrix} \tag{8.3.4}$$

式中，变换矩阵 $T_{1,k}$ 是指第 k 帧到第1帧图片的姿态变换，$R_{1,k}$ 和 $t_{1,k}$ 是第 k 帧图片到第1帧图片的旋转矩阵和平移向量。

可以发现场景理解 SLAM 重建结果是可靠的，从重建的场景来看，无论是重建的部分白墙，抑或是两条桌腿，都可以看到，由于去除了动态目标和重复冗余关键帧的影响，减少相机姿态估计偏差，重建结果没有出现混叠现象，并且重建结果与真值的重建结果很接近。

场景理解 SLAM 在该高动态复杂场景的数据集重建过程中，通过三维重建的稠密点云的结果图，定性地展示了场景理解 SLAM 的高鲁棒、高精度、低冗余的特点。

图 8.3.9　部分重建结果图（左列从上往下分别为：场景理解 SLAM 重建、真值）

8.3.4　定位演示

随着相机传感器的运动，对应的场景，对应的区域在图像中的位置虽然会随着相机的运动变化而改变，但是这些场景或者区域的位置在一个稳定的三维重建的地图中是稳定且确定不变的。因此，依据公式(8.2.19)做一个定位的实验，以此检验相机传感器姿态估计的准确性。

$$x_i^k = R_{k,1}, \quad x_i^1 + t_{k,1} \tag{8.3.5}$$

式中，矩阵 $R_{k,1}$ 和 $t_{k,1}$ 是第 1 帧图片到第 k 帧图片的旋转矩阵和平移向量，x_i^k 是指第 k 帧中第 1 个点的位置，若以第 1 帧所在的坐标系位置为全局坐标系，则 x_i^k 对应于在全局地图中 x_i^1 所对应的第 1 个点。

在实验中，首先在起始帧处选择一个合适的采样点，标记为红色圆点，结合深度图片，可以获得该采样点的三维坐标。然后在相机发生运动的过程中，通过相机的姿态估计，估计出当前帧的姿态，将原采样点的三维坐标经过当前帧的姿态变换后通过相机投影至当前帧中。如果红色的标记点相对于图片中场景的位置保持不变，则可以认为相机姿态估计稳定准确。

图 8.3.10 与图 8.3.11 分别展示了 ORN-SLAM2 与场景理解 SLAM 在公开数据集中的定位实验过程。这是在通过公开数据集进行三维重建的过程中，从任意帧中选取一个深度有效的位置，标记为红色圆点作为采样点，然后将该采样点不断投影到当前序列帧的定位效果图。该图准确地展现了场景理解 SLAM 有效去除了动态目标的影响。可以看出场景理解 SLAM 随着相机传感器的移动，红色圆点的位置在图片的位置虽然发生改变，但是相对于整个场景下的绝对位置是准确可靠的。而在 ORB-SLAM2 方法下，红色圆点相对于整个场景的绝对位置随着人的运动方向发生变化，其原因是明显受到动态目标的影响。

图 8.3.10　ORB-SLAM2 的定位实验

图 8.3.11　场景理解 SLAM 定位实验

8.4　近期文献分类总结

下面是 2016 年、2017 年和 2018 年在中国图像工程重要期刊[章 1999]上发表的一些有关 SLAM 的文献目录（按作者姓氏拼音排序），全文均可在中国知网上获得。

[1] 董杨,范大昭,纪松,等.一种区域立体快速自适应重建方法.测绘学报,2016,45(10)：1241-1249.

[2] 高隽,王丽娟,张旭东,等.光场深度估计方法的对比研究.模式识别与人工智能,2016,29(9)：769-779.

[3] 胡良梅,姬长动,张旭东,等.聚焦性检测与彩色信息引守的光场图像深度提取.中国图象图形学报,2016,21(2)：155-164.

[4] 刘今越,刘佳斌,郭志红,等.一种基于面结构光的刀具三维测量系统.电子测量与仪器学报,2016,30(12)：1884-1891.

[5] 时华,朱虹.基于自适应匹配窗及多特征融合的立体匹配.模式识别与人工智能,2016,29(3)：193-202.

[6] 时华,朱虹,余顺园.基于分割导向滤波的亚像素立体匹配视差优化算法.模式识别与人工智能,2016,29(10)：865-875.

[7] 汪亚明,翟俊鹏,莫燕,等.基于正交匹配追踪及加速近端梯度的人体三维重建.中国生物医学工程学报,2017,36(4)：385-393.

[8]　王龙辉,杨光,尹芳,等.基于 Kinect 2.0 的三维视觉同步定位与地图构建.中国体视学与图像分析,2017,22(3):276-285.

[9]　王鑫,工向军,冯登超,等.特征一致红外弱小目标匹配与定位研究.电子测量与仪器学报,2016,30(9):1405-1410.

[10]　王泽宇,吴艳霞,张国印,等.基于空间结构化推理深度融合网络的 RGB-D 场景解析.电子学报,2018,46(5):1253-1258.

[11]　于乃功,苑云鹤,李倜,等.一种基于海马认知机理的仿生机器人认知地图构建方法.自动化学报,2018,44(1):52-71.

[12]　俞毓锋,赵卉菁,崔锦实,等.基于道路结构特征的智能车单目视觉定位.自动化学报,2017 43(5):725:734.

[13]　翟昌杰,秦学英.面向手持式维扫描设备的本征纹理重建.中国图象图形学报,2017,22(3):395-404.

[14]　张聪炫,陈震,黎明.单目图像序列光流三维重建技术研究综述.电子学报,2016,44(12):3044-3052.

[15]　朱博,高翔,赵燕喃.机器人室内语义建图中的场所感知方法综述.自动化学报,2017,43(4):493-508.

对上述文献进行了归纳分析,并将一些特性概括总结在表 8.4.1 中。

表 8.4.1　近期一些有关 SLAM 文献的概况

编号	技术关注点	主要步骤特点
[1]	双目立体匹配	引入了深度映射模型,设计了非线性映射函数依据实际地形自适应地进行高程变换,利用视差函数进行逐像元迭代求解生成立体影像。提供了一种能够自适应快速生成符合人眼视觉感受的立体影像对的算法和流程
[2]	深度估计	深入探讨光场的深度估计问题。通过阐述光场基本理论,将光场深度估计归纳为基于极平面图像、多视角图像及重聚焦的 3 种方法。在合成数据集上,对比光照变化对不同算法性能的影响,并构建一个更全面且具有挑战性的光场数据集
[3]	深度估计	提出一种新的基于光场聚焦性检测函数的深度提取方法,获取高精度的深度信息。方法设计加窗的梯度均方差聚焦性检测函数,提取焦点堆栈图像中的深度信息;利用全聚焦彩色图像和散焦函数标记图像中的散焦区域,使用邻域搜索算法修正散焦误差。最后利用马尔可夫随机场(MRF)将修正后的拉普拉斯算子提取的深度图与梯度均方差函数得到的深度图融合,得到高精确度的深度图像
[4]	3-D 重建	提出一种基于面结构光的刀具三维测量系统。该系统由计算机、CCD 摄像机、投影仪以及刀具转台组成。在系统标定的基础上对刀具进行三维测量实验,得出刀具的三维点云,并重建出刀具的三维模型。实验结果表明,该系统能够准确地对刀具进行三维测量,为其他复杂刀具的测量奠定基础
[5]	双目立体匹配	基于 CIELAB 空间下色度分割的自适应窗选取及多特征融合的局部立体匹配算法。解决局部立体匹配方法中存在的匹配窗口大小选择困难、边缘处视差模糊及弱纹理区域、斜面或曲面匹配精度较低等问题
[6]	双目立体匹配	提出基于分割导向滤波的视差优化算法,以获得亚像素级高精度匹配视差。能有效改善斜面等区域的视差不平滑现象,降低初始视差的误匹配率,获得较高精度的稠密视差结果
[7]	特征点匹配	结合稀疏表示和低秩约束,提出一种正交匹配追踪及加速近端梯度(OMP-APG)算法

编号	技术关注点	主要步骤特点
[8]	闭环检测	提出一种基于 K-means++算法的闭环检测方案,修正了系统的累计误差,提高了系统稳定性和定位精度。在系统前端,选用了基于 ORB(Oriented FAST and Rotated BRIEF)特征的特征点法。后端包括位姿图优化和闭环检测,位姿图优化借助 g2o(general graph optimization)通用求解器来实现,闭环检测采用了基于二维图像特征的词袋库模型。成功构建了清晰的三维环境点云地图并计算出精确的运动轨迹
[9]	双目立体匹配	基于双目立体视觉原理的自动目标定位系统,研究特征一致的红外弱小目标且目标数量不唯一的情况下的,目标匹配与定位。提出了基于时间序列分割-极线约束的匹配算法
[10]	场景理解	基于深度学习提出空间结构化推理深度融合网络,内嵌的结构化推理层有机地结合条件随机场和空间结构化推理模型,能够较为全面而准确地学习物体所处三维空间的物体分布以及物体间的三维空间位置关系
[11]	闭环检测	通过构建统一的空间细胞吸引子计算模型对自运动线索进行路径积分;网格细胞和位置细胞对环境的表达来源于条纹细胞的前向驱动作用;通过环境的颜色深度图像进行闭环检测,对空间细胞路径积分进行误差修正,最终生成精确的环境认知地图
[12]	单目视觉定位	利用场景中的三垂线和点特征构建道路结构特征(Road Structural Feature,RSF),提出一个基于道路结构特征的单目视觉定位算法。典型路口、路段、街道等场所采集的车载视频数据进行实验验证,以同步采集的高精度 GPS 惯性导航组合定位系统数据为参照
[13]	3-D 重建	针对目前手持式 3-D 扫描设备生成的模型纹理分辨率不够,且部分区域存在高光、阴影及明暗变化等问题,提出一种基于多幅实拍照片的纹理重建方法,重建纹理质量在分辨率、色彩还原性及一致性方面明显优于原有纹理,且该方法具有很高的精确性和鲁棒性,可满足高质量的纹理重建需求
[14]	光流估计	从精度与鲁棒性等方面对单目图像序列光流计算及 3-D 重建技术近年来取得的进展进行综述与分析
[15]	场景理解	主要分成 3 个大类:基于环境布局几何信息的方法、基于环境布局视觉信息的方法、基于用户指导信息的方法,将一些特殊研究方法单独归类进行补充说明。阐述各类别方法对场所感知问题的解决思路和工作原理,并指出各种方法的特点和局限性,最后分析了该领域存在的主要问题,并对未来研究方向进行了讨论和展望

由表 8.4.1 可看出以下几点。

(1) 文献中对提升视觉 SLAM 的精度与鲁棒性很关注,主要从 SLAM 中视觉里程计、姿态估计、回环检测、场景理解等模块提升 SLAM 效果。数据来源根据传感器的不同,可分为单目彩色图(RGB-images)、双目彩色图(RGBD-images),彩色-深度图(RGB-Depth images)。

(2) 从技术关注点来看,双目立体匹配采用的最多。在视觉 SLAM 中,双目视觉系统由于能够直接恢复当前的环境地图,成本低、信息量大。所以双目立体匹配的研究具有十分重要的意义。此外,对提升 3-D 重建效果也有广泛的研究。

(3) 视觉 SLAM 的实现借助了许多其他数学理论工具和技术概念,如光场理论、图优化、稀疏表示、低秩约束、马尔科夫随机理论、对极约束等,在不同的模块上采用了各异的算法。

第9章

图 像 释 意

 图像释意是近年提出的让计算机根据输入的图像给出描述图像内容的通顺流畅的自然语句的深层次图像理解任务。早期的基于传统方法的图像释意工作往往只能生成语法正确但是结构单一的语句,图像释意随着深度学习的快速发展成为计算机视觉领域和自然语言处理领域的热门课题,目前的图像释意工作已经能够生成语义准确、细节丰富的语句。图像释意的发展前景非常广泛,可以利用在早期教育、图像检索、盲人导航等多个情境中。

 图像释意是图像处理和自然语言处理两个领域融合的成果,因此图像处理中的卷积神经网络和自然语言处理中的编码器-解码器模型等结构被广泛应用于图像释意的工作中。除了利用以上两个领域现有的研究成果外,图像释意中更重要的工作是建立更为合理的图像特征与语言特征的联系,使模型能够更有效地将图像信息用符合人类语言特性的自然语言描述出来。下面首先对图像释意任务进行简要概述并介绍相关数据集和评判标准,随后挑选一些最具代表性的工作进行介绍。

9.1 图像释意概述

 图像释意是一个融合计算机视觉、自然语言处理和机器学习的综合问题,图像释意的目标是对输入的图像生成一段描述文字。虽然该任务对于人类来说非常容易,但是对于计算机却非常具有挑战性。图像释意模型不仅需要理解图片的内容并且还需要从图像中提取出一些语义信息,除此之外,模型还需要将图像的语义信息整合起来生成人类可读的句子。

 在图像释意近几年快速发展的过程中,图像释意的数据集变得越来越丰富,这极大地提升了图像释意模型的性能;而在评判指标方面,图像释意评判指标和机器翻译的评判指标相近,近年来图像释意的评判指标也在不断增加,并且这些指标也更加符合人类对语言相似性的评判标准。随着深度学习的不断发展,主流的图像释意的模型也从经典的基于图像检索和语言模板的模型变为了基于神经网络的模型,而在研究者们的不断努力下,图像释意模型在各数据集上的指标也在逐年提高。以下首先介绍图像释意近期工作相关的背景知识。

9.1.1 图像释意数据集和数据预处理

目前图像释意任务主要集中在英文上,研究者使用较多的图像释意数据集主要有3个,分别是 Flickr8k[Hodosh 2013]、Flickr30k[Young 2014]和 MS COCO[Lin 2014]，它们分别包含 8000 幅、31000 幅和 123287 幅图像，而每幅图像则如图 9.1.1 所示有 5 个人工标注的句子。其中 MS COCO 是目前公认的较好的图像释意数据集，每幅图像对应语句的平均长度为 10.36 个单词，研究者们通常会采用和 Karpathy 一样的数据划分方法对 MS COCO 数据集进行划分[Karpathy 2015]。除此以外，MS COCO 还提供了一个包含 40775 幅图像的测试集供研究者生成图像释意，以及一个配套的在线测试服务器对研究者提交的释意结果进行评判。除此之位，其他图像释意数据集还有 UIUC Pascal sentence dataset（http://vision. cs. uiuc. edu/pascal-sentences/），Visual Genome[Ranjay 2016]，中文 Flickr8k[Li 2016]，日文 STAIR captions[Yoshikawa 2017]等。

(1) A microwave is sitting idly in the kitchen.
(2) A shiny silver metal microwave near wooden cabinets.
(3) There are wooden cabinets that have a microwave attached at the bottom of it.
(4) A microwave sitting next to and underneath kitchen cupboards.
(5) A kitchen scene with focus on a silver microwave.

(1) A group of four women walking down a street in the rain.
(2) Several people hold umbrellas in a rain storm.
(3) Two couples are walking down a wet sidewalk under umbrellas.
(4) Several people huddle under a couple of matching umbrellas.
(5) Two couples walking down the side walk in the rain holding umbrellas.

图 9.1.1　MS COCO 数据集样例

研究者通常会对数据集中人工标定的图像描述进行预处理以得到更适合训练的数据，语句预处理一般包括以下几个方面：将所有句子中的英文字母转换为小写字母；除去非字母的字符；设置语句的最大长度，对过长的语句进行截断；保留训练集中出现频率在 5 次以上的词语，将出现频率小于 5 次的词语定义为 UNK；将< BOS>和< EOS>作为两个单词加入到词库中，并将这两个单词分别放在训练集的每个句子的开头和结尾，作为句子起始和完结的标志；将每个单词意义进行编号，把语句转换为数组。

9.1.2　图像释意的生成方式及评测指标

对于一个已经训练好的图像释意模型，其生成给定图像的文字描述的过程通常是将单词逐一生成，随后将每一时刻的单词拼合成一个完整的语句。在图像释意生成句子的初始时刻，将< BOS>作为句子的第一个单词输入到模型中，随后将每一时刻模型输出的单词作为下一时刻模型的输入依次生成句子中的每个单词。当模型输出< EOS>的时候意味着语句已经生成完毕，< BOS>和< EOS>间的语句就是模型对输入图像生成的自然语言描述。

模型在生成句子的每一个时刻输入的是上一个时刻输出的单词，生成的是下一个时刻词库中各词语的概率分布，从概率分布经过采样得到输出的单词，采样策略一般有以下 3 种：①**随机采样**，在生成图像释意过程中，按照各单词的概率进行采样，概率越大的词语，被采样的可能性越大；②**最大采样**，在生成图像释意过程中，第 2 种策略便是采用贪心算法，每个时刻挑选概率最大的词语，作为下一时刻的词语输出；③**集束搜索**，这是一种启发式搜索算法，生成句子的第一个时刻选取概率最大的 N 个词语作为下一时刻的输入，得到第二个时刻的输出后,保留概率最大的 N 个语句,并将这些语句的最后一个词语作为第二个时刻的输入,以此类推最终得到 N 个完整语句并选取概率最高的语句作为最终输出。一般来说保留语句的数量并不是越大越好,通常情况下保留 $3\sim5$ 个语句能够得到比较好的测试结果,集束搜索产生的图像释意的结果通常明显优于前两种采样方式。

模型的性能可以通过比较模型生成的**待测语句**和**真实标注**之间的相似度来衡量,相似度越高表明模型生成的句子越好。目前的测试指标中相似度的度量一般是根据真实标注中 **n 元组(n-gram)** 的精度和召回率进行评判,不能从语句语义和流畅程度等角度进行相似度的比较。以下简要介绍几种目前最常用的图像释意评判标准。

1. BLEU

将语句中相邻的 n 个单词看作一个 n-gram,BLEU(BiLingual Evaluation Understudy)采用一种 n 元组的匹配规则,即比较待测语句与真实标注间 n 元组的相似度[Papineni 2002]。令待测语句为 C',真实标注为 C,对于一个给定的正整数 n,包含 M 个单词的待测语句会包含$(M-n+1)$个 n-gram,将这个数记作 $\text{Count}(n\text{-gram}')$。接下来统计这些 n-gram 在真实标注中的匹配次数,需要注意的是,对于相同的 n-gram,它们匹配次数的和不能超过真实标注中该 n-gram 出现的次数,将实际匹配次数记做 $\text{Count}_{\text{clip}}(n\text{-gram})$。则对于给定的 n,n-gram 的匹配精度公式为:

$$p_n = \frac{\sum\limits_{C \in \{\text{candidates}\}} \sum\limits_{n\text{-gram} \in C} \text{Count}_{\text{clip}}(n\text{-gram})}{\sum\limits_{C' \in \{\text{canditates}\}} \sum\limits_{n\text{-gram} \in C'} \text{Count}(n\text{-gram}')} \tag{9.1.1}$$

式(9.1.1)没有考虑到极端情况,即模型生成的语句是真实标注的一部分。在这种情况下,不完整语句的匹配精度非常高,这明显是不合理的。为了针对这种待测语句比真实标注短的情况,BLEU 引入了短句的惩罚因子,令 c 和 r 分别为待测语句和真实标注的语句长度,惩罚因子的计算公式如下:

$$\text{BP} = \begin{cases} 1 & \text{if } c > r \\ \exp(1-r/c) & \text{if } c \leqslant r \end{cases} \tag{9.1.2}$$

最终,BLEU 的计算公式如下,其中 w_n 为各 n-gram 精度的权重,N 通常设置为 4。

$$\text{BLEU} = \text{BP} \times \exp\left(\sum_{n=1}^{N} w_n \times \log(p_n)\right) \tag{9.1.3}$$

2. ROUGE

ROUGE(Recall-Oriented Understudy for Gisting Evaluation)是一种基于召回率的相似性度量方法[Lin 2004]。和 BLEU 类似,ROUGE 主要考查待测语句的充分性和匹配度,无法评价待测语句的顺畅度。ROUGE 共有 4 种不同的指标,分别为 ROUGE-N,ROUGE-L,ROUGE-W 和 ROUGE-S,而图像释意任务中通常以 ROUGE-L 作为评判指标。这一指标计算的是**最长公共子序列(LCS)**中的单词在待测语句和真实标注中所占的比例。首先定义最长公共子序列,假设存在序列 $\boldsymbol{X} = [x_1, x_2, x_3, \cdots, x_m]$ 和 $\boldsymbol{Y} = [y_1, y_2, y_3, \cdots, y_n]$,如果存在严格递增序列 $\boldsymbol{I} = [i_1, i_2, i_3, \cdots, i_k]$ 是 $\boldsymbol{X}$ 的索引和 $\boldsymbol{J} = [j_1, j_2, j_3, \cdots, j_k]$ 是 $\boldsymbol{Y}$ 的索引,并且对任意的 $m < k$ 都满足 $x_{i_m} = y_{j_m}$,则 $\boldsymbol{X}$ 中以 $\boldsymbol{I}$ 为索引的子序列为 $\boldsymbol{X}$ 和 $\boldsymbol{Y}$ 的公共子序列。而 LCS 则为 $\boldsymbol{X}$ 和 $\boldsymbol{Y}$ 中长度最大的公共子序列,以 $\text{LCS}(\boldsymbol{X}, \boldsymbol{Y})$ 代表 $\boldsymbol{X}$ 和 $\boldsymbol{Y}$ 最长公共子序列的长度。令 $\boldsymbol{X}$ 为真实标注,$\boldsymbol{Y}$ 为待测语句,则 ROUGE-L 的计算方式如下,其中 β 一

般设置为 1.2。

$$R_{lcs} = \frac{\text{LCS}(\boldsymbol{X}, \boldsymbol{Y})}{m}, \quad P_{lcs} = \frac{\text{LCS}(\boldsymbol{X}, \boldsymbol{Y})}{n}, \quad \beta = \frac{P_{lcs}}{R_{lcs}}, \quad \text{ROUGE-L} = \frac{(1+\beta^2) R_{lcs} P_{lcs}}{R_{lcs} + \beta^2 P_{lcs}}$$

$$(9.1.4)$$

3. Meteor

Meteor 是一种基于单精度的加权调和平均数和单字召回率的指标[Banerjee 2005]，其结果和人工判断的结果具有较高的相关性，它具有其他指标不具备的功能，例如同义词匹配等。计算 Meteor 需要预先基于 WordNet 同义词库给定一组校准，而这一校准是通过最小化对应语句中连续有序的**块**得出的。Meteor 的惩罚系数是由以上两个元素得出的，与 BLEU 不同的是，Meteor 同时考虑了基于整个语料库上的准确率和召回率。计算 Meteor 需要首先计算待测语句中 1-gram 的准确率 P 和召回率 R，将校准和块分别记做 m 和 ch，则 Meteor 的计算公式如下，其中公式中的超参数通常取值为 $\alpha = 3, \gamma = 0.5, \theta = 3$。

$$P_{\text{en}} = \gamma \left(\frac{ch}{m}\right)^\theta, \quad F_{\text{mean}} = \frac{P \times R}{\alpha P + (1-\alpha) R}, \quad \text{Meteor} = (1 - P_{\text{en}}) F_{\text{mean}} \quad (9.1.5)$$

4. CIDEr

CIDEr(Consensus-based Image Description Evaluation)是目前认可度最高的评判指标之一，这一指标通过度量待测语句与其他大部分真实标注之间的相似性来评价待测语句与真实标注的相似性，研究证明 CIDEr 在与人类对语句评判结果的匹配度上要好于上述其他指标[Vedantam 2015]。

CIDEr 指标中每一个 n-gram 的权重是不相同的，如果某一 n-gram 在数据集中所有图片的真实标注中出现的频率较高，则其对某一幅图像提供的信息量较少，故其权重就应该减小。计算 CIDEr 时可将每个句子看作一个"文档"，利用**词频-逆文本频率**计算每一个 n-gram 的权重，将语句编码为向量形式 $\boldsymbol{g}^n(\boldsymbol{c})$。随后，比较待测语句和真实标注间的余弦距离即可得到待测语句的 CIDEr 指标，令待测语句为 $\boldsymbol{C}'$，真实标注为 $\boldsymbol{C} = \{C_1, C_2, \cdots, C_m\}$，计算公式如下：

$$\text{CIDEr}(\boldsymbol{C}', \boldsymbol{C}) = \frac{1}{N} \sum_{n=1}^{N} \frac{1}{m} \sum_{i=1}^{m} \frac{\boldsymbol{g}^n(\boldsymbol{C}') \boldsymbol{g}^n(\boldsymbol{C}_i)}{\| \boldsymbol{g}^n(\boldsymbol{C}') \| \, \| \boldsymbol{g}^n(\boldsymbol{C}_i) \|} \quad (9.1.6)$$

9.1.3 图像释意发展的三个阶段

图像释意的发展可以分为三个阶段。第一个阶段的方法主要基于语言模板，这种方法是通过固定的语言模板组织语句，模型只需要检测出主谓宾等词语，将词语填入语言模板中特定的位置即可。这一阶段的工作通常会在图像上分别进行物体检测、动作检测等检测任务从而得到所需词语，例如 Farhadi 等人将图像和语句编码成三元组，随后在三元组空间中寻找与给定图像最接近的语义三元组从而得到所需的词语[Farhadi 2010]。Kulkarni 等则使用**条件随机场（CRF）**对单词间的语义关系进行建模，使得模型对单词的检测更为准确[Kulkarni 2011]。这些基于语言模板生成图像释意的模型能够生成符合语法的图像描述，但是通常泛化能力较差。这是由于语言模板通常是固定的，所以这些基于固定语言模板生成的语句的长度和句式也都是固定的。

第二个阶段的方法主要基于检索，通过人为设计的图像处理算子提取输入的图像的特征,并在训练集中寻找图像特征层面上与之比较相似的图像或语句,随后将这些语句整合起来作为给定图像的语言描述。Ordonez 等仿照[Farhadi 2010]中的方法,将输入图像和训练集图像编码为三元组,在三元组空间进行图像检索任务,找到训练集中与输入图像最接近的图像,随后对该图像的真实标注进行转换得到输入图像的释意[Ordonez 2011]。Hodosh 等将图像释意定义为对给定的**语句池**进行排序的过程,即定义输入的图像与语句的关联度,并对训练集中的所有真实标注进行排序和整合[Hodosh 2013]。这些基于检索的图像释意模型能够生成符合语法规则的图像描述,但是这些模型对相似图像产生的描述差异性较小,语义也不一定准确。

以上两种传统方法生成的语句虽然符合语法规则,但是针对不同图像生成的语句在结构和内容上都比较接近。在第三个阶段中基于深度学习的图像释意模型则能够通过神经网络提取图像特征,并通过生成式模型得到多样性较高、语义更加准确的图像释意。目前大多数基于深度学习的模型都是从机器翻译中的编解码模型演化而来,Vinyals 等提出的基于**编码器-解码器**的结构成为图像释意的主流框架[Vinyals 2015]。在这种框架中,卷积神经网络(CNN)作为编码器将输入图像编码成一个固定长度的向量,**递归神经网络(RNN)**作为解码器,将这个向量解码成自然语言描述。这种框架能够生成更为丰富的语句描述,有更强的拟合能力,学习到训练集中的更多信息。已有的结果表明,第三种基于编解码模型的图像释意方法,在所有指标上都远远优于前两种方法。后续的章节将会对这几种图像释意模型的各个分支进行详细说明。

9.2　基于传统方法的图像释意模型

在编码器-解码器模型出现前,图像释意的模型主要分为基于语言模板的模型和基于检索的模型两种。这两种模型都能生成语法正确的语句,但是由于这两种模型生成语句的多样性较少,所以这两种方法在图像释意的发展中受到的关注慢慢降低。除这两种模型以外,本节还会介绍不同于编码器-解码器模型的传统生成式模型,这一模型在现在具有一定的启发意义。

9.2.1　基于语言模板的模型

基于语言模板的图像释意模型首先检测输入图像中的视觉信息,例如物体、位置等信息,随后按照特定的句法规则和语义规则将这些信息整合成模型输出的图像释意,这里以Kulkarni 等的工作为例介绍基于语言模板的图像释意模型的结构[Kulkarni 2011]。图 9.2.1中的(1)~(6)顺序地指示出了模型生成图像释意的流程。

Kulkarni 等首先对一个在 Pascal 2010 数据集上预训练的物体检测器进行微调,通过这个新的物体检测器得到输入图像中各物体所在的区域和类别,并将检测器的置信度作为后续在 CRF 中需要利用到的**势能**。而对于 sky, road 这一类位置信息不明显的场景词语,他们训练了一个线性的 SVM 进行逐像素的分类,并用分类概率超过给定阈值的像素的数量进行场景分类,并将这一类中分类概率最高的像素的概率作为这一场景的势能。把场景也当作图像中的一个物体,定义第 i 个物体的势能为 $P(\mathrm{obj}_i)$。

在属性检测方面,他们将 21 个属性词语分为了 5 类,这些类别和示例词语如下:颜色

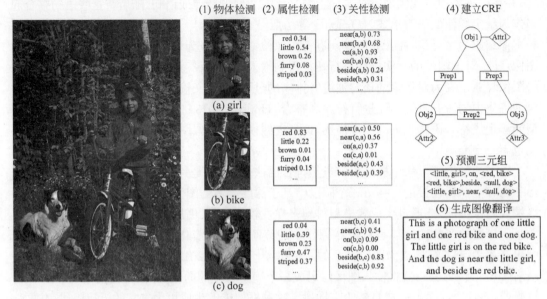

图 9.2.1　基于语言模板的图像释意模型

（blue，gray）、纹理（striped，furry）、材质（wooden，feathered）、外观（rusty，dirty，shiny）和形状（rectangular）。然后他们在 Farhadi 等提供的属性预测数据集［Farhadi 2009］中训练了一个使用高斯核函数的 SVM 对以上检测的物体和场景信息的属性进行判别。第 i 个物体对应的属性的分类概率作为这一属性的势能 $P(\text{attr}_i)$。

不同物体间的位置关系可以由第一步中得到的各物体的位置来确定，例如 above(a,b) 可以由 a 区域在 b 区域以上的像素的百分比来确定，near(a,b) 可以由区域 a 和区域 b 的距离除以区域 a 的对角线长度来确定。考虑到位置信息通常具有方向性，以上公式中 a 与 b 在互换后会得到不同的结果，并将这两个结果的概率均作为这一位置关系的势能 $P(\text{prep}_{ab})$ 和 $P(\text{prep}_{ba})$。

除以上物体、属性和位置关系的三类特征外，他们还考虑到了两种多元组，即（物体，属性）和（物体，介词，物体）在谷歌搜索和 Flickr 网站中出现的概率，将加权后的概率和作为这个多元组的势能，将以上两种多元组的势能分别记做 $P(\text{obj}_i,\text{attr}_i)$ 和 $P(\text{obj}_i,\text{prep}_{ij},\text{obj}_j)$。

Kulkarni 等的工作中最关键的一步就是利用 CRF 整合以上检测到的三类信息，如图 9.2.1(4) 所示，圆形结点是物体结点，方形的位置结点连接着物体结点，而圆形的属性结点则是每一个物体对应的置信度最高的属性。CRF 训练的目标就是使每个样本对应的势能尽量大，其总体势能为一元势能和二元势能的和，其中 α,β,γ 均为可训练的参数，N 为当前图像中包含物体的数量。

$$E_{\text{unary}} = \sum_{i \in \text{obj}} (\alpha_0 \beta_0 P(\text{obj}_i) + \alpha_0 \beta_1 P(\text{attr}_i) + \alpha_1 \gamma_0 P(\text{obj}_i,\text{attr}_i)) \qquad (9.2.1)$$

$$E_{\text{pairwise}} = \frac{2}{N-1} \sum_{ij \in \text{objPairs}} (\alpha_0 \beta_2 P(\text{prep}_{ij}) + \alpha_1 \gamma_1 P(\text{obj}_i,\text{prep}_{ij},\text{obj}_j)) \qquad (9.2.2)$$

由于需要优化的参数过多，在 CRF 的训练过程中通常固定一些参数，先训练另一部分参数，然后再固定其他的参数训练另外的参数，通过这种不断取局部最优的参数计算方式得到模型参数的较好的取值。在测试阶段,CRF 能够输出在当前参数下势能最高的物体属性信息和位置信息。将这些信息整合成<属性,物体>,介词,<属性,物体>即可得到语句的主体信息,随后将这些信息输入到指定的语言模板即可生成如图 9.2.1(6)所示的图像释意。

基于语言模板的图像释意模型能够保证输出的语句语法的正确性,而且语句中的物体、属性信息使得生成的语句与输入图像有较大的关联。但是,这种方法有两个缺点,其一是物体检测器、属性检测器和位置判别器的性能会直接影响到最终生成语句的好坏;其二是这种方法只能生成固定结构的语句,这些语句并不符合人类的语言习惯,看起来不够自然。因此,基于语言模板进行图像释意的方法在图像释意后续的发展中逐渐没落。

9.2.2 基于检索的模型

生成图像释意的另一种方法是直接在一个给定的语句池中寻找与输入图像最相关的一句话或是一个包含多个语句的集合,并通过这些语句产生对输入图像的合理释意。上一节中提到的 Ordonez 和 Hodosh 的工作是早期基于检索的图像释意模型,他们在检索到与输入图像最相关的一个语句后直接选取此语句作为输入图像的释意。但是在实际情况中并不能保证语句池中存在对输入图像的合理描述,所以直接选取语句池中的语句作为输入图像的释意可能并不是最合理的方式。因此,后期基于检索的图像释意模型都是选取语句池中的相关语句后利用这些语句生成输入图像的释意。

Gupta 等首先将数据集中每幅图像对应的语句分解为一系列的短语,随后在训练集中寻找与输入图像特征相近的一组图像得到这些图像对应的短语,最后将这些短语进行排序并整合成输入图像对应的图像释意[Gupta 2012]。他们采用 Stanford CoreNLP toolkit[①]将语句分解为 9 种短语:(主语),(宾语),(主语,动词),(宾语,动词),(主语,介词、宾语),(宾语,介词,宾语),(属性,主语),(属性,宾语),(动词,介词,宾语)。在图像特征提取方面,他们利用了 RGB 和 HSV 空间的直方图提取颜色特征,用 Gabor 和 Haar 算子提取纹理特征,用 GIST 特征表征场景信息,用 SIFT 算子提取局部的形状特征。而在图像的检索方面他们采用了不同的距离度量两幅图像不同特征的差异,他们采用 L_1 距离度量颜色特征,采用 L_2 距离度量纹理和场景特征,采用 χ^2 距离度量形状特征,将两幅图像不同特征的距离按照一组可训练权重 w 进行加权求和就得到了两幅图像的距离。

取输入图像的 K 幅最近邻图像 $\{J_1,J_2,\cdots,J_K\}$,记输入图像 I 与这 K 幅最近邻图像的距离分别为 $\{D_1,D_2,\cdots,D_K\}$,接下来需要通过这 K 幅最近邻图像中求出与输入图像 I 关联度最强的短语。令 y_i 为所有短语集合中的一个短语,令 $P(y_i,I)$ 为输入图像中出现短语 y_i 的概率,则此概率计算方式如下:

$$P(y_i,\boldsymbol{I}) = \frac{1}{K}\sum_{j=1}^{K}P(\boldsymbol{I}\mid \boldsymbol{J}_j)P(y_i\mid \boldsymbol{J}_j) \qquad (9.2.3)$$

式中,$P(\boldsymbol{I}|\boldsymbol{J}_j)$ 代表通过图像 $\boldsymbol{J}_j$ 得到输入图像 $\boldsymbol{I}$ 的概率,这一概率可以用两幅图像的距离进行计算:

① http://nlp.stanford.edu/software/corenlp.shtml

$$P(\boldsymbol{I} \mid \boldsymbol{J}_j) = \frac{\exp(-D_j)}{\sum_{n=1}^{K} \exp(-D_n)} \tag{9.2.4}$$

$P(y_i \mid \boldsymbol{J}_j)$ 则被建模为了多重伯努利分布，其形式如式(9.2.5)。记短语 y_i 在谷歌上被搜索到的次数为 N_i，训练集中所有短语在谷歌上被搜索到的次数和为 N，δ_{ij} 是一个取值为 0 或 1 的元素，代表图像 $\boldsymbol{J}_j$ 对应的释意中是否包含短语 y_i，μ_i 是短语 y_i 对应的一个大于 0 的可训练参数。

$$P(y_i \mid \boldsymbol{J}_j) = \frac{\mu_i \delta_{ij} + N_i}{\mu_i + N} \tag{9.2.5}$$

假设输入的图像 $\boldsymbol{I}$ 对应的短语的并集为 $\boldsymbol{Y}_I$，当输入图像 $\boldsymbol{I}$ 时最优参数 w 和 μ 应该满足两个条件：①不在 $\boldsymbol{Y}_I$ 中的短语的检测概率应该较小；②在 $\boldsymbol{Y}_I$ 中短语的检测概率应比不在 $\boldsymbol{Y}_I$ 中短语的检测概率高。令 $y_n \in \boldsymbol{Y}_I$，$y_m \in (\boldsymbol{Y}_I)^c$，$\lambda$ 为一个人为设定的权重，则优化可训练参数的损失函数如下：

$$\mathrm{loss} = \sum_{\boldsymbol{I},y_m} P(y_m,\boldsymbol{I}) + \lambda \sum_{\boldsymbol{I},y_m,y_n} (P(y_m,\boldsymbol{I}) - P(y_n,\boldsymbol{I})) \tag{9.2.6}$$

在得到了输入图像对应的各短语的概率后，将这些短语按照图 9.2.2 中的方式整合成三元组的形式即可生成较为合理的图像释意，其中每一个三元组的概率为其中短语的概率的乘积。最终取概率最高的三元组作为图像释意的主体部分，用 Reape 等提出的句法整合方式即可得到输入图像合理的释意[Reape 2007]。

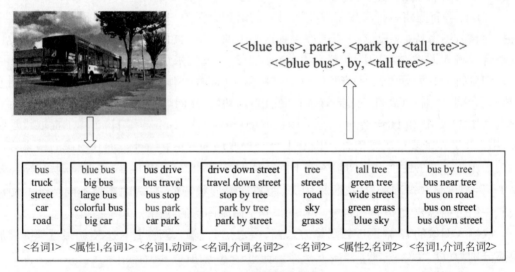

图 9.2.2　短语整合示意

Gupta 等的工作较此前直接基于检索的工作有了较大进步，他们的模型能够产生语义正确、通顺流畅的语句，但是由于短语库具有一定的局限性，如果输入图像中的物体间的关系无法用短语库中的短语进行建模，那么他们的模型就无法生成较为准确的图像释意了。其他基于检索的图像释意工作与他们面临着同样的局限性，所以这种方式在现阶段的研究工作中受到的关注度逐渐降低。

9.2.3 传统生成式模型

以上的两种模型都是基于研究者设置的语法结构生成固定结构的语句，生成的语句结构较为单一。为此有的研究者提出了生成式模型让模型从训练集中学习各单词在给定输入图像与已经生成的单词情况下的条件概率，以下以 Fang 等的工作为例介绍传统的生成式模型[Fang 2015]，如图 9.2.3 所示。

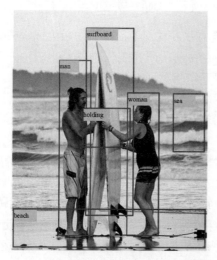

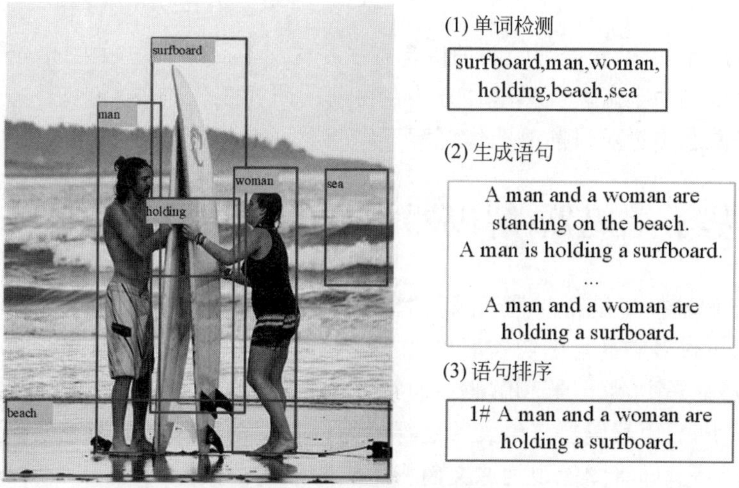

surfboard
man
woman
sea
holding
beach
(1) 单词检测
surfboard,man,woman,
holding,beach,sea
(2) 生成语句
A man and a woman are
standing on the beach.
A man is holding a surfboard.
...
A man and a woman are
holding a surfboard.
(3) 语句排序
1# A man and a woman are
holding a surfboard.

图 9.2.3 传统的生成式模型

他们首先用**多示例学习**的方式训练了一个单词检测器，对图像中存在的单词与它们的位置进行检测。多示例学习是一种半监督算法，这里将每幅图像视为**包**，将图像中的各个区域视为示例，可以从每幅图像的人工标注中得知每幅图像是否包含某单词，但是并不知道每幅图像某个区域是否包含此单词。多实例学习训练的过程分为两步，第一步利用当前的参数选取包含某个单词的图像中最可能是正样本的区域和最可能是负样本的区域；第二步根据这两个区域训练一个对这个单词的判别器。考虑到每个语句中都会出现例如 a，the，is 等单词，单词检测器将不会检测这些单词。

从图像中提取出单词后他们采用的是基于**最大熵**的语言模型[Berger 1996]。令语句的前 $t-1$ 个单词 $w_{1\sim t-1}=\{w_1, w_t, \cdots, w_{t-1}\}$ 和从输入图像中检测到但是没出现在当前语句中的单词集合 W_t 的条件概率。其中 W_t 能够避免生成的句子中有重复的单词也能促使检测到的词语都能参与语句生成，提升图像释意的准确度。最大熵模型计算的是在生成语句的第 t 个单词 w_t 时基于 $w_{1\sim t-1}$ 和 W_t 的条件概率。在训练的过程中，最小化人工标注中每一个时刻单词的负对数概率即可，公式形式与 9.3 节中的交叉熵损失函数类似。

语言模型可以采用 9.1.2 节中提到的集束搜索方式得到输入图像的多句描述，作者取了概率最高的前 100 个语句进行概率重排序以得到与图像关联度最高的图像释意。Fang 等通过改进衡量语义信息关联度的深度语意结构模型[Huang 2013]，[Shen 2014]得到深度多模态结构模型，这一模型中采用在 ImageNet 数据集[Deng 2009]上预训练的卷积神经网络提取图像特征，用深度语意结构模型提取语句的语义特征，并计算这两种特征的相似度。令 $\boldsymbol{y}_I$ 和 $\boldsymbol{y}_w$ 分别为图像特征和语义特征，$\boldsymbol{W}$ 为选取的所有语句的集合，γ 为一个通过验证集得到的常数，则语句 w 与图像 I 关联的概率定义如下。

$$R(\boldsymbol{I},w)=\cos(\boldsymbol{y_I},\boldsymbol{y_w})=\frac{\boldsymbol{y_I}^{\mathrm{T}}\boldsymbol{y_w}}{\|\boldsymbol{y_I}\|\ \|\boldsymbol{y_w}\|}, \quad P(w\mid\boldsymbol{I})=\frac{\exp(\gamma R(\boldsymbol{I},w))}{\sum\limits_{w'\in W}\exp(\gamma R(\boldsymbol{I},w'))} \quad (9.2.7)$$

最后，通过最小化图像对应的若干真实标注 w^+ 的负对数概率即可以训练特征提取器中的参数，训练的损失函数如下。

$$\mathrm{loss}=-\log\prod_{(\boldsymbol{I},w^+)}P(w^+\mid\boldsymbol{I}) \quad (9.2.8)$$

Fang 等的工作较以上提到的两种传统方法在性能上已经有了较大的提升，生成的语句在句法结构上也更为丰富。虽然这种方法在目前的研究工作中使用得较少，但是其中利用多种信息的多模态思想对目前的图像释意工作产生了较大的影响。

9.3　基于编码器-解码器模型的图像释意

编码器-解码器模型是目前基于深度学习的图像释意工作中运用最普遍的模型，这种模型生成的语句句式多样且与图像关联度较高。编码器-解码器模型最早是机器翻译中常见的模型，在机器翻译中，编码器和解码器通常都是 RNN，编码器将输入的原文转换为特定长度的语义特征，随后由解码器将语义特征解码为译文。图像释意被研究者们建模为一种特殊的机器翻译问题，即将图像视为原文而将生成的语句视作译文，由于 CNN 在图像处理中具有比 RNN 更好的性能，研究者通常用 CNN 代替 RNN 进行图像的编码。这种通过获取图像全局信息再进行图像释意的方式通常也被称为**自顶向下**的方式，这也是目前最主流的生成图像释意的方式，其最大的优点是图像释意模型能够进行**端到端**的训练。

9.3.1　模型的损失函数

深度模型的训练离不开合理的损失函数，图像释意模型中比较经典的损失函数是**交叉熵损失函数**。图像释意模型在生成句子的每一个时刻输出每个词语的概率，然后计算当前时刻真实标注中对应单词的交叉熵作为损失函数。在模型训练的过程中将这个损失函数最小化，也就是最大化真实标注中 t 时刻单词在给定 $1\sim t-1$ 时刻真实标注的情况下的条件概率。令 $\boldsymbol{\theta}$ 为模型的可训练参数，$y_{1:T}^*$ 为训练集中的真实标注，则图像释意模型计算交叉熵损失函数的公式如下：

$$L_{\mathrm{XE}}(\boldsymbol{\theta})=-\sum_{t=1}^{T}\log(p_{\boldsymbol{\theta}}(y_t^*\mid y_{1:t-1}^*)) \quad (9.3.1)$$

以上的损失函数中，条件概率的计算基于 $1\sim t-1$ 时刻的真实标注，但是在模型进行测试时，模型无法获取图像对应的真实标注。因此模型只能根据此前已经生成的单词计算当前时刻所有单词的条件概率，这就导致通过交叉熵损失函数训练的模型存在训练过程和测试过程不一致的问题。为此，Bengio 等提出了**计划采样**算法以解决这一问题［Bengio 2015］。计划采样指的是在网络训练的过程中，有一定概率使用 $t-1$ 时刻模型生成的单词代替 $t-1$ 时刻真实标注中的单词作为模型的输入以生成图像释意 t 时刻的单词。计划采样的概率在模型训练早期通常设置得较低，使得模型能够快速从随机初始化状态变为一个合理的状态，而随着训练的进行，计划采样的概率逐渐提高，使模型更多地使用生成的单词作为输入以解决训练和测试不一致的问题,增加模型的容错能力。

另外,Rennie 等提出的基于**增强学习**的损失函数也是主流的模型训练方式之一[Rennie 2017]。这一损失函数主要能够解决两个问题,其一是以上提到的图像释意模型的训练测试过程不一致的问题;其二则是训练时的损失函数与测试指标不对应的问题。Rennie 等将图像释意看作是增强学习的问题,模型在每一时刻生成一个单词对应增强学习中每一时刻采取的**决策**,模型中 RNN 网络的隐含层对应增强学习的**状态**,而模型生成待测语句的 CIDEr 指标则是增强学习的**反馈**。增强学习训练的目标是让最小化模型通过随机采样生成语句的 CIDEr 指标 r 的负期望,在实际训练时取期望的操作可以用采样进行近似。令 $w^s = \{w_1^s, w_2^s, \cdots, w_T^s\}$ 为模型通过随机采样得到的图像释意,网络中的所有可训练参数为 $\boldsymbol{\theta}$,则增强学习损失函数如下:

$$L_{RL}(\boldsymbol{\theta}) = -E_{w^s \sim p_\theta}\left[r(w^s)\right] \approx -r(w^s) \ , w^s \sim p_\theta \tag{9.3.2}$$

为了减小损失函数的方差,通常在损失函数中引入与 w^s 无关的**基准线**。这里采用模型通过最大采样得到的语句的 CIDEr 指标作为基准,令 $\hat{w}$ 为模型通过最大采样得到的语句,则增强学习的损失函数为:

$$L_{RL}(\boldsymbol{\theta}) \approx r(\hat{w}) - r(w^s) \ , \quad w^s \sim p_\theta \tag{9.3.3}$$

最终,考虑随机采样语句中每一个词被采样的概率,得到 $L_{RL}(\boldsymbol{\theta})$ 关于 $\boldsymbol{\theta}$ 的梯度,其中 s_t 是输入到预测单词分布的 softmax 层的 logits,$\boldsymbol{1}_{w_s^t}$ 是一个在 w_s^t 对应的位置为 1,其余位置为 0 的**独热码**[Zaremba 2015]。

$$\nabla_\theta L_{RL}(\boldsymbol{\theta}) = \sum_{t=1}^{T} (r(\hat{w}) - r(w^s))(p_\theta(s_t \mid \boldsymbol{\theta}) - \boldsymbol{1}_{w_s^t})\frac{\partial s_t}{\partial \boldsymbol{\theta}} \tag{9.3.4}$$

在实际应用过程中,直接使用增强学习损失函数训练随机初始化的模型通常得不到良好的结果,研究者们通常先使用交叉熵损失函数训练模型,得到一个较好的模型后再用增强学习使其性能得到进一步提升。诸多实验结果表明,利用增强学习训练得到的图像释意模型比利用交叉熵损失函数训练的图像释意模型在各数据集上的指标均有明显提高。

9.3.2　编码器-解码器模型结构

Vinyals 等最先将编码器-解码器用于图像释义的工作中,他们采用在图像分类数据集 ImageNet[Deng 2009]上预训练的 Inception V3[Szegedy 2016]网络作为模型中的编码器将图像编码为 512 维的图像特征,而将**长短期记忆网络(LSTM)**[Hochreiter 1997]作为模型中的解码器将编码器得到的特征与每个时刻生成的单词结合起来生成图像释意[Vinyals 2015]。

模型中所有的单词都被编码为 512 维的**词嵌入向量**,在训练的过程中每一时刻将真实标注中前一时刻单词对应的词嵌入向量输入到 LSTM 中,而将 LSTM 的输出送入**多层感知机(MLP)**得到输出的 logits,最后将 logits 送入 softmax 层得到当前时刻每个单词对应的概率,编码器-解码器模型的结构如图 9.3.1 所示。

编码器-解码器模型的性能远好于同期基于模板匹配和图像检索的图像释意模型,这使得这一模型成为后续绝大多数图像释意模型的基础结构,同时也使 LSTM 成为典型的解码器。LSTM 通过**记忆单元**实现对每一时刻输入信息的长期记忆和输出,记忆单元中的门结构可以控制记忆单元中信息的添加与删除,记忆单元的典型结构如图 9.3.2 所示。记忆单

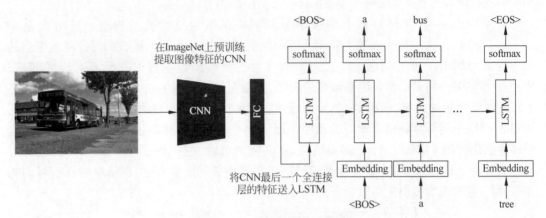

图 9.3.1　编码器-解码器模型

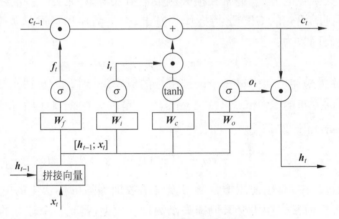

图 9.3.2　记忆单元典型结构

元中的输入门决定输入的新信息加入到记忆单元中的比例，i_t 决定哪些信息需要更新，而 c_t 完成对上一时刻记忆的信息与新输入信息的整合，实现记忆单元内信息的更新。遗忘门 f_t 决定上一时刻记忆单元的信息 c_{t-1} 在当前时刻需要遗忘的比例。最后的输出门决定 c_t 中的信息输出到记忆单元外的比例，将输出门和 LSTM 的输出分别记作 o_t 和 h_t。令公式中所有的 W 为网络中可以训练的权重，b 为偏置项，x_t 为当前时刻输入的词嵌入向量，σ 为 sigmoid 函数，$\odot$ 为逐元素相乘操作，则完整的 LSTM 的计算公式如下：

$$i_t = \sigma(W_{ix}x_t + W_{ih}h_{t-1} + b_i) \tag{9.3.5}$$

$$f_t = \sigma(W_{fx}x_t + W_{fh}h_{t-1} + b_f) \tag{9.3.6}$$

$$o_t = \sigma(W_{ox}x_t + W_{oh}h_{t-1} + b_o) \tag{9.3.7}$$

$$c_t = f_t \odot c_{t-1} + i_t \odot \tanh(W_{cx}x_t + W_{ch}h_{t-1} + b_c) \tag{9.3.8}$$

$$h_t = o_t \odot c_t \tag{9.3.9}$$

随后将 LSTM 的输出 h_t 通过 MLP 和 softmax 层即可得到各单词在当前时刻的概率分布，最后对此概率进行采样即可得到模型在当前时刻预测的单词。

$$p_{\text{word}} = \text{softmax}(W_p h_t + b_p) \tag{9.3.10}$$

编码器-解码器模型生成的语句相比同期基于语言模板和检索的模型生成的语句不仅

在准确度上有较大提升,同时在丰富程度上也有较大的提升。因此,编码器-解码器模型成为绝大部分后续图像释意工作的基础模型。

9.3.3 基于注意力机制的模型

考虑到人在观察一幅图像时可能会重点关注图像的某些区域和某些图像属性而忽略视野中的其他部分,科学家们提出了基于注意力机制的图像释意模型来拟合人类的这种习惯同时提升图像释意模型的性能。注意力机制从信息的角度可以分为两种,基于**空间注意力机制**和基于**语义注意力机制**。在后续的工作中还有学者提出了**自适应注意力机制**,赋予图像释意模型中不同的信息不同的权重以生成图像释意。本节将选取以上3种注意力机制中最典型的工作进行介绍。

1. 空间注意力机制

Xu等在2015年首先提出图像释意中的注意力机制[Xu 2015],其基本思想是利用卷积层得到图像各区域的特征后对这些特征进行加权求和得到当前时刻的**上下文特征**。他们提出了两种计算注意力权重方法:**硬注意力**和**软注意力**。其中硬注意力指的是选取某个图像区域,将其权重置为1而将其他区域的权重置为0,模型在生成句子的每个时刻只会注意到图像的一个区域。而软注意力则在每个时刻计算出每个图像区域的归一化的权重,再对各图像区域的特征进行加权求和得到最后的上下文。基于软注意力的模型相较硬注意力的模型具有易于训练、可解释性强的优点,如图9.3.3所示,软注意力使得模型在生成方框内的单词时能够关注图像中与其最相关的区域。软注意力在后续的许多工作中得到了广泛的应用,以下对基于软注意力的模型进行介绍。

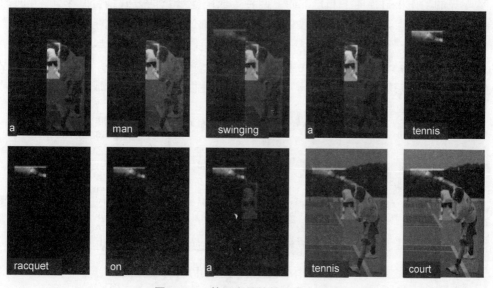

图 9.3.3 基于空间的软注意力示意

令 $\boldsymbol{V}=\{v_1, v_2, \cdots, v_L\}$ 为一组图像区域特征向量,其中 L 为图像的区域个数,软注意力通过解码器上一时刻的输出 $\boldsymbol{h}_{t-1}$ 产生当前时刻模型下各图像区域的权重 $\boldsymbol{\alpha}_t=\{\alpha_t^1, \alpha_t^2, \cdots, \alpha_t^L\}$。令 $\boldsymbol{W}$ 为可训练的参数,权重 α_t 和当前时刻上下文特征 $\hat{\boldsymbol{v}}_t$,具体计算方式如下。

$$e_t^i = \tanh(\boldsymbol{W}_h \boldsymbol{h}_{t-1} + \boldsymbol{W}_V \boldsymbol{v}_i), \quad \alpha_t^i = \frac{\exp(e_t^i)}{\sum\limits_{j=1}^{L} \exp(e_t^k)}, \quad \hat{\boldsymbol{v}}_t = \sum_{j=1}^{L} \alpha_t^k \boldsymbol{v}_k \qquad (9.3.11)$$

值得注意的是,以上公式中图像的区域个数 L 只参与求和运算,故对任意区域个数的图像均能通过以上公式得到图像每一时刻的上下文特征。得到当前时刻的上下文特征后,将上下文特征作为 LSTM 解码器和最终 MLP 的一个额外输入即可得到当前时刻输出的单词,这里采用的 MLP 额外考虑了上一时刻的单词对应的词嵌入向量 $\boldsymbol{x}_t$,并先用 $\boldsymbol{W}$ 将 3 个输入映射到同一维度后产生最终的概率输出,和公式(9.3.10)有些差异。

$$\boldsymbol{h}_t = \mathrm{LSTM}([\boldsymbol{x}_t; \hat{\boldsymbol{v}}_t], \boldsymbol{h}_{t-1}), \quad \boldsymbol{p}_{\mathrm{word}} = \mathrm{softmax}(\boldsymbol{W}_p(\boldsymbol{W}_h \boldsymbol{h}_t + \boldsymbol{W}_v \hat{\boldsymbol{v}}_t + \boldsymbol{W}_x \boldsymbol{x}_t))$$

$$(9.3.12)$$

相较经典的编码器-解码器模型,基于空间注意力的模型在每个时刻能够关注到图像不同的区域,并生成与其相关的单词,同时提高了图像释意的准确性和可解释性。

2. 语义注意力机制

基于语义注意力机制的图像释意模型最早由 You 等提出[You 2016],他们首先利用属性提取器提取出图像中的**属性**信息,随后利用注意力机制得到图像属性中包含的语义信息的上下文特征从而生成图像释意。这种整合图像属性信息生成图像释意的方式通常被称作**自下而上**的方式。研究者们通常先将一些在词库中出现频率较高,且非冠词和介词的单词定义为属性,随后检测出每一幅图像中包含的图像属性信息作为一个额外的输入辅助生成图像释意。由于图像属性本身即是具有明确语义信息的单词,故较为准确的图像属性检测结果能够有效地提升图像释意模型的性能。

You 等的工作将自顶向下和自下而上两种生成图像释意的方式结合起来,一方面通过图像全局信息能够保证生成的语句语义正确,另一方面通过图像属性也能够使得生成的语句包含图像细节信息。图 9.3.4 展示了基于语义注意力机制的图像释意模型中属性的权重的变化与生成单词的关系,可以看到模型在生成 person 这个单词时已经赋予了 man 和 person 较大的权重,在后续生成其他单词时赋予了 snow 这一属性很大的权重以生成 snow 这个单词。

生成的单词	权重较大的属性
a	people(0.25), black(0.25)
person	man(0.56), person(0.36)
sitting	sitting(0.56), riding(0.20)
in	sitting(0.50), next(0.11)
the	snow(0.48), top(0.48)
snow	snow(0.9), mountain(0.04)
with	next(0.40), wearing(0.28)
a	snow(0.22), next(0.21)
snowboard	board(0.75), snow(0.09)

图 9.3.4　基于语义注意力机制模型中属性权重的变化

You 等在实现以上的结构时,在 RNN 的输入端和输出端都采用了注意力机制,使得图像的属性信息能够得到更大程度的利用。在 RNN 的输入端 K 个所选图像属性对应的权重 $\boldsymbol{\alpha}_t = \{\alpha_t^1, \alpha_t^2, \cdots, \alpha_t^K\}$ 是由其与上一时刻预测单词的关联度决定的。考虑到图像属性也是单词,所以可以将图像属性和上一时刻单词都用独热码来表示,令第 i 个属性和上一时刻单词的独热码分别为 $\boldsymbol{y}^i$ 和 $\boldsymbol{y}_{t-1}$。建立一个 $\gamma \times \gamma$ 大小的可训练的关联矩阵 $\widetilde{\boldsymbol{U}}$,其中 γ 为词表

中单词的总量,则各属性对应的权重计算方式如下:

$$e_t^i = \boldsymbol{y}_{t-1}^{\mathrm{T}} \widetilde{\boldsymbol{U}} \boldsymbol{y}^i, \quad \alpha_t^i = \frac{\exp(e_t^i)}{\sum_{j=1}^{K} \exp(e_t^j)} \tag{9.3.13}$$

由于词表中单词的总量 γ 通常在 10000 左右,$\widetilde{\boldsymbol{U}}$ 会包含过多的参数从而难以训练,因此在实际实现的过程中,作者首先用 Word2Vec[Goldberg 2014]中的词嵌入向量 $\boldsymbol{E}$ 将独热码降维到一个较低维度的 d 维空间,由于 $d \ll \gamma$,所以新的关联度矩阵 $\boldsymbol{U}$ 只包含 $d \times d$ 个参数,最终计算各属性权重的公式如下:

$$e_t^i = \boldsymbol{y}_{t-1}^{\mathrm{T}} \boldsymbol{E}^{\mathrm{T}} \boldsymbol{U} \boldsymbol{E} \boldsymbol{y}^i, \quad \alpha_t^i = \frac{\exp(e_t^i)}{\sum_{j=1}^{K} \exp(e_t^j)} \tag{9.3.14}$$

最后,将上一时刻单词的词嵌入向量和属性的词嵌入向量求和即可得到当前时刻 RNN 的输入 $\boldsymbol{x}_t$。其计算方式如下,其中 $\boldsymbol{W}$ 是可训练的投影矩阵,$\mathrm{diag}(\boldsymbol{w}_{xA})$ 是一个可训练的对角阵,其每一个维度代表属性上下文特征当前维度的权重。

$$\boldsymbol{x}_t = \boldsymbol{W}_{xy} \left(\boldsymbol{E} \boldsymbol{y}_{t-1} + \mathrm{diag}(\boldsymbol{w}_{xA}) \sum_{i=1}^{K} \alpha_t^i \boldsymbol{E} \boldsymbol{y}^i \right) \tag{9.3.15}$$

输出端的注意力机制计算公式与输入端类似,通过关联矩阵 $\boldsymbol{V}$ 计算属性词嵌入向量和 RNN 的当前时刻的输出 $\boldsymbol{h}_t$ 的关联度,同时考虑到词嵌入向量和 $\boldsymbol{h}_t$ 的数学意义不同,所以使用了 tanh 作为激活函数,输出端属性权重 $\boldsymbol{\beta}_t = \{\beta_t^1, \beta_t^2, \cdots, \beta_t^K\}$ 的计算方式如下:

$$e_t^i = \boldsymbol{h}_t^{\mathrm{T}} \boldsymbol{V} \tanh(\boldsymbol{E} \boldsymbol{y}^i), \quad \beta_t^i = \frac{\exp(e_t^i)}{\sum_{j=1}^{K} \exp(e_t^j)} \tag{9.3.16}$$

输出端的上下文特征最终和 RNN 的输出共同决定当前时刻单词的概率分布,其计算方式如下,公式中的参数的定义和式(9.3.15)类似。

$$\boldsymbol{p}_{\mathrm{word}} = \mathrm{softmax}\left(\boldsymbol{E}^{\mathrm{T}} \boldsymbol{W}_{yh} \left(\boldsymbol{h}_t + \mathrm{diag}(\boldsymbol{w}_{YA}) \sum_{i=1}^{K} \beta_t^i \boldsymbol{E} \boldsymbol{y}^i \right) \right) \tag{9.3.17}$$

在训练的损失函数方面,除交叉熵损失函数外,作者增加了一个对属性权重的约束项,以 $\boldsymbol{\alpha}$ 为例,其约束项具体计算公式如下,$\boldsymbol{\beta}$ 的约束项的计算方式与 $\boldsymbol{\alpha}$ 相同。式(9.3.18)中 $p > 1$ 使模型在生成语句的过程中不会持续关注某一属性,$0 < q < 1$ 使模型在某一时刻不会赋予某一个属性过大的权重。

$$g(\boldsymbol{\alpha}) = \left[\sum_{i=1}^{K} \left[\sum_{t=1}^{T} \alpha_t^i \right]^p \right]^{\frac{1}{p}} + \sum_{t=1}^{T} \left[\sum_{i=1}^{K} (\alpha_t^i)^q \right]^{\frac{1}{q}} \tag{9.3.18}$$

基于语义注意力机制的模型能够使得模型在生成句子的过程中关注特定的属性以生成与属性相关的词语,但是这一类模型通常都需要预训练一个属性检测器,导致整体模型不能端到端训练。

3. 自适应注意力机制

基于空间注意力机制的模型会在每一个时刻将图像的视觉信息输入到 RNN 中参与下一时刻单词的生成,但是语句中存在的 the、a 等单词或是 cell 后面紧接的 phone 等组合词等非视觉词在生成时可能更依赖语义信息而不是视觉信息。而且在生成语句的过程中,这些非视觉词产生的梯度可能会误导处理视觉信息变量的训练，因此 Lu 等提出了带有视觉标记的自适应注意力机制模型，该模型在每一个时刻会决定更依赖图像信息还是语义信息[Lu 2017]。

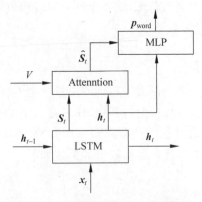

他们的工作中采用了基于空间信息的注意力机制处理图像各区域的特征，该模型结构如图 9.3.5 所示。这里与 Xu 等不同的是他们采用的是 LSTM 在当前时刻的输出 $\boldsymbol{h}_t$ 计算各区域特征的权重，并且额外加入了一个可训练的向量 $\boldsymbol{w}_h$。实验表明如下的权重计算比式（9.3.11）达到的效果更好，式中的 $\boldsymbol{1}^{\mathrm{T}}$ 是一个全 1 的向量，将 $\boldsymbol{W}_h\boldsymbol{h}_t$ 得到的向量扩充为矩阵。

图 9.3.5 自适应注意力机制模型结构

$$z_t = \boldsymbol{w}_h^{\mathrm{T}}\tanh(\boldsymbol{W}_V\boldsymbol{V} + (\boldsymbol{W}_h\boldsymbol{h}_t)\boldsymbol{1}^{\mathrm{T}}), \quad \boldsymbol{\alpha}_t = \mathrm{softmax}(z_t), \quad \hat{\boldsymbol{v}}_t = \sum_{j=1}^{L}\alpha_t^k\boldsymbol{v}_k \qquad (9.3.19)$$

除此以外，作者还扩展了 LSTM 结构，增加了哨兵门提取 LSTM 中的语义信息，具体扩展方式如下。这里的 $\boldsymbol{g}_t$ 是哨兵门，决定 LSTM 中保留的信息输出的权重。

$$\boldsymbol{g}_t = \sigma(\boldsymbol{W}_{gx}\boldsymbol{x}_t + \boldsymbol{W}_{gh}\boldsymbol{h}_{t-1}), \quad \boldsymbol{s}_t = \boldsymbol{g}_t \odot \tanh(\boldsymbol{c}_t) \qquad (9.3.20)$$

得到 LSTM 中的语义信息输出 $\boldsymbol{s}_t$ 后，需要计算语义信息与图像信息 $\hat{\boldsymbol{v}}_t$ 在求和时的权重，将语义信息作为图像的一个特殊区域，仿照空间注意力计算的方法即可得到相应的权重。将 z_t 与右侧新的输入拼接为一个 $L+1$ 维的向量，取 $\hat{\boldsymbol{\alpha}}_t$ 的最后一个元素作为语义信息的权重 β_t。

$$\hat{\boldsymbol{\alpha}}_t = \mathrm{softmax}([z_t; \boldsymbol{w}_h^{\mathrm{T}}\tanh(\boldsymbol{W}_s\boldsymbol{s}_t + \boldsymbol{W}_h\boldsymbol{h}_t)]), \quad \beta_t = \hat{\boldsymbol{\alpha}}_t[L+1] \qquad (9.3.21)$$

最后将图像区域上下文特征和语义信息加权求和后，即可与 LSTM 的输出通过 MLP 一同计算每个单词的概率。

$$\hat{\boldsymbol{s}}_t = \beta_t\boldsymbol{s}_t + (1-\beta_t)\hat{\boldsymbol{v}}_t, \quad \boldsymbol{p}_{\mathrm{word}} = \mathrm{softmax}(\boldsymbol{W}_p(\boldsymbol{W}_h\boldsymbol{h}_t + \boldsymbol{W}_v\hat{\boldsymbol{s}}_t)) \qquad (9.3.22)$$

这种基于自适应注意力机制的模型将能够更有效地利用图像特征，并且能够自适应地调整每一时刻应该更关注图像信息还是语义信息，这些改进使得此模型的性能较完全基于空间注意力的模型有了一定提升。

9.3.4 编码器-解码器模型的分支

以上介绍的模型都是最经典的编码器-解码器模型，用 CNN 作为编码器提取图像的区域特征或是语义特征，随后用一层 LSTM 作为解码器将图像特征解码为语句。在图像释意发展的过程中，研究者们也尝试对编码器-解码器的结构进行改进。

编码端的改进主要在于选取新的特征进行图像释意。Chen 等基于 CNN 特征不同通道包含不同语义信息的特性提出了基于通道的注意力机制，另外他们在工作中还使用了 CNN 的多层特征并提出了层级注意力机制，这两种注意力机制使得图像的特征更加丰富[Chen 2017]。Anderson 等在编码端用 Faster R-CNN[Ren 2015]提取图像中的物体特征以替代区域特征，这使得图像特征中包含的语义信息更加明确；另外他们在解码端采用了两层的 LSTM 进行解码，物体注意力模块通过第一层 LSTM 的输出得到物体上下文特征，第二层 LSTM 通过物体上下文特征得到词表中各单词的概率分布[Anderson 2018]。

　　编码段工作的创新大多集中在特征提取方面,这些工作的网络结构则是大同小异,而在解码端的改进则产生了多种多样的网络结构。Wang 等的工作中训练了两个解码器,其一按照人类阅读的习惯"正向"生成语句的解码器,另外一个则是"反向"的解码器,他们的实验表明"反向"解码器的性能更好[Wang 2016]。Gu 等认为一层 LSTM 不足以生成质量很高的语句,他们在工作中使用了多层 LSTM 作为解码器,每一层 LSTM 的输入是上一层 LSTM 的输出结果和上一层 LSTM 得到的上下文特征,这种堆叠 LSTM 的方式使得模型最终输出的语句细节信息更加丰富。对解码端最为激进的改进是 Aneja 等利用 CNN 代替 RNN 进行解码操作,以下将对他们工作中解码器部分进行介绍[Aneja 2018]。

　　假设当前语句总共包含 T 个单词,每一个单词对应一个 C 维的词嵌入向量。RNN 的训练过程就是顺序地送入 T 次当前时刻对应的词嵌入向量,而 CNN 的训练方式则是将这 T 个单词对应的词嵌入向量合并为一幅 $T \times C$ 的"图"并采用一维卷积核在 T 所在的维度进行滑动如此得到卷积输出的特征,如图 9.3.6 所示。

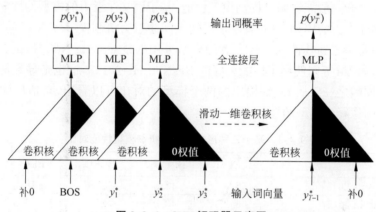

图 9.3.6　CNN 解码器示意图

　　解码器在训练过程中的损失函数与此前介绍的交叉熵损失函数类似。CNN 解码器在测试阶段生成语句的方式与 RNN 解码器相同,也是在每一个时刻输出一个单词。考虑到模型在测试阶段无法获知完整的语句,卷积核中未来时刻的输入对应的权值都是 0 以使得训练和测试的过程保持一致。

　　利用 CNN 的好处是在训练的过程中能够同时将一句话的所有单词并行地送入网络,这种方式相较 RNN 不仅能够极大地节省训练时间,还能够避免 RNN 中由于序列长度过长产生的梯度消失的问题。在图像释意性能方面,Aneja 等提出的包含空间注意力机制的多层 CNN 能够达到和 LSTM 接近的指标,证实了 CNN 作为解码器成为一种快速高效的图像释意手段。

　　经典的编码器-解码器结构会随着未来图像释意工作的发展被不断改进,甚至在不久的未来可能会出现比编码器-解码器结构更加有效的图像释意框架。

9.4　图像释意模型性能对比

　　上述章节中介绍了多位研究者提出的图像释意框架,以下将以表格的形式展示不同工作在不同数据集上的各种指标。由于传统方法采用的图像特征大多是根据图像算子求得的特征,并非由神经网络提取的特征,且这些方法采用的测试集在目前已经很少有工作进行对比,所以这里不展示传统方法的指标,只展示基于编码器-解码器结构的深度学习模型的指标。本节多个表格中 SPA 指的是基于空间注意力的模型,SEM 指的是基于语义注意力的模型,ADA 指的是基于自适应注意力的模型。表格中上角标 * 指的是这一结果是多个随机初始化模型进行**模型融合**的结果,下角标 RL 代表这一结果是增强学习的结果。表格中的-代表作者没有提供的指标,表格中的数字代表这一指标得分的百分数,其中每一列最大的数字将被加粗。

首先比较以上提到的最初的编码器-解码器模型和基于三种注意力机制模型在Flickr30k 和 MS COCO 这两个数据集上性能的差别。这 4 种模型的性能如表 9.4.1 所示,其中 Lu 等的工作一方面提出了一种改进空间注意力机制的方法,一方面提出了自适应注意力机制,所以表中展示了他们两种模型的数据。从表中可以看出,三种注意力机制均能提高模型图像释意的性能。其中 You 等给出的结果是将 5 个随机初始化的模型融合后的结果,考虑到模型融合一般能够明显提高模型性能,基于语义注意力的模型的性能可能略高于Xu 等基于空间注意力的模型。Lu 等改进后的空间注意力机制模型较 Xu 等的模型有显著的性能提升,但是考虑到其他 3 位研究者的模型采用的是 Google Net［Szegedy 2016］进行图像特征提取,而 Lu 等则使用了性能更好的 ResNet［He 2016］,这也是导致他们模型性能有巨大提升的原因之一。从 Lu 等提出的两个模型的对比可以看出,自适应注意力机制能够有效地提升图像释意模型的性能。

表 9.4.1 基于三种形式注意力机制模型性能对比

数据集	方　　法	BLEU-1	BLEU-2	BLEU-3	BLEU-4	METEOR
Flickr30k	［Vinyals 2015］	66.3	42.3	27.7	18.3	—
	SPA［Xu 2015］	66.9	43.9	29.6	19.9	18.5
	SEM*［You 2016］	64.7	46.0	32.4	23.0	18.9
	SPA［Lu 2017］	64.4	46.2	32.7	23.1	20.2
	ADA［Lu 2017］	67.7	49.4	35.4	25.1	20.4
MSCOCO	baseline［Vinyals 2015］	66.6	45.1	30.4	20.3	—
	SPA［Xu 2015］	71.8	50.4	35.7	25.0	23.0
	SEM*［You 2016］	70.9	53.7	40.2	30.4	24.3
	SPA［Lu 2017］	73.4	56.6	41.8	30.4	25.7
	ADA［Lu 2017］	74.2	58.0	43.9	33.2	26.6

由于目前大多数工作都在 MS COCO 数据集上进行评价,表 9.4.2 按年份展示了多项工作在 MS COCO 数据集上测试的结果供读者参考,表格中还给出了每项工作使用了哪一种注意力机制。考虑到用交叉熵损失函数训练的模型和利用增强学习训练的模型在性能上有较大差异,表格中同时展示同一工作利用交叉熵损失函数训练的模型性能与利用增强学习训练的模型性能。从表中可以看出,图像释意模型的性能逐年提升,而且在目前的研究工作中使用空间注意力机制的模型较多。从［Rennie 2017］和［Anderson 2018］这两项工作中可以看出,增强学习能够极大地提升模型的性能。而表格最后一行的 Aneja 等利用 CNN做解码器的模型性能虽然较目前用 LSTM 做解码器的模型性能差,但是其性能已经优于早期的编码器-解码器模型,采用不同形式的解码器可能是图像释意未来的发展方向之一。

表 9.4.2　不同工作的性能对比

文　献	机　制	BLEU-1	BLEU-4	METEOR	Rouge-L	CIDEr
[Vinyals 2015]	none	66.6	20.3	—		
[Xu 2015]	SPA	71.8	24.0	23.0		
[Wang 2016]	none	67.2	24.4	20.8		66.6
[You 2016]*	SEM	70.9	30.4	24.3	—	
[Chen 2017]	SPA	71.9	31.1	25.0	53.1	95.2
[Gan 2017]*	SEM	74.1	34.1	26.1	—	104.1
[Gu 2017]	SPA	76.2	35.2	26.5	—	109.1
[Lu 2017]	SPA,ADA	74.2	33.2	26.6	54.9	108.5
[Rennie 2017]*	SPA	—	32.8	26.7	55.1	106.5
[Rennie 2017]*RL	SPA	—	35.4	21.1	56.6	117.5
[Yao 2017]	SEM	73.4	32.6	25.4	54.0	100.2
[Anderson 2018]	SPA	77.2	36.2	27.0	56.4	113.5
[Anderson 2018]RL	SPA	79.8	36.3	27.7	56.9	120.1
[Aneja 2018]	SPA	71.1	28.7	24.4	52.2	91.2

9.5　近期文献分类总结

下面是近年在一些期刊上发表的一些有关图像释意的文献目录(按作者姓氏拼音排序),全文均可在中国知网上获得。

[1] 陈龙杰,张钰,张玉梅,等.基于多注意力多尺度特征融合的图像描述生成算法.计算机应用,2019,39(02):354-359.

[2] 邓珍荣,张宝军,蒋周琴,等.融合 word2vec 和注意力机制的图像描述模型.计算机科学,2019,46(04):268-273.

[3] 高耀东,侯凌燕,杨大利.基于多标签学习的卷积神经网络的图像标注方法.计算机应用,2017,37(01):228-232.

[4] 柯逍,周铭柯,牛玉贞.融合深度特征和语义邻域的自动图像标注.模式识别与人工智能,2017,30(03):193-203.

[5] 柯逍,邹嘉伟,杜明智,等.基于蒙特卡罗数据集均衡与鲁棒性增量极限学习机的图像自动标注.电子学报,2017,45(12):2925-2935.

[6] 黎健成,袁春,宋友.基于卷积神经网络的多标签图像自动标注.计算机科学,2016,43(07):41-45.

[7] 李晓莉,张慧明,李晓光.多主题的图像描述生成方法研究.小型微型计算机系统,2019,40(05):1064-1068.

[8] 李志欣,施智平,李志清,等.融合语义主题的图像自动标注.软件学报,2011,22(04):801-812.

[9] 李志欣,施智平,张灿龙,等.混合生成式和判别式模型的图像自动标注.中国图象图形学报,2015,20(05):687-699.

[10] 梁锐,朱清新,廖淑娇,等.基于多特征融合的深度视频自然语言描述方法.计算机应用,2017,37(04):1179-1184.

[11] 汤鹏杰,谭云兰,李云忠.融合图像场景及物体先验知识的图像描述生成模型.中国图象图形学报,2017,22(9),1251-1260.

[12] 汤鹏杰,王瀚漓,许恺晟.LSTM 逐层多目标优化及多层概率融合的图像描述.自动化学报,2018,

44(7)：1237-1249.

[13] 王敏,王斌,沈钧戈,等.教学视频的文本语义镜头分割和标注,数据采集与处理,2016,31(06)：1171-1177.

[14] 杨楠,南琳,张丁一,等.基于深度学习的图像描述研究.红外与激光工程,2018,47(2)：18-25.

[15] 朱志辉.基于视频摘要生成技术的研究.微电子学与计算机,2016,(2)：76-78+82.

对上述文献进行了归纳分析,并将一些特性概括总结在表 9.5.1 中。

表 9.5.1　近期一些有关图像释意文献的概况

编号	技术重点	主要特点
[1]	空间注意力机制,多层解码器,残差结构,增强学习	通过多层残差连接的解码器与多层空间注意力模型进行语言特征与图像特征的融合,并结合增强学习提升模型图像释意的性能
[2]	空间注意力机制,预训练词向量	采用 word2vec 预训练的词向量与 GRU 结构,并结合空间注意力机制,从而迅速、准确地实现图像释意
[3]	改善低频召回率,多示例学习	通过增加图像中低频标签在损失函数中的权重,使网络监测图像标签的准确率和召回率均有提升
[4]	卷积网络,语义邻域	利用深度卷积神经网络提取图像特征,然后对训练集划分语义组并建立待标注图像的邻域图像集,最后根据视觉距离计算邻域图像各标签的贡献值并排序得到标注关键词
[5]	蒙特卡洛均衡算法,特征融合,鲁棒性增量极限学习	提出了蒙特卡罗数据集均衡算法进行样本均衡,提出了多尺度特征融合算法对不同标注词图像进行有效的特征提取,提出了鲁棒性增量极限学习提高了图像标注的准确性
[6]	多标签损失排名函数,卷积神经网络	提出多标签损失排名函数联合考虑图像对应的多个标签信息,从而实现较为精准的图像自动标注
[7]	主题模型,混合概率模型	提出了主题语言模型和图像主题模型,并将这两个模型与编解码模型一同训练,从而提升了图像描述的主题特性
[8]	主题模型,概率潜语义分析,自适应不对称学习	分别从视觉信息和文本信息中捕获图像的潜语义主题,并通过自适应的不对称学习融合这两种语义主题,从而预测未知图像的语义标注
[9]	概率潜语义分析,多标记学习,分类器链	利用连续的概率潜语义分析模型对图像进行建模得到模型参数和图像主题分布,并采用分类器链进行图像中间表示向量学习,从而进行精准的图像标注
[10]	特征融合,光流信息	将图像特征、光流特征、视频特征等信息进行融合进行视频的释意。
[11]	场景识别,物体识别,特征融合	分别利用图像中的物体信息和场景信息进行图像编码,并用两路双层的 LSTM 分别解码并预测单词概率,最终将两路概率加权求和
[12]	空间注意力机制,特征融合,多层解码器	采用了多层 LSTM 进行图像特征的解码,提出逐层优化的思想训练网络,使用联合训练编码器-解码器和增强学习的方式提升模型性能

编号	技 术 重 点	主 要 特 点
[13]	狄利克雷主题模型,安全半监督支持向量机	使用视频中的字幕文本信息内容结合潜在狄利克雷分布主题模型方法获得视频镜头在主题上的概率分布。使用安全半监督支持向量机方法,通过少量的标注镜头样本,完成对未标注镜头的自动标注
[14]	联想记忆单元,正则项	使用 word2vec 预训练词向量结合联想记忆单元 GRU 与 dropout 正则项进行高性能图像释意
[15]	多媒体融合,多层次分析	利用多媒体融合分析手段,根据不同视频分解粒度,提出不同层次对象重要度判定模型生成有意义的视频摘要

由表 9.5.1 可看出以下几点。

(1) 基于深度学习的编解码器结构是当前图像释意中最为主要的模型结构。

(2) 图像释意普遍采用了融合物体识别、属性识别以及场景识别的方法来提升性能。

(3) LSTM 是最为常用的语言模型结构,普遍用于解码过程。

参 考 文 献

第 0 章

[章 1996a] 章毓晋. 中国图象工程：1995. 中国图象图形学报，1(1)：78—83.

[章 1996b] 章毓晋. 中国图象工程：1995(续). 中国图象图形学报，1(2)：170—174.

[章 1997] 章毓晋. 中国图象工程：1996. 中国图象图形学报，2(5)：336—344.

[章 1998] 章毓晋. 中国图象工程：1997. 中国图象图形学报，3(5)：404—414.

[章 1999] 章毓晋. 中国图象工程：1998. 中国图象图形学报，4(5)：427—438.

[章 2000] 章毓晋. 中国图象工程：1999. 中国图象图形学报，5A(5)：359—373.

[章 2001] 章毓晋. 中国图象工程：2000. 中国图象图形学报，6A(5)：409—424.

[章 2002] 章毓晋. 中国图象工程：2001. 中国图象图形学报，7A(5)：417—433.

[章 2003] 章毓晋. 中国图象工程：2002. 中国图象图形学报，8A(5)：481—498.

[章 2004] 章毓晋. 中国图像工程：2003. 中国图象图形学报，9(5)：513—531.

[章 2005] 章毓晋. 中国图像工程：2004. 中国图象图形学报，10(5)：541—553.

[章 2006] 章毓晋. 中国图像工程：2005. 中国图象图形学报，11(5)：601—623.

[章 2007] 章毓晋. 中国图像工程：2006. 中国图象图形学报，12(5)：721—743.

[章 2008] 章毓晋. 中国图像工程：2007. 中国图象图形学报，13(5)：825—852.

[章 2009] 章毓晋. 中国图像工程：2008. 中国图象图形学报，14(5)：809—837.

[章 2010] 章毓晋. 中国图像工程：2009. 中国图象图形学报，15(5)：689—722.

[章 2011] 章毓晋. 中国图像工程：2010. 中国图象图形学报，16(5)：693—702.

[章 2012] 章毓晋. 中国图像工程：2011. 中国图象图形学报，17(5)：603—612.

[章 2013] 章毓晋. 中国图像工程：2012. 中国图象图形学报，18(5)：483—492.

[章 2014] 章毓晋. 中国图像工程：2013. 中国图象图形学报，19(5)：665—674.

[章 2015a] 章毓晋. 中国图像工程：2014. 中国图象图形学报，20(5)：585—598.

[章 2015b] 章毓晋. 英汉图像工程辞典，第 2 版. 北京：清华大学出版社.

[章 2016a] 章毓晋. 中国图像工程：2015. 中国图象图形学报，21(5)：533—543..

[章 2016b] 章毓晋. 图像工程技术选编. 北京：清华大学出版社..

[章 2017] 章毓晋. 中国图像工程：2016. 中国图象图形学报，22(5)：563—574..

[章 2018a] 章毓晋. 中国图像工程：2017. 中国图象图形学报，23(5)：617—629..

[章 2018b] 章毓晋. 图像工程(上册)：图像处理. 4 版. 北京：清华大学出版社.

[章 2018c] 章毓晋. 图像工程(中册)：图像分析. 4 版. 北京：清华大学出版社.

[章 2018d] 章毓晋. 图像工程(下册)：图像理解. 4 版. 北京：清华大学出版社.

[章 2019] 章毓晋. 中国图像工程：2018. 中国图象图形学报，24(5)：665-676.

第 1 章

[Alonso 2016] Alonso J R, Fernández A, Ferrari J A. Reconstruction of perspective shifts and refocusing of a three-dimensional scene from a multi-focus image stack. Applied optics, 55(9): 2380-2386.

[Alonso 2015] Alonso J R, Fernández A, Ayubi G A, et al. All-in-focus image reconstruction under severe defocus. Optics letters, 40(8): 1671-1674.

［Aguet 2008］   Aguet F, Van De Ville D, Unser M. Model-based 2. 5-D deconvolution for extended depth of field in brightfield microscopy. IEEE Transactions on Image Processing, 17(7): 1144-1153.

［Bei 2011］   Bei H, Guijin W, Xinggang L, et al. High-accuracy sub-pixel registration for noisy images based on phase correlation. IEICE TRANSACTIONS on Information and Systems, 94(12): 2541-2544.

［Boykov 2001］   Boykov Y, Veksler O, Zabih R. Fast approximate energy minimization via graph cuts. IEEE Transactions on pattern analysis and machine intelligence, 23(11): 1222-1239.

［Georgiev 2007］   Georgiev T, Intwala C, Babacan D. Light-field capture by multiplexing in the frequency domain. Technical report, Technical Report, Adobe Systems Incorporated

［Georgiev 2006］   Georgiev T, Zheng K C, Curless B, et al. Spatio-angular resolution tradeoffs in integral photography. Rendering Techniques, 263-272.

［He 2013］   He K, Sun J, Tang X. Guided image filtering. IEEE transactions on pattern analysis and machine intelligence, 35(6): 1397-1409.

［Haghighat 2011］   Haghighat M B A, Aghagolzadeh A, Seyedarabi H. Multi-focus image fusion for visual sensor networks in DCT domain. Computers & Electrical Engineering, 37(5): 789-797.

［Levin 2010］   Levin A, Durand F. Linear viewsynthesis using a dimensionality gap light field prior. Computer Vision and Pattern Recognition (CVPR), 1831-1838.

［Levoy 2006］   Levoy M. Light fields and computational imaging. IEEE Computer, 39(8): 46-55.

［Li 2018］   Li W, Wang G, Hu X, et al. Scene-adaptive image acquisition for focus stacking. 25th IEEE International Conference on Image Processing (ICIP), 1887-1891.

［Liang 2008］   Liang C K, Lin T H, Wong B Y, et al. Programmable aperture photography: multiplexed light field acquisition. ACM Transactions on Graphics (TOG), 27: 55.

［Lin 2013］   Lin X, Suo J, Wetzstein G, et al. Coded focal stack photography. IEEE International Conference on Computational Photography (ICCP), 1-9.

［Liu 2015］   Liu Y, Liu S, Wang Z. Multi-focus image fusion with dense SIFT. Information Fusion, 23: 139-155.

［Nagahara 2008］   Nagahara H, Kuthirummal S, Zhou C, et al. Flexible depth of field photography. In European Conference on Computer Vision, 60-73.

［Ng 2005］   Ng R, Levoy M, Brédif M, et al. Light field photography with a hand-held plenoptic camera. Computer Science Technical Report CSTR, 2(11): 1-11.

［Redondo 2009］   Redondo R, Šroubek F, Fischer, S. , et al. Multifocus image fusion using the log-Gabor transform and a multisize windows technique. Information Fusion, 10(2): 163-171.

［Thurner 2008］   Thurner T. Novel distance sensor principle based on objective laser speckles. Instrumentation and Measurement Technology Conference Proceedings, 1898-1903.

［Thevenaz 1998］   Thevenaz P, Ruttimann U E, Unser M. A pyramid approach to subpixel registration based on intensity. IEEE transactions on image processing, 7(1): 27-41.

［Veeraraghavan 2007］   Veeraraghavan A, Raskar R, Agrawal A, et al. Dappled photography: Mask enhanced cameras for heterodyned light fields and coded aperture refocusing. ACM Trans. Graph. , 26(3): 69.

［Wang 2004］   Wang Z, Bovik A C, Sheikh H R, et al. Image quality assessment: from error visibility to structural similarity. IEEE transactions on image processing, 13(4): 600-612.

[Yin 2016]   Yin X, Wang G, Li W, et al. Iteratively reconstructing 4D light fields from focal stacks. Applied optics, 55(30): 8457-8463.

[Yin 2016]   Yin X, Wang G, Li W, et al. Large aperture focus stacking with max-gradient flow by anchored rolling filtering. Applied Optics, 55(20): 5304-5309.

[Yan 2009]   Yan H. Used digital speckle correlation method to measure vibration. Proceedings of SPIE -The International Society for Optical Engineering, 7511: V1-V6.

[Zhou 2011]   Zhou C, Nayar S K. Computational cameras: Convergence of optics and processing. IEEE Transactions on Image Processing, 20(12): 3322-3340.

[章 1999]   章毓晋. 中国图象工程: 1998. 中国图象图形学报, 4(5): 427-438.

第 2 章

[Cho 2009]   Cho S, Lee S. Fast motion deblurring. ACM Transactions on Graphics, 28(5): 145. 1-145. 8 (Proc. SIGGRAPH).

[Dong 2016]   Dong C, Loy C, Tang X. Accelerating the super-resolution convolutional neural network. Proceedings of ECCV, 1-16.

[Hradis 2015]   Hardis M, Kotera J, Zemcik P, et al. Convolutional neural networks for direct text deblurring. Proceedings of BMVC, 1-13.

[Ioffe 2015]   Ioffe S, Szegedy C. Batch normalization: Accelerating deep network training by reducing internal covariate shift. Proc. ICML, 1-11.

[Levin 2007]   Levin A, Fergus R, Durand F, et al. Image and depth from a conventional camera with a coded aperture. ACM Transactions on Graphics, 26(3): 70. 1-70. 9 (Proc. SIGGRAPH).

[Levin 2009]   Levin A, Weiss Y, Durand F, et al. Understanding and evaluating blind deconvolution algorithms. Proceedings of CVPR, 1964-1971.

[Liu 2015]   Liu Z, Luo P, Wang X, et al. Deep learning face attributes in the Wild. Proceedings of ICCV, 3730-3738.

[Mass 2013]   Maas A L, Hannun A Y, Ng A Y. Rectifier nonlinearities improve neural network acoustic models. Proceedings of ICML, 1-6.

[Nair 2010]   Nair V, Hinton G E. Rectified linear units improve restricted Boltzmann machines. Proceedings of ICML, 807-814.

[Osher 1990]   Osher S, Rudin L I. Feature-oriented image enhancement using shock filters. SINUM, 27(4): 919-940.

[Radford 2016]   Radford A, Metz L, Chintala S. Unsupervised representation learning with deep convolutional generative adversarial networks. Proc ICLR, 1-16.

[Shan 2008]   Shan Q, Jia J, Agarwala A. High-quality motion deblurring from a single image. ACM Transactions on Graphics, 27(3): 73. 1-73. 8 (Proc. SIGGRAPH).

[Tomasi 1998]   Tomasi C, Manduchi R. Bilateral filtering for gray and color images. Proceedings of ICCV, 839-846.

[Xu 2013]   Xu L, Zheng S, Jia J. Unnatural L0 sparse representation for natural image deblurring. Proceedings of CVPR, 1107-1114.

[Xu 2017]   Xu X Y, Sun D Q, Pan J S, et al. Learning to super-resolve blurry face and text images. Proceedings of the International Conference on Computer Vision, 251-260.

[Xu 2018]   Xu X Y, Pan J S, Zhang Y J, et al. Motion blur kernel estimation via deep learning.

                          IEEE Transactions on Image Processing,27(1):194-205.

[Yuan 2007]   Yuan L,Sun J,Quan L, et al. Image deblurring with blurred/noisy image pairs. ACM Transactions on Graphics,26(3):1.1-1.10.

[章 1999]   章毓晋. 中国图象工程:1998. 中国图象图形学报,4(5):427-438.

[章 2018]   章毓晋. 图像工程(上册):图像处理,第 4 版. 北京:清华大学出版社.

第 3 章

[Fang 2010]   Fang S, Zhang J Q, Cao Y, et al. Improved single image dehazing using segmentation. Proc. ICIP,3589-3592.

[Hasler 2003]   Hasler D,Suesstrunk S E. Measuring colorfulness in natural images. Proc. SPIE 5007,Human Vision and Electronic Imaging Ⅷ,87-95.

[Hautière 2008] Hautière N,Tarel J P,Aubert D,et al. Blind contrast enhancement assessment by gradient rationing at visible edges. Image Analysis and Stereology Journal,27(2):87-95.

[He 2009]   He K M,Sun J,Tang X O. Single image haze removal using dark channel prior. Proc. CVPR,1956-1963.

[He 2011]   He K M,Sun J,Tang X O. Single image haze removal using dark channel prior. IEEE-PAMI,33(12):2341-2353.

[He 2013]   He K M,Sun J, Tang X O. Guided image filtering. IEEE-PAMI, 35 (6):1397-1409.

[Jobson 1997]   Jobson D J,Rahman Z,Woodell G A. Properties and performance of a center/surround retinex. IEEE-IP,6(3):4511-462.

[Narasimhan 2003] Narasimhan S G, Nayar S K. Contrast restoration of weather degraded images. IEEE-PAMI,25(6):713-724.

[Wang 2004]   Wang Z,Bovik A C, Sheikh H R, et al. Image quality assessment:From error visibility to structural similarity. IEEE-IP,13(4):600-612.

[Wang 2014]   Wang P,Bicazan D,Ghosh A. Rerendering landscape photographs. Proc. CVMP,13:1-6.

[褚 2013]   褚宏莉,李元祥,周则明,等. 基于黑色通道的图像快速去雾优化算法. 电子学报,41(4):791-797.

[方 2013]   方雯,刘秉瀚. 多尺度暗通道先验去雾算法. 中国体视学与图像分析,18(3):230-237.

[甘 2013]   甘佳佳,肖春霞. 结合精确大气散射图计算的图像快速去雾. 中国图象图形学报,18(5):583-590.

[郭 2012]   郭璠,蔡自兴. 图像去雾算法清晰化效果客观评价方法. 自动化学报,38(9):1410-1419.

[李 2017]   李佳童,章毓晋. 图像去雾算法的改进和主客观性能评价. 光学精密工程,25(3):735-741.

[龙 2016]   龙伟,傅继贤,李炎炎,等. 基于大气消光系数和引导滤波的浓雾图像去雾算法. 四川大学学报(工程科学版),48(4):175-180.

[苗 2017]   苗启广,李宇楠. 图像去雾霾算法的研究现状与展望,计算机科学,44(11):1-8.

[史 2013]   史德飞,李勃,丁文,等. 基于地物波谱特性的透射率-暗原色先验去雾增强算法. 自动化学报,39(12):2064-2070.

[宋 2016]   宋颖超,罗海波,惠斌,等. 尺度自适应暗通道先验去雾方法. 红外与激光工程,45(9):286-297.

［王 2013］　　　　王森,潘玉寨,刘一,等. 提高雾天激光主动成像图像质量的研究. 红外与激光工程,42(9)：2392-2396.

［吴 2015］　　　　吴迪,朱青松. 图像去雾的最新研究进展. 自动化学报,41(7)：221-239.

［杨 2016］　　　　杨爱萍,刘华平,何宇清,等. 基于暗原色融合和维纳滤波的单幅图像去雾. 天津大学学报(自然科学与工程技术版),49(6)：574-580.

［於 2014］　　　　於敏杰,张浩峰. 基于暗原色及入射光假设的单幅图像去雾. 中国图象图形学报,19(12)：1812-1819.

［章 1999］　　　　章毓晋. 中国图象工程：1998. 中国图象图形学报,4(5)：427-438.

［章 2018］　　　　章毓晋. 图像工程(上册)：图像处理. 4 版. 北京：清华大学出版社.

［赵 2013］　　　　赵秀芝,谢德红,潘康俊. 彩色视觉相似性图像评价方法. 计算机应用,33(6)：1715-1718.

第 4 章

［Achanta 2012］　Achanta R,Shaji A,Smith K,et al. SLIC superpixels compared to state-of-the-art superpixel methods. IEEE PAMI,34(11),2274-2282.

［Cheng 2015］　　Cheng M M,Mitra N J,Huang X L,et al. Global contrast based salient region detection. IEEE PAMI,37(3)：569-582.

［Duncan 2012］　Duncan K,Sarkar S. Saliency in images and video：A brief survey. IET Computer Vision,6(6)：514-523.

［Huang 2017］　　Huang X M,Zhang Y J. 300-FPS salient object detection via minimum directional contrast. IEEE-IP,26(9)：4243-4254.

［Huang 2018a］　Huang X M,Zhang Y J. Water flow driven salient object detection at 180 fps. Pattern Recognition,76：95-107.

［Huang 2018b］　Huang X M,Zheng Y,Huang J Z,et al. A minimum barrier distance based saliency box for object proposals generation. IEEE Signal Processing Letters,25（8）：1126-1130.

［Huang 2020］　　Huang X M,Zheng Y,Huang J Z,et al. 50 FPS Object-level saliency detection via maximally stable region. IEEE-IP,29(3)：1384-1396.

［Itti 1998］　　　Itti L,Koch C,Niebur E A. Model of saliency based visual attention for rapid scene analysis. IEEE-PAMI,20(11)：1254-1259.

［Perazzi 2012］　Perazzi F,Krahenbuhl P,Pritch Y,et al. Saliency filters：Contrast based filtering for salient region detection. Proceedings of CVPR,733-740.

［Rother 2004］　　Rother C,Kolmogorov V,Blake A. "GrabCut"：Interactive foreground extraction using iterated graph cuts. ACM Trans. Graph. ,23(3)：309-314.

［Stentiford 2003］Stentiford F W M. An attention based similarity measure with application to content based information retrieval. Proc. Storage and Retrieval for Media Databases.

［Strand 2013］　　Strand R,Ciesielski K C,Malmberg F,et al. The minimum barrier distance. Computer Vision and Image Understanding,117(4),429-437.

［Tu 2016］　　　　Tu W,He S,Yang Q,et al. Real-time salient object detection with a minimum spanning tree. Proceedings of CVPR,2334-2342.

［Wei 2012］　　　Wei Y,Wen F,Zhu W,et al. Geodesic saliency using background priors. Proceedings of ECCV,29-42.

［Vincent 1993］　Vincent L. Morphological grayscale reconstruction in image analysis：applications and efficient algorithms,IEEE Transactions on Image Processing,2(2)：176-201.

［Viola 2001］ Viola P，Jones M. Rapid object detection using a boosted cascade of simple features. Proc. CVPR，511-518.

［Zhan 2015］ Zhang J，Sclaroff S，Lin Z，et al. Minimum barrier salient object detection at 80 FPS. Proceedings of ICCV，1404-1412.

［Zhu 2014］ Zhu W，Liang S，Wei Y，et al. Saliency optimization from robust background detection. Proceedings of CVPR，2814-2821.

［章 1999］ 章毓晋. 中国图象工程：1998. 中国图象图形学报，4(5)：427-438.

［章 2018］ 章毓晋. 图像工程(中册)：图像分析. 4 版. 北京：清华大学出版社.

第 5 章

［Cappelli 2007］ Cappelli，R，Ferrara M，Franco A. et al. D. Fingerprint verification competition Biometric Technology Today，15(7-8)：7-9.

［Chao 2018］ Chao H，He Y，Zhang J，et al. GaitSet：Regarding Gait as a Set for Cross-View Gait Recognition. arXiv preprint arXiv：1811. 06186.

［Daugman 1993］ Daugman J G. High confidence visual recognition of persons by a test of statistical independence. IEEE transactions on pattern analysis and machine intelligence，15(11)：1148-1161.

［Doggart 1949］ Doggart J H，1949，Ocular Signs in Slit-lamp Microscopy. London.

［Gao 2008］ Gao W，Cao B，Shan S，et al. The CAS-PEAL large-scale Chinese face database and baseline evaluations. IEEE Transactions on Systems，Man，and Cybernetics-Part A：Systems and Humans，38(1)：149-161.

［Gross 2010］ Gross，R，Matthews I，Cohn J，et al. Multi-pie. Image and Vision Computing，28(5)：807-813.

［Han 2006］ Han J Bhanu B. Individual recognition using gait energy image. IEEE transactions on pattern analysis and machine intelligence，28(2)：316-322.

［He 2016］ He K，Zhang X，Ren S et al. Deep residual learning for image recognition. In Proceedings of the IEEE conference on computer vision and pattern recognition，770-778.

［Hong 1998］ Hong L，Wan Y，Jain A. Fingerprint image enhancement：algorithm and performance evaluation. IEEE transactions on pattern analysis and machine intelligence，20(8)：777-789.

［Huang 2008］ Huang G B，Mattar M，Berg T，et al. Labeled faces in the wild：A database forstudying face recognition in unconstrained environments. In Workshop on faces in'Real-Life' Images：detection，alignment，and recognition.

［Iwama 2012］ Iwama H，Okumura M，Makihara Y，et al. The ou-isir gait database comprising the large population dataset and performance evaluation of gait recognition. IEEE Transactions on Information Forensics and Security，7(5)：1511-1521.

［Jain 2000］ Jain A K，Prabhakar S，Hong L，et al. Filterbank-based fingerprint matching. IEEE transactions on Image Processing，9(5)：846-859.

［James 2011］ James W D，Elston D，Berger T. Andrew's Diseases of the Skin E-Book：Clinical Dermatology. Elsevier Health Sciences.

［Kanade 1973］ Kanade T. Picture processing by computer complex and recognition of human faces. Ph. D. Thesis，Kyoto University.

［Lam 2011］ Lam T H，Cheung K H，Liu J N. Gait flow image：A silhouette-based gait representation for human identification. Pattern recognition，44(4)，973-987.

[Li 2015a]　　　　　Li H,Lin Z,Shen X, et al. A convolutional neural network cascade for face detection. In Proceedings of the IEEE conference on computer vision and pattern recognition,5325-5334.

[Li 2015b]　　　　　Li C,Zhou W,Yuan S. Iris recognition based on a novel variation of local binary pattern. The Visual Computer,31(10): 1419-1429.

[Liu 2016a]　　　　　Liu W,Anguelov D,Erhan,et al. Ssd: Single shot multibox detector. In European conference on computer vision,21-37.

[Liu 2016b]　　　　　Liu N,Li H, Zhang M, et al. Accurate iris segmentation in non-cooperative environments using fully convolutional networks. In International Conference on Biometrics (ICB),1-8.

[Liu 2017]　　　　　Liu W,Wen Y,Yu Z, et al. Sphereface: Deep hypersphere embedding for face recognition. In Proceedings of the IEEE conference on computer vision and pattern recognition,212-220.

[Maltoni 2009]　　　Maltoni D,Maio D,Jain A K,et al. Handbook of fingerprint recognition. Springer Science & Business Media.

[Nech 2017]　　　　Nech A, Kemelmacher-Shlizerman I. Level playing field for million scale face recognition. In Proceedings of the IEEE Conference on Computer Vision and Pattern Recognition,7044-7053.

[Parkhi 2015]　　　　Parkhi O M,Vedaldi A,Zisserman A. Deep face recognition. In BMVC,1(3): 6.

[Phillips 1998]　　　Phillips P J,Wechsler H, Huang J, et al. The FERET database and evaluation procedure for face-recognition algorithms. Image and vision computing,16(5): 295-306.

[Phillips 2005]　　　Phillips P J,Flynn P J,Scruggs T, et al. Overview of the face recognition grand challenge. In IEEE computer society conference on computer vision and pattern recognition (CVPR'05),1: 947-954.

[Phillips 2008]　　　Phillips P J,Bowyer K W,Flynn P J,et al. The iris challenge evaluation 2005. In IEEE Second International Conference on Biometrics: Theory, Applications and Systems (1-8).

[Proenca 2010]　　　Proenca H,Filipe S, Santos R, et al. The ubiris. v2: A database of visible wavelength iris images captured on-the-move and at-a-distance. IEEE Transactions on Pattern Analysis and Machine Intelligence,32(8): 1529-1535.

[Ranjan 2017]　　　Ranjan R,Castillo C D,Chellappa R. L2-constrained softmax loss for discriminative face verification. arXiv preprint arXiv: 1703.09507.

[Redmon 2016]　　　Redmon J,Divvala S, Girshick R, et al. You only look once: Unified, real-time object detection. In Proceedings of the IEEE conference on computer vision and pattern recognition,779-788.

[Ren 2015]　　　　　Ren S,He K,Girshick R, et al. Faster r-cnn: Towards real-time object detection with region proposal networks. In Advances in neural information processing systems,91-99.

[Sarkar 2005]　　　Sarkar S,Phillips P J,Liu Z,et al. The humanid gait challenge problem: Data sets, performance, and analysis. IEEE transactions on pattern analysis and machine intelligence,27(2): 162-177.

[Schroff 2015]　　　Schroff F,Kalenichenko D, Philbin J. Facenet: A unified embedding for face recognition and clustering. In Proceedings of the IEEE conference on computer vision and pattern recognition,815-823.

[Shah 2009] Shah S,Ross A. Iris segmentation using geodesic active contours. IEEE Transactions on Information Forensics and Security,4(4): 824-836.

[Sun 2014] Sun Y,Chen Y,Wang X,et al.. Deep learning face representation by joint identification-verification. In Advances in neural information processing systems, 1988-1996.

[Taigman 2014] Taigman Y,Yang M,Ranzato M A,et al. Deepface: Closing the gap to human-level performance in face verification. In Proceedings of the IEEE conference on computer vision and pattern recognition,1701-1708.

[Turk 1991] Turk M,Pentland A. Eigenfaces for recognition. Journal of cognitive neuroscience, 3(1): 71-86.

[Viola 2004] Viola P, Jones M J. Robust real-time face detection. International journal of computer vision,57(2): 137-154.

[Wan 2018] Wan W,Zhong Y Li T,et al. Rethinking feature distribution for loss functions in image classification. In Proceedings of the IEEE Conference on Computer Vision and Pattern Recognition,9117-9126.

[Wang 2018] Wang H,Wang Y,Zhou Z,et al. Cosface: Large margin cosine loss for deep face recognition. In Proceedings of the IEEE Conference on Computer Vision and Pattern Recognition,5265-5274.

[Watson 1992] C. Watson. NIST 8-Bit Gray Scale Images of Fingerprint Image Groups(FIGS), NIST Special Database 4. National Institute of Standards and Technology, doi: 10. 18434/T4RP4K.

[Weiser 2004] Weiser B. Can prints lie? Yes,man finds to his dismay. New York Times,May,31.

[Wen 2016] Wen Y,Zhang K, Li Z,et al. A discriminative feature learning approach for deep face recognition. In European conference on computer vision,499-515.

[Wiskott 1997] Wiskott L,Fellous J M,Krüger N,et al. Face recognition by elastic bunch graph matching. In International Conference on Computer Analysis of Images and Patterns,456-463.

[Yi 2014] Yi D,Lei Z,Liao S,et al. Learning face representation from scratch. arXiv preprint arXiv: 1411. 7923.

[Zhang 2016a] Zhang K,Zhang Z,Li Z,et al. Joint face detection and alignment using multitask cascaded convolutional networks. IEEE Signal Processing Letters, 23 (10): 1499-1503.

[Zhang 2016b] Zhang C,Liu W,Ma H,et al. Siamese neural network based gait recognition for human identification. In IEEE International Conference on Acoustics,Speech and Signal Processing (ICASSP),2832-2836.

[Zheng 2011] Zheng S,Zhang J, Huang K, et al. Robust view transformation model for gait recognition. In 18th IEEE International Conference on Image Processing, 2073-2076.

[Zheng 2018] Zheng Y,Pal D K, Savvides M. Ring loss: Convex feature normalization for face recognition. In Proceedings of the IEEE conference on computer vision and pattern recognition,5089-5097.

[章 1999] 章毓晋. 中国图象工程：1998. 中国图象图形学报,4(5)：427-438.

第6章

[Agarwal 2011] Agarwal S,Furukawa Y,Snavely N,et al. Building Rome in a day. Communications of the ACM,54(10)：105-112.

［Amberg 2007］ Amberg B,Blake A,Fitzgibbon A,et al. Reconstructing high quality face-surfaces using model based stereo. IEEE 11th International Conference on Computer Vision,1-8.

［Bas 2017］ Bas A,Huber P,Smith W A P,et al. 3D Morphable Models as Spatial Transformer Networks[J]. arXiv preprint arXiv：1708.07199.

［Basri 2003］ Basri R,Jacobs D W. Lambertian Reflectance and Linear Subspaces. IEEE Trans. on Pattern Analysis and Machine Intelligence,25(2)：218-233.

［Belhumeur 1998］ Belhumeur P,Kriegman D. What is the Set of Images of an Object under All Possible Illumination Conditions. Intl J. Computer Vision,1998,28：245-260.

［Blanz 1999］ Blanz V,Vetter T. A morphable model for the synthesis of 3D faces. In Proc. of the 26th annual conference on Computer graphics and interactive techniques. ACM Press/Addison-Wesley Publishing Co.,187-194.

［Blanz 2003］ Blanz V,Vetter T. Face recognition based on fitting a 3D morphable model. IEEE Trans. On Pattern Analysis and Machine Intelligence,25(9)：1063-1074.

［Blanz 2004］ Blanz V,A. Mehl,T. Vetter and H. P. Seidel. A Statistical Method for Robust 3D surface Reconstruction from Sparse Data. In Proceedings of the International Symposium on 3DPVT,293-300.

［Borod 1998］ Borod J D,Koff E,Yecker S,Santschi C,Schmidt J M. Facial asymmetry duritng emotional expression：Gender，valence and measurement technique. Psychophysiology,36(11)：1209-1215.

［Boyer 1987］ Boyer K L,Kak A C. Color-encoded structured light for rapid active ranging. IEEE Trans. On Pattern Analysis and Machine Intelligence,9(1)：14-28.

［Buhmann 2000］ Buhmann M D. Radial basis functions. Acta Numerica 2000,9：1-38.

［Campbell 1982］ Campbell R. The lateralization of emotion：A critical review. International Journal of Psychology,17：211-219.

［Candes 2006］ Candes E,Tao T. Near-Optimal Signal Recovery from Random Projections：Universal Encoding Strategies? IEEE Trans. on Information Theory,52(12)：5406-5425.

［Chen 2013］ Jiansheng Chen,Cong Xia,Han Ying,Chang Yang and Guangda Su,Using Facial Symmetry in the Illumination Cone Based 3D Face Reconstruction,In International Conference on Image Processing,3700-3704.

［Chen 2014］ Jiansheng Chen,Chang Yang,Yu Deng,Gang Zhang and Guangda Su,Exploring Facial Asymmetry Using Optical Flow,IEEE Signal Processing Letters,21(7)：792-795.

［Cootes 2001］ Cootes T F,Edwards G J,Taylor C J. Active appearance models. IEEE Trans. On Pattern Analysis and Machine Intelligence,23(6)：681-685.

［Dou 2017］ Dou P,Shah S K,Kakadiaris I A. End-to-end 3D face reconstruction with deep neural networks,Proc. IEEE Conference on Computer Vision and Pattern Recognition,1503-1512.

［Farkas 1981］ Farkas L G. Facial asymmetry in healthy north American Caucasians. Angle Orthodontist,51(1)：70-77.

［Feng 2018］ Feng Y,Wu F,Shao X,et al. Joint 3D Face Reconstruction and Dense Alignment with Position Map Regression Network[J]. arXiv preprint arXiv：1803.07835.

［Frankot 1988］ Frankot R T,Chellappa R. A method for Enforcing Integrability in Shape from Shading Algorithms. IEEE Trans. Pattern Analysis and Machine Intelligence.

10(4)：439-451.

[Frolova 2004]   Frolova D,Simakov D,Basri R. Accuracy of spherical harmonic approximations for images of lambertian objects under far and near lighting. Proc. of ECCV,3021：574-587.

[Georghiades 2001]   Georghiades A S, Belhumeur P N,Kriegman D J. From Few to Many：Illumination Cone Models for Face Recognition under Variable Lighting and Pose. IEEE Trans. on Pattern and Machine Intelligence,23：643-661.

[Gotardo 2011]   Paulo F U Gotardo,Aleix M. Martinez. Computing Smooth Time-Trajectories for camera and deformable shape in structure from motion with occlusion. IEEE Transactions on Pattern Analysis and Machine Intelligence,33(10)：2051-2065.

[Güler 2017]   Güler R A,Trigeorgis G,Antonakos E,et al. Densereg：Fully convolutional dense shape regression in-the-wild[C],Proc. CVPR.

[Hallinan 1994]   Hallinan P. A Low-Dimensional Representation of Human Faces for Arbitrary Lighting Conditions. Proc. IEEE Conf. Computer Vision and Pattern Recognition, 995-999.

[Haralick 1973]   Haralick R M, Shanmugam K, Dinstein I. Textural Features for Image Classification. IEEE Trans. on Systems, Man, and Cybernetics, SMC-3 (6)：610-621.

[He 2016]   He K,Zhang X,Ren S,et al. Deep residual learning for image recognition[C]// Proceedings of the IEEE conference on computer vision and pattern recognition. 770-778.

[Horn 1970]   Horn B K P. Shape from Shading：A Method for Obtaining the Shape of a Smooth Opaque Object from One View. PhD thesis,Massachusetts Inst. of Technology.

[Hsieh 2010]   Ping-cheng Hsieh, Picheng Tung. Shadow Compensation Based on Facial Symmetry and Image Average for Robust Face Recognition. Neurocomputing, 73(13)：2708-2717.

[Jackson 2017]   Jackson A S,Bulat A,Argyriou V,et al. Large Pose 3D Face Reconstruction from a Single Image via Direct Volumetric CNN Regression. In CVPR,1031-1039.

[Jacobs 1997]   D. Jacobs,Linear Fitting with Missing Data：Applications to Structure from Motion and Characterizing Intensity Images. Proc. CVPR,206-212.

[Jourabloo 2016]   Jourabloo A,Liu X. Large-pose face alignment via cnn based dense 3d model fitting. In CVPR.

[Kemelmacher 2011]   Kemelmacher-Shlizerman I,Basri R. 3D Face Reconstruction from a Single Image using a Single Reference Face Shape. IEEE Trans. On Pattern Analysis and Machine Intelligence,2：394-405.

[Liu 2009]   Liu C. Beyond Pixels：Exploring New Representations and Applications for Motion Analysis. Doctoral Thesis. Massachusetts Institute of Technology.

[Liu 2001]   Liu Y,Weaver R L, Schmidt K, Serban N, Cohn J. Facial asymmetry：A new biometric. Technical Report CMU-RI-TR-01-23,The Robotics Institute,Carnegie Mellon University,Pottsburgh,PA.

[Liu 2002]   Liu Y,Mitra S. Experiments with quantified facial asymmetry for human identification. Technical Report CMU-RI-TR-02-24, The Robotics Institute, Carnegie Mellon University,Pittsburgh,PA.

[Liu 2003a]   Liu Y,Mitra S. Human identification versus expression classification via bagging on facial asymmetry. Technical Report CMU-RI-TR-03-08,The Robotics Institute,

Carnegie Mellon University, Pittsburgh, PA.

[Liu 2003b]　　　　Liu Y, Schmidt K, Cohn J, Mitra S. Facial asymmetry quantification for expression invariant human identification. Computer Vision and Image Understanding, 91(1): 138-159.

[Liu 2011]　　　　Liu C, Yuen J, Torralba A. SIFT flow: Dense correspondence across Scenes and its applications. IEEE Trans. on Pattern Analysis and Machine Intelligence, 33(5): 978-994.

[Milborrow 2014]　　Milborrow S, Nicolls F. Active Shape Models with SIFT Descriptors and MARS. In International Conference on Computer Vision Theory and Applications, 380-387.

[Newell 2016]　　　Newell A, Yang K, Deng J. Stacked hourglass networks for human pose estimation, European Conference on Computer Vision. Springer, Cham, 483-499.

[Olga 2009]　　　　Olga S. Least-squares rigid motion using svd. Technical notes 120.

[Parke 1974]　　　Parke F I. A parametric model for human faces. UTAH UNIV SALT LAKE CITY DEPT OF COMPUTER SCIENCE.

[Passalis 2011]　　Passalis G, Perakis P, Theoharis T. Using Facial Symmetry to Handle Pose Variations in Real-World 3D Face Recognition. IEEE Trans. on Pattern Analysis and Machine Intelligence, 33: 1939-1951.

[Paysan 2009]　　　Paysan P, Knothe R, Amberg B, et al. A 3D face model for pose and illumination invariant face recognition. Sixth IEEE International Conference on Advanced Video and Signal Based Surveillance, 296-301.

[Phong 1975]　　　Phong B. T. Illumination for computer generated pictures. Communications of the ACM, 18(6): 311-317.

[Prabhu 2011]　　　Prabhu U, Heo J, Savvides M. Unconstrained pose-invariant face recognition using 3d generic elastic models. Pattern Analysis and Machine Intelligence, IEEE Transactions on, 33(10): 1952-1961.

[Ramamoorthi 2001]　Ramamoorthi R, Hanrahan P. On the Relationship between Radiance and Irradiance: Determining the Illumination from Images of a Convex Lambertian Object. JOSA, 18(10): 2448-2459.

[Romdhani 2002]　　Romdhani S, Blanz V, and Vetter T. Face identification by fitting a 3D morphable model using linear shape and texture error functions. Proc. of ECCV, 3-19.

[Romdhani 2005]　　Romdhani S. Face image analysis using a multiple features fitting strategy[D]. University of Basel.

[Roweis 2000]　　　Roweis S T, Saul L K. Nonlinear dimensionality reduction by locally linear embedding. Science. 290(5500): 2323-2326.

[Seitz 1996]　　　Seitz S M, Dyer C R. View morphing. SIGGRAPH Proceedings of the 23rd annual conference on Computer graphics and interactive techniques, 21-30.

[Shashua 1997]　　Shashua A. On Photometric Issues to Feature-based Object Recognition. Intl J. Computer Vision, 21: 99-122.

[Sim 2003]　　　　Sim T, Baker S, Bsat M. The cmu Pose, Illumination, and Expression Database. IEEE Trans. On Pattern Analysis and Machine Intelligence, 25(12): 1615-1618.

[Shum 1995]　　　Shum H, Ikeuchi K, Reddy R, Principal Component Analysis with Missing Data and its Application to Polyhedral Object Modeling. IEEE Trans. on Pattern Analysis and Machine Intelligence, 17(9): 854-867.

[Tewari 2017]　　　Tewari A, Zollhöfer M, Kim H, et al. Mofa: Model-based deep convolutional face autoencoder for unsupervised monocular reconstruction, In IEEE International

Conference on Computer Vision (ICCV),1274-1283.

[Tomasi 1992]　Tomasi C,Kanade T. Shape and Motion from Image Streams under Orthography: A Factorization Method. Intl J. Computer Vision,9(2): 137-154.

[Tran 2017]　Tran A T,Hassner T,Masi I,et al. Regressing robust and discriminative 3D morphable models with a very deep neural network,IEEE Conference on Computer Vision and Pattern Recognition (CVPR),1493-1502.

[Trigeorgis 2017]　Trigeorgis G,Snape P,Kokkinos I,et al. Face normals "in-the-wild" using fully convolutional networks,IEEE Conference on Computer Vision and Pattern Recognition (CVPR),38-47.

[Triggs 2000]　Triggs B,McLauchlan P,Hartley R,et al. Bundle adjustment-a modern synthesis. Vision algorithms: theory and practice,1883: 298-372.

[USF Human-ID]　http://marathon.csee.usf.edu/range/DataBase.html.

[Vetter 1994]　Vetter T,Poggio T. Symmetric 3d objects are an easy case for 3d object recognition. Spatial Vision,8(4): 443-453.

[Wang 2009]　Wang Y,Zhang L,Liu Z,et al. Face relighting from a single image under arbitrary unknown lighting conditions. IEEE Trans. On Pattern Analysis and Machine Intelligence,IEEE Transactions on,31(11): 1968-1984.

[Wang 2011]　Wang S F,Lai S H. Reconstructing 3d face model with associated expression deformation from a single face image via constructing a low-dimensional expression deformation manifold. IEEE Trans. on Pattern Analysis and Machine Intelligence,33(10): 2115-2121.

[Woodham 1980]　Woodham R J. Photometric method for determining surface orientation from multiple images. Optical Engineering,19(1): 139-144.

[Yang 2013]　Chang Yang,Jiansheng Chen,Cong Xia,Jing Liu,and Guangda Su,SFM based sparse to dense 3D face reconstruction robust to feature tracking errors,International Conference on Image Processing,3617-3621.

[Yu 2017]　Yu R,Saito S,Li H, et al. Learning Dense Facial Correspondences in Unconstrained Images. arXiv preprint arXiv: 1709.00536,2017.

[Zhang 1999]　Zhang R,Tsai P S,Cryer J E,et al. Shape-from-shading: a survey. IEEE Trans. On Pattern Analysis and Machine Intelligence,21(8): 690-706.

[Zhang 2006]　Zhang L,Samaras D. Face recognition from a single training image under arbitrary unknown lighting using spherical harmonics. IEEE Trans on Pattern Analysis and Machine Intelligence,28(3): 351-363.

[Zhu 2016]　Zhu X,Lei Z,Liu X,Shi H,Li S Z. Face alignment across large poses: A 3d solution.

[丁 2012]　丁缪,丁晓青,方驰. L1 约束的三维人脸稀疏重建. 清华大学学报:自然科学版,52(5): 581-585.

[章 2012]　章毓晋. 图像工程(下册):图像理解.3 版. 北京:清华大学出版社. 149-173.

第 7 章

[Ahmad 1994]　Ahmad S. 1994. A usable real-time 3D hand tracker. Proceedings of 1994 28th Asilomar Conference on Signals,Systems and Computers,IEEE,2: 1257-1261.

[Ahmed 2016]　Ahmed K,Baig M H and Torresani L. Network of Experts for Large-Scale Image Categorization. Computer Vision -Eccv 2016,Pt Vii 9911: 516-532.

[Bobo 2012]　Bobo Z,Guijin W and Xinggang L. A Hand Gesture Based Interactive Presentation

System Utilizing Heterogeneous Cameras. Tsinghua Science and Technology 17(3)：329-336.

［Boulahia 2016］ Boulahia S Y，Anquetil E，Kulpa R，et al. HIF3D：Handwriting-Inspired Features for 3D skeleton-based action recognition. 23rd International Conference on Pattern Recognition，ICPR 2016：985-990.

［Boulahia 2018］ Boulahia S Y，Anquetil E，Multon F，et al. Dynamic hand gesture recognition based on 3D pattern assembled trajectories. 7th International Conference on Image Processing Theory，Tools and Applications，IPTA 2017：1-6.

［Breiman 2001］ Breiman L. 2001. Random forests. Machine Learning 45(1)：5-32.

［Bretzner 1998］ Bretzner L and Lindeberg T. Use your hand as a 3-D mouse，or，relative orientation from extended sequences of sparse point and line correspondences using the affine trifocal tensor. European Conference on Computer Vision，Springer：141-157.

［Cao 2015］ Cao D，Leu M C and Zhaozheng Y. American Sign Language alphabet recognition using Microsoft Kinect.

［Caputo 2018］ Caputo F M，Prebianca P，Carcangiu A，et al. Comparing 3D trajectories for simple mid-air gesture recognition. Computers and Graphics (Pergamon) 73：17-25.

［Chen 2016a］ Chen H Z，Wang G J，Xue J H，et al. A novel hierarchical framework for human action recognition. Pattern Recognition 55：148-159.

［Chen 2016b］ Chen X，Shi C and Liu B. Static Hand Gesture Recognition Based on Finger Root-Center-Angle and Length Weighted Mahalanobis Distance. N. Kehtarnavaz and M. F. Carlsohn. Proc. SPIE 9897，9897OU

［Chen 2017］ Chen X，Guo H，Wang G，et al. Motion Feature Augmented Recurrent Neural Network for Skeleton-based Dynamic Hand Gesture Recognition. IEEE International Conference on Image Processing (ICIP)：2881-2885.

［Chen 2018］ Chen X H，Wang G J，Zhang C R，et al. SHPR-Net：Deep Semantic Hand Pose Regression From Point Clouds. Ieee Access 6：43425-43439.

［Chen 2019］ Chen X，Wang G，Guo H，et al. 2018a. Pose Guided Structured Region Ensemble Network for Cascaded Hand Pose Estimation. Neurocomputing.

［De La Gorce 2011］ De La Gorce M，Fleet D J and Paragios N. Model-based 3D hand pose estimation from monocular video. IEEE Transactions on Pattern Analysis and Machine Intelligence 33(9)：1793-1805.

［De Smedt 2016］ De Smedt Q，Wannous H and Vandeborre J-P. Skeleton-based Dynamic hand gesture recognition. IEEE Conference on Computer Vision and Pattern Recognition Workshops (CVPRW).

［De Smedt 2017］ De Smedt Q，Wannous H，Vandeborre J-P，et al. 2017. Shrec'17 track：3d hand gesture recognition using a depth and skeletal dataset. 10th Eurographics Workshop on 3D Object Retrieval. 1-6.

［Devineau 2018］ Devineau G，Moutarde F，Xi W，et al. Deep learning for hand gesture recognition on skeletal data. 13th IEEE International Conference on Automatic Face and Gesture Recognition. FG 2018：106-113.

［Erol 2007］ Erol A，Bebis G，Nicolescu M，et al. Vision-based hand pose estimation：A review. Computer Vision and Image Understanding (CVIU) 108(1)：52-73.

［Freund 1997］ Freund Y and Schapire R E. A decision-theoretic generalization of on-line learning and an application to boosting. Journal of Computer and System Sciences 55(1)：119-139.

[Ge 2016]　　　　Ge L，Liang H，Yuan J，et al. Robust 3D hand pose estimation in single depth images：from single-view CNN to multi-view CNNs. IEEE Conference on Computer Vision and Pattern Recognition (CVPR).

[Ge 2017]　　　　Ge L，Liang H，Yuan J，et al. 3D convolutional neural networks for efficient and robust hand pose estimation from single depth images. IEEE Conference on Computer Vision and Pattern Recognition (CVPR)：3593-3601.

[Girshick 2015]　Girshick R. Fast R-CNN. IEEE International Conference on Computer Vision (ICCV).

[Guo 2017]　　　Guo H，Wang G，Chen X，et al. Region Ensemble Network：Improving Convolutional Network for Hand Pose Estimation. IEEE International Conference on Image Processing (ICIP)：4512-4516.

[Hanxi 2016]　　Hanxi L，Yi L and Porikli F. DeepTrack：Learning Discriminative Feature Representations Online for Robust Visual Tracking. IEEE Trans Image Process 25(4)：1834-1848.

[He 2015]　　　　He K，Zhang X，Ren S，et al. Spatial pyramid pooling in deep convolutional networks for visual recognition. IEEE transactions on pattern analysis and machine intelligence (TPAMI) 37(9)：1904-1916.

[He 2016]　　　　He K，Zhang X，Ren S，et al. Deep residual learning for image recognition. Proceedings of the IEEE conference on computer vision and pattern recognition，2016：770-778.

[Kabsch 1976]　　Kabsch W. Solution for best rotation to relate 2 sets of vectors. Acta Crystallographica Section A 32(SEP1)：922-923.

[Krizhevsky 2012]　Krizhevsky A，Sutskever I and Hinton G E. ImageNet classification with deep convolutional neural networks. Advances in neural information processing systems：1097-1105.

[Lai 2018]　　　　Lai K，Yanushkevich S N and Ieee. CNN plus RNN Depth and Skeleton based Dynamic Hand Gesture Recognition：3451-3456.

[Li 2016]　　　　Li H X，Li Y and Porikli F. Convolutional neural net bagging for online visual tracking. Computer Vision and Image Understanding 153：120-129.

[Liang 2014]　　Liang H，Yuan J S and Thalmann D. Parsing the Hand in Depth Images. Ieee Transactions on Multimedia 16(5)：1241-1253.

[Ma 2018]　　　Ma C，Wang A，Chen G，et al. Hand joints-based gesture recognition for noisy dataset using nested interval unscented Kalman filter with LSTM network. Visual Computer 34(6-8)：1053-1063.

[Maas 2013]　　Maas A L，Hannun A Y and Ng A Y. Rectifier nonlinearities improve neural network acoustic models. in ICML Workshop on Deep Learning for Audio，Speech and Language Processing 30(1)：3.

[Madadi 2017]　　Madadi M，Escalera S，Baro X，et al. End-to-end Global to Local CNN Learning for Hand Pose Recovery in Depth data. arXiv preprint arXiv：1705. 09606.

[Melax 2013]　　Melax S，Keselman L and Orsten S. Dynamics based 3D skeletal hand tracking. Graphics Interface：63-70.

[Mitra 2007]　　Mitra S and Acharya T. Gesture recognition：A survey. Ieee Transactions on Systems Man and Cybernetics Part C-Applications and Reviews 37(3)：311-324.

[Molchanov 2016]　Molchanov P，Yang X，Gupta S，et al. Online Detection and Classification of Dynamic Hand Gestures with Recurrent 3D Convolutional Neural Networks：4207-

4215.

[Neverova 2016]　Neverova N,Wolf C,Taylor G,et al. ModDrop：Adaptive Multi-Modal Gesture Recognition. Ieee Transactions on Pattern Analysis and Machine Intelligence 38(8)：1692-1706.

[Nguyen 2015]　Nguyen B P,Tay W L and Chui C K. Robust Biometric Recognition From Palm Depth Images for Gloved Hands. Ieee Transactions on Human-Machine Systems 45(6)：799-804.

[Nunez 2018]　Nunez J C,Cabido R,Pantrigo J J,et al. Convolutional Neural Networks and Long Short-Term Memory for skeleton-based human activity and hand gesture recognition. Pattern Recognition 76：80-94.

[Oberweger 2015a]　Oberweger M,Wohlhart P and Lepetit V. Hands deep in deep learning for hand pose estimation. Computer Vision Winter Workshop (CVWW).

[Oberweger 2015b]　Oberweger M,Wohlhart P and Lepetit V. Training a feedback loop for hand pose estimation. IEEE International Conference on Computer Vision (ICCV).

[Ohn-Bar 2014]　Ohn-Bar E and Trivedi M M. Hand Gesture Recognition in Real Time for Automotive Interfaces：A Multimodal Vision-Based Approach and Evaluations. Ieee Transactions on Intelligent Transportation Systems 15(6)：2368-2377.

[Polikar 2012]　Polikar R. Ensemble Learning. Ensemble machine learning：1-34.

[Qian 2014]　Qian C,Sun X,Wei Y,et al. Realtime and robust hand tracking from depth. 27th IEEE Conference on Computer Vision and Pattern Recognition.

[Ren 2013]　Ren Z,Yuan J S,Meng J J,et al. Robust Part-Based Hand Gesture Recognition Using Kinect Sensor. Ieee Transactions on Multimedia 15(5)：1110-1120.

[Sermanet 2013]　Sermanet P,Eigen D,Zhang X,et al. Overfeat：Integrated recognition,localization and detection using convolutional networks. arXiv preprint arXiv：1312.6229.

[Sharp 2015]　Sharp T,Keskin C,Robertson D,et al. Accurate,robust,and flexible realtime hand tracking. 33rd Annual CHI Conference on Human Factors in Computing Systems CHI 2015：3633-3642.

[Simonyan 2014]　Simonyan K and Zisserman A. Very deep convolutional networks for large-scale image recognition. arXiv preprint arXiv：1409.1556.

[Smedt 2018]　Smedt Q,Wannous H and Vandeborre J P. 3D Hand Gesture Recognition by Analysing Set-of-Joints Trajectories. Understanding Human Activities Through 3D Sensors. Second International Workshop,10188：86-97.

[Srivastava 2014]　Srivastava N,Hinton G,Krizhevsky A,et al. Dropout：a simple way to prevent neural networks from overfitting. The Journal of Machine Learning Research 15(1)：1929-1958.

[Stenger 2001]　Stenger B,Mendonça P R and Cipolla R. Model-Based Hand Tracking Using an Unscented Kalman Filter. BMVC.

[Sun 2015]　Sun X,Wei Y,Liang S,et al. Cascaded hand pose regression. IEEE Conference on Computer Vision and Pattern Recognition (CVPR),2015：824-832.

[Supancic 2015]　Supancic J S,Rogez G e,gory,Yang Y,et al. Depth-based hand pose estimation：data,methods,and challenges. IEEE International Conference on Computer Vision (ICCV),2015：1868-1876.

[Supani 2018]　Supani J S,Rogez G,Yang Y,et al. Depth-Based Hand Pose Estimation：Methods, Data,and Challenges. International Journal of Computer Vision 126(11)：1180-1198.

[Szegedy 2015]　Szegedy C,Liu W,Jia Y Q,et al. Going Deeper with Convolutions. 2015 Ieee

Conference on Computer Vision and Pattern Recognition (Cvpr)：1-9.

[Tagliasacchi 2015] Tagliasacchi A，Schroder M，Tkach A，et al. Robust Articulated-ICP for Real-Time Hand Tracking，Blackwell Publishing Ltd.

[Tang 2014] Tang D，Jin Chang H，Tejani A，et al. Latent regression forest：Structured estimation of 3D articulated hand posture. IEEE Conference on Computer Vision and Pattern Recognition (CVPR)，2014：3786-3793.

[Tang 2015] Tang D H，Taylor J，Kohli P，et al. Opening the Black Box：Hierarchical Sampling Optimization for Estimating Human Hand Pose：3325-3333.

[Tompson 2014] Tompson J，Stein M，Lecun Y，et al. Real-time continuous pose recovery of human hands using convolutional networks. ACM Transactions on Graphics (TOG) 33(5)：169.

[van der Maaten 2008] van der Maaten L and Hinton G. Visualizing Data using t-SNE. Journal of Machine Learning Research 9：2579-2605.

[Wan 2016] Wan C，Yao A and Van Gool L. Hand Pose Estimation from Local Surface Normals. European Conference on Computer Vision (ECCV)，2016：554-569.

[Wan 2017] Wan C，Probst T，Van Gool L，et al. Crossing Nets：Combining GANs and VAEs with a Shared Latent Space for Hand Pose Estimation. IEEE Conference on Computer Vision and Pattern Recognition (CVPR)，2017：680-689.

[Wang 2018] Wang G，Chen X，Guo H，et al. Region Ensemble Network：Towards Good Practices for Deep 3D Hand Pose Estimation. Journal of Visual Communication and Image Representation 55：404-414.

[Wu 1999] Wu Y and Huang T S. Capturing articulated human hand motion：A divide-and-conquer approach. Proceedings of the Seventh IEEE International Conference on Computer Vision，1：601-611.

[Ye 2016] Ye Q，Yuan S and Kim T-K. Spatial Attention Deep Net with Partial PSO for Hierarchical Hybrid Hand Pose Estimation. European Conference on Computer Vision (ECCV)，2016：346-361.

[Zhao 2018] Zhao D，Liu Y and Li G. Skeleton-based dynamic hand gesture recognition using 3D depth data. 3D Image Processing，Measurement (3DIPM)，and Applications.

[Zhou 2016] Zhou X，Wan Q，Zhang W，et al. Model-based Deep Hand Pose Estimation. Twenty-Fifth International Joint Conference on Artificial Intelligence (IJCAI)，2016：2421-2427.

[章 1999] 章毓晋. 中国图象工程：1998. 中国图象图形学报，4(5)：427-438.

第 8 章

[Andrew 2004] Andrew A M. Multiple View Geometry in Computer Vision. Kybernetes，30(9/10)：1865-1872.

[Baker 2004] Baker S，Matthews I. Lucas-Kanade 20 Years On：A Unifying Framework. International Journal of Computer Vision，56(3)：221-255.

[Brown 1966] Brown D C. Decentering distortion of lenses. Photogrammetric Engineering，32：444-462.

[Brown 1971] Brown D C. Close-Range Camera Calibration. Photogramm Eng，37(8)：855-866.

[Fischler 1981] Fischler M A，Bolles R C. Random sample consensus：a paradigm for model fitting with applications to image analysis and automated cartography. ACM.

[Girshick 2015] Girshick R. Fast R-CNN[C]// IEEE International Conference on Computer

Vision. IEEE,1440-1.

[Hansard 2012]   Hansard M,Lee S,Choi O,et al. Time-of-Flight Cameras: Principles,Methods and Applications. Springer Publishing Company,Incorporated.

[Lui 2015]   Lui V,Gamage D,Drummond T. Fast Inverse Compositional Image Alignment with Missing Data and Re-weighting. British Machine Vision Conference,2015: 54.1-55.12.

[Moonen 1992]   Moonen M, Van Dooren P, Vandewalle J. A Singular Value Decomposition Updating Algorithm for Subspace Tracking. Siam Journal on Matrix Analysis & Applications,13(4): 1015-1038.

[Reddy 1996]   Reddy B S,Chatterji B N. An FFT-based technique for translation, rotation, and scale-invariant image registration. IEEE Transactions on Image Processing,5(8): 1266-71.

[Ren 2015]   Ren S, He K, Girshick R, et al. Faster R-CNN: Towards Real-Time Object Detection with Region Proposal Networks. IEEE Transactions on Pattern Analysis & Machine Intelligence,39(6): 1137-1149.

[章 1999]   章毓晋. 中国图象工程：1998. 中国图象图形学报,4(5): 427-438.

第 9 章

[Banerjee 2005]   Banerjee S,Lavie A. METEOR: An automatic metric for MT evaluation with improved correlation with human judgments. In Proceedings of the ACL workshop on intrinsic and extrinsic evaluation measures for machine translation and/or summarization,65-72.

[Berger 1996]   Berger A L,Pietra V J D,Pietra S A D. A maximum entropy approach to natural language processing. Computational linguistics,22(1),39-71.

[Bengio 2015]   Bengio S,Vinyals O, Jaitly N, et al. Scheduled sampling for sequence prediction with recurrent neural networks. In Advances in Neural Information Processing Systems,1171-1179.

[Deng 2009]   Deng J, Deng W, Socher R, et al. ImageNet: A large-scale hierarchical image database. In Proceedings of the IEEE conference on computer vision and pattern recognition,248-255.

[Farhadi 2009]   Farhadi A,Endres I, Hoiem D, et al. Describing objects by their attributes. In Proceedings of the IEEE conference on computer vision and pattern recognition, 1778-1785.

[Farhadi 2010]   Farhadi A,Hejrati M,Sadeghi M A,et al. Every picture tells a story: Generating sentences from images. In European conference on computer vision,15-29.

[Goldberg 2014]   Goldberg, Y, Levy O. word2vec Explained: deriving Mikolov et al. 's negative-sampling word-embedding method. arXiv preprint arXiv: 1402.3722.

[Gupta 2012]   Gupta A, Verma Y, Jawahar C V. Choosing linguistics over vision to describe images. In Twenty-Sixth AAAI Conference on Artificial Intelligence,606-612.

[He 2016]   He K,Zhang X,Ren S, et al. Deep residual learning for image recognition. In Proceedings of the IEEE conference on computer vision and pattern recognition, 770-778.

[Hochreiter 1997]   Hochreiter S, Schmidhuber J. Long short-term memory. Neural computation, 9(8),1735-1780.

[Hodosh 2013]   Hodosh M, Young P, Hockenmaier J. Framing image description as a ranking task:

Data, models and evaluation metrics. Journal of Artificial Intelligence Research, 47, 853-899.

[Huang 2013] Huang P S, He X, Gao J, et al. Learning deep structured semantic models for web search using clickthrough data. In Proceedings of the 22nd ACM international conference on Information & Knowledge Management, 2333-2338.

[Karpathy 2015] Karpathy A, Fei-Fei L. Deep visual-semantic alignments for generating image descriptions. In Proceedings of the IEEE conference on computer vision and pattern recognition, 3128-3137.

[Kulkarni 2011] Kulkarni G, Premraj V, Ordonez V, et al. Babytalk: Understanding and generating simple image descriptions. IEEE Transactions on Pattern Analysis and Machine Intelligence, 35(12), 2891-2903.

[Li 2016] Li X, Lan W, Dong J, et al. Adding Chinese captions to images. In Proceedings of the 2016 ACM on International Conference on Multimedia Retrieval, 271-275.

[Lin 2004] Lin C. ROUGE: a package for automatic evaluation of summaries. In the ACL Workshop on Text Summarization Branches out, 74-81.

[Lin 2014] Lin T Y, Maire M, Belongie S, et al. Microsoft coco: Common objects in context. In European conference on computer vision, 740-755.

[Lu 2017] Lu J, Xiong C, Parikh D, et al. Knowing when to look: Adaptive attention via a visual sentinel for image captioning. In Proceedings of the IEEE conference on computer vision and pattern recognition, 375-383.

[Ordonez 2011] Ordonez V, Kulkarni G, Berg T L. Im2text: Describing images using 1 million captioned photographs. In Advances in neural information processing systems, 1143-1151.

[Papineni 2002] Papineni K, Roukos S, Ward T, et al. BLEU: a method for automatic evaluation of machine translation. In Proceedings of the 40th annual meeting on association for computational linguistics, 311-318.

[Ranjay 2016] Krishna R, Zhu Y, Groth O, et al. Visual genome: Connecting language and vision using crowd sourced dense image annotations. International Journal of Computer Vision, 123(1), 32-73.

[Reape 2007] Reape, M, Mellish C. Just what is aggregation anyway. In Proceedings of the 7th European Workshop on Natural Language Generation, 20-29.

[Ren 2015] Ren S, He K, Girshick R, Sun J. Faster r-cnn: Towards real-time object detection with region proposal networks. In Advances in neural information processing systems, 91-99.

[Rennie 2017] Rennie S J, Marcheret E, Mroueh Y, et al. Self-critical sequence training for image captioning. In Proceedings of the IEEE Conference on Computer Vision and Pattern Recognition, 7008-7024.

[Shen 2014] Shen Y, He X, Gao J, et al. A latent semantic model with convolutional-pooling structure for information retrieval. In Proceedings of the 23rd ACM International Conference on Conference on Information and Knowledge Management, 101-110.

[Szegedy 2016] Szegedy C, Vanhoucke V, Ioffe S, et al. Rethinking the inception architecture for computer vision. In Proceedings of the IEEE conference on computer vision and pattern recognition, 2818-2826.

[Vedantam 2015] Vedantam R, Lawrence Zitnick C, Parikh D. Cider: Consensus-based image description evaluation. In Proceedings of the IEEE conference on computer vision and pattern recognition，4566-4575．

［Vinyals 2015］ Vinyals O，Toshev A，Bengio S，et al． Show and tell：A neural image caption generator． In Proceedings of the IEEE conference on computer vision and pattern recognition，3156-3164．

［Wang 2016］ Wang C，Yang H，Bartz C，et al． Image captioning with deep bidirectional LSTMs． In Proceedings of the 24th ACM international conference on Multimedia，988-997．

［Xu 2015］ Xu K，Ba J，Kiros R，et al． Show，attend and tell：Neural image caption generation with visual attention． In International conference on machine learning，2048-2057．

［Yoshikawa 2017］ Yoshikawa Y，Shigeto Y，Takeuchi A． Stair captions：Constructing a large-scale japanese image caption dataset． arXiv preprint arXiv：1705．00823．

［You 2016］ You Q，Jin H，Wang Z，et al． Image captioning with semantic attention． In Proceedings of the IEEE conference on computer vision and pattern recognition，4651-4659．

［Young 2014］ Young P，Lai A，Hodosh M，et al． From image descriptions to visual denotations：New similarity metrics for semantic inference over event descriptions． Transactions of the Association for Computational Linguistics，2，67-78．

［Zaremba 2015］ Zaremba W，Sutskever I． Reinforcement learning neural turing machines-revised． arXiv preprint arXiv：1505．00521．

［章 2012］ 章毓晋． 图像工程（下册）：图像理解． 3 版． 北京：清华大学出版社． 2012：149-173．

术 语 索 引

n 元组(n-gram) 235

T 空间(transmittance space) 72

A

暗通道先验(dark channel prior,DCP) 59,61

B

饱和度(saturation) 65

背景先验(background prior) 92

边界连通性(boundary connectivity,BC) 98,112

边界替换(boundary replacement) 106

边界先验(boundary prior) 101

编码器-解码器(encoder-decoder) 237

步态流图(gait flow image,GFI) 145

步态能量图(gait energy image,GEI) 144

步态识别(gait recognition) 143

部件(parts) 88

C

参数维纳滤波器(parametric Wiener filter) 39

残留指纹(latent fingerprint) 134

测地距离(geodesic distance) 102

长短期记忆网络(long short-term memory network) 243

长短时记忆(long short term memory,LSTM) 185

场景辐射(scene radiance) 60

超分辨率(super-resolution) 47

超像素(superpixel) 88,111

传递函数(transfer function) 32,35

词频-逆文本频率(term frequency-inverse dictionary frequency) 236

词嵌入向量(word embedding) 243

从阴影恢复形状(shape from shading) 154

错误接受率(false acceptance rate,FRR) 125

错误拒绝率(false rejection rate,FAR) 125

D

大气散射模型(atmospheric scattering model) 60

大气散射图(atmospheric scattering image) 61,68,71

大气透射率(atmospheric transmittance) 60,67

大气消光系数(atmospheric extinction coefficient) 70

待测语句(candidate) 235

单尺度视网膜皮层(single-scale retinex,SSR) 58

单类生成对抗网络(single class generative adversarial networks,SCGAN) 51

导向滤波(guided filtering) 62

等错误率(equal error rate,EER) 126

递归神经网络(recurrent neural network) 237

点扩展函数(point spread function,PSF) 7,31

迭代最近点法(iterative closest point,ICP) 183

独热码(one-hot encoding) 243

独一性(uniqueness) 121

端到端(end-to-end) 242

断点(termination) 135

对比度(contrast) 65,92

对比度分布(contrast distribution) 95

对比度增强指标(contrast enhancement index,CEI) 77

对比度-自然度-丰富度(contrast-naturalness-colorfulness,CNC) 77

多层感知机(multi-layer perceptron) 243

多尺度视网膜皮层(multi-scale retinex,MSR) 58

多类生成对抗网络(multi-class generative adversarial networks,MCGAN) 51

多模态生物特征识别(multi-modal biometric recognition) 122

F

反卷积(deconvolution) 43

反馈(reward) 243

方向对比度(directional contrast,DC) 97

非盲去模糊(non-blind deblurring) 33

分辨率(resolution) 8

分叉点（bifurcation）　135

分水岭（watershed，W）　99

峰值信噪比（peak signal to noise ratio，PSNR）　14

G

谷线（valley）　134

关注图（conspicuity map）　90

光场（light field）　11

光场相机（light field camera）　9

光度立体技术（photometric stereo）　154

光流匹配（optical flow matching）　218

光束平差法（bundle adjustment，BA）　157，210

光晕（halo）　62

光栅扫描（raster scan）　103

光照锥（illumination cone）　157

广义浮雕变换（generalized bas-relief transformation）　159

H

合成式分析法（analysis by synthesis）　164

核估计（kernel estimation）　43

盒滤波器（box filter）　71

虹膜分割（iris segmentation）　139

灰度共生矩阵（gray-level co-occurrence matrix）　173

恢复传递函数（restoration transfer function）　37

回环检测（loop closure）　210

J

积分图像（integral image）　71

积分微分算子（integrodifferential operator）　139

基准线（baseline）　243

激活函数（activation functions）　45，49

级联分类器（cascade classifier）　127

集束搜索（beam search）　234

几何均值滤波器（geometric mean filter）　40

脊线（ridge）　134

计划采样（scheduled sampling）　242

记忆单元（memory cell）　243

检测错误权衡曲线（detection error tradeoff curve，DET curve）　125

交叉熵损失函数（cross entropy loss）　242

结构相似度（structural similarity index measurement，SSIM）　14，79

景深（depth of field，depth of focus）　8，33

径向基函数（radial basis function）　165，170

局部二值模式（local binary pattern，LBP）　142

局部建图（local mapping）　211

局部线性嵌入（local linear embedding）　156

距离测度（distance measure）　102

聚焦栈（focal stack）　7

卷积神经网络（convolutional neural networks，CNN）　44，127，186

卷积神经元网络（convolutional neural network）　157

决策（action）　243

K

空间分布（spatial distribution）　112

空间注意力机制（spatial attention）　245

块（chunks）　236

块效应（block effect）　68

扩展 Sigmoid 函数（extended Sigmoid function）　108

L

类间差异（intra-class variation）　125

类内差异（inter-class variation）　125

累计匹配特性曲线（cumulative match characteristic curve，CMC curve）　126

粒子群优化（particle swarm optimization，PSO）　183

连通性先验（connectivity prior）　101

孪生网络（siamese network）　146

M

脉冲响应（impulse response）　32，35

盲反卷积（blind deconvolution）　34，41，47

盲去模糊（blind deblurring）　33，41

冒名匹配（imposter matching）　125

梅尔频率倒谱系数（Mel frequency cepstrum coefficient，MFCC）　120

媒介传输（medium transmission）　60

米氏散射（Mie scattering）　57，70

模糊核（blurring kernel）　7，33

模糊化（blurring）　31

模型融合（model ensemble）　250

墨迹指纹（inked fingerprint）　134

目标候选（object proposal）　108

目标性（objectness）　108

N

能见度（visibility level，VL）69,76
逆滤波（inverse filtering）36

O

欧氏距离（Euclidean distance）102

P

批归一化（batch normalization，BN）49
匹配分数（matching score）124,125
普适性（universality）121

Q

奇异值分解（singular value decomposition）157
前景先验（foreground prior）92
球面谐波光照（spherical harmonic lighting）166
球谐基形变模型（spherical Hharmonic basis morphable model）156
区域对比度（region contrast，RC）94
区域集成网络（region ensemble network，REN）183,188
曲线下面积（area under curve，AUC）100
去模糊（deblurring）31
全局建图（global mapping）211
全聚焦（all in focus）7,23
全卷积网络（fully-convolutional network，FCN）187

R

人机交互（human-computer interaction，HCI）182
人脸检测（face detection）126
人脸三维重建（3-D face reconstruction）153
人脸识别（face recognition）126
人体生物特征（biometrics）120
软抠图（soft image matting）62
软注意力（soft-attention）245
瑞利散射（Rayleigh scattering）57

S

三维形变模型（3-D morphable model）155,164
色彩丰富度指标（color colorfulness index，CCI）77
色彩自然度指标（color naturalness index，CNI）77
上下文特征（context）245
生成对抗网络（generative adversarial networks，GAN）48
生物特征辨认（biometric identification）124
生物特征模态（biometric modality）120
生物特征识别（biometric recognition）120
生物特征验证（biometric verification）124
失焦模糊（defocus blurring）33
势能（potential）237
视觉里程计（visual odometry，VO）209
视觉注意力（visual attention，VA）90
视网膜皮层（retinex＝retina＋cortex）58,63
似物性（objectness）88
受试者工作特性曲线（receiver operating characteristic curve，ROC curve）125
属性（attribute）88,246
双边滤波（bi-lateral filtering）62
随机采样（random sampling）234
随机森林（random forest，RF）186

T

弹性束图匹配（elastic bunch graph matching，EBGM）129
特征模板（feature template）123,124
条件随机场（conditional random field）236
通用弹性模型（generic elastic model）169
通用图像退化模型（general image degradation model）31
同时定位与制图（simultaneous localization and mapping，SLAM）208,227
透射率空间（transmittance space）72
图像处理（image processing）2
图像分析（image analysis）2
图像工程（image engineering）1
图像技术（image technique）1
图像技术分类（classification of image techniques）3
图像理解（image understanding）2
图像模糊（image blur）31
图像片（image patch）88
图像去模糊（image deblurring）31
图像去雾（image haze removal）58
图像释意（image captioning）233
退化系统（degradation system）32

W

维纳滤波（Wiener filtering）39

维纳滤波器（Wiener filter） 39,68

稳定性（permanence） 121

无约束恢复（unconstrained restoration） 36

雾浓度因子（fog concentration factor） 69

X

显著图（saliency map） 89

显著性（saliency） 88

显著性检测流程（saliency detection process） 91

显著性平滑（saliency smoothing） 98

线性判别分析（linear discriminant analysis，LDA） 129

线性视角合成（linear view synthesis，LVS） 11

线性形状纹理（linear shape and texture） 155

相对标准方差（relative standard deviation，RSD） 95

小孔成像（pinhole imaging） 7

修正线性单元（rectified linear units，ReLU） 49,190

Y

引导滤波（guided filtering） 62,70

赢者通吃（winner-take-all，WTA） 90

硬注意力（hard-attention） 245

有约束恢复（constrained restoration） 39

有约束最小平方恢复（constrained least squares restoration） 40

语句池（pool of captions） 237

语义注意力机制（semantic attention） 245

预测（prediction） 42

匀速直线运动模糊（uniform linear motion blur） 35

运动模糊（motion blurring） 33

运动拖尾（motion smear） 33

Z

增强学习（reinforcement learning） 243

真实标注（ground-truth） 235

真实匹配（genuine matching） 125

整体环境光（global atmospheric light） 60

正则化数（regularization number） 33

直方图对比度（histogram contrast，HC） 93

直方图均衡化（histogram equalization） 58

直接衰减（direct attenuation） 60

指尖点（fingertip，TIP） 182

指纹图像增强（fingerprint image enhancement） 136

指纹细节点（fingerprint minutiae） 135

中心先验（center prior） 92,106

中央-周边差（center-surround differences） 90

主成分分析（principal component analysis，PCA） 120,129

主动表观模型（active appearance model，AAM） 155

主动形状模型（active shape model，ASM） 140,155

注册（enrollment） 122,124

状态（state） 243

姿态引导的结构化区域集成网络（pose guided structured region ensemble network，Pose-REN） 184

自顶向下（top-down） 242

自动指纹识别（automated fingerprint recognition，AFR） 134

自适应注意力机制（adaptive attention） 245

自下而上（bottom-up） 246

最大采样（max sampling） 234

最大能量谱密度（maximum energy spectral density） 218

最大熵（maximum entropy） 241

最大梯度流（max-gradient flow） 23

最稳定区域（most stable region，MSR） 110

最小方向对比度（minimum directional contrast，MDC） 97

最小生成树（minimum spanning tree，MST） 104

最小栅栏距离（minimum barrier distance，MBD） 102

最长公共子序列（longest common sequence） 235

图 书 资 源 支 持

　　感谢您一直以来对清华大学出版社图书的支持和爱护。为了配合本书的使用，本书提供配套的资源，有需求的读者请扫描下方的"书圈"微信公众号二维码，在图书专区下载，也可以拨打电话或发送电子邮件咨询。

　　如果您在使用本书的过程中遇到了什么问题，或者有相关图书出版计划，也请您发邮件告诉我们，以便我们更好地为您服务。

我们的联系方式：

地　　址：北京市海淀区双清路学研大厦 A 座 701

邮　　编：100084

电　　话：010-83470236　010-83470237

资源下载：http://www.tup.com.cn

客服邮箱：2301891038@qq.com

QQ：2301891038（请写明您的单位和姓名）

科技传播·新书资讯

电子电气科技荟

资料下载·样书申请

书圈

用微信扫一扫右边的二维码,即可关注清华大学出版社公众号。